普通高等教育"十一五"国家级规划教材

机械工程材料

第 3 版

王运炎　朱　莉　编

李鹏兴　杨慧智　审

机械工业出版社

本书为普通高等教育"十一五"国家级规划教材，曾荣获第三届高等学校机电类专业优秀教材二等奖。全书共分为 11 章，主要为：金属材料的力学性能；金属学基础知识；钢的热处理；金属的塑性变形及再结晶；常用的金属材料、非金属材料和复合材料；机械制造中零件材料的选择等。在每章后面都附有可供选做的习题与思考题。在全书最后备有四个附录，可供读者查阅。为方便教学，本书配有 PPT 电子课件，位于机械工业出版社教材服务网上（www.cmpedu.com），向使用本书的授课教师免费提供。

本书可作为本科院校、高职高专层次的机械设计制造类专业（机械设计与工艺装备专业、机电一体化专业等）及近机类专业教材，同时也可作为职工大学、业余大学、函授大学相关专业的教材，还可供相关技术人员参考。

图书在版编目（CIP）数据

机械工程材料/王运炎，朱莉编. —3 版. —北京：机械工业出版社，2008. 12（2023. 9 重印）

普通高等教育"十一五"国家级规划教材

ISBN 978-7-111-06752-8

Ⅰ. 机…　Ⅱ.①王…②朱…　Ⅲ. 机械制造材料-高等学校-教材

Ⅳ. TH14

中国版本图书馆 CIP 数据核字（2008）第 186484 号

机械工业出版社（北京市百万庄大街 22 号　邮政编码 100037）

策划编辑：冯春生　责任校对：张晓蓉

封面设计：张　静　责任印制：郜　敏

三河市宏达印刷有限公司印刷

2023 年 9 月第 3 版第 29 次印刷

184mm×260mm · 18. 75 印张 · 452 千字

标准书号：ISBN 978-7-111-06752-8

定价：38. 00 元

电话服务	网络服务
客服电话：010-88361066	机 工 官 网：www.cmpbook.com
010-88379833	机 工 官 博：weibo.com/cmp1952
010-68326294	金 书 网：www.golden-book.com
封底无防伪标均为盗版	机工教育服务网：www.cmpedu.com

第3版前言

本书是在机械工业出版社出版的王运炎主编《机械工程材料》（第2版）基础上修订的，该书曾获得第三届高等学校机电类专业优秀教材二等奖。为了进一步贯彻执行近几年最新发布的国家标准，作者对原教材进行了修订。该教材经多年使用并两次修订后，在体系、风格、文字等方面已较为成熟，内容新颖，知识量大，涵盖了教育部课程指导小组规定的全部课程要求，作为普通高等教育"十一五"国家级规划教材使用。

本书采用的显微组织照片及部分曲线图，图面清晰、有特色，便于学生理解教材中的内容。该教材在介绍金属学的基本知识后，以成分—加工工艺—组织—性能间关系的规律为主线处理各章的内容，并在第十一章"零件的选材及工艺路线"中融入了大量的实例，深入浅出进行工艺分析、方案研究和经济性比较，具有较强的理论性、系统性和实用性，各章后配置的习题和思考题归纳和总结课程的重点，并采用大量的实际操作题目，理论联系实际，应用性强，便于学生掌握基本概念，巩固所学知识，培养分析、解决实际问题的能力。

本书可作为本科院校、高职高专层次的机械设计制造类专业（机械设计与工艺装备专业、机电一体化专业等）及近机类专业教材，同时也可作为职工大学、业余大学、函授大学相关专业的教材，还可供相关技术人员参考。

参加本次修订编写的人员为上海理工大学王运炎、朱莉，上海交通大学李鹏兴、河南工业大学杨慧智进行了审阅。在本次修订整理过程中，承蒙上海第二工业大学朱燕热诚帮助和支持，在此表示衷心感谢。

编　者
于上海理工大学

第 2 版前言

本书是在机械工业出版社出版的高等专科学校规划教材《机械工程材料》（王运炎主编）基础上修订改编的。原书自 1992 年初版至 1997 年，几次重印，总发行量已达九万余册，并于 1996 年荣获第三届高等学校机电类专业优秀教材二等奖。现为了使教材内容更符合高等工业院校机械类专业的教学要求，以及贯彻近几年来颁发的最新国家标准，特对原书予以修订，并作为"九五"规划教材使用。

全书共分 11 章，主要为：金属材料的力学性能；金属学基础知识；钢的热处理；金属的塑性变形及再结晶；常用的金属材料、非金属材料和复合材料；机械制造中零件材料的选择等。在每章后面都附有可供选用的习题与思考题。在全书最后备有四个附录，可供读者查阅。

本书是高等工业院校机械类专业的教材，也可供高等专科学校、职工大学、业余大学、高级职业学校和中等专业学校选用，还可供有关的工人和技术人员参考。此外，机械工业出版社出版的《机械工程材料实验》（王运炎编）和高等教育出版社出版的教学用《金相图谱》（王运炎主编）可与本教材配套使用，更有利于本课程教学质量的提高。

参加本书修订编写的有：上海理工大学朱莉（第五、七、十章）；叶尚川（第九、十一章）；王运炎（绪论、第一、二、三、四、六、八章）。全书由王运炎、叶尚川主编；杨慧智主审。

参加本书审稿会议的还有：合肥联合大学王季琨教授、华北航天工业学院张继世教授、成都大学王孝达副教授、郑州机械高等专科学校李方才副教授等。他们对本书提出了很多宝贵意见，在此一并深表谢意。

因编者水平所限，书中不妥之处在所难免，恳请广大读者批评指正。

编　者

于上海理工大学

第 1 版前言

本书是根据 1989 年机电工业部高等工程专科学校机制专业教材编审委员会审定的机械类专业《工程材料》教学大纲和 1990 年国家教委批准的高等工程专科学校机械类专业《机械工程材料》教学基本要求，在原高专教材《金属材料与热处理》（王运炎主编）基础上修订改编的。本教材可与机械工业出版社出版的《机械工程材料实验》（王运炎编）和高等教育出版社出版的教学用《金相图谱》（王运炎主编）配套使用。

全书内容主要包括：金属材料的力学性能；金属学基础；热处理基本原理和常用方法；常用的金属材料、非金属材料和复合材料等。本书是高等工程专科学校机械类专业的教材，同时适用于职工大学、业余大学。中等专业学校也可选用。并可供有关的工人和技术人员参考。

本书在内容处理上主要有以下几点说明：①按机电工业部高等工程专科学校机制专业教学计划规定，本课程安排在金工教学实习和金属工艺学课程后进行教学，故本书是在这一基础上编写的。②考虑到现代机械工程中，非金属材料的使用日益增多，故专门增加一章非金属材料，主要介绍高分子合成材料、陶瓷材料和复合材料。③全书在简述金属学基本知识的基础上，以成分-加工工艺-组织-性能间关系的规律为主线处理各章的内容，并在第十一章"机械制造中零件材料的选择"中综合应用，起归纳、总结、巩固、提高的作用。④对主要内容都有适当的说理分析，避免只讲现象与结论。并注意到前后内容上呼应与衔接。⑤全书统一采用法定计量单位制，并以国际代号表示，如强度指标的单位一律用 MPa；冲击吸收功的单位用 J。⑥各种材料的分类、牌号以及所有工程术语等均采用最新国家标准。⑦全书有近百张显微组织照片，图面清晰、典型、规格一致，并有 12in⊖ 放大照片可供应，以利教学。⑧每章都附有要求学生经过独立思考后才能完成的习题与思考题，教师可结合具体情况选择布置，以利学生掌握基本概念，巩固知识，培养分析、解决实际问题的能力。

本书由上海机械专科学校王运炎副教授主编；上海交通大学李鹏兴教授主审。叶尚川编写第七、九、十一章并任副主编；吴其茉编写第十章；王运炎编写绪论，第一至六、八章。

参加本书审稿会议的有：吴善元、余存惠、肖玉珂、张继世、萧振荣、朱琴心、李筱涛、杨国英等同志，上海机械专科学校吴凯令同志为本书提供部分金相照片，在此一并表示衷心感谢。

由于我们水平有限，书中难免有不妥之处，恳请读者批评指正。

编　者

于上海

⊖　此为习惯用法，暂保留英制，1in = 0.0254m。

目　　录

绪　　论

一、材料的分类及其在工程技术中的应用

材料是人类用来制作各种产品的物质。人类生活与生产都离不开材料，它的品种、数量和质量是衡量一个国家现代化程度的重要标志。如今，材料、能源、信息已成为发展现代化社会生产的三大支柱，而材料又是能源与信息发展的物质基础。

材料的发展虽然离不开科学技术的进步，但科学技术的继续发展又依赖于工程材料的发展。在人们日常生活用具和现代工程技术的各个领域中，工程材料的重要作用都是很明显的。例如，耐腐蚀、耐高压的材料在石油化工领域中应用；强度高、重量轻的材料在交通运输领域中应用；某些高分子材料、陶瓷材料和金属材料在生物医学领域中应用；高温合金和陶瓷在高温装置中应用；半导体材料、超导材料在通信、计算机、航天和日用电子器件等领域中应用；强度高、重量轻、耐高温、抗热振性好的材料在宇宙飞船、人造卫星等宇航领域中应用；在机械制造领域中，从简单的手工工具到复杂的智能机器人，都应用了现代工程材料。在工程技术发展史上，每一项创造发明能否推广应用于生产，每一个科学理论能否实现技术应用，其材料往往是解决问题的关键。因此，世界各国对材料的研究和发展都是非常重视的，它在工程技术中的作用是不容忽视的。

现代材料种类繁多，据粗略统计，目前世界上的材料总和已达40余万种，并且每年还以约5%的速率增加。材料有许多不同的分类方法，机械工程中使用的材料常按化学组成分成以下四大类：

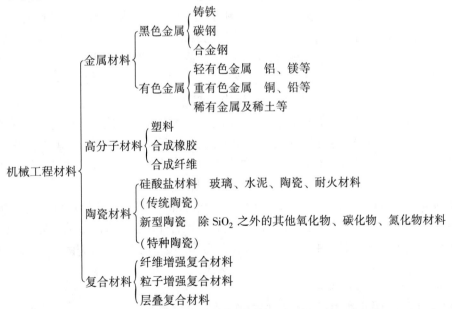

目前，机械工业生产中应用最广的仍是金属材料。这是由于金属材料不仅来源丰富，而且还具有优良的使用性能与工艺性能。使用性能包括力学性能和物理、化学性能。优良的使

用性能可满足生产和生活上的各种需要。优良的工艺性能则可使金属材料易于采用各种加工方法，制成各种形状、尺寸的零件和工具。金属材料还可通过不同成分配制、不同加工和热处理来改变其组织和性能，从而进一步扩大其使用范围。

高分子材料的某些力学性能不如金属材料，但它们具有金属材料不具备的某些特性，如耐腐蚀、电绝缘性、隔声、减振、重量轻、原料来源丰富、价廉以及成型加工容易等优点，因而近年来发展极快。目前，它们不仅用作人们的生活用品，而且在工业生产中已日益广泛地代替部分金属材料，将成为可与金属材料相匹敌的、具有生命力的材料。

新型陶瓷材料的塑性与韧性远低于金属材料，但它们具有高熔点、高硬度、耐高温以及特殊的物理性能，可以制造工具、用具以及功能结构材料，已成为发展高温材料和功能材料方面具有很大潜力的新型工程材料。

近年来，人们为集中各类材料的优异性能于一体，充分发挥各类材料的潜力，制成了各种复合材料。因而复合材料是一种很有发展前途的材料。目前，高比强度和比弹性模量的复合材料已广泛地应用于航空、建筑、机械、交通运输以及国防工业等部门。

二、材料的发展及材料科学的形成

人类为了生存和生产，总是不断地探索、寻找制造生产工具的材料，每一新材料的发现和应用，都会促使生产力向前发展，并给人类生活带来巨大的变革，把人类社会和物质文明推向一个新的阶段。所以，根据人类使用的材料，把古代史划分为石器时代、陶器时代、青铜器时代和铁器时代。当今，人类正跨入人工合成材料和复合材料的新时代。

我们的祖先对材料的发展作出了杰出的贡献，大约二三百万年前，最先使用的工具材料是天然石头。到了原始社会末期（约六七千年之前）开始人工制作陶器，由此发展到东汉出现了瓷器，并先后传至世界各地，对世界文明产生了很大的影响。早在 4000 年前，我们的祖先已开始使用天然存在的红铜。至公元前 1000 多年的殷商时代，我国的青铜冶铸技术已达到很高的水平，从出土的大量青铜礼器、生活用具、武器、工具，特别是重达 875kg 的司母戊大鼎，其体积庞大、花纹精巧、造型精美，都说明了当时已具备高超的冶铸技术和艺术造诣。到春秋时期，我国已能对青铜冶铸技术作出规律性的总结，如《周礼·考工》对青铜的成分和用途关系有如下的记载："金有六齐⊖，六分其金而锡居一，谓之钟鼎之齐；五分其金而锡居一，谓之斧斤之齐；四分其金而锡居一，谓之戈戟之齐；三分其金而锡居一，谓之大刃之齐；五分其金而锡居二，谓之削杀矢之齐；金、锡半，谓之鉴燧之齐⊜。"这"六齐"规律是世界上最早的金属材料的成分、性能和用途间关系的总结。钢铁是目前应用最广的金属材料，我国早在周代就已开始了冶铁，这比欧洲最早使用生铁的时间约早 2000 年。我国不仅具有使用钢铁的悠久历史，而且当时的技术也很发达，如河北武安出土的战国期间的铁锹，经金相检验证明，该材料就是现今的可锻铸铁。图 1 为该铁锹的显微组织。

热处理（以不同的加热和冷却方式，改变金属性能的工艺）可使钢铁材料的性能显著提高。根据许多出土文物与历史记载，证明我国古代人民曾作出了很大的贡献。远在西汉时，司马迁所著的《史记·天官书》中就有"水与火合为焠⊜；东汉班固所著的《汉书·王褒传》

⊖ 六齐即青铜各组成元素的六种配比。

⊜ 鉴燧之齐是指制造铜镜和划打火石取火的青铜各组成元素的配比。

⊜ "焠"与"淬"其实为同一字。《史记·天官书》与《汉书·王褒传》都用"焠"字，但《汉书·天文志》用"淬"字，现在都用"淬"字。

中有"……巧冶铸干将之朴、清水焠其锋"等有关热处理技术方面的记载。从辽阳三道壕出土的西汉钢剑,经金相检验,发现其内部组织完全符合现在淬火马氏体组织,图2为该钢剑的显微组织。从河北满城出土的西汉佩剑及书刀,检验发现其中心为低碳钢,表层为明显的高碳层。这些都证明早在2000年以前,我国已采用了淬火工艺和渗碳工艺,热处理技术已具有相当高的水平。

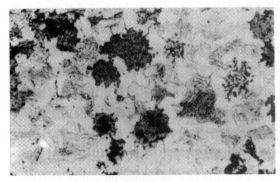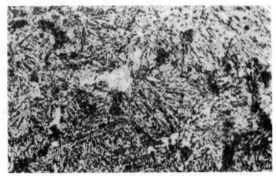

图1　战国时代铁锹的显微组织　　　　　　图2　西汉时代钢剑的显微组织

历史证明,我们勤劳智慧的祖先,在材料发展史上有过辉煌的成就,对人类的文明作出了巨大贡献。但长期以来,人们对材料的认识仅是表面的、非理性的,它一直停留在工匠、艺人经验技术的水平上。后来,随着经验的积累,出现了"材料工艺学",这比工匠的经验又前进了一大步,但它只记录了一些制造过程和规律,还没有上升到"知其所以然"的理性认识水平。直到1863年光学显微镜第一次被利用研究金属,出现了"金相学"后,才使人们对材料的观察进入了微观领域,并上升到理性认识水平。1912年采用X射线衍射技术研究材料的晶体微观结构。1932年电子显微镜的问世以及后来出现的各种谱仪等先进分析工具,将已有的人类对材料微观世界的认识带入了更深的层次。此外,一些与材料有关的基础学科(如化学、物理化学、高分子化学、量子力学、固体物理等)的进展,又有力地推动了材料研究的深化。在此基础上,逐步形成了跨越多学科的材料科学。材料科学是研究材料的化学组成和微观结构与材料性能之间关系的一门科学。同时,它还研究制取材料和使用材料的有关知识。

新中国成立后,我国在工农业生产迅速发展的同时,作为其物质基础的材料工业也得到了相应的高速发展。目前,我国各种金属材料产品的品种较齐全,已基本满足国民经济进一步发展的需要。钢产量已从1949年的17万t增至2007年的4.9亿t,名列世界前茅。而非金属材料的产量以更高于金属材料的速度增长着。近年来,我国神舟五号、神舟六号、神舟七号载人飞船相继发射成功以及在生物医学如骨科、齿科材料、人工器官材料、医用器械等方面所取得的显著成果,如果没有相应水平的材料科学与工程技术的支持也是根本不可能的。随着近代科学技术的发展,对工程材料的要求也越来越高。现今在发展高性能金属材料的同时,又迅速发展和应用了高性能的非金属材料及复合材料。故工程技术人员应具备更加广泛的有关各种工程材料的知识。

机械工程材料是指机械工程中常用的材料,是材料科学的一个分支。目前,机械工业正朝着高速、自动、精密的方向发展,在机械产品设计及其制造与维修过程中,所遇到的工程材料的选用问题将日趋增多,使机械工业的发展与工程材料学科之间的关系更加密切。故机械技术人员不仅要了解传统的金属材料，也要了解高分子材料、陶瓷材料和复合材料的基本知识，以提高我国机械工业中材料的利用率和机械产品的质量。

三、本课程的目的、任务和学习方法

本课程是高等工业院校机械类专业必修的技术基础课。其目的是使学生获得有关机械工程材料的基本理论和基础知识，为将来应用工程材料和学习有关课程奠定必要的基础。

本课程的具体任务是：①熟悉常用机械工程材料的成分、组织结构与性能间关系，以及有关的加工工艺对其影响；②初步掌握常用机械工程材料的性能和应用，并初步具备选用常用材料的能力；③初步具有正确选定一般机械零件的热处理方法及确定其工序位置的能力。

本课程具有较强的理论性和应用性，学习中应注重于分析、理解与运用，并注意前后知识的衔接与综合应用；为了提高分析问题、解决问题的能力，在理论学习外，还要注意密切联系生产实际，重视实验环节，认真完成作业；学习本课程之前，学生应具有必要的生产实践的感性认识和专业基础知识，故本课程应安排在金工教学实习和物理、化学、材料力学、金属工艺学等课程后进行；本课程涉及的知识面较广，内容较丰富，在教学中应多采用直观教学、电化教学和启发式教学，并培养学生的自学能力，以增加课堂的信息量和课时的利用率，并应在后继课程和生产实习、课程设计、毕业设计等教学环节中反复练习、巩固提高。

第一章 金属材料的力学性能

由于金属材料的品种很多，并具有各种不同的性能，能满足各种机械的使用和加工要求，故生产上得到广泛应用。

金属材料的力学性能是指金属在不同环境因素（温度、介质）下，承受外加载荷作用时所表现的行为。这种行为通常表现为金属的变形和断裂。因此，金属材料的力学性能可以理解为金属抵抗外加载荷引起的变形和断裂的能力。

在机械制造业中，大多数机械零件或构件都是用金属材料制成的，并在不同的载荷与环境条件下服役。如果金属材料对变形和断裂的抗力与服役条件不相适应，就会使机件失去预定的效能而损坏，即产生所谓"失效现象"。常见的失效形式有断裂、磨损、过量弹性变形和过量塑性变形等。从零件的服役条件和失效分析出发，找出各种失效抗力指标，就是该零件应具备的力学性能指标。显然，掌握材料的力学性能不仅是设计零件、选用材料时的重要依据，而且也是按验收技术标准来鉴定材料的依据，以及对产品的工艺进行质量控制的重要参数。

当外加载荷的性质、环境的温度与介质等外在因素不同时，对金属材料要求的力学性能也将不同。常用的力学性能有：强度、塑性、刚度、弹性、硬度、冲击韧度、断裂韧度和疲劳等。下面分别讨论各种力学性能及其指标。

第一节 强度、刚度、弹性及塑性

金属的强度、刚度、弹性及塑性一般可以通过金属材料室温拉伸性能试验来测定。它是按 GB/T 228—2002$^\ominus$规定，把一定尺寸和形状的金属试样（见图 1-1）装夹在试验机上，然后对试样逐渐施加拉伸力，直至把试样拉断为止。根据试样在拉伸过程中承受的力和产生的变形量之间的关系，可测出该金属的拉伸曲线，并由此测定该金属的强度、刚度、弹性及塑性。

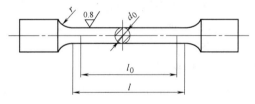

图 1-1 圆形拉伸试样

一、拉伸曲线与应力-应变曲线

1. 拉伸曲线

图 1-2 为低碳钢的拉伸曲线。由图可见，低碳钢试样在拉伸过程中，可分为弹性变形、塑性变形和断裂三个阶段。

当力不超过 F_p 时，拉伸曲线 Op 为一直线，即试样的伸长量与力成正比地增加，完全符合胡克定律，试样处于弹性变形阶段。力在 $F_p \sim F_e$ 间，试样的伸长量与力已不再成正比关系，

⊖ GB/T 228—2002 已代替 GB/T 228—1987。但考虑到工程实际及其他学科中的使用习惯，本书中仍应用 GB/T 228—1987 中的有关物理量和性能指标符号。

拉伸曲线不呈直线，但试样仍处于弹性变形阶段。

力超过 F_e 后，试样开始有塑性变形产生。当力达到 F_s 时，试样开始产生明显的塑性变形，在拉伸曲线上出现了水平的或锯齿形的线段，这种现象称为"屈服"。

当力继续增加到某一最大值 F_b 时，试样的局部截面缩小，产生所谓"缩颈"现象。由于试样局部截面的逐渐减小，故力也逐渐降低，当达到拉伸曲线上 k 点时，试样随即断裂。

由拉伸曲线可见，断裂时试样总伸长 Of 中 gf 是弹性变形，$Og(\Delta l_k)$ 是塑性变形。塑性变形中 $Oh(\Delta l_b)$ 是试样产生缩颈前的均匀变形，$hg(\Delta l_u)$ 是颈部的集中变形。

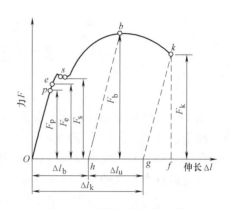

图 1-2　低碳钢的拉伸曲线

应该指出，低碳钢这类塑性材料在断裂前有明显的塑性变形，这种断裂称为韧性断裂。某些脆性材料（如铸铁等）在尚未产生明显的塑性变形时已断裂，故不仅没有屈服现象，而且也不产生缩颈现象，这种断裂称为脆性断裂。

2. 应力-应变曲线

拉伸曲线上的力 F 与伸长量 Δl，不仅与试验的材料性能有关，而且还与试样的尺寸有关。为了消除试样尺寸的影响，需采用应力-应变曲线。

把试样承受的力除以试样的原始横截面积 A_0，则得到试样所受的应力 σ，即

$$\sigma = \frac{F}{A_0} \tag{1-1}$$

把试样的伸长量 Δl 除以试样的原始标距 l_0，则得到试样的相对伸长，即应变 ε（或 δ），即

$$\varepsilon = \frac{\Delta l}{l_0} \tag{1-2}$$

以 σ 与 ε 为坐标，绘出应力-应变的关系曲线，叫做应力-应变曲线。图 1-3 为低碳钢的应力-应变曲线示意图。应力-应变曲线的形状与拉伸曲线完全相似，只是坐标与数值不同。但它不受试样尺寸的影响，可以直接看出金属材料的一些力学性能。

二、刚度和弹性

由图 1-3 所示的应力-应变曲线中的弹性变形阶段可测出材料的弹性模量（E）、弹性极限（σ_e）及弹性比功（a_e），并依此确定该材料的刚度和弹性。

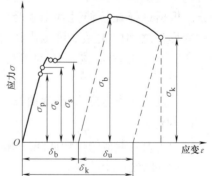

图 1-3　低碳钢的应力-应变曲线

1. 弹性模量

弹性模量 E 是指金属材料在弹性状态下的应力与应变的比值，即

$$E = \frac{\sigma}{\varepsilon} \tag{1-3}$$

在应力-应变曲线上，弹性模量就是试样在弹性变形阶段应力-应变线段的斜率，即引起单位弹性变形所需的应力。因此，它表示金属材料抵抗弹性变形的能力。工程上将材料抵抗弹性变形的能力称为刚度。

绝大多数的机械零件都是在弹性状态下进行工作的，工作过程中，一般不允许有过量的弹性变形，更不允许有明显的塑性变形，故对刚度都有一定的要求。零件的刚度除了与零件横截面大小、形状有关外，还主要取决于材料的性能，即材料的弹性模量 E。E 越大，刚度越大。弹性模量 E 值主要取决于各种金属材料的本性，而热处理、微量合金化及塑性变形等对它的影响很小，它是一个对组织不敏感的力学性能指标。

2. 弹性极限[⊖]

弹性极限 σ_e 是材料在不产生塑性变形时所能承受的最大应力值，即

$$\sigma_e = \frac{F_e}{A_0} \tag{1-4}$$

式中　F_e——试样在不产生塑性变形时的最大力；

　　　A_0——试样的原始横截面积。

由于弹性极限是表示金属材料不产生塑性变形时所能承受的最大应力值，故是工作中不允许有微量塑性变形零件（如精密的弹性元件、炮筒等）的设计与选材的重要依据。

3. 弹性比功

弹性比功 a_e 又称弹性比能或应变能，它表示材料发生弹性变形时可吸收能量的能力，在外力去除时，又能完全释放能量而使材料恢复原状。因此，金属拉伸时的弹性比功可用图1-4 应力-应变曲线下影线面积表示，其值为

$$a_e = \frac{1}{2}\sigma_e\varepsilon_e = \frac{\sigma_e^2}{2E} \tag{1-5}$$

由式（1-5）可见，提高弹性极限 σ_e 或降低弹性模量 E，均能提高材料的弹性比功 a_e。

弹簧是典型的弹性零件，主要起缓冲和储存能量的作用，它要求材料具有大的弹性比功。机械工业中，弹簧常用各种弹簧钢制造，由于弹性模量 E 对组织不敏感，故只有通过合金化、热处理和冷塑性变形等方法来提高材料的弹性极限 σ_e，从而提高其弹性比功。用无磁性的铍青铜或磷青铜制造的仪表弹簧，因材料的 E 较低而 σ_e 较高，也具有较高的弹性比功，常用作软弹簧材料。表1-1 为几种常见工程材料的弹性模量、弹性极限和弹性比功值。

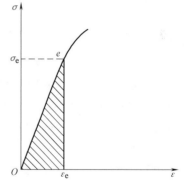

图 1-4　弹性比功的图解计算法

三、强度

强度是指金属材料在静力作用下，抵抗永久变形和断裂的性能。由于力的作用方式有拉伸、压缩、弯曲、剪切等形式，所以强度也分为抗拉强度、抗压强度、抗弯强度、抗剪强度等。由图1-3 所示的应力-应变曲线，可确定材料的下列强度指标。

⊖　GB/T 228—2002 中已取消弹性极限和条件屈服强度的工程定义，用规定非比例延伸强度及规定残余延伸强度代替。考虑到这两种性能指标的物理意义还是存在的，以及在工程中仍有应用，故在本书中仍保留。

表 1-1 常见工程材料的弹性模量、弹性极限和弹性比功值

材　　料	E/MPa	σ_e/MPa	a_e/MPa
中碳钢	210000	310	0.228
弹簧钢	210000	965	2.217
硬铝	72400	125	0.108
铍青铜 QBe2	120000	588	1.44
磷青铜 QSn6.5-0.1	101000	450	1.0
ABS	1725	34[①]	0.345
丁苯橡胶	2	2[①]	1.034

　① 该值为材料的屈服强度。

1. 屈服强度与条件屈服强度

屈服强度 σ_s 是材料开始产生明显塑性变形时的最低应力值，即

$$\sigma_s = \frac{F_s}{A_0} \tag{1-6}$$

式中　F_s——试样发生屈服时的力，即屈服力；

　　　A_0——试样的原始横截面积。

工业上使用的某些金属材料（如高碳钢和某些经热处理后的钢等），在拉伸试验中没有明显的屈服现象发生，故无法确定其屈服强度 σ_s。按 GB/T 228—2002 规定，可用条件屈服强度 $\sigma_{0.2}$ 来表示该材料开始产生明显塑性变形时的最低应力值。条件屈服强度为试样标距部分外力去除后产生 0.2% 伸长[⊖]时的应力值，即

$$\sigma_{0.2} = \frac{F_{0.2}}{A_0} \tag{1-7}$$

式中　$F_{0.2}$——试样标距在外力去除后产生 0.2% 伸长时的力；

　　　A_0——试样的原始横截面积。

一般机械零件不仅在破断时形成失效，而往往在发生少量塑性变形后，零件精度降低或与其他零件的相对配合受到影响时就形成了失效。所以，屈服强度或条件屈服强度就成为零件设计时的主要依据，同时也是评定金属材料强度的重要指标之一。

2. 抗拉强度

抗拉强度 σ_b 是材料在破断前所承受的最大应力值，即

$$\sigma_b = \frac{F_b}{A_0} \tag{1-8}$$

式中　F_b——试样在破断前所承受的最大力；

　　　A_0——试样的原始横截面积。

由应力-应变曲线可见，抗拉强度 σ_b 是表示塑性材料抵抗大量均匀塑性变形的能力。脆性材料在拉伸过程中，一般不产生缩颈现象，因此，抗拉强度 σ_b 就是材料的断裂强度，它是表示材料抵抗断裂的能力。抗拉强度是零件设计时的重要依据，同时也是评定金属材料的强度重要指标之一。

　⊖　由于大多数金属材料的非比例伸长和残余伸长相差很少，故本书中不再严格区分。

四、塑性

塑性是指金属材料在静力作用下，产生塑性变形而不破坏的能力。伸长率 δ 和断面收缩率 ψ 是表示材料塑性好坏的指标。

1. 伸长率（断后伸长率）

伸长率是指试样拉断后标距增长量与原始标距之比，即

$$\delta = \frac{l_k - l_0}{l_0} \times 100\% \tag{1-9}$$

式中　l_k——试样断裂后的标距；

　　　l_0——试样原始标距。

材料的伸长率是随标距的增加而减小的，所以同一材料的短试样（$l_0/d_0 = 5$ 的试样）要比长试样（$l_0/d_0 = 10$ 的试样）所测得的伸长率大 20% 左右，对局部集中变形特别明显的材料，甚至可大到 50%。因此，用长、短两种试样求得的伸长率应分别以 δ_{10}（或 δ）和 δ_5 表明。

2. 断面收缩率

断面收缩率是指试样拉断处横截面积的缩减量与原始横截面积之比，即

$$\psi = \frac{A_0 - A_k}{A_0} \times 100\% \tag{1-10}$$

式中　A_k——试样断裂处的最小横截面积；

　　　A_0——试样的原始横截面积。

虽然塑性指标通常不直接用于工程设计计算，但任何零件都要求材料具有一定塑性。因为零件使用过程中，偶然过载时，由于能发生一定的塑性变形而不至于突然脆断。同时，塑性变形还有缓和应力集中、削减应力峰的作用，在一定程度上保证了零件的工作安全。此外，各种成形加工（如锻压、轧制、冷冲压等）都要求材料具有一定的塑性。

第二节　硬　　度

硬度是衡量金属材料软硬程度的指标。目前生产中，测定硬度最常用的方法是压入硬度法，它是用一定几何形状的压头，在一定试验力下，压入被测试的金属材料表面，根据被压入程度来测定其硬度值。用同样的压头，在相同试验力作用下，压入金属材料表面时，若压入程度越大，则材料的硬度值越低；反之，硬度值就越高。因此，压入法所表示的硬度是指材料表面抵抗更硬物体压入的能力。

硬度试验设备简单，操作迅速方便，又可直接在零件或工具上进行试验而不破坏工件，并且还可根据测得的硬度值估计出材料的近似抗拉强度和耐磨性（耐磨性是指材料抵抗磨损的能力）。此外，硬度与材料的冷成形性、可加工性、焊接性等工艺性能间也存在着一定联系，可作为选择加工工艺时的参考。由于以上原因，所以硬度试验在实际生产中作为产品质量检查、制定合理加工工艺的最常用的重要试验方法。在产品设计图样的技术条件中，硬度也是一项主要技术指标。

测定硬度的方法很多，生产中应用较多的有布氏硬度、洛氏硬度和维氏硬度等试验方法。

一、布氏硬度

布氏硬度试验法是用一直径为 D 的硬质合金球，在规定试验力 F 的作用下压入被测试金属的表面（见图1-5），停留一定时间后卸除试验力，测量被测试金属表面上所形成的压痕直径 d，由此计算压痕的球缺面积 S，然后再求出压痕的单位面积所承受的平均压力（F/S），以此作为被测试金属的布氏硬度值。

布氏硬度用符号 HBW 表示，当试验力 F 的单位为牛顿（N）时布氏硬度值应为

$$\text{HBW} = 常数 \times \frac{F}{S} = 0.102 \times \frac{2F}{\pi D(D - \sqrt{D^2 - d^2})} \tag{1-11}$$

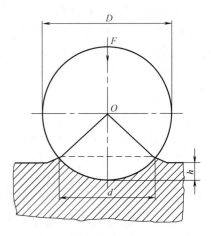

图1-5 布氏硬度试验原理示意图

式中球体直径 D 与压痕直径 d 的单位为毫米（mm），因此布氏硬度的单位为 N/mm^2，但习惯上只写明硬度的数值而不标出单位。一般硬度符号 HBW 前面的数值为硬度值，符号后面的数值依次表示球体直径、试验力大小及试验力保持时间（保持时间为 10～15s 时不标注）。例如，500HBW5/750 表示用直径 5mm 硬质合金球，在 7.355kN 试验力作用下保持 10～15s，测得的布氏硬度值为 500。

在进行布氏硬度试验时，应根据被测试金属材料的种类和试样厚度，选用不同大小的球体直径 D，施加试验力 F 和试验力保持时间。按 GB/T 231.1—2002 规定，球体直径有 10mm、5mm、2.5mm 和 1mm 四种；试验力（单位为 N）与球体直径平方的比值（$0.102 \times F/D^2$）有 30、15、10、5、2.5 和 1 共六种（可根据金属材料的种类和布氏硬度范围，按表1-2 选定 F/D^2 值）；试验力的保持时间为 10～15s，对于要求试验力保持较长时间的材料，试验力保持时间允许误差为 ±2s。

表1-2 布氏硬度试验的 F/D^2 值的选择

材　料	布 氏 硬 度	$0.102 \times F/D^2$[①]
钢、镍合金、钛合金		30
铸铁	<140	10
	>140	30
铜及其合金	<35	5
	35～200	10
	>200	30
轻金属及其合金	<35	2.5
	35～80	10（或 5、15）
	>80	10（或 15）
铅、锡		1

① 试验条件允许时，应尽量选用10mm球和无括号的 F/D^2 值。

由式（1-11）可见，当试验力 F 与球体直径 D 选定时，硬度值只与压痕直径 d 有关。d 越大，则布氏硬度值越小；反之，d 越小，硬度值越大。在实际测试时，硬度值不需用式（1-11）计算，一般用刻度放大镜测出压痕直径 d，然后根据 d 值查附录 A，即可求得所测的硬度值。

布氏硬度试验法因压痕面积较大，能反映出较大范围内被测试金属的平均硬度，故试验结果较精确。但因压痕较大，则不宜测试成品或薄片金属的硬度。

二、洛氏硬度

洛氏硬度试验法是目前工厂中应用最广泛的试验方法。它是用一个压头（锥顶角 120°的金刚石圆锥体、一定直径的钢球或硬质合金球），在规定试验力作用下压入被测试金属表面，由压头在金属表面所形成的压痕深度来确定其硬度值。

图 1-6 表示金刚石圆锥压头的洛氏硬度试验原理。图中 0—0 为圆锥压头的初始位置，1—1 为在初试验力 F_0（98.07N）作用下，压头压入深度为 h_1 时的位置，加初试验力的目的是使压头与试样表面紧密接触，避免由于试样表面不平整而影响试验结果的精确性；2—2 为在总试验力 F（初试验力 F_0 + 主试验力 F_1）作用下，压头压入深度为 h_2 时的位置；3—3 为卸除主试验力 F_1 后，由于被测试金属弹性变形恢复，而使压头略为提高时的位置。这时，压头实际压入试样的深度为 h_3。故由主试验力引起的塑性变形而产生的残余压痕

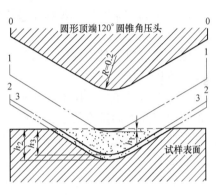

图 1-6　洛氏硬度试验原理示意图

深度 $h = h_3 - h_1$，并以此来衡量被测试金属的硬度。显然，h 越大时，被测试金属的硬度越低；反之，则越高。为了照顾习惯上数值越大，硬度越高的概念，根据 h 值及常数 N 和 S，用式（1-12）计算洛氏硬度值，并用符号 HR 表示，即

$$HR = N - \frac{h}{S} \tag{1-12}$$

式中，N 为给定标尺的硬度数；S 为给定标尺的单位，通常以 0.002 为一个硬度单位。

为了能用同一硬度计测定从极软到极硬材料的硬度，可采用不同的压头和试验力，组成了几种不同的洛氏硬度标尺，其中最常用的是 A、B、C 三种标尺，表 1-3 为这三种标尺的试验条件和应用范围（GB/T 230.1—2004）。

表 1-3　常用洛氏硬度标尺的试验条件和应用

标尺	硬度符号	所用压头	总试验力 F/N	测量范围[①] HR	应　用　范　围
A	HRA	金刚石圆锥	588.4	20～88	碳化物、硬质合金、淬火工具钢、浅层表面硬化钢
B	HRB	$\phi1.588$mm 钢球	980.7	20～100	软钢、铜合金、铝合金、可锻铸铁
C	HRC	金刚石圆锥	1471	20～70	淬火钢、调质钢、深层表面硬化钢

① HRA、HRC 所用刻度盘满刻度为 100，HRB 为 130。

洛氏硬度值为一无名数，它置于符号 HR 的前面表示，HR 后面为使用的标尺。例如，

50HRC 表示用 C 标尺测定的洛氏硬度值为 50。在试验时，硬度值一般均由硬度计的刻度盘上直接读出。

上述洛氏硬度试验法应在试样的平面上进行，若在曲率半径较小的柱面或球面上测定硬度时，应在测得的硬度值上，再加上一定的修正值，曲率半径越小，修正值越大。修正值的大小可由 GB/T 230—2004 附录 C、D 的表中查得。

常用的洛氏硬度试验所用的试验力较大，不宜用来测定极薄材料或零件经化学热处理后的表面硬度。为了解决表面硬度的测定，以洛氏硬度试验原理为基础，又设计出一种表面硬度计，它比一般洛氏硬度计试验力小，其初试验力为 29.4N，总试验力分别为 147.2N、294.3N 及 441.5N。常数 $N = 100$，并以每 0.001mm 的压痕深度为一个硬度单位，刻度盘满刻度为 100。试验时，材料的硬度值也可以直接从刻度盘上读出。

洛氏硬度试验法的优点是操作迅速简便，由于压痕较小，故可在工件表面或较薄的金属上进行试验。同时，采用不同标尺，可测出从极软到极硬材料的硬度。其缺点是因压痕较小，对组织比较粗大且不均匀的材料，测得的硬度不够准确。

三、维氏硬度

洛氏硬度试验虽可采用不同的标尺来测定由极软到极硬金属材料的硬度，但不同标尺的硬度值间没有简单的换算关系，使用上很不方便。为了能在同一种硬度标尺上，测定由极软到极硬金属材料的硬度值，特制定了维氏硬度试验法。

维氏硬度的试验原理基本上和布氏硬度试验相同。图 1-7 为维氏硬度试验原理示意图，它是用一个相对面夹角为 136° 的金刚石正四棱锥体压头，在规定试验力 F 作用下压入被测试金属表面，保持一定时间后卸除试验力。然后再测量压痕投影的两对角线的平均长度 d，进而计算出压痕的表面积 S，最后求出压痕表面积上平均压力 (F/S)，以此作为被测试金属的硬度值，称为维氏硬度，用符号 HV 表示。当试验力 F 的单位为牛顿（N）时维氏硬度值为

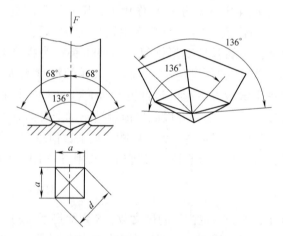

图 1-7　维氏硬度试验原理示意图

$$HV = \frac{F}{S} = \frac{F}{\dfrac{d^2}{2\sin 68°}} = 0.1891\frac{F}{d^2} \tag{1-13}$$

式中两对角线的平均长度 d 的单位用 mm。与布氏硬度值一样，习惯上也只写出其硬度数值而不标出单位。在硬度符号 HV 之前的数值为硬度值，HV 后面的数值依次表示试验力（单位为 kgf）和试验力保持时间（保持时间为 10～15s 时不标注）。例如，640HV30 表示在 30kgf（294.2N）试验力作用下，保持 10～15s 测得的维氏硬度值为 640。640HV30/20 表示在 30kgf（294.2N）试验力作用下，保持 20s 测得的维氏硬度值为 640。

维氏硬度试验常用的试验力有 49.03N、98.07N、196.1N、294.2N、490.3N、980.7N

等几种。试验时，试验力 F 应根据试样的硬度与厚度来选择。一般在试样厚度允许的情况下尽可能选用较大试验力，以获得较大压痕，提高测量精度。

由式（1-13）可以看出，当所加试验力 F 已选定，则硬度值 HV 只与压痕投影的两对角线的平均长度 d 有关，d 越大，则 HV 值越小；反之，HV 值越大。在实际测试时，硬度值并不需要用式（1-13）计算，一般是用装在机体上的测量显微镜，测出压痕投影的两对角线的平均长度 d，然后根据 d 大小查 GB/T 4340—1999 附表求得所测的硬度值。

维氏硬度试验法的优点是试验时所加试验力小，压入深度浅，故适用于测试零件表面淬硬层及化学热处理的表面层（如渗碳层、渗氮层等）；同时维氏硬度是一个连续一致的标尺，试验时试验力可任意选择，而不影响其硬度值的大小，因此可测定从极软到极硬的各种金属材料的硬度。维氏硬度试验法的缺点是其硬度值的测定较麻烦，工作效率不如测洛氏硬度高。

根据 GB/T 4340.1—1999 金属显微维氏硬度试验方法规定，将试验力减小为 0.0981N、0.1961N、0.4903N、0.9807N、1.961N，使压痕对角线长度以 μm 级计量，从而可测定金属箔、金属粉末、极薄表层以及金属中晶粒与合金相的维氏硬度值。

由于各种硬度试验的条件不同，因此相互间没有理论的换算关系。但根据试验结果，可获得粗略换算公式如下：

当硬度在 200～600HBW 范围内 $\qquad$ $\mathrm{HRC} \approx \dfrac{1}{10}\mathrm{HBW}$

当硬度小于 450HBW 时 $\qquad$ $\mathrm{HBW} \approx \mathrm{HV}$

附录 B 为黑色金属的各种硬度间换算以及硬度与强度换算表。

第三节　冲 击 韧 性

以很大速度作用于工件上的力称为冲击力。许多零件和工具在工作过程中，往往受到冲击力的作用，如冲床的冲头、锻锤的锤杆、内燃机的活塞销与连杆、风动工具等。由于冲击力的加力速度高，作用时间短，使金属在受冲击时，应力分布与变形很不均匀。故对承受冲击力的零件来说，仅具有足够的静力强度指标是不够的，还必须具有足够抵抗冲击力的能力。

金属材料在冲击力作用下，抵抗破坏的能力叫做冲击韧性，为了评定金属材料的冲击韧性，需进行一次冲击试验。一次冲击试验是一种动力试验，它包括冲击弯曲、冲击拉伸、冲击扭转等几种试验方法。本节将介绍其中应用最普遍的一次冲击弯曲试验。

一、冲击试验方法与原理

一次冲击弯曲试验通常是在摆锤式冲击试验机上进行的，为了使试验结果能相互比较，所用试样必须标准化。按 GB/T 229—2007 规定，冲击试验标准试样有夏比 U 形缺口试样和夏比 V 形缺口试样两种。两种试样的尺寸及加工要求如图 1-8、图 1-9 所示。

试验时，将试样放在试验机两支座上（见图 1-10），把质量为 G 的摆锤抬到 H 高度（见图 1-11），使摆锤具有位能 GHg（g 为重力加速度）。然后释放摆锤，将试样冲断，并向另一方向升高到 h 高度，这时摆锤具有位能为 Ghg。故摆锤冲断试样失去的位能为 $GHg -$

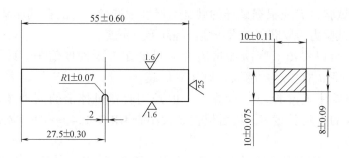

图 1-8　夏比 U 形缺口试样

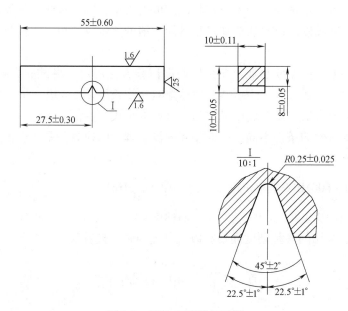

图 1-9　夏比 V 形缺口试样

Ghg，这就是试样变形和断裂所消耗的功，称为冲击吸收功 $A_K{}^{\ominus}$，即

$$A_K = Gg(H - h) \tag{1-14}$$

　　根据两种试样缺口形状不同，冲击吸收功分别用 A_{KU} 和 A_{KV} 表示，单位为焦耳（J）。冲击吸收功的值可从试验机的刻度盘上直接读得。

　　一般把冲击吸收功值低的材料称为脆性材料，值高的材料称为韧性材料。脆性材料在断裂前无明显的塑性变形，断口较平整，呈晶状或瓷状，有金属光泽；韧性材料在断裂前有明显的塑性变形，断口呈纤维状，无光泽。

二、冲击试验的应用

　　冲击弯曲试验主要用途是揭示材料的变脆倾向，其具体用途有：

　　（1）评定材料的低温变脆倾向　有些材料在室温 20℃ 左右试验时并不显示脆性，而在低温下则可能发生脆断，这一现象称为冷脆现象。为了测定金属材料开始发生这种冷脆现象的

⊖　GB/T 229—2007 中已采用冲击吸收能量 K 代替 A_K，考虑到冲击吸收功 A_K 在工程实践中仍在应用，故本书中仍保留 A_K。

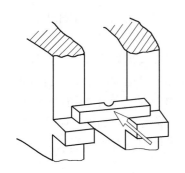

图 1-10 试样安放位置

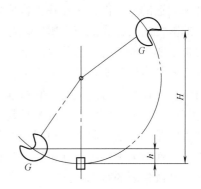

图 1-11 冲击试验原理图

温度，应在不同温度下进行系列冲击试验，测出该材料的冲击吸收功与温度间关系曲线（见图 1-12）。由图可见，冲击吸收功随温度的降低而减小，当试验温度降低到某一温度范围时，其冲击吸收功急剧降低，使试样的断口由韧性断口过渡为脆性断口。因此，这个温度范围称为韧脆转变温度范围。在这温度范围内，通常可根据有关标准或双方协议，确定某一温度为该材料的韧脆转变温度。

韧脆转变温度的高低是金属材料质量指标之一，韧脆转变温度越低，材料的低温冲击性能就越好。这对于在寒冷地区和低温下工作的机械和工程结构（如运输机械、地面建筑、输送管道等）尤为重要，由于它们的工作环境温度可能在 –50 ~ +50℃之间变化，所以必须具有更低的韧脆转变温度，才能保证工作的正常进行。

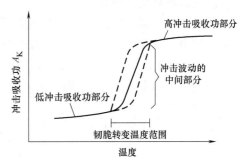

图 1-12 冲击吸收功-温度曲线示意图

（2）反映原材料的冶金质量和热加工产品质量 冲击吸收功对金属材料内部结构、缺陷等具有较大的敏感性，很容易揭示出材料中某些物理现象，如晶粒粗化、冷脆、回火脆性及夹渣、气泡、偏析等。故目前常用冲击试验来检验冶炼、热处理及各种热加工工艺和产品的质量。

第四节　断　裂　韧　度

机械零件（或构件）的传统强度设计都是用材料的条件屈服强度 $\sigma_{0.2}$ 确定其许用应力，即

$$\sigma < [\sigma] = \frac{\sigma_{0.2}}{n}$$

式中　σ——工作应力；

　　　$[\sigma]$——许用应力；

　　　n——安全系数。

一般认为零件（或构件）在许用应力下工作是安全可靠的，既不会发生塑性变形，更不会发生断裂。但实际情况却并不总是如此，有些高强度钢制造的零件（或构件）和中、

低强度钢制造的大型件，往往在工作应力远低于屈服强度时就发生脆性断裂。这种在屈服强度以下的脆性断裂称为低应力脆断。高压容器的爆炸和桥梁、船舶、大型轧辊、发电机转子的突然折断等事故，往往都是属于低应力脆断。

大量断裂事例分析表明，低应力脆断是由材料中宏观裂纹扩展引起的。这种宏观裂纹在实际材料中往往是不可避免的，它可能是材料在冶炼和加工过程中产生的，也可能是零件在使用过程中产生的。因此，裂纹是否易于扩展，就成为材料是否易于断裂的一种重要指标。在断裂力学基础上建立起来的材料抵抗裂纹扩展的性能，称为断裂韧度。断裂韧度可以对零件允许的工作应力和裂纹尺寸进行定量计算，故在安全设计中具有重大意义。

一、裂纹扩展的基本形式

当外力作用于含有裂纹的材料时，根据应力与裂纹扩展面的取向不同，裂纹扩展可分为张开型（Ⅰ型）、滑开型（Ⅱ型）和撕开型（Ⅲ型）三种基本形式，如图 1-13 所示。

在实践中，三种裂纹扩展形式中以张开型（Ⅰ型）最危险，最容易引起脆性断裂。因此，本节随后对断裂韧度的讨论，就是以这种形式作为对象。

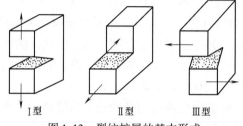

图 1-13 裂纹扩展的基本形式

二、应力场强度因子 K_I

当材料中存在裂纹时，在裂纹尖端处必然存在应力集中，从而形成了应力场。由于裂纹扩展总是从裂纹尖端开始向前推进的，故裂纹能否扩展与裂纹尖端处的应力场大小有直接关系。衡量裂纹尖端附近应力场强弱程度的力学参量称为应力场强度因子 K_I。脚标 Ⅰ 表示 Ⅰ 型裂纹的应力场强度因子。K_I 越大，则应力场的应力值也越大。

Ⅰ 型裂纹应力场强度因子 K_I 的值与裂纹尺寸 a[一] 和外加应力 σ 有如下关系

$$K_I = Y\sigma\sqrt{a} \tag{1-15}$$

式中　Y——与裂纹形状、试样类型及加载方式有关的系数（一般 $Y = 1 \sim 2$）；

　　　K_I——单位为 $MPa \cdot m^{1/2}$。

三、断裂韧度 K_{IC} 及其应用

由式（1-15）可知，K_I 是一个决定于 σ 和 a 的复合力学参量。K_I 随 σ 和 a 增大而增大，故应力场的应力值也随之增大。当 K_I 增大到某一临界值时，就能使裂纹尖端附近的内应力达到材料的断裂强度，从而导致裂纹扩展，最终使材料断裂。这种裂纹扩展时的临界状态所对应的应力场强度因子，称为材料的断裂韧度，用 K_{IC} 表示[二]。K_{IC} 的单位与 K_I 相同，为 $MPa \cdot m^{1/2}$。

必须指出，K_I 和 K_{IC} 是两个不同的概念。两者的区别和 σ 与 $\sigma_{0.2}$ 的区别相似。金属拉伸试验时，当应力 σ 增大到条件屈服强度 $\sigma_{0.2}$ 时，材料开始发生明显塑性变形。同样，当

[一]　Ⅰ 型裂纹长度为 $2a$。

[二]　K_{IC} 实为平面应变下的断裂韧度，它表示在平面应变条件下材料抵抗裂纹扩展的能力。平面应变是三向拉伸应力下只产生两个主应变，在这样的应力状态下，裂纹最容易扩展，因此平面应变应力状态是一种最危险的应力状态。厚件中裂纹尖端附近就处于这种应力状态。

应力场强度因子 K_I 增大到断裂韧度 K_{IC} 时，材料中裂纹就会失稳扩展，并导致材料断裂。因此，K_I 与 σ 对应，都是力学参量，它们和力及试样尺寸有关，而和材料无关；而 K_{IC} 与 $\sigma_{0.2}$ 对应，都是材料的力学性能指标，它们和材料成分、组织结构有关，而和力及试样尺寸无关。

根据应力场强度因子 K_I 和断裂韧度 K_{IC} 的相对大小，可判断含裂纹的材料在受力时，裂纹是否会失稳扩展而导致断裂，即

$$K_I = Y\sigma\sqrt{a} \geqslant K_{IC} = Y\sigma_c\sqrt{a_c} \tag{1-16}$$

式中　σ_c——裂纹扩展时的临界状态所对应的工作应力，称为断裂应力；

　　　a_c——裂纹扩展时的临界状态所对应的裂纹尺寸，称为临界裂纹尺寸。

式（1-16）是工程安全设计中防止低应力脆断的重要依据，它将材料断裂韧度与零件（或构件）的工作应力及裂纹尺寸的关系定量地联系起来，应用这个关系式可以解决以下三方面问题：

1）在测定了材料的断裂韧度 K_{IC}，并探伤测出零件（或构件）中裂纹尺寸 a 后，可确定零件（或构件）的最大承载能力 σ_c，为载荷设计提供依据。

2）已知材料的断裂韧度 K_{IC} 及零件（或构件）的工作应力，可确定其允许的最大裂纹尺寸 a_c，为制定裂纹探伤标准提供依据。

3）根据零件（或构件）中工作应力及裂纹尺寸 a，确定材料应有的断裂韧度 K_{IC}，为正确选用材料提供依据。

第五节　疲　　劳

一、疲劳现象

工程中有许多零件，如发动机曲轴、齿轮、弹簧及滚动轴承等都是在变动载荷下工作的。根据变动载荷的作用方式不同，零件承受的应力可分为交变应力与重复应力两种，如图 1-14 所示。

承受交变应力或重复应力的零件，在工作过程中，往往在工作应力低于其屈服强度的情况下发生断裂，这种现象称为疲劳断裂。疲劳断裂与在静力作用下的断裂不同，不管是

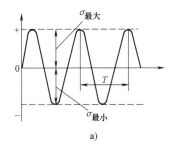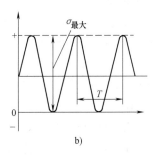

图 1-14　交变应力与重复应力示意图
a）交变应力　b）重复应力

脆性材料还是韧性材料，疲劳断裂都是突然发生的，事先均无明显的塑性变形的预兆，很难事先觉察到，也属低应力脆断，故具有很大的危险性。

产生疲劳断裂的原因，一般认为是由于在零件应力高度集中的部位或材料本身强度较低的部位，如原有裂纹、软点、脱碳、夹杂、刀痕等缺陷处，在交变或重复应力的反复作用下产生了疲劳裂纹，并随着应力的循环周次的增加，疲劳裂纹不断扩展，使零件承受载荷的有效面积不断减小，最后当减小到不能承受外加载荷的作用时，零件即发生突然断裂。因此，

零件的疲劳失效过程可分为疲劳裂纹产生、疲劳裂纹扩展和瞬时断裂三个阶段。疲劳宏观断口一般也具有三个区域，即以疲劳裂纹策源地（疲劳源）为中心逐渐向内扩展呈海滩状条纹（贝纹线）的裂纹扩展区和呈纤维状（韧性材料）或结晶状（脆性材料）的瞬时断裂区。图 1-15 为曲轴的疲劳宏观断口形貌。

二、疲劳曲线与疲劳极限

大量试验证明，金属材料所受的最大交变应力 σ_{max} 越大，则断裂前所经受的循环周次 N（定义为疲劳寿命）越少，如图 1-16 所示。这种交变应力 σ_{max} 与疲劳寿命 N 的关系曲线称为疲劳曲线，或 S-N 曲线。

图 1-15　曲轴的疲劳宏观断口形貌

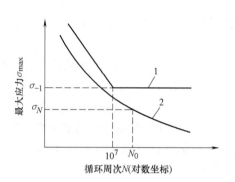

图 1-16　疲劳曲线（S-N 曲线）示意图
1——一般钢铁材料　2—有色金属、高强度钢等

一般钢铁材料的 S-N 曲线属于图 1-16 中曲线 1 的形式，其特征是当循环应力小于某一数值时，循环周次可以达到很大，甚至无限大，而试样仍不发生疲劳断裂，这就是试样不发生断裂的最大循环应力，该应力值称为疲劳极限。光滑试样的对称循环旋转弯曲的疲劳极限用 σ_{-1} 表示。按 GB/T 4337—1984 规定，一般钢铁材料取循环周次为 10^7 次时，能承受的最大循环应力为疲劳极限。

一般有色金属、高强度钢及腐蚀介质作用下的钢铁材料的 S-N 曲线属于图 1-16 中曲线 2 的形式，其特征是循环周次 N 随所受应力 σ 的降低而增加，不存在曲线 1 所示的水平线段。因此，对具有如曲线 2 所示特征的金属，要根据零件的工作条件和使用寿命，规定一个疲劳极限循环基数 N_0，并以循环基数 N_0 所对应的应力作为"条件疲劳极限"以 $\sigma_{r(N_0)}$ 表示。一般规定：有色金属 N_0 取 10^8 次；腐蚀介质作用下的 N_0 取 10^6 次。

三、提高疲劳极限的途径

由于金属疲劳极限与抗拉强度的测定方法不同，故它们之间没有确定的定量关系。但经验证明，在其他条件相同情况下，材料抗拉强度越高时，其疲劳极限也越高。当钢材抗拉强度 $\sigma_b < 1400MPa$ 时，σ_{-1} 与 σ_b 之比（称疲劳比）在 0.4 ~ 0.6 之间。因此，零件的失效形式中，约有 80% 是由于疲劳断裂所造成的。为了防止疲劳断裂的产生，必须设法提高零件的疲劳极限。疲劳极限除与选用材料的本性有关外，还可通过以下途径来提高其疲劳极限。

1）在零件结构设计方面尽量避免尖角、缺口和截面突变，以免应力集中及由此引起的疲劳裂纹。

2）降低零件表面粗糙度，提高表面加工质量，以及尽量减少能成为疲劳源的表面缺陷（氧化、脱碳、裂纹、夹杂等）和表面损伤（刀痕、擦伤、生锈等）。

3）采用各种表面强化处理，如化学热处理、表面淬火和喷丸、滚压等表面冷塑性变形加工，不仅可提高零件表层的疲劳极限，还可获得有益的表层残余压应力，以抵消或降低产生疲劳裂纹的拉应力。图 1-17 为表面强化处理提高疲劳极限示意图。图中两根虚线分别表示外加载荷引起的拉应力和表面强化产生的残余

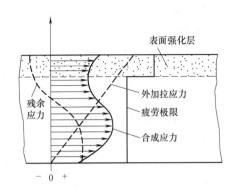

图 1-17　表面强化提高疲劳极限示意图

应力，这两类应力的合成应力用箭头表示，实线为材料及其表面强化层的疲劳极限。由此可见，由于表层的疲劳极限提高，以及表层残余压应力使表层的合成应力降低，其结果为合成应力低于疲劳极限，故不会发生疲劳断裂。

四、其他疲劳

1. 低周疲劳

上述的疲劳现象是在机件承受的交变应力（或重复应力）较低，加载的频率较高，而断裂前所经受循环周次也较高情况下发生的，故也称为高周疲劳。而工程中有些机件是在承受交变应力（或重复应力）较高（接近或超过材料的屈服强度），加载频率较低，并经受循环周次较低（$10^2 \sim 10^5$ 周次）时发生了疲劳断裂，这种疲劳称为低周疲劳。

由于低周疲劳的交变应力（或重复应力）接近或超过材料的屈服强度，且其加载频率又较低，致使每一循环周次中，在机件的应力集中部位（诸如拐角、圆孔、沟槽、过渡截面等）都会发生一定量的塑性变形，这种循环应变促使疲劳裂纹的产生，并在塑性区中不断扩张直至机件断裂。在工程中有许多机件是由于低周疲劳而破坏的。例如，风暴席卷海船的壳体、常年阵风吹刮的桥梁、飞机在起动和降落时的起落架、经常充气的高压容器等，往往都是因承受循环塑性应变作用而发生低周疲劳断裂。

应当指出，当机件在高周疲劳下服役时，应主要考虑材料的强度，即选用高强度的材料。而低周疲劳的寿命与材料的强度及各种表面强化处理关系不大，它主要取决于材料的塑性。因而，当机件在低周疲劳下服役时，应在满足强度要求下，选用塑性较高的材料。

2. 冲击疲劳

工程上许多承受冲击力的零件，很少在服役期间只经受大能量的一次或几次冲击就断裂失效，一般都是承受小能量的多次（$>10^5$ 次）冲击才断裂。这种小能量多次冲击断裂和前述的大能量一次冲击断裂有本质的不同。它是多次冲击力引起的损伤积累和裂纹扩展的结果，断裂后具有疲劳断口的特征，故属于疲劳断裂。这种承受小能量冲击力的零件，在经过千百万次冲击后发生断裂的现象，称为冲击疲劳。因此，对这些零件已不能用一次冲击弯曲试验所测得的冲击吸收功 A_{KU}（或 A_{KV}）来衡量其对冲击力的抗力，而应采用冲击疲劳抗力的指标。

冲击疲劳抗力是一个取决于强度和塑性、韧性的综合力学性能。大量试验表明，当冲击能量较高、断裂前冲击次数较少时，材料的冲击疲劳抗力主要取决于塑性和韧性；冲击能量

较低、断裂前冲击次数较多时，则主要取决于材料的强度。

3. 热疲劳

工程上有许多零件，如热锻模、热轧辊、涡轮机叶片、加热炉零件及热处理夹具等都是在温度反复循环变化下工作的。由于温度循环变化而产生热应力循环变化，由这种循环热应力引起的疲劳称为热疲劳。

产生热应力的原因是由于温度变化时，材料的热胀冷缩受到来自外部或内部的约束⊖，使材料不能自由膨胀或收缩，于是产生了热应力。热应力大小可表达如下

$$\sigma = E\alpha\Delta T \tag{1-17}$$

式中　E——材料的弹性模量；

　　　α——材料的线膨胀系数；

　　　ΔT——温度差。

当热应力超过材料高温下的弹性极限时，将发生局部塑性变形，经过一定循环次数后，这种局部应变的循环变化就可能产生疲劳裂纹，随后疲劳裂纹向纵深扩展而导致热疲劳破坏。

提高热疲劳抗力的主要途径有：降低材料的线膨胀系数；提高材料的高温强度和导热性；尽可能减少应力集中和使热应力得到应有的塑性松弛等。

4. 接触疲劳

接触疲劳通常发生在滚动轴承、齿轮、钢轨与轮箍等一类零件的接触表面。因为接触表面在接触压应力的反复长期作用后，会引起材料表面因疲劳损伤而使局部区域产生小片金属剥落，这种疲劳破坏现象称为接触疲劳。接触疲劳与一般疲劳一样，同样有疲劳裂纹产生和疲劳裂纹扩展两个阶段。

接触疲劳破坏形式有麻点剥落（点蚀）、浅层剥落和深层剥落三类。在接触表面上出现深度在0.1~0.2mm以下的针状或痘状凹坑，称为麻点剥落；浅层剥落深度一般为0.2~0.4mm，剥块底部大致和表面平行；深层剥落深度和表面强化层深度相当，产生较大面积的表层压碎。

提高接触疲劳抗力的主要途径有：尽可能减少材料中非金属夹杂物；改善表层质量（内部组织状态及外部加工质量）；适当控制心部硬度及表层的硬度与深度；保持良好的润滑状态等。

5. 腐蚀疲劳

腐蚀疲劳是零件在腐蚀性环境中承受变动载荷所产生的一种疲劳破坏现象。由于材料同时受到腐蚀和疲劳两个因素的组合作用，加速了疲劳裂纹的产生和扩展，所以它比这两个因素单独作用时的危害性大得多。在国内外如船舶推进器、压缩机和燃气轮机叶片等产生腐蚀疲劳破坏事故常有报导，故腐蚀疲劳也应引起人们重视。

由于材料的腐蚀疲劳极限与抗拉强度间不存在比例关系，因此，提高腐蚀疲劳抗力的主要途径有：在腐蚀介质中添加缓蚀剂；采用电化学保护；通过各种表面处理方法，使零件表层产生残余压应力等。

⊖　如管道温度升高时，刚性支承产生约束力阻止管道膨胀，就是外部约束，零件截面内存在温度差，一部分材料约束另一部分材料，就是内部约束。

习题与思考题

1. 拉伸试样的原标距为 50mm，直径为 10mm，拉伸试验后，将已断裂的试样对接起来测量，若断后的标距为 79mm，缩颈区的最小直径为 4.9mm，求该材料的伸长率和断面收缩率的值。

2. 现有原始直径为 10mm 圆形长、短试样各一根，经拉伸试验测得其伸长率 δ_{10}、δ_5 均为 25%，求两试样拉断后的标距长度。两试样中哪一根的塑性好？为什么？

3. 一根直径为 2.5mm，长度为 3m 的钢丝，承受 4900N 拉伸力后有多大的弹性变形？（E 值查表 1-1）

4. 用 45 钢制成直径为 30mm 的主轴，在使用过程中，发现该轴的弹性弯曲变形量过大，问是否可改用合金钢 40Cr 或通过热处理来减小变形量？为什么？

5. 图 1-18 所示的为四种不同材料的应力-应变曲线（1~4），试比较这四种材料的抗拉强度、屈服强度（或条件屈服强度）、刚度和塑性。"材料的弹性模量 E 越大，则材料的塑性越差"，这种说法是否正确？为什么？

6. 青铜的条件屈服强度 $\sigma_{0.2} = 330MPa$，弹性模量 $E = 1.11 \times 10^5 MPa$，试问：

1）长度为 1.5cm 的青铜棒料，伸长 0.2cm 时所需的应力多大？

2）当承受 $28 \times 10^3 N$ 拉伸力而不发生塑性变形时，其横截面积应多大？

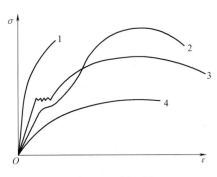

图 1-18　题 5 图

7. 现有一串钻探钢管悬挂在一被钻探的油井中，设钢管的横截面积为 $25cm^2$，钢的密度为 $7.8g/cm^3$，由于钢管的自重而产生的应变为 0.00083，试求该油井的深度。（E 值查表 1-1）

8. 设题 7 中钢管材料的屈服强度为 400MPa，在要求安全系数为 2 的情况下，该规格的钻探钢管能钻到多大的井深？

9. 现将 4454N 的载荷分别悬挂在直径均为 6.4mm 的钢线材和硬铝线材上，问在这两种线材中产生的轴向应变各多大？（E 值查表 1-1，硬铝的密度为 $2.7g/cm^3$）

10. 现用屈服强度为 358.8MPa 的铸铝公路防护杆来代替屈服强度为 690MPa 的钢制公路防护杆（铝的密度为 $2.7g/cm^3$，钢的密度为 $7.8g/cm^3$），试问：

1）新防护杆的横截面积应较原来的大多少倍？

2）新防护杆的相对重量百分比降低了多少？

3）你能否预见采用这种新防护杆后会产生哪些问题？

11. 在有关工件的图样上，出现了以下几种硬度技术条件的标注方法，问这种标注是否正确？为什么？

1）HBW250~300
2）700~750HBW
3）5~10HRC
4）HRC70~75
5）HV800~850
6）800~850Hv

12. 下列各种工件应该采用何种硬度试验方法来测定其硬度？

1）锉刀
2）黄铜轴套
3）供应状态的各种碳钢钢材
4）硬质合金刀片
5）耐磨工件的表面硬化层

13. 甲、乙、丙、丁四种材料的硬度分别为 45HRC、90HRB、800HV、240HBW，试比较这四种材料硬度的高低。

14. 当某一材料的断裂韧度 $K_{IC} = 62MPa \cdot m^{1/2}$，材料中裂纹的长度 $2a = 5.7mm$ 时，要使裂纹失稳扩

展而导致断裂，需加多大的应力？（设 $Y = \sqrt{\pi}$）

15. 为什么疲劳断裂对机械零件潜在着很大危险性？交变应力与重复应力区别何在？试举出一些零件在工作中分别存在这两种应力的例子。

16. 现有两端固定（不能自由伸缩）的钢索一根，设钢索的热膨胀系数为 $12.1 \times 10^{-6} m/(m \cdot ℃)$，问该钢索从 $40℃$ 冷却到室温（$25℃$）后所产生的应力多大？

第二章　金属与合金的晶体结构

第一节　晶体的基本知识

一、晶体与非晶体

固态物质按其原子（或分子）的聚集状态可分为晶体和非晶体两大类。在晶体中，原子（或分子）按一定的几何规律作周期性地排列，如图 2-1 所示。非晶体中这些质点是无规则地堆积在一起的。这就是晶体与非晶体的根本区别。

在自然界中，除少数物质（如普通玻璃、松香、石蜡等）是非晶体外，绝大多数固态无机物都是晶体。

晶体与非晶体在性能上也有区别。晶体具有固定的熔点（如铁为 1538℃、铜为 1083℃、铝为 660℃），且在不同方向上具有不同的性能，即表现出晶体的各向异性。而非晶体没有固定的熔点，随温度升高，固态非晶体将逐渐变软，最终成为有显著流动性的液体。液体冷却时将逐渐稠化，最终变为固体。此外，因非晶体物

图 2-1　晶体中原子排列模型

质在各个方向上的原子聚集密度大致相同，因此表现出各向同性（或称等向性）。

应当指出，晶体和非晶体在一定条件下可以互相转化。例如，玻璃经高温长时间加热能变为晶态玻璃；而通常是晶态的金属，如从液态急冷（冷却速度 >10⁷℃/s），也可获得非晶态金属。非晶态金属与晶态金属相比，具有高的强度与韧性等一系列突出性能，故近年来已为人们所重视。

二、晶格、晶胞和晶格常数

1. 晶格

为了便于理解和描述晶体中原子排列的情况，可以近似地把晶体中的原子看成是固定不动的刚性小球，并用一些假想的几何线条将晶体中各原子的中心连接起来，构成一个空间格架，各原子的中心就处在格架的各个结点上，这种抽象的、用于描述原子在晶体中排列形式的几何空间格架，简称晶格，如图 2-2 所示。

2. 晶胞

由于晶体中原子有规则排列且具有周期性的特点，为便于讨论，通常只从晶格中，选取一个能够完全反映晶格特征的、最小的几何单元来分析晶体中原子排列的规律，这个最小的几何单元称为晶胞，如图 2-2 中黑粗线所示。整个晶格就是由许多大小、形状和位向相同的晶胞在空间重复堆积而形成的。

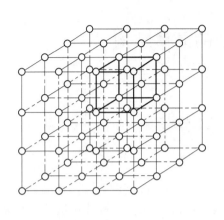

图 2-2　晶格和晶胞

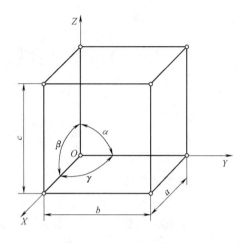

图 2-3　晶胞的表示方法

3. 晶格常数

在晶体学中，通常取晶胞角上某一结点作为原点，沿其三条棱边作为三个坐标轴 X、Y、Z，并称为晶轴，而且规定在坐标原点的前、右、上方为轴的正方向，反之为负方向，并以棱边长度 a、b、c 和棱面夹角 α、β、γ 来表示晶胞的形状和大小，如图 2-3 所示。其中棱边长度称为晶格常数，单位为 Å（$1\text{Å} = 10^{-8}\text{cm}$）。

第二节　金属的晶体结构

一、金属的特性和金属键

晶体分为金属晶体与非金属晶体，两者在内部结构与性能上除有着上述晶体所共有的特征外，金属晶体还具有它独特的性能，如具有金属光泽以及良好的导电性、导热性和塑性。但金属与非金属的根本区别是金属的电阻随温度的升高而增大，即金属具有正的电阻温度系数，而非金属的电阻却随温度的升高而降低，即具有负的温度系数，如图 2-4 所示。

金属为什么具有上述这些特性呢？这主要是与金属原子的内部结构以及原子间的结合方式有关。

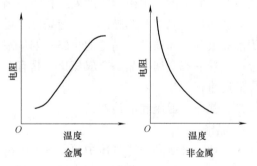

图 2-4　金属和非金属的电阻与温度关系示意图

金属原子构造的共同特点，就是它的最外层电子（价电子）的数目少（一般仅有 1～2个），而且它们与原子核的结合力弱，很容易摆脱原子核的束缚而变成自由电子。当大量的金属原子聚合在一起构成金属晶体时，绝大部分金属原子都将失去其价电子而变成正离子。正离子又按一定几何形式规则地排列起来，并在固定的位置上作高频率的热振动。而脱离了原子束缚的那些价电子都以自由电子的形式，在各离子间自由地运动，它们为整个金属所共有，形成所谓的"电子气"。金属晶体就是依靠各正离子与公有的自由电子间的相互引力而结合起来的，而离子与离子间及电子与电子间的斥力则与这种引力相平衡，使金属处于稳定的晶体状态。金属原子的这种结合方式称为"金属键。"图2-5为金属键的示意图。除铋、锑、锗、镓等类金属为共价结合外，其余的金属主要是金属键结合。

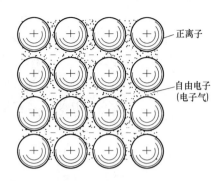

图 2-5 金属键示意图

由于金属晶体是金属键结合，因而使金属具有上述一系列的金属特性。金属中的自由电子在外电场作用下，会沿着电场方向作定向运动，形成电流，从而显示出良好的导电性；金属中正离子是以某一固定位置为中心作热振动的，对自由电子的流通就有阻碍作用，这就是金属具有电阻的原因。随着温度的升高，正离子振动的振幅加大，对自由电子通过的阻碍作用也加大，因而金属的电阻是随温度的升高而增大的，即具有正的电阻温度系数；此外，由于自由电子的运动和正离子的振动可以传递热能，因而使金属具有较好的导热性；当金属发生塑性变形（即晶体中原子发生相对位移）后，正离子与自由电子间仍能保持金属键的结合，使金属显示出良好的塑性；因为金属晶体中的自由电子能吸收可见光的能量，故金属具有不透明性。吸收能量后跳到较高能级的电子，当它重新跳回到原来低能级时，就把所吸收的可见光的能量，以电磁波的形式辐射出来，在宏观上就表现为金属的光泽。

二、金属中常见的晶格

由于金属键结合力较强，使金属原子总具有趋于紧密排列的倾向，故大多数金属都属于以下三种晶格类型。

1. 体心立方晶格

体心立方晶格的晶胞如图 2-6 所示。它是一个立方体（$a=b=c$，$\alpha=\beta=\gamma=90°$），所以只要用一个晶格常数 a 表示即可。在晶胞的中心和八个角上各有一个原子（见图 2-6a）。由图 2-6b 可见，晶胞角上的原子为相邻的八个晶胞所共有，每个晶胞实际上只占有 1/8 个原子，而中心的原子为该晶胞所独有，故晶胞中实际原子数为 $8\times1/8+1=2$。

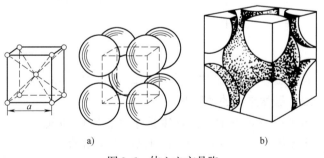

a)　　　　　　　　　b)

图 2-6　体心立方晶胞

具有体心立方晶格的金属有 α-Fe、Cr、W、Mo、V 等。

2. 面心立方晶格

面心立方晶格的晶胞如图 2-7 所示。它也是一个立方体，所以也只用一个晶格常数 a 表示即可。在晶胞的每个角上和晶胞的六个面的中心都排列一个原子（见图 2-7a）。由图 2-7b 可见，晶胞角上的原子为相邻的八个晶胞所共有，而每个面中心的原子为两个晶胞所共有。所以，面心立方晶胞中原子数为 $8\times1/8+6\times1/2=4$。

具有面心立方晶格的金属有 γ-Fe、Al、Cu、Au、Ag、Pb、Ni 等。

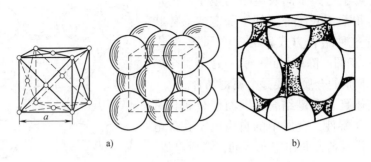

图 2-7 面心立方晶胞

3. 密排六方晶格

密排六方晶格的晶胞如图 2-8 所示。它是一个六方柱体，由六个呈长方形的侧面和两个呈六边形的底面所组成。因此要用两个晶格常数表示，一个是柱体的高度 c，另一个是六边形的边长 a。在晶胞的每个角上和上、下底面的中心都排列一个原子，另外在晶胞中间还有三个原子（见图 2-8a）。由图 2-8b 可见，密排六方晶胞每个角上的原子为相邻的六个晶胞所共有，上、下底面中心的原子为两个晶胞所共有，晶胞中三个原子为该晶胞独有。所以，密排六方晶胞中原子数为 $12 \times 1/6 + 2 \times 1/2 + 3 = 6$。

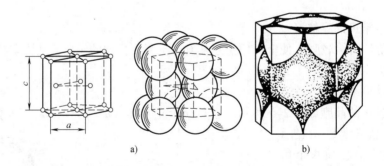

图 2-8 密排六方晶胞

具有密排六方晶格的金属有 Mg、Zn、Be、Cd 等。

三、晶体结构的致密度

由于把金属原子看成是刚性小球，所以即使是一个紧挨一个地排列，原子间仍会有空隙存在。晶体结构的致密度是指晶胞中原子所占体积与该晶胞体积之比，可用来对原子排列的紧密程度进行定量比较。

在体心立方晶胞中含有 2 个原子。这 2 个原子的体积为 $2 \times (4/3)\pi r^3$，式中 r 为原子半径。由图 2-9 可见，原子半径 r 与晶格常数 a 的关系为 $r = (\sqrt{3}/4)a$，晶胞体积为 a^3，故体心立方晶格的致密度为

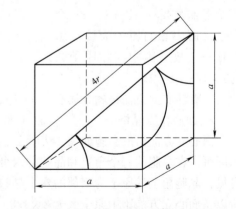

图 2-9 体心立方晶胞原子半径的计算

$$\frac{2个原子体积}{晶胞体积} = \frac{2 \times (4/3) \pi r^3}{a^3} = \frac{2 \times (4/3) \pi \left(\frac{\sqrt{3}}{4}a\right)^3}{a^3} = \frac{\sqrt{3}}{8}\pi = 0.68$$

这表明在体心立方晶格中，有68%的体积被原子所占据，其余为空隙。同理亦可求出面心立方及密排六方晶格的致密度均为0.74。显然，致密度数值越大，则原子排列越紧密。所以当铁由面心立方晶格变为体心立方晶格时，由于致密度减小而使体积膨胀。

四、晶面与晶向

在金属晶体中，通过一系列原子所构成的平面，称为晶面。通过两个以上原子的直线，表示某一原子列在空间的位向，称为晶向。图2-10为同一晶格的几种不同位向的晶面示意图。

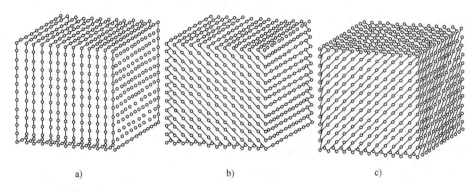

a)　　　　　　　　b)　　　　　　　　c)

图2-10　几种不同位向的晶面示意图

为便于研究，不同位向的晶面或晶向都用一定的符号来表示。表示晶面的符号称为晶面指数，表示晶向的符号称为晶向指数。

1. 晶面指数

现以图2-11中影线所示的晶面为例，说明确定晶面指数的方法。

（1）设坐标　在晶格中，沿晶胞的互相垂直的三条棱边设坐标轴 X、Y、Z，坐标轴的原点 O 应位于该待定晶面的外面，以免出现零截距。

（2）求截距　以晶胞的棱边长度（即晶格常数）为度量单位，确定晶面在各坐标轴上的

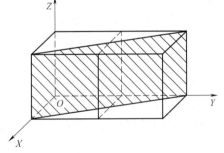

图2-11　确定立方晶格晶面指数的示意图

截距。如图2-11中影线所示的晶面在 X、Y、Z 轴上的截距分别为1、2、∞。

（3）取倒数　将各截距值取倒数。上例所得的截距的倒数应为 $\frac{1}{1}$、$\frac{1}{2}$、$\frac{1}{\infty}$，即1、$\frac{1}{2}$、0。取倒数的目的是为了避免晶面指数出现∞。

（4）化整数　将上述三个倒数按比例化为最小的简单整数。上例即为2、1、0。

（5）列括号　将上述所得的各整数依次列入圆括号（　）内，便得晶面指数。故（210）即为图2-11中影线所示晶面的晶面指数。

图2-12为立方晶格中某些常用的晶面及晶面指数，即（100）（见图2-12a）、（110）

（见图2-12b）、及（111）（见图2-12c）三种晶面。

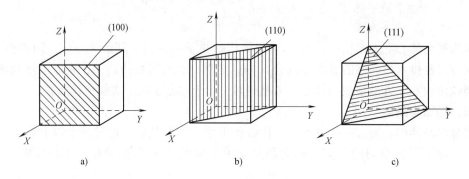

图 2-12　立方晶格中几个晶面及晶面指数

2. 晶向指数

现以图 2-13 中 *OA* 晶向为例，说明确定晶向指数的方法如下：

（1）设坐标　在晶格中设坐标轴 *X*、*Y*、*Z*，但坐标轴的原点 *O* 应为待定晶向的矢量箭尾。

（2）求坐标值　以晶格常数为度量单位，在待定晶向的矢量上任选一点，并求出该点在 *X*、*Y*、*Z* 轴上的坐标值。图 2-13 所示的 *OA* 晶向在 *X*、*Y*、*Z* 轴上的坐标值分别为 1、0、$\frac{1}{2}$。

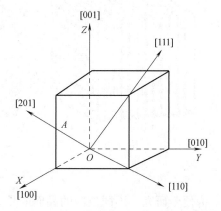

（3）化整数　将上述三个坐标值按比例化为最小的整数。上例即为 2、0、1。

图 2-13　立方晶格中几个晶向及晶向指数

（4）列括号　将上述所得的各整数依次列入方括号［　］内，即得晶向指数。故［201］即为图 2-13 中 *OA* 晶向的晶向指数。

图 2-13 为立方晶格中某些晶向及晶向指数，即［100］、［010］、［001］、［110］、［111］及［201］等六种晶向。

由于相同晶格中，不同晶面和晶向上原子排列的疏密程度不同，原子间相互作用也就不同，因而不同晶面和晶向就显示不同的力学性能与理化性能，这就是晶体具有各向异性的原因。

第三节　合金的晶体结构

纯金属一般具有较好的导电性、导热性和美丽的金属光泽，在人类的生活及生产中获得较广泛应用。但由于纯金属的种类有限，提炼困难，力学性能又较低，无法满足人们对金属材料提出的多品种和高性能的要求。工业生产中，通过配制各种不同成分的合金，可以显著改变金属材料的结构、组织和性能，从而满足了人们对金属材料的多品种的要求。而且，合金具有比纯金属更高的力学性能和某些特殊的物理、化学性能（如耐腐蚀、强磁性、高电阻等），因此同纯金属相比，合金材料的应用要广泛得多。碳钢、合金钢、铸铁、黄铜和硬铝等常用材料都是合金。

一、合金的基本概念

由两种或两种以上的金属元素或金属元素与非金属元素组成的具有金属特性的物质，称为合金。例如，黄铜是由铜和锌两种元素组成的合金；碳钢和铸铁是由铁和碳组成的合金；硬铝是铝、铜、镁组成的合金。

组成合金的最基本的、独立的物质叫做组元。组元通常是纯元素，但也可以是稳定的化合物。根据组成合金组元数目的多少，合金可以分为二元合金、三元合金和多元合金等。

给定组元后，可以不同比例配制出一系列成分不同的合金，这一系列合金就构成一个合金系，合金系也可以分为二元系、三元系和多元系等。

合金中，具有同一化学成分且结构相同的均匀部分叫做相。合金中相与相之间有明显的界面。液态合金通常都为单相液体。合金在固态下，由一个固相组成时称为单相合金，由两个以上固相组成时称为多相合金。

合金的性能一般都是由组成合金的各相成分、结构、形态、性能和各相的组合情况——组织所决定的。因此，在研究合金的组织与性能之前，必须先了解构成合金组织的相的晶体结构（相结构）及其性能。

二、合金的相结构

由于组元间相互作用不同，固态合金的相结构可分为固溶体和金属化合物两大类。

1. 固溶体

合金在固态下，组元间仍能互相溶解而形成的均匀相，称为固溶体。

固溶体的晶格类型与其中某一组元的晶格类型相同。能保留晶格形式的组元称为溶剂。因此，固溶体的晶格与溶剂的晶格相同，而溶质以原子状态分布在溶剂的晶格中。在固溶体中，一般溶剂含量较多，溶质含量较少。

（1）固溶体的分类　按照溶质原子在溶剂晶格中分布情况的不同，固溶体可分为以下两类：

1）间隙固溶体。溶质原子处于溶剂晶格各结点间的空隙中，这种形式的固溶体称为间隙固溶体，如图 2-14a 所示。能够形成间隙固溶体的溶质原子尺寸都比较小，一般溶质原子与溶剂原子直径的比值 $d_质/d_剂 < 0.59$ 时，才能形成间隙固溶体。因此，形成间隙固溶体的溶质元素，都是一些原子半径小于 1Å 的非金属元素，如 H（0.46Å）、B（0.97Å）、C（0.77Å）、O（0.60Å）、N（0.71Å）等。

在金属材料的相结构中，形成间隙固溶体的例子很多，如碳钢中碳原子溶入 α-Fe 晶格空隙中形成的间隙固溶体，称为铁素体；碳原子溶入 γ-Fe 晶格空隙中形成的间隙固溶体，称为奥氏体。

由于溶剂晶格的空隙有一定的限度，随着溶质原子的溶入，溶剂晶格将发生畸变，如图 2-15a 所示。溶入的溶质原子越多，所引起的畸变就越大。当晶格畸变量超过一定数值时，溶剂的晶格就会变得不稳定，于是溶质原子就不能继续溶解，所以间隙固溶体的溶质在溶剂中的溶解度是有一定限度

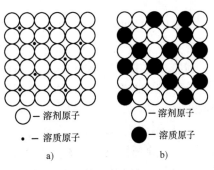

○—溶剂原子

•—溶质原子

○—溶剂原子

●—溶质原子

a)　　　　　　b)

图 2-14　固溶体结构示意图

a）间隙固溶体　b）置换固溶体

的，这种固溶体称为有限
溶体。

2）置换固溶体。若溶质原
子代替一部分溶剂原子，而占
据着溶剂晶格中的某些结点位
置，这种形式的固溶体称为置
换固溶体，如图2-14b所示。

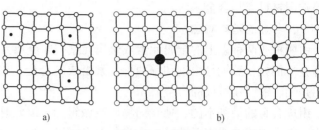

图2-15 固溶体中的晶格畸变示意图

a）间隙固溶体 b）置换固溶体

在金属材料的相结构中，
形成置换固溶体的例子也不少，
如某种不锈钢中，铬和镍原子代替部分铁原子，而占据了 γ-Fe 晶格某些结点位置，形成了
置换固溶体。

在置换固溶体中，溶质在溶剂中的溶解度主要取决于两者原子直径的差别、它们在周期
表中相互位置和晶格类型。一般来说，溶质原子和溶剂原子直径差别越小，则溶解度越大；
两者在周期表中位置越靠近，则溶解度也越大。如果上述条件能很好地满足，而且溶质与溶
剂的晶格类型也相同，则这些组元往往能无限互相溶解，即可以任何比例形成置换固溶体，
这种固溶体称为无限固溶体，如铁和铬、铜和镍便能形成无限固溶体。反之，若不能很好满
足上述条件，则溶质在溶剂中的溶解度是有限度的，只能形成有限固溶体，如铜和锌、铜和
锡都形成有限固溶体。有限固溶体的溶解度还与温度有密切关系，一般温度越高，溶解度
越大。

当形成置换固溶体时，由于溶质原子与溶剂原子的直径不可能完全相同，因此，也会造
成固溶体晶格常数的变化和晶格的畸变，如图2-15b所示。

（2）固溶体的性能 由于固溶体的晶格发生畸变，使塑性变形抗力增大，结果使金属
材料的强度、硬度增高。这种通过溶入溶质元素形成固溶体，使金属材料的强度、硬度升高
的现象，称为固溶强化。

固溶强化是提高金属材料力学性能的重要途径之一。实践表明，适当控制固溶体中的溶
质含量，可以在显著提高金属材料的强度、硬度
的同时，仍能保持相当好的塑性和韧性。因此，
对综合力学性能要求较高的结构材料，都是以固
溶体为基体的合金。

2. 金属化合物

金属化合物的晶格类型与组成化合物各组元
的晶格类型完全不同，一般可用化学分子式表
示。例如，钢中渗碳体（Fe_3C）是由铁原子和
碳原子所组成的金属化合物，它具有如图2-16
所示的复杂晶格形式。碳原子构成一正交晶格
（$a \neq b \neq c$，$\alpha = \beta = \gamma = 90°$），在每个碳原子周围
都有六个铁原子构成八面体，八面体内都有一个
碳原子，每个铁原子为两个八面体所共有，在
Fe_3C 中，Fe 与 C 原子的比例为

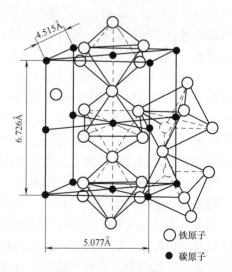

○ 铁原子

• 碳原子

图2-16 Fe_3C 的晶格形式

$$\frac{Fe}{C} = \frac{1/2 \times 6}{1} = \frac{3}{1}$$

因而可用 Fe_3C 这一化学式表示。

（1）金属化合物的分类　金属化合物的种类很多，常见的有以下三种类型：

1）正常价化合物。组成正常价化合物的元素是严格按原子价规律结合的，因而其成分固定不变，并可用化学式表示。通常金属性强的元素与非金属或类金属能形成这种类型化合物，如 Mg_2Si、Mg_2Sn、Mg_2Pb 等。

2）电子化合物。电子化合物不遵循原子价规律，而是按照一定的电子浓度，组成一定晶体结构的化合物。

所谓电子浓度是指化合物中价电子数与原子数的比值，电子浓度 $c_{电} = \dfrac{价电子数}{原子数}$。在电子化合物中，一般一定的电子浓度与一定的晶格形式相对应。如当电子浓度为 3/2 时，形成体心立方晶格的电子化合物，称为 β 相；当电子浓度为 21/13 时，形成复杂立方晶格的电子化合物，称为 γ 相；当电子浓度为 7/4 时，形成密排六方晶格的电子化合物，称为 ε 相。

在许多金属材料中，经常存在着电子化合物相。例如，Cu-Zn 合金中的 CuZn，因 Cu 的价电子数为 1，Zn 的价电子数为 2，化合物的总原子数为 2，故 CuZn 的电子浓度 $c_{电} = 3/2$，属于 β 相。同理，Cu_5Zn_8 属于 γ 相，$CuZn_3$ 属于 ε 相。

应注意，电子化合物虽然可以用化学式表示，但它是一个成分可变的相，也就是在电子化合物的基础上，可以再溶解一定量的组元，形成以该化合物为基的固溶体。例如，在 Cu-Zn 合金中，β 相的化学成分中，锌的质量分数（w_{Zn}）可在 36.8% ~ 56.5% 范围内变动。

3）间隙化合物。间隙化合物一般是由原子直径较大的过渡族金属元素（Fe、Cr、Mo、W、V 等）和原子直径较小的非金属元素（H、C、N、B 等）所组成。如合金钢中，不同类型的碳化物（VC、Cr_7C_3、$Cr_{23}C_6$ 等）和钢经化学热处理后，在其表面形成的碳化物和氮化物（如 Fe_3C、Fe_4N、Fe_2N 等）都是属于间隙化合物。

间隙化合物的晶体结构特征是：直径较大的过渡族元素的原子占据了新晶格的正常位置，而直径较小的非金属元素的原子则有规律地嵌入晶格的空隙中，因而称为间隙化合物。

间隙化合物又可分为两类，一类是具有简单晶格形式的间隙化合物，也称为间隙相，如 VC、WC、TiC 等。图 2-17 就是 VC 的晶格示意图。另一类是具有复杂晶格形式的间隙化合物，如 Fe_3C、$Cr_{23}C_6$、Cr_7C_3、Fe_4W_2C 等。图 2-16 所示的 Fe_3C 的晶格，就是这一类间隙化合物结构的典型例子。

（2）金属化合物的性能　由于金属化合物的晶格与其组元晶格完全不同，因此其性能也不同于组元。金属化合物的熔点一般较高，性能硬而脆。当它呈细小颗粒均匀分布在固溶体基体上时，将使合金的强度、硬度和耐磨性明显提高，这一现象称为弥散强化。因此，金属化合物在合金中常作为强化相存在。它是许多合金钢、有色金属和硬质合金的重要组成相。

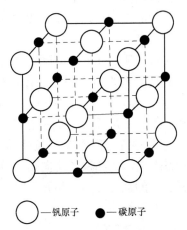

○—钒原子　●—碳原子

图 2-17　VC 的晶格形式

工业用合金的组织仅由金属化合物一相组成的情况是极少见的。绝大多数合金的组织都是固溶体与少量金属化合物组成的混合物。通过调整固溶体中溶质含量和金属化合物的数量、大小、形态及分布状况，可以使合金的力学性能在较大范围内变动，以满足工程上不同的使用要求。

第四节　实际金属的晶体结构

一、多晶体与亚组织

在前面研究金属的晶体结构时，是把晶体看成由原子按一定几何规律作周期性排列而成，即晶体内部的晶格位向是完全一致的，这种晶体称为单晶体。在工业生产中，只有经过特殊制作才能获得单晶体。

实际使用的工业金属材料，即使体积很小，其内部仍包含了许多颗粒状的小晶体，每个小晶体内部的晶格位向是一致的，而各个小晶体彼此间位向都不同，如图 2-18 所示。这种外形不规则的小晶体通常称为晶粒。晶粒与晶粒之间的界面称为晶界。这种实际上由许多晶粒组成的晶体称为多晶体。一般金属材料都是多晶体。

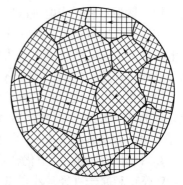

图 2-18　多晶体示意图

晶粒尺寸是很小的，如钢铁材料的晶粒一般在 $10^{-1} \sim 10^{-3}$ mm 左右，故只有在金相显微镜下才能观察到。图 2-19 就是在金相显微镜下，观察到的纯铁的晶粒和晶界。这种在金相显微镜下观察到的金属组织，称为显微组织或金相组织。

在本章第二节中已讨论过，当晶体内部的晶格位向完全一致而形成理想状态的单晶体时，该晶体必然具有各向异性的特征。但实际金属都是多晶体，纵然其中每个晶粒都具有各向异性，由于不同方向测试其性能时，都是千千万万个位向不同的晶粒的平均性能，故实际金属就表现出各向同性。

实践证明：在实际金属晶体的一个晶粒内部，其晶格也并不像理想晶体那样完全一致，而是存在着许多尺寸更小、位向差也很小（$<2° \sim 3°$）的小晶块，它们相互嵌镶成一颗晶粒，这些小晶块称为亚晶粒（或称亚组织）。在亚晶粒内部，晶格的位向是一致的。两相邻亚晶粒间的边界称为亚晶界。图 2-20 为 Au-Ni 合金中的亚组织。

二、晶体的缺陷

实际金属不仅是多晶体，且晶粒内存在亚晶粒。同时，由于种种原因，在晶体内部某些

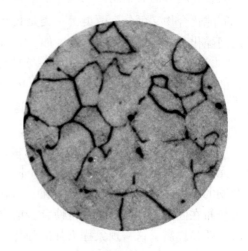

图 2-19　纯铁的显微组织（300×）

局部区域，原子的规则排列往往受到干扰而被破坏，不像理想晶体那样规则和完整。通常把这种区域称为晶体缺陷。这种局部存在的晶体缺陷，对金属的性能影响很大。例如，对理想、完整的金属晶体进行理论计算求得的屈服强度，要比对实际晶体进行测量所得的数值高出千倍左右，故金属材料的塑性变形和各种强化机理都与晶体缺陷密切相关。

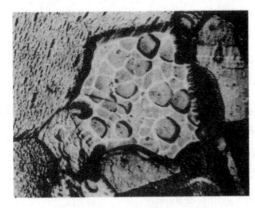

图 2-20　Au-Ni 合金中的亚晶粒

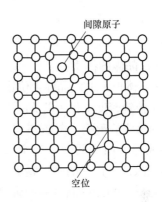

图 2-21　空位和间隙原子示意图

根据晶体缺陷的几何形态特征，可将其分为以下三类：

1. 点缺陷——空位和间隙原子

在实际晶体结构中，晶格的某些结点，往往未被原子所占有，这种空着的位置称为空位。同时又可能在个别晶格空隙处出现多余的原子，这种不占有正常的晶格位置，而处在晶格空隙之间的原子称为间隙原子。晶体中空位和间隙原子如图 2-21 所示。

在空位和间隙原子的附近，由于原子间作用力的平衡被破坏，使其周围的原子离开了原来的平衡位置，产生了晶格畸变。晶格畸变将使晶体性能发生改变，如强度、硬度和电阻增加。

应当指出，晶体中的空位和间隙原子都处在不断地运动和变化之中。空位和间隙原子的运动，是金属中原子扩散的主要方式之一，这对热处理和化学热处理过程都是极为重要的。

2. 线缺陷——位错

晶体中，某处有一列或若干列原子发生有规律的错排现象，称为位错。位错的类型很多，这里仅介绍最简单的刃型位错。

图 2-22a 为简单立方晶格晶体中刃型位错的原子排列模型图。由图可见，在晶体的某一水平面以上，多出一个垂直原子面 ABCD，这个多余原子面像刀刃一样地切入晶体，使晶体中上下两部分的原子产生了错排现象，因而称为刃型位错。多余原子面的底边（即刃边 AB 线）称为刃型位错线。在位错线附近，由于错排而产生了晶格畸变，使位错线上方的邻近原子受到压应力，而其下方的邻近原子受到拉应力。离位错线越远，晶格畸

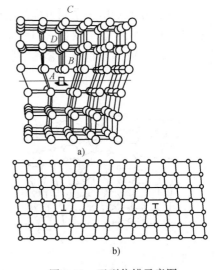

a)

b)

图 2-22　刃型位错示意图

a）晶格立体模型　b）平面图

变越小，应力也就越小。

通常把在晶体上半部多出原子面的位错称为正刃型位错，用符号"⊥"表示；在晶体下半部多出原子面的位错称为负刃型位错，用符号"⊤"表示，如图 2-22b 所示。

晶体中位错的数量通常用位错密度表示，位错密度 ρ 可用下式计算（ρ 单位为 cm/cm^3 或 cm^{-2}）

$$\rho = \frac{S}{V}$$

式中　V——晶体的体积；

　　　S——体积为 V 的晶体中位错线的总长度。

晶体中位错密度变化，以及位错在晶体内的运动，对金属的性能、塑性变形及组织转变等都有着极为重要的影响。图 2-23 是金属的强度与位错密度的关系。由图可见，当金属处于退火状态（$\rho = 10^6 \sim 10^8 cm^{-2}$）时的强度最低，随着位错密度的增加或降低，都能提高金属的强度。冷变形加工后的金属，由于位错密度增加，故提高了强度（即加工硬化）。而目前，尚在实验室制作的极细的金属晶须，因位错密度极低而使其强度又明显提高。

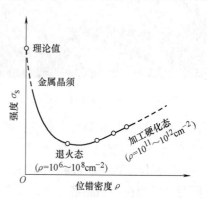

图 2-23　金属的强度与位错密度的关系

3. 面缺陷——晶界和亚晶界

如前所述，一般金属材料都是多晶体。多晶体中两个相邻晶粒间的位向差大多在 30°～40°。故晶界处原子必须从一种位向逐步过渡到另一种位向，使晶界成为不同位向晶粒之间原子排列无规则的过渡层，如图 2-24 所示。

晶界处原子的不规则排列，即晶格处于畸变状态，使晶界处能量高出晶粒内部能量，因此晶界与晶粒内部有着一系列不同的特性。例如，晶界在常温下的强度和硬度较高，在高温下则较低；晶界容易被腐蚀；晶界的熔点较低；晶界处原子扩散速度较快等。

亚晶界实际上是由一系列刃型位错所形成的小角晶界，如图 2-25 所示。由于亚晶界处原子排列同样要产生晶格畸变，因而亚晶界对金属性能有着与晶界相似的影响。例如，在晶粒大小一定时，亚晶粒越细，金属的屈服强度越高。

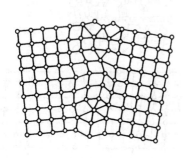

图 2-24　晶界的过渡结构示意图

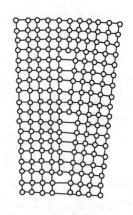

图 2-25　亚晶界结构示意图

习题与思考题

1. 金属具有哪些特性？请用金属键结合的特点予以说明。

2. 试计算面心立方晶格的致密度。

3. 已知 γ-Fe 的晶格常数（$a = 3.63$Å）大于 α-Fe 的晶格常数（$a = 2.89$Å），为什么 γ-Fe 冷却到 912℃ 转变为 α-Fe 时，体积反而增大？

4. 已知铁原子直径 $d = 2.54$Å，铜原子直径 $d = 2.55$Å，试求铁和铜的晶格常数。

5. 标出图 2-26 中影线所示晶面指数及 a、b、c 三个晶向的晶向指数。

6. 在立方晶格中，如果晶面指数和晶向指数的数值相同时，问该晶面与晶向间存在着什么关系？{例如（111）与 [111]、（110）与 [110] 等}。

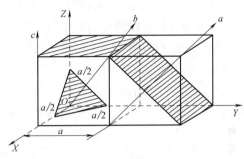

图 2-26　题 5 图

7. 画出立方晶格中（110）晶面与（111）晶面。并画出在晶格中和（110）、（111）晶面上原子排列情况完全相同而空间位向不同的几个晶面。

8. 在置换固溶体中，被置换的溶剂原子哪里去了？

9. 间隙固溶体和间隙化合物在晶体结构与性能上区别何在？请举例说明。

10. 简述实际金属晶体和理想晶体在结构与性能上的主要差异。

第三章 金属与合金的结晶

金属与合金自液态冷却转变为固态的过程，是原子由不规则排列的液体状态逐步过渡到原子作规则排列的晶体状态的过程，因此，这一过程称为结晶过程。

金属材料（除粉末冶金材料外）都需要经过熔炼和浇注，也就是都要经历一个结晶过程。而金属材料结晶时形成的组织（铸态组织）不仅影响其铸态性能，而且也影响随后经过一系列加工后材料的性能。因此，研究并控制金属材料的结晶过程，对改善金属材料的组织和性能，都具有重要的意义。

绝大多数工业用的金属材料都是合金。合金的结晶过程比纯金属复杂得多，但两者都遵循着相同结晶基本规律。因此，本章先阐述纯金属的结晶。

第一节 纯金属的结晶

一、纯金属的冷却曲线和过冷现象

纯金属都有一个固定的熔点（或结晶温度），因此纯金属的结晶过程总是在一个恒定的温度下进行的。金属的结晶温度可用热分析等实验方法来测定。

图 3-1 是热分析装置示意图。将纯金属加热熔化成液体，然后让液态金属缓慢冷却下来，并在冷却过程中，每隔一定时间测量一次温度，然后将记录下来的数据绘制在温度-时间坐标中，这样便获得如图 3-2 所示的纯金属冷却曲线。

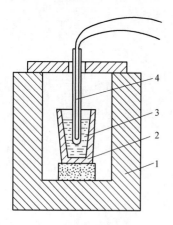

图 3-1 热分析装置示意图
1—电炉 2—坩埚 3—液态金属 4—热电偶

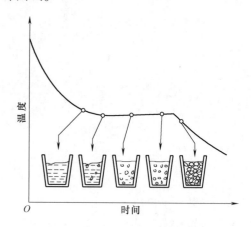

图 3-2 纯金属冷却曲线的绘制

由纯金属的冷却曲线可见，液态金属随着冷却时间的增长，由于它的热量向外散失，温度将不断降低。当冷却到某一温度时，温度却并不随时间的增长而下降，在曲线上出现一个平台（水平线段），这个平台所对应的温度，就是纯金属的结晶温度（或熔点）。

纯金属结晶时，在冷却曲线上出现平台的原因是，金属在结晶过程中，释放的结晶潜热补偿了外界散失的热量，使温度并不随冷却时间的增长而下降，直到金属结晶终了后，已没有结晶潜热补偿散失的热量，故温度又重新下降。

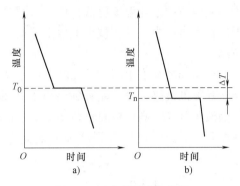

图 3-3　纯金属的冷却曲线

纯金属液体在无限缓慢的冷却条件下（即平衡条件下）结晶的温度，称为理论结晶温度，用 T_0 表示，如图 3-3a 所示。但实际生产中，金属结晶时的冷却速度都是相当快的，此时液态金属将在理论结晶温度以下某一温度 T_n 才开始结晶，如图 3-3b 所示。金属的实际结晶温度 T_n 低于理论结晶温度 T_0 的现象，称为过冷现象。理论结晶温度与实际结晶温度的差 ΔT，称为过冷度，过冷度 $\Delta T = T_0 - T_n$。

实践证明，金属总是在一定的过冷度下结晶的，过冷是结晶的必要条件。同一金属，结晶时冷却速度越大，过冷度越大，金属的实际结晶温度越低。

二、纯金属的结晶过程

纯金属的结晶过程是在冷却曲线上平台所经历的这段时间内发生的。它是不断形成晶核和晶核不断长大的过程，如图 3-4 所示。

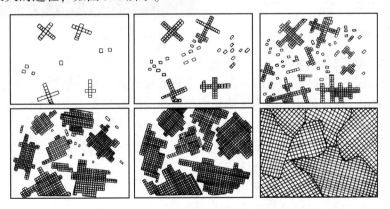

图 3-4　纯金属的结晶过程示意图

实验证明，液态金属中，总是存在着许多类似于晶体中原子有规则排列的小集团。在理论结晶温度以上，这些小集团是不稳定的，时聚时散，此起彼伏。当低于理论结晶温度时，这些小集团中的一部分就成为稳定的结晶核心，称为晶核。随着时间的推移，已形成的晶核不断长大，同时液态金属中，又会不断地产生新的晶核并不断长大，直至液态金属全部消失，晶体彼此相互接触为止，所以一般纯金属是由许多晶核长成的外形不规则的晶粒和晶界所组成的多晶体。图 2-19 即为多晶纯铁的显微组织。

晶体的长大过程就是液体中原子迁移到固体表面，使液-固界面向液体中推移的过程。金属结晶时，晶体长大的方式取决于液-固界面前沿的温度分布状况。在一般情况下，由于结晶时要放出结晶潜热，造成界面及邻近的液体温度较高，而离界面较远的液体温度，因仍处于过冷状态而较低，使界面前沿出现了负温度梯度，如图 3-5 所示。当界面前沿呈负温度梯度分布时，晶体将以树枝状方式长大。这是因为在界面上，如有伸向液体的凸起部分时，由于凸起前方的液体温度更低，使凸起部分继续向液体中心不断长大而形成枝干。同理，在枝干的长大过程中，又在枝干上生出分枝。如此反复，最终获得的晶体称为树枝状晶体，简称枝晶。

如果金属的纯度很高，结晶时又能不断补充供晶收缩所需的液体，则结晶后将看不到树枝状晶体的痕迹，而只能看到如图 2-19 所示的多边形晶粒。若金属结晶时的收缩得不到充分的液体补充，则树枝间将留下空隙，此时就能明显看到树枝状晶体的形态。在铸锭的表面或缩孔处，经常可以看到这种未被完全填满的枝晶结构。图 3-6 为锑锭表面的树枝状晶体。

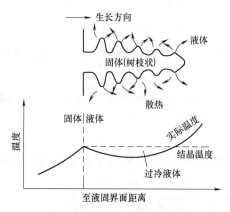

图 3-5　树枝状长大示意图

图 3-6　锑锭表面的树枝状晶体

三、金属结晶后的晶粒大小

金属结晶后是由许多晶粒组成的多晶体。金属晶粒的大小可以用单位体积内晶粒的数目来表示。数目越多，晶粒越小。但为了测量方便，金属晶粒的大小常以单位截面积上晶粒数目或晶粒的平均直径来表示。实验表明，晶粒大小对金属的力学性能、物理性能和化学性能均有很大的影响。例如，金属的强度、硬度、塑性和韧性等都随晶粒细化而提高。因此，必须了解影响晶粒大小的因素及控制方法。

结晶过程既然是由晶核的形成和晶核不断长大两个基本过程组成，故结晶后晶粒大小必然与形核率 N 和晶核的长大速率 G 两个因素有关。形核率是指单位时间内、单位体积中所产生的晶核数目。长大速率是指单位时间内晶核向周围长大的平均线速度。显然，凡能促进形核率 N、抑制长大速率 G 的因素，都能细化晶粒；反之，将使晶粒粗化。

工业生产中，为了细化铸件的晶粒，以改善其性能，常采用以下方法。

1. 增加过冷度

在一般液态金属可以达到的过冷范围内结晶时，形核率 N 和长大速率 G 都随过冷度 ΔT 的增加而增大，如图 3-7 所示。由图可见，在实际生产中，液态金属能达到的过冷范围内，形核率 N 的增

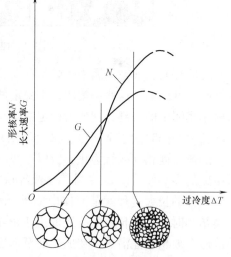

图 3-7　形核率 N 和长大速率 G 与
过冷度 ΔT 的关系

长比长大速率 G 的增长要快。因此，过冷度 ΔT 越大，N 与 G 的比值也越大，使单位体积中晶粒数目越多，故晶粒细化。

在连续冷却情况下，冷却速度越大，过冷度也就越大。因此，通过加快冷却速度，能获得细晶粒的铸态组织。但对于大铸锭或大铸件，要获得大的过冷度是不易办到的，更不易使整个体积均匀冷却，而且冷却速度过大，往往导致铸件开裂而报废。因此，生产中，还经常采用其他方法来细化晶粒。

2. 变质处理

在液态金属结晶前，加入一些细小的变质剂，使结晶时的形核率 N 增加，或长大速率 G 降低，这种细化晶粒的方法，称为变质处理。如铸铁熔液中加入硅铁、硅钙合金；铝-硅合金的熔液中加入钠盐等，都是变质处理的典型实例。

3. 附加振动

金属结晶时，如对液态金属附加机械振动、超声波振动、电磁振动等措施，由于振动能使液态金属在铸模中运动，造成枝晶破碎，这就不仅可以使已生长的晶粒因破碎而细化，而且破碎的枝晶尖端又可起晶核作用，增加了形核率 N，故附加振动也能细化晶粒。

四、金属的同素异构转变

大多数金属结晶终了后，在继续冷却过程中，其晶体结构不再发生变化。但某些金属在固态下，因所处温度不同，而具有不同的晶格形式。例如，铁有体心立方晶格的 α-Fe 和面心立方晶格的 γ-Fe；钴有密排六方晶格的 α-Co 和面心立方晶格的 β-Co。金属在固态下随温度的改变，由一种晶格变为另一种晶格的现象，称为金属的同素异构转变。由同素异构转变所得到的不同晶格的晶体，称为同素异构体。在常温下的同素异构体一般用希腊字母 α 表示，较高温度下的同素异构体依次用 β、γ、δ 等表示。

图 3-8 为纯铁的冷却曲线。由图可见，液态纯铁在 1538℃ 时，结晶成具有体心立方晶格的 δ-Fe，继续冷却到 1394℃ 时发生同素异构转变，由体心立方晶格的 δ-Fe 转变为面心立方晶格的 γ-Fe，再继续冷却到 912℃ 时，又发生同素异构转变，由面心立方晶格的 γ-Fe 转变为体心立方晶格的 α-Fe。如再继续冷却时，晶格的类型不再发生变化。正是由于纯铁能够发生同素异构转变，生产中，才有可能对钢和铸铁进行各种热处理，以改变其组织与性能。

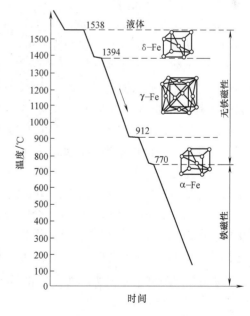

金属的同素异构转变过程与液态金属的结晶过程相似，实质上它是一个重结晶过程，因此同样遵循着结晶的一般规律：有一定的转变温度；转变时需要过冷；有潜热产生；转变过程也是由晶核的形成和晶核的长大来完成的。但由于同素异构转变是在固态下发生的，其原子扩散要比液态下困难得多，致使同素异构转变具有较大的过冷度。另外，由于转变时晶体结构的致密度改变，则将引起晶体体积的变

图 3-8　纯铁的冷却曲线

化，并产生较大的内应力。

在纯铁的冷却曲线上可以看到，在770℃时，冷却曲线上还有一个平台，但该温度下，纯铁的晶格没有发生变化，因此它不属于同素异构转变。实验表明，在770℃以上，纯铁将失去铁磁性；在770℃以下，纯铁将具有铁磁性。因此，770℃时的转变称为磁性转变。由于磁性转变时晶格不发生改变，所以就没有形核和晶核长大的过程。

第二节　合金的结晶

合金的结晶过程也是在过冷的条件下形成晶核与晶核长大的过程，它和纯金属遵循着相同的结晶基本规律。但由于合金成分中包含有两个以上的组元，使其结晶过程比纯金属要复杂得多。首先，纯金属的结晶过程是在恒温下进行的，而合金的结晶却不一定在恒温下进行；纯金属在结晶过程中只有一个液相和一个固相，而合金结晶过程中，在不同温度范围内存有不同数量的相，且各相的成分有时也可变化。为了研究合金结晶过程的特点以及合金组织的变化规律，必须应用合金相图这一重要工具。下面将讨论由两个组元组成的合金系的相图——二元合金相图。

一、二元合金相图的基本知识

合金相图又称合金平衡图或合金状态图。它表示在平衡状态[⊖]下，合金的组成相（或组织状态）和温度、成分之间关系的图解。应用合金相图，可以了解合金系中不同成分合金在不同温度时的组成相（或组织状态），以及相的成分和相的相对量，而且还可了解合金在缓慢加热和冷却过程中的相变规律。所以相图已成为研究合金的组织形成和变化规律的有效工具。在生产实践中，合金相图可作为制定冶炼、铸造、锻压、焊接、热处理工艺的重要依据。

1. 二元合金相图的表示方法

纯金属可以用一条表示温度的纵坐标，把其在不同温度下的组织状态表示出来，图3-9为纯铜的冷却曲线及相图，其中纵坐标表示温度，1点为纯铜冷却曲线上的结晶温度（1083℃）在温度坐标轴上的投影，即纯铜的相变温度（称为相变点）。1点以上表示纯铜处于液相；1点以下表示纯铜为固相。所以纯金属的相图，只要用一条温度纵坐标轴就能表示。

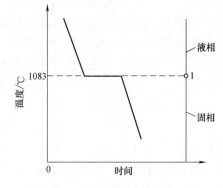

图3-9　纯铜的冷却曲线及相图

二元合金组成相的变化不仅与温度有关，而且还与合金成分有关。因此就不能简单地用一个温度坐标轴表示，必须增加一个表示合金成分的横坐标。所以二元合金的相图，是一个以温度为纵坐标、合金成分为横坐标的平面图形。现以Cu-Ni合金相图为例，来说明二元合金相图的表示方法。

⊖　当一定成分的合金在一定温度下停留足够长的时间，使所存在的各相达到几乎互不转化的状态时，可认为是处于平衡状态。这时的相称为平衡相。

图 3-10 是 Cu-Ni 合金相图。图上纵坐标表示温度，横坐标表示合金成分。横坐标从左到右表示合金成分的变化[⊖]。即 w_{Ni} 由 0% 向 100% 逐渐增大；而 w_{Cu} 相应地由 100% 向 0% 逐渐减小。横坐标上任何一点都代表一种成分的合金。例如，C 点代表 $w_{Ni}（40\%）+ w_{Cu}（60\%）$ 的合金；D 点代表 $w_{Ni}（60\%）+ w_{Cu}（40\%）$ 的合金。通过成分坐标上的任一点作的垂线称为合金线，合金线上不同的点表示该成分合金在某一温度下的相组成。因此，相图上任意一点都代表某一成分的合金在某一温度时的相组成（或显微组织）。例如，M 点表示 $w_{Ni}（30\%）+ w_{Cu}（70\%）$ 的合金在 950℃ 时，其组织为单相 α 固溶体。

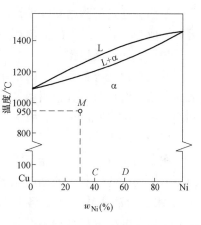

图 3-10　Cu-Ni 合金相图

2. 二元合金相图的测定方法

合金相图都是用实验方法测定的。下面以 Cu-Ni 二元合金系为例，说明应用热分析法测定其相变点及绘制相图的方法。

1）配制一系列成分不同的 Cu-Ni 合金：①$w_{Cu}=100\%$；②$w_{Cu}（80\%）+ w_{Ni}（20\%）$；③$w_{Cu}（60\%）+ w_{Ni}（40\%）$；④$w_{Cu}（40\%）+ w_{Ni}（60\%）$；⑤$w_{Cu}（20\%）+ w_{Ni}（80\%）$；⑥$w_{Ni}=100\%$。

2）用热分析法测出所配制的各合金的冷却曲线，如图 3-11a 所示。

3）找出图中各冷却曲线上的相变点。由 Cu-Ni 合金系的冷却曲线可见，纯铜及纯镍的冷却曲线都有一个平台，这说明纯金属的结晶过程是在恒温下进行的，故只有一个相变点。其他四个合金的冷却曲线均不出现平台，但有两个转折点，即有两个相变点。这表明四个合金都是在一个温度范围内结晶的。温度较高的相变点表示开始结晶温度，称为上相变点，在图上用"○"表示；温度较低的相变点表示结晶终了温度，称为下相变点，在图上用"·"表示。

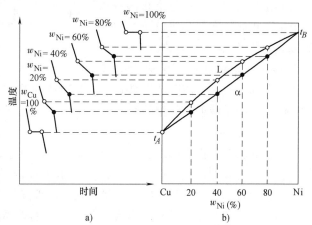

图 3-11　用热分析法测定 Cu-Ni 合金相图

4）将各个合金的相变点分别标注在温度-成分坐标图中相应的合金线上。

5）连接各相同意义的相变点，所得的线称为相界线。这样就获得了 Cu-Ni 合金相图，如图 3-11b 所示。图中各开始结晶温度连成的相界线 $t_A L t_B$ 称为液相线；各结晶终了温度连成的相界线 $t_A α t_B$ 称为固相线。

从上述测定相图的方法可知，如配制的合金数目越多，所用的金属的纯度越高，热分析时冷却速度越缓慢，则所测定的合金相图就越精确。

⊖　合金中组元的含量，在本书中用质量分数 w 表示。本图横坐标"w_{Ni}（%）"表示 w_{Ni} 以百分数计算的数值，如 $w_{Ni}（\%）=20$，即 $w_{Ni}=20\%$，表示该合金的成分为 $w_{Ni}（20\%）+ w_{Cu}（80\%）$。

目前，通过实验已测定了许多二元合金相图，其形式大多比较复杂，然而，复杂的相图可以看成是由若干基本的简单相图所组成的。下面将着重分析两种基本的二元合金相图。

二、二元匀晶相图

凡是在二元合金系中，两组元在液态和固态下以任何比例均可相互溶解，即在固态下能形成无限固溶体时，其相图属匀晶相图。例如，Cu-Ni、Fe-Cr、Au-Ag 等合金系都属于这类相图。下面就以 Cu-Ni 合金相图为例，对匀晶相图进行分析。

1. 相图分析

图 3-12a 为 Cu-Ni 合金相图。图中 $t_A = 1083℃$ 为纯铜的熔点（或结晶温度）；$t_B = 1455℃$ 为纯镍的熔点（或结晶温度）。

$t_A L t_B$ 为液相线，代表各种成分的 Cu-Ni 合金在冷却过程中开始结晶或在加热过程中熔化终了的温度；$t_A \alpha t_B$ 为固相线，代表各种成分的 Cu-Ni 合金在冷却过程中结晶终了或加热过程中开始熔化的温度。图 3-12b 为 $w_{Ni} = 40\%$（$w_{Cu} = 60\%$）的合金冷却曲线。

液相线与固相线把整个相图分为三个不同相区。在液相线以上是单相的液相区，合金处于液体状态，以"L"表示；固相线以下为合金处于

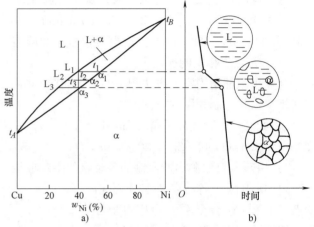

图 3-12　Cu-Ni 合金相图及结晶过程分析

固体状态的固相区，该区域内是 Cu 与 Ni 组成的单相无限固溶体，以"α"表示；在液相线与固相线之间是液相 + 固相的两相共存区（即结晶区），以"L + α"表示。

2. 杠杆定律

从上面相图分析中可以看出，因为单相区内只存有一相，故相的成分就是合金成分，相的质量就是合金的质量。而在两相区内，由于合金正处在结晶过程中，随着结晶过程的进行，合金中各相的成分和相的相对量都在不断地发生变化。杠杆定律就是确定两相区内两个组成相（平衡相）以及相的成分和相的相对量的重要法则。

（1）两平衡相及其成分的确定　如图 3-13a 所示，若要确定成分为 $w_{Ni} = x\%$ 的 Cu-Ni 合金，在 t 温度下是由哪两个相组成以及各相的成分时，可通过该合金线上相当于 t 温度的 c 点作水平线 acb，水平线两端所接触的两个单相区中相 L 和 α，就是该合金在 t 温度时共存的两个相。水平线两端与液相线及固相线的交点 a、b 在成分坐标上的投影，分别表示 t 温度下液相和固相的成分，即液相 L 的成分为 $w_{Ni(L)} = x_1\%$，固相 α 的成分为 $w_{Ni(\alpha)} = x_2\%$。

（2）两平衡相相对量的确定　设图 3-13a 所示的 $w_{Ni} = x\%$ 的合金的总质量为 m，在 t 温度时，合金中液相质量为 m_L，固相质量为 m_α。通过计算，可求得此时合金中液相与固相的质量比和水平线 acb 被合金线分成两线段的长度成反比，即

$$\frac{m_L}{m_\alpha} = \frac{bc}{ac} \tag{3-1}$$

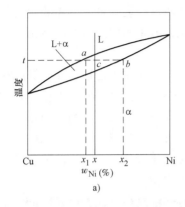 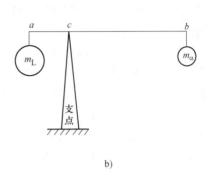

a)   b)

图 3-13 杠杆定律示意图

a) 相图中的杠杆定律 b) 杠杆定律的力学比喻

由式（3-1）还可求出合金中液、固两相的相对量（相的质量分数）的表达式

$$液相 \quad w_L = \frac{m_L}{m} = \frac{bc}{ab} \times 100\% \tag{3-2}$$

$$固相 \quad w_\alpha = \frac{m_\alpha}{m} = \frac{ac}{ab} \times 100\% \tag{3-3}$$

由于式（3-1）与力学中的杠杆定律相似，其中杠杆的支点为合金的原始成分（合金线），杠杆两端表示该温度下两相的成分，杠杆的全长表示合金的质量，两相的质量与杠杆臂长成反比（见图 3-13b），故称为杠杆定律。

必须指出，其他类型的二元合金相图也同样可用杠杆定律来确定两相区中两相的成分及相对量，对于单相区，由于相的成分及质量就是合金的成分及质量，故没有应用的必要。

3. 合金的结晶过程分析

现以 $w_{Ni} = 40\%$ 的 Cu-Ni 合金为例来分析其结晶过程，如图 3-12 所示。当合金自高温液态缓慢冷却到与液相线相交的 t_1 温度时，液相中开始结晶出 α 固溶体，根据杠杆定律可知，此时液相与固相的成分分别为 L_1 点和 α_1 点在成分坐标上的投影。因为是刚开始结晶，故 $L_1\alpha_1$ 线段基本上代表液相的量。当继续缓慢冷却到 t_2 温度，并通过原子充分扩散而达到平衡状态时，液、固两相的成分应分别为 L_2 点和 α_2 点在成分坐标上的投影。同时，代表液相量的线段缩短，而代表固相量的线段增长。当缓慢冷却到与固相线相交的 t_3 温度时，合金结晶终了。这时整个 $L_3\alpha_3$ 线段都代表固相的量，固相的成分为 α_3 点在成分坐标上的投影。故最终获得与原合金成分相同（ $w_{Ni} = 40\%$ ）的单相 α 固溶体。固溶体的显微组织与纯金属类似，是由多面体的晶粒所组成，如图 3-14 所示。

其他成分的 Cu-Ni 合金的结晶过程均与上述合金相似。

由上分析可见，固溶体合金的结晶过程

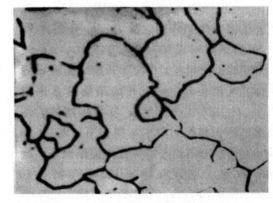

图 3-14 Cu-Ni 合金固溶体的显微组织（100×）

与纯金属不同点是，合金在一定温度范围内结晶，随着温度降低，固相的量不断增多，液相的量不断减少，同时固相的成分不断沿固相线变化，液相的成分不断沿液相线变化。

4. 枝晶偏析

固溶体合金在结晶过程中，只有在极其缓慢冷却、使原子能进行充分扩散的条件下，固相的成分才能沿着固相线均匀地变化，最终获得与原合金成分相同的均匀 α 固溶体。但在实际生产条件下，由于合金在结晶过程中，冷却速度一般都较快，而且固态下原子扩散又很困难，致使固溶体内部的原子扩散来不及充分进行，结果先结晶的固溶体含高熔点组元（如 Cu-Ni 合金中的 Ni）较多，后结晶的固溶体含低熔点组元（如 Cu-Ni 合金中的 Cu）较多。这种在一个晶粒内部化学成分不均匀的现象称为晶内偏析。

因为固溶体的结晶一般是按树枝状方式长大的，这就使先结晶的枝干成分与后结晶的枝间成分不同，由于这种晶内偏析呈树枝分布，故又称为枝晶偏析。图 3-15 就是 Cu-Ni合金的枝晶偏析的显微组织。由图可见，α 固溶体呈树枝状，先结晶的枝干中，因含镍量高，不易浸蚀，故呈白色，而后结晶的枝间因含铜量高，易浸蚀而呈黑色。

枝晶偏析会降低合金的力学性能和加工工艺性能。因此，在生产上常把有枝晶偏析的合金加热到高温，并经长时间保温，使原

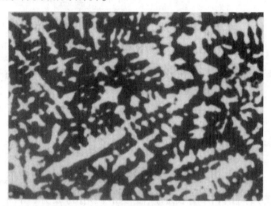

图 3-15　铸态 Cu-Ni 合金枝晶偏析的显微组织（100×）

子充分扩散，以达到成分均匀化的目的，这种热处理方法称为均匀化退火。Cu-Ni 合金经均匀化退火后，可获得成分均匀的 α 固溶体，如图 3-14 所示。

三、二元共晶相图

凡是二元合金系中两组元在液态能完全互溶，而在固态互相有限溶解，并发生共晶转变的相图，称为共晶相图，如 Pb-Sn、Pb-Sb、Al-Si、Ag-Cu 等合金系都属于这类相图。下面就以 Pb-Sn 合金相图为例，对共晶相图进行分析。

1. 相图分析

图 3-16 为 Pb-Sn 合金相图。图中左边部分是 Sn 溶于 Pb 中，形成 α 固溶体的部分匀晶相图，右边部分是 Pb 溶于 Sn 中，形成 β 固溶体的部分匀晶相图。故 t_A、t_B 分别为 Pb 与 Sn 的熔点（或结晶温度）。$t_A C$、$t_B C$ 线为液相线，液相在 $t_A C$ 线上开始结晶出 α 固溶体，液相在 $t_B C$ 线上开始结晶出 β 固溶体。$t_A D$、$t_B E$ 线分别为 α 与 β 固溶体的结晶终了的固相线。由于在固态下，Pb 与 Sn 的相互溶解度随温度的降低而逐渐减小，故 DF、EG 线分别为 Sn 溶于 Pb 和 Pb 溶于 Sn 的固态溶解度曲线，也称为固溶线。

C 点是液相线 $t_A C$、$t_B C$ 与固相线 DCE

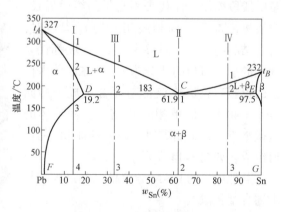

图 3-16　Pb-Sn 合金相图

的交点，表示在 C 点所对应的温度（$t_C = 183℃$）下，成分为 C 点的液相（L_C）将同时结晶出成分为 D 点的 α 固溶体（$α_D$）和成分为 E 点的 β 固溶体（$β_E$）的混合物，该转变可用下式表达

$$L_C \xrightarrow{\text{恒温}} (α_D + β_E) \tag{3-4}$$

这种一定成分的液相，在一定温度下，同时结晶出成分不同的两种固相的转变，称为共晶转变。由共晶转变获得的两相混合物称为共晶组织或共晶体。故 C 点称为共晶点。C 点所对应的温度与成分分别称为共晶温度与共晶成分。通过 C 点的水平的固相线 DCE 称为共晶线，液相冷却到共晶线时，都要发生如式（3-4）所示的共晶转变。

由上分析可知，相界线把共晶相图分成六个相区：三个单相区为 L、α 和 β 相区；三个两相区为 $L+α$、$L+β$ 和 $α+β$ 相区[⊖]。共晶线 DCE 是 $L+α+β$ 三相平衡的共存线。

2. 合金的结晶过程分析

现以图 3-16 中所给出的四个典型合金为例，分析其结晶过程和显微组织。

（1）合金 I（F、D 点间的合金）　图 3-17 为这类合金的冷却曲线及结晶过程示意图。

这类合金在 3 点以上的结晶过程与匀晶相图中的合金结晶过程一样，当合金由液相缓冷到 1 点时，从液相中开始结晶出 Sn 溶于 Pb 的 α 固溶体，随着温度的下降，α 固溶体量不断增多，而液相量不断减少，液相成分沿液相线 $t_A C$ 变化，固相 α 的成分沿固相线 $t_A D$ 变化。当合金冷却到 2 点时，液相全部结晶成 α 固溶体，其成分为原合金成分，继续冷却时，在 2～3 点温度范围内，α 固溶体不发生变化。

当合金冷却到 3 点时，Sn 在 Pb 中溶解度已达到饱和。温度再下降到 3 点以下，Sn 在 Pb 中溶解度已过饱和，故过剩的 Sn 以 β 固溶体的形式从 α 固溶体中析出。随着温度的下降，α 和 β 固溶体的溶解度分别沿 DF 和 EG 两条固溶线变化，因此，从 α 固溶体中不断析出 β 固溶体。为了区别于从液相中结晶出的 β 固溶体，现把从固相中析出的 β 固溶体，称为次生 β，并以"$β_{II}$"表示。所以合金 I 的室温组织应为 α 固溶体 $+ β_{II}$ 固溶体，如图 3-18

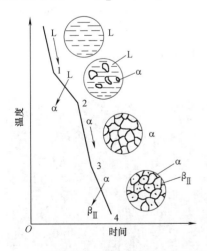

图 3-17　合金I的冷却曲线及结晶过程示意图　　图 3-18　$w_{Sn} < D$ 点成分的 Pb-Sn 合金显微组织（$200 \times$）

⊖　两相区中的组成相，也可按相区接触法则来确定，即两个单相区之间必定夹有一个两相区，其组成相应由这两个单相区中的相所组成。

所示，图中黑色基体为 α 固溶体，白色颗粒为 β_{II} 固溶体。

合金 I 在室温时的 α 与 β_{II} 的相对量，可以用杠杆定律计算

$$w_\alpha = \frac{4G}{FG} \times 100\%$$

$$w_{\beta_{II}} = \frac{F4}{FG} \times 100\%$$

成分在 D 点与 F 点间的所有合金，其结晶过程与合金 I 相似，室温下显微组织都是由 $\alpha + \beta_{II}$ 组成。只是两相的相对量不同，合金成分越靠近 D 点，室温时 β_{II} 量越多。

图 3-16 中成分位于 E 点和 G 点间的合金，其结晶过程与合金 I 基本相似，但从液相先结晶出 Pb 溶于 Sn 中的 β 固溶体，当温度降到合金线与 EG 固溶线的交点时，开始从 β 中析出 α_{II}，所以室温组织为 β 固溶体 $+\alpha_{II}$ 固溶体。

（2）合金 II（C 点的合金）　图 3-16 中 C 点是共晶点，故成分为 C 点的合金也称为共晶合金，其冷却曲线及结晶过程如图 3-19 所示。

当合金缓慢冷却到 C 点（1 点）时，由于 C 点是两条液相线 t_AC、t_BC 的交点，故液相同时结晶出 α 和 β 两种固溶体，即发生如式（3-4）所示的共晶转变。由于该点又处在固相线（共晶线）上，因此，共晶转变必然是在恒温下进行的，直到液相完全消失为止，故在冷却曲线上和纯金属一样会出现一个代表恒温结晶的水平台阶 1—1′。此时获得的共晶组织（共晶体）中的 α_D 与 β_E 的相对量，可用杠杆定律计算如下

$$w_{\alpha_D} = \frac{CE}{DE} \times 100\%$$

$$w_{\beta_E} = \frac{CD}{DE} \times 100\% \text{ 或 } w_{\beta_E} = (1 - w_{\alpha_D}) \times 100\%$$

在 C 点以下，合金进入共晶线下面的 $\alpha + \beta$ 两相区。这时，随着温度的下降，α 和 β 的溶解度分别沿着各自的固溶线 DF、EG 线变化，因此，由 α 中析出 β_{II}，由 β 中析出 α_{II}。由于从共晶体中析出的次生相常与共晶体中同类相混在一起，在显微镜下很难分辨，而且次生相的析出量又较少，一般可不予考虑。所以共晶合金 II 的室温组织应为（$\alpha_F + \beta_G$）共晶体，如图 3-20 所示。图中黑色的 α 固溶体与白色的 β 固溶体呈交替分布。

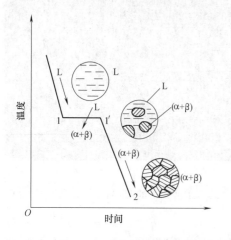

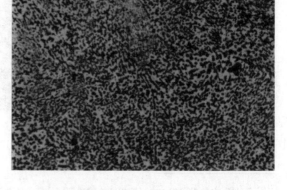

图 3-19　合金 II 的冷却曲线及结晶过程示意图　　　图 3-20　Pb-Sn 共晶合金显微组织（100×）

（3）合金Ⅲ（C、D 点间的合金） 成分在 C 点与 D 点之间的合金，称为亚共晶合金。现以合金Ⅲ为例进行分析，其冷却曲线及结晶过程如图 3-21 所示。

当合金缓冷到 1 点时，开始从液相中结晶出 α 固溶体，随着温度的下降，α 固溶体的量不断增多，剩余的液相量不断减少。与此同时，α 固溶体的成分沿固相线 $t_A D$ 向 D 点变化，液相成分沿液相线 $t_A C$ 由 1 点向 C 点变化。当温度下降到 2 点（共晶温度）时，α 固溶体的成分为 D 点成分，而剩余液相的成分达到 C 点成分（共晶成分），这时剩余的液相已具备了进行共晶转变的温度与成分条件，因而在 2 点发生共晶转变。显然，冷却曲线上也必定出现一个代表共晶转变的水平台阶 2—2′，直到剩余的液体完全变成共晶体为止。

在共晶转变以前，由液相中已经先结晶出的 α 固溶体相，称为先共晶相（或初晶）。因此，共晶转变完毕后的亚共晶合金的组织应为初晶 α_D + 共晶体（$\alpha_D + \beta_E$）。

当合金冷却到 2 点温度以下时，由于 α 和 β 的溶解度分别沿 DF、EG 线变化，故分别要从 α 和 β 中析出 β_{II} 和 α_{II} 两种次生相，但如前所述，共晶体中次生相可以不予考虑，而只需考虑从初晶 α 中析出的 β_{II}。所以亚共晶合金Ⅲ的室温组织应为初晶 α_F + 次生 β_{II} + 共晶体（$\alpha_F + \beta_G$）。

图 3-22 为 Pb-Sn 亚共晶合金显微组织，图中黑色树枝状为初晶 α 固溶体，黑白相间分布的为（$\alpha + \beta$）共晶体，初晶 α 内的白色小颗粒为 β_{II} 固溶体。

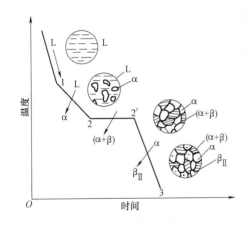

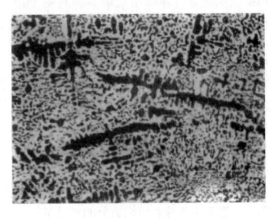

图 3-21　合金Ⅲ的冷却曲线及结晶过程示意图　　　图 3-22　Pb-Sn 亚共晶合金显微组织（100×）

所有 Pb-Sn 亚共晶合金的结晶过程都与合金Ⅲ相似，其显微组织均由初晶 α + 次生 β_{II} + 共晶体（$\alpha + \beta$）组成。所不同的只是合金成分越接近共晶成分，组织中共晶体（$\alpha + \beta$）量越多，而初晶 α 量越少。

（4）合金Ⅳ（C、E 点间的合金） 成分在 C 点与 E 点之间的合金称为过共晶合金。现以合金Ⅳ为例进行分析。图 3-23 为合金Ⅳ的冷却曲线及结晶过程示意图。

过共晶合金的结晶过程的分析方法和步骤与上述亚共晶合金类似，只是初晶为 β 固溶体。所以室温组织应为初晶 β_G + 次生 α_{II} + 共晶体（$\alpha_F + \beta_G$）。

图 3-24 为 Pb-Sn 过共晶合金显微组织，图中亮白色卵形为 β 固溶体，黑白相间分布的为（$\alpha + \beta$）共晶体，初晶 β 内的黑色小颗粒为 α_{II} 固溶体。

3. 合金的相组分与组织组分

综合上述几种典型合金的结晶过程，可以看到 Pb-Sn 合金结晶所得的组织中仅出现 α、β

48

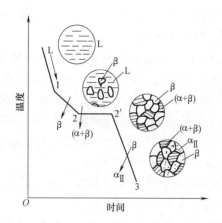

图 3-23　合金Ⅳ的冷却曲线及结晶过程示意图

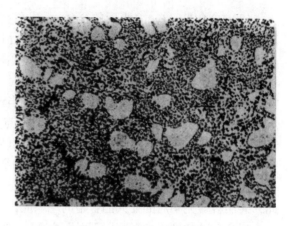

图 3-24　Pb-Sn 过共晶合金显微组织（100×）

两相。因此 α、β 相称为合金的相组分[⊖]（相组成物）。图 3-16 中各相区就是以合金的相组分填写的。

由于不同合金的形成条件不同，各种相将以不同的数量、形状、大小互相组合，因而在显微镜下可观察到不同的组织。若把合金结晶后组织直接填写在相图中（见图 3-25），即获得用组织组分（组织组成物）填写的 Pb-Sn 合金相图。图中 α、α_Ⅱ、β、β_Ⅱ 及共晶体（α + β）各具有一定的组织特征，并在显微镜下可以明显区分，故它们都是该合金的组织组分。在进行金相分析时，主要用组织组分来表示合金的显微组织，故常将合金的组织组分填写于相图中。

合金中相组分和组织组分的相对量，均可利用杠杆定律来计算。现以图 3-16 中合金Ⅲ在 183℃（共晶转变结束后）时为例，计算其相组分和组织组分的相对量。

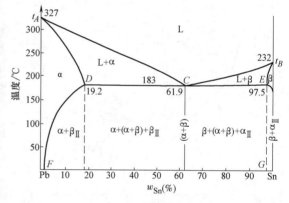

图 3-25　按组织组分填写的 Pb-Sn 合金相图

相组分为 α 和 β，其相对量为

$$w_{\alpha_D} = \frac{2E}{DE} \times 100\%$$

$$w_{\beta_E} = \frac{D2}{DE} \times 100\% \text{ 或 } w_{\beta_E} = (1 - w_{\alpha_D}) \times 100\%$$

组织组分为初晶 α_D 和共晶体（α_D + β_E），其相对量为

$$w_{\alpha_D} = \frac{2C}{DC} \times 100\%$$

$$w_{(\alpha_D + \beta_E)} = \frac{D2}{DC} \times 100\% \text{ 或 } w_{(\alpha_D + \beta_E)} = (1 - w_{\alpha_D}) \times 100\%$$

⊖　按 GB/T 7232—1999《金属热处理工艺术语》规定，原"组织组成物"的标准名称为"组织组分"，故惯用的"相组成物"在本书中相应改为"相组分"。

4. 密度偏析

亚共晶或过共晶合金结晶时，若初晶的密度与剩余液相的密度相差很大，则密度小的初晶将上浮（或密度大的初晶将下沉）。这种由于密度不同而引起的偏析，称为密度偏析。图 3-26 为 $w_{Sb} = 15\%$ 的 Pb-Sb 合金组织中，密度较小的初晶 Sb 上浮而形成的密度偏析。

密度偏析会降低合金的使用与加工性能。为了减少或避免密度偏析，可提高结晶时的冷却速度或搅拌液体金属，使偏析

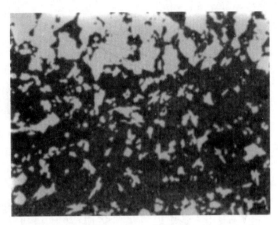

图 3-26　Pb-Sb 合金中的密度偏析（100 ×）

相来不及上浮或下沉；也可在合金中加入某种元素，使其形成高熔点的、与液相密度相近的化合物。合金结晶时，这种化合物首先结晶成针状或树枝状的骨架悬浮于液相中，从而阻止了随后结晶的偏析相上浮或下沉。例如，在锡基滑动轴承合金中加入铜，使其先形成 Cu_6Sn_5 骨架（见图 9-14），阻止密度较小的 β 相上浮，以减少合金的密度偏析。

四、合金性能与相图间的关系

合金的性能一般都取决于合金的化学成分与组织，但某些工艺性能（如铸造性能）还与合金的结晶特点有关。而合金的化学成分与组织间关系，以及合金的结晶特点都能体现在合金相图上，因此合金相图与合金性能间必然存在着一定的联系。掌握了相图与性能的联系规律，就可以大致判断不同成分合金的性能特点，并可作为选用和配制合金的依据。

1. 单相固溶体合金

匀晶相图是形成单相固溶体合金的相图。已知溶质溶入溶剂后，要产生晶格畸变，从而引起合金的固溶强化，并使合金中自由电子的运动阻力增加，故固溶体合金的强度和电阻都高于作为溶剂的纯金属。而且随着溶质溶入量的增加，由于晶格畸变增大，致使固溶体合金的强度、硬度和电阻与合金成分间呈曲线关系变化，如图 3-27 所示。固溶强化是提高合金强度的主要途径之一，在金属材料生产中获得广泛地应用。例如，低碳钢中加入合金元素硅、锰等，就是利用固溶强化来提高钢的强度。另外，由于固溶体合金的电阻较高，电阻温度系数较小，因而常用作电阻合金材料。

固溶体合金的铸造性能与合金成分间的关系，如图 3-28 所示。由图可见，合金相图中的液相线与固相线之间的垂直距离与水平距离越大，合金的铸造性能越差。这是因为液相线与固相线的水平距离越大，则结晶出的固相与剩余液相的成分差别越大，产生的偏析越严重；液相线与固相线之间的垂直距离越大，则结晶时液、固两相共存的时间越长，形成树枝状晶体的倾向就越大，这种细长易断的树枝状晶体阻碍液体在铸型内流动，致使合金的流动性变差；当流动性差时，由于枝晶相互交错所形成的许多封闭微区不易得到外界液体的补充，故易产生分散缩孔，使铸件组织疏松，性能变坏。

由于固溶体合金的塑性较好，故具有较好的压力加工性能。但切削加工时不易断屑和排屑，使工件表面粗糙度增加，故切削加工性能较差。

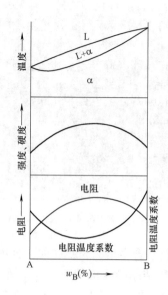

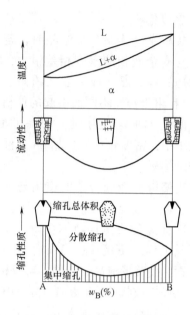

图 3-27　固溶体合金的强度、硬度
和电阻与相图间的关系

图 3-28　固溶体合金的铸造
性能与相图间的关系

2. 两相混合物合金

共晶相图中，结晶后形成两相组织的合金称为两相混合物合金。由图 3-29 可见，形成两相混合物合金的力学性能与物理性能是处在两相性能之间，并与合金成分呈直线关系。应当指出，合金性能还与两相的细密程度有关，尤其是对组织敏感的合金性能（如强度、硬度等），其影响更为明显。例如，共晶合金由于形成了细密共晶体，故其力学性能将偏离直线关系而出现峰值，如图 3-29 中虚线所示。

两相混合物合金的铸造性能与合金成分间的关系，如图 3-30 所示。由图可见，合金的

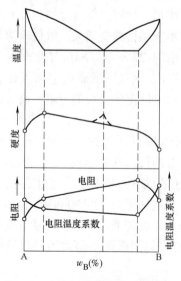

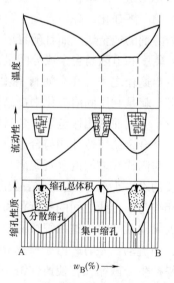

图 3-29　两相混合物合金的硬度和
电阻与相图间的关系

图 3-30　两相混合物合金的铸造
性能与相图间的关系

铸造性能也取决于合金结晶区间的大小，因此，就铸造性能来说，共晶合金最好，因为它在恒温下进行结晶，同时熔点又最低，具有较好的流动性，在结晶时易形成集中缩孔，铸件的致密性好。故在其他条件许可的情况下，铸造用金属材料应尽可能选用共晶成分附近的合金。

两相混合物合金的压力加工性能与合金组织中硬脆的化合物相含量有关，一般都比固溶体合金要差。但只要组织中硬脆相含量不多，其可加工性就比固溶体合金要好。

习题与思考题

1. 如果其他条件相同，试比较下列铸造条件下，铸件晶粒的大小：

1）金属型铸造与砂型铸造。

2）高温浇注与低温浇注。

3）铸成薄壁件与铸成厚壁件。

4）浇注时采用振动与不采用振动。

5）厚大铸件的表面部分与中心部分。

2. 金属同素异构转变与液态金属结晶有何异同之处？

3. 判断下列情况下是否有相变：

1）液态金属结晶。

2）晶粒粗细的变化。

3）同素异构转变。

4）磁性转变。

4. 为什么铸件的加工余量过大，会使加工后的铸件强度降低？

5. 试分析比较纯金属、固溶体、共晶体三者在结晶过程和显微组织上的异同之处。

6. 一个二元共晶转变如下

$$L(w_B = 75\%) \longrightarrow \alpha(w_B = 15\%) + \beta(w_B = 95\%)$$

1）求 $w_B = 50\%$ 的合金结晶刚结束时的各组织组分和各相组分的相对量。

2）若显微组织中初晶 β 与共晶（α + β）各占 50%，求该合金的成分。

7. 试分析以下说法是否正确，为什么？

1）图 3-12 中任一 Cu-Ni 合金，在结晶过程中由于固相成分沿固相线变化，故结晶过程中已结晶的固溶体中含 Ni 量始终高于原液相中的含 Ni 量。

2）图 3-12 中任一 Cu-Ni 合金在平衡结晶时，由于不同温度结晶出来的固溶体成分和剩余液相成分都不相同，所以固溶体的成分是不均匀的。

3）图 3-16 中 D 点成分的 Pb-Sn 合金室温组织中不存在共晶体，但次生相 β_{II} 的含量较其他成分的 Pb-Sn 合金都多。

8. 常用的管路焊锡的成分为 $w_{Pb} = 50\%$、$w_{Sn} = 50\%$ 的 Pb-Sn 合金。若该合金以极慢速度冷却至室温后，求合金显微组织中各组织组分和相组分的相对量。

9. 分析部分 Mg-Cu 相图，如图 3-31 所示。

1）填入各区域的组织组分和相组分。在各区域中是否会有纯 Mg 相存在？为什么？

2）求 $w_{Cu} = 20\%$ 的合金冷却到 500℃、400C 时各相的成分和相对量。

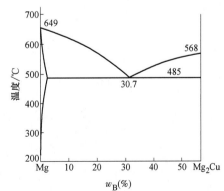

图 3-31 题 9 图

3）画出 $w_{Cu} = 20\%$ 合金自液相冷到室温的冷却曲线，并注明各阶段的相与相变过程。

10. 按下面所设条件，示意地绘出合金的相图，并填出各区域的组织组分和相组分，画出合金的力学性能与该相图的关系曲线。

设 C、D 两组元在液态时能互相溶解；在固态时能形成共晶，共晶成分为 $w_D = 30\%$；C 组元在 D 组元中有限固溶，溶解度在共晶温度时为 $w_C = 15\%$，室温时为 $w_C = 10\%$；D 组元在 C 组元中不能溶解；D 组元的硬度比 C 组元高。

第四章 铁碳合金相图

钢铁是现代工业中应用最广泛的金属材料，其基本组元是铁和碳两个元素，故统称为铁碳合金。普通碳钢和铸铁均属铁碳合金范畴，合金钢和合金铸铁实际上是有意加入合金元素的铁碳合金。为了熟悉钢铁材料的组织与性能，以便在生产中合理使用，首先必须研究铁碳合金相图。

铁与碳可以形成 Fe_3C、Fe_2C、FeC 等一系列化合物，而稳定的化合物可以作为一个独立的组元，因此整个 Fe-C 相图可视为由 $Fe-Fe_3C$、Fe_3C-Fe_2C、Fe_2C-FeC 等一系列二元相图组成，如图 4-1 所示。但铁碳合金中一般 w_C <5%，因为 w_C >5% 的铁碳合金性能很脆，无实用价值，所以在铁碳合金相图中只需研究 $Fe-Fe_3C$ 部分（图 4-1 中阴影部分）。因此，一般所说的铁碳合金相图，实际上是铁-渗碳体（$Fe-Fe_3C$）相图，如图 4-2 所示。

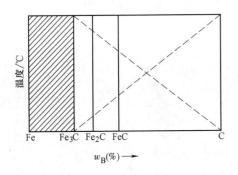

图 4-1　Fe-C 相图的组成

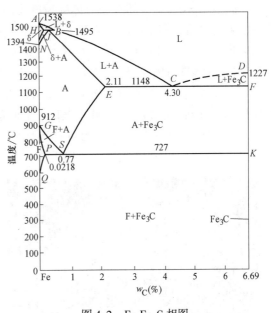

图 4-2　$Fe-Fe_3C$ 相图

第一节　铁碳合金的基本相

Fe 和 Fe_3C 是组成 $Fe-Fe_3C$ 相图的两个基本组元。由于铁与碳之间相互作用不同，铁碳合金固态下的相结构也形成固溶体和金属化合物两类。属于固溶体相有铁素体与奥氏体，属于金属化合物相有渗碳体。

一、铁素体

纯铁在 912℃ 以下为具有体心立方晶格的 α-Fe。碳溶于 α-Fe 中的间隙固溶体称为铁素体，以符号 F 表示。由于 α-Fe 是体心立方晶格，其晶格间隙的直径很小，因而溶碳能力极差，在727℃时溶碳量最大（$w_C = 0.0218\%$），随着温度下降溶碳量逐渐减小，在 600C 时溶碳量约为 $w_C = 0.0057\%$，因此，其室温时的力学性能几乎与纯铁相同，数值如下：

抗拉强度 σ_b	$180 \sim 280MPa$
条件屈服强度 $\sigma_{0.2}$	$100 \sim 170MPa$
伸长率 δ（%）	$30 \sim 50$
断面收缩率 ψ（%）	$70 \sim 80$
冲击吸收功 A_K	$128 \sim 160J$
硬度	$\approx 80HBW$

由此可见，铁素体的强度、硬度不高，但具有良好的塑性和韧性。

铁素体的显微组织与纯铁相同，呈明亮的多边形晶粒组织，如图4-3所示。有时由于各晶粒位向不同，受腐蚀程度略有差异，因而稍显明暗不同。

铁素体在770℃以下具有铁磁性，在770℃以上则失去铁磁性。

二、奥氏体

碳溶于 γ-Fe 中的间隙固溶体称为奥氏体，以符号 A 表示。由于 γ-Fe 是面心立方晶格，它的致密度虽然高于体心立方晶格的 α-Fe，但由于其晶格间隙的直径要比 α-Fe 大，故溶碳能力也较大。在1148℃时溶碳量最大（$w_C = 2.11\%$），随着温度下降，溶碳量逐渐减少，在727℃时的溶碳量为 $w_C = 0.77\%$。

奥氏体的力学性能与其溶碳量及晶粒大小有关，一般奥氏体的硬度为 $170 \sim 220HBW$，伸长率 δ 为 $40\% \sim 50\%$，因此，奥氏体的硬度较低而塑性较高，易于锻压成形。

奥氏体存在于727℃以上的高温范围内。高温下奥氏体的显微组织如图4-4所示，其晶粒也呈多边形，但晶界较平直。奥氏体为非铁磁性相。

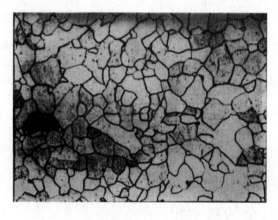

图4-3　铁素体的显微组织（100×）

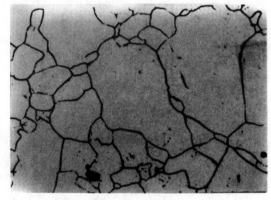

图4-4　奥氏体的显微组织（800×）

三、渗碳体

渗碳体的分子式为 Fe_3C，它是一种具有复杂晶格的间隙化合物，其晶体结构如图2-16所示。

渗碳体的 $w_C = 6.69\%$；熔点为1227℃；不发生同素异构转变；但有磁性转变，它在230℃以下具有弱铁磁性，而在230℃以上则失去铁磁性；硬度很高（$950 \sim 1050HV$），而塑性和韧性几乎为零，脆性极大。

渗碳体中碳原子可被氮等小尺寸原子置换，而铁原子则可被其他金属原子（如 Cr、Mn 等）置换。这种以渗碳体为溶剂的固溶体称为合金渗碳体，如 $(Fe,Mn)_3C$、$(Fe,Cr)_3C$ 等。

渗碳体在钢和铸铁中与其他相共存时呈片状、球状、网状或板状。渗碳体是碳钢中主要的强化相，它的形态与分布对钢的性能有很大影响。同时，Fe_3C 在一定条件下会发生分解，形成石墨状的自由碳。

第二节　铁-渗碳体相图分析

由于纯铁具有同素异构性，并且 α-Fe 与 γ-Fe 的溶碳能力又各不相同，所以图 4-2 所示的 Fe-Fe_3C 相图就显得比较复杂。图中左上角（δ-Fe 转变）部分由于实用意义不大，为便于研究和分析，可予以省略简化。简化后的 Fe-Fe_3C 相图如图 4-5 所示。

为了便于分析，现将图 4-5 分解成上、下两部分来进行分析。

一、上半部分图形——由液态变为固态的一次结晶（912℃以上部分）

如图 4-6 所示，上半部分图形是属于第三章所述的二元共晶相图类型。γ-Fe 与 Fe_3C 为该图的两个组元。

1. 图中各点的分析

A 点为纯铁的熔点，D 点为渗碳体的熔点，E 点为在 1148℃时碳在 γ-Fe 中最大溶解度（$w_C = 2.11\%$）。钢和生铁即以 E 点为分界，凡 $w_C < 2.11\%$ 的铁碳合金称为钢，$w_C > 2.11\%$ 的铁碳合金称为生铁。

C 点为共晶点。这点上的液态合金将发生共晶转变，液相在恒温下，同时结晶出奥氏体和渗碳体所组成的细密的混合物（共晶体）。其表达式如下

$$L_C \xrightarrow{1148℃} (A_E + Fe_3C) \qquad (4-1)$$

共晶转变后所获得的共晶体（$A + Fe_3C$）称为莱氏体，用符号 Ld 表示。

2. 图中各线的分析

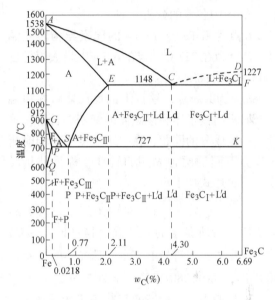

图 4-5　简化后的 Fe-Fe$_3$C 相图

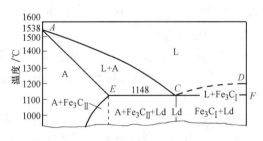

图 4-6　Fe-Fe$_3$C 相图上半部分图形

AC 线和 CD 线为液相线，液态合金冷却到 AC 线温度时，开始结晶出奥氏体；液态合金冷却到 CD 线温度时，开始结晶出渗碳体。AE 线和 ECF 线为固相线。AE 线为奥氏体结晶终了线，ECF 线是共晶线，液态合金冷却到共晶线温度（1148℃）时，将发生共晶转变而生成莱氏体。

ES 线为碳在奥氏体中固溶线，可见碳在奥氏体中的最大溶解度是 E 点，随着温度下降，溶解度减小，到 727℃时，奥氏体中溶碳量仅为 $w_C = 0.77\%$。因此，凡是 $w_C > 0.77\%$ 的铁碳合金，由 1148℃冷却到 727℃的过程中，过剩的碳将以渗碳体形式从奥氏体中析出。为了

与自液态合金中直接结晶出的一次渗碳体（Fe_3C_I）区别，通常将奥氏体中析出的渗碳体称为二次渗碳体（Fe_3C_{II}）。

根据上述点、线的分析，再运用已学过的二元共晶相图的基本知识，就很容易得出该图形中各个区域的组织，如图4-6所示。

二、下半部分图形——固态下的相变

如图4-7所示，下半部分图形与二元共晶相图也很相似，α-Fe 与 Fe_3C 为该图的两个组元。它与二元共晶相图不同之处，只是其相变完全是在固态下进行的。

1. 图中各点的分析

G 点为 α-Fe $\Longleftrightarrow \gamma$-Fe 的同素异构转变温度；$P$ 点为在727℃时碳在 α-Fe 中最大溶解度（$w_C = 0.0218\%$）。

S 点为共析点。这点上的奥氏体将在恒温下同时析出铁素体和渗碳体的细密混合物。这种由一定成分的固相，在一定温度下，同时析出成分不同的两种固相的转变，称为共析转变。其表达式如下

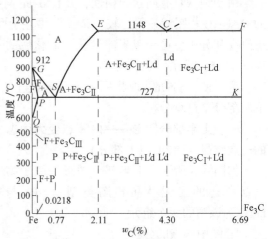

图4-7　Fe-Fe_3C 相图下半部分图形

$$A_S \xrightarrow{727℃} (F_P + Fe_3C) \qquad (4\text{-}2)$$

共析转变后所获得的细密混合物（F + Fe_3C）称为珠光体，用符号 P 表示。珠光体的性能介于两组成相性能之间，其数值约为 $\sigma_b = 750 \sim 900MPa$，$180 \sim 280HBW$，$\delta = 20\% \sim 25\%$，$A_K = 24 \sim 32J$。

应当指出，共析转变与共晶转变很相似，它们都是在恒温下，由一相转变成两相混合物，所不同的是共晶转变是从液相发生转变，而共析转变则是从固相发生转变。共析转变产物称为共析体，由于原子在固态下扩散较困难，因此共析体比共晶体更细密。

2. 图中各线的分析

GS 线为冷却时由奥氏体转变成铁素体的开始线，或者说，为加热时铁素体转变成奥氏体的终了线；GP 线为冷却时奥氏体转变成铁素体的终了线，或者说为加热时铁素体转变成奥氏体的开始线。

PSK 线称为共析线。奥氏体冷却到共析温度（727℃）时，将发生共析转变而生成珠光体。因此，在1148℃至727℃间的莱氏体，是由奥氏体与渗碳体组成的混合物，称为莱氏体，用符号 Ld 表示。在727℃以下的莱氏体则是珠光体与渗碳体组成的混合物，称为变态莱氏体，用 L'd 表示。由于变态莱氏体中含有大量渗碳体，故它是一种硬脆组织，其硬度值约为560HBW，伸长率 $\delta \approx 0\%$。

PQ 线为碳在铁素体中的固溶线，碳在铁素体中的最大溶解度是 P 点，随着温度下降，溶解度逐渐减小，室温时，铁素体中溶碳量几乎为零。因此，由727℃冷却到室温的过程中，铁素体中过剩的碳将以渗碳体的形式析出，称为三次渗碳体（Fe_3C_{III}）。

根据上述点、线的分析，再结合上半部分图形分析所得的各区域组织，就很容易得出该图形中各区域的组织，如图4-7所示。

若将已分析的上、下两半部分的图形叠合起来，就成简化后的 Fe-Fe₃C 相图，如图 4-5 所示。

三、铁-渗碳体相图中各点、线含义的小结

根据上述分析的结果，现把 Fe-Fe₃C 相图中主要特性点和特性线分别列表归纳小结。表 4-1 为简化后的 Fe-Fe₃C 相图中各特性点的温度、成分及其含义。表 4-2 为简化后的 Fe-Fe₃C 相图中各特性线及其含义。

表 4-1　Fe-Fe₃C 相图中的特性点

特 性 点	温度/℃	$w_C(\%)$	含 义
A	1538	0	纯铁的熔点
C	1148	4.3	共晶点
D	≈1227	6.69	渗碳体的熔点
E	1148	2.11	碳在奥氏体(或 γ-Fe)中的最大溶解度
F	1148	6.69	渗碳体的成分
G	912	0	α-Fe ⇌ γ-Fe 同素异构转变点
K	727	6.69	渗碳体的成分
P	727	0.0218	碳在铁素体(或 α-Fe)中的最大溶解度
S	727	0.77	共析点
Q	600	≈0.0057	碳在铁素体(或 α-Fe)中的溶解度

表 4-2　Fe-Fe₃C 相图中的特性线

特 性 线	含 义 [①]
AC	铁碳合金的液相线，液态合金开始结晶出奥氏体
CD	铁碳合金的液相线，液态合金开始结晶出渗碳体
AE	铁碳合金的固相线，即奥氏体的结晶终了线
ECF	铁碳合金的固相线，即 $L_C \rightarrow (A_E + Fe_3C)$ 共晶转变线
GS	奥氏体转变为铁素体的开始线
GP	奥氏体转变为铁素体的终了线
ES	碳在奥氏体(或 γ-Fe)中固溶线
PQ	碳在铁素体(或 α-Fe)中固溶线
PSK	$A_S \rightarrow (F_P + Fe_3C)$ 共析转变线

① 表格中各特性线的含义，均是指合金在缓慢冷却过程中的相变，如果是加热过程，则相反。

四、铁-渗碳体相图中铁碳合金的分类

Fe-Fe₃C 相图中不同成分的铁碳合金，具有不同的显微组织和性能，通常根据相图中 P 点和 E 点，可将铁碳合金分为工业纯铁、钢和白口铸铁三大类。

1. 工业纯铁

成分为 P 点左面（$w_C < 0.0218\%$）的铁碳合金，其室温组织为铁素体，机械工业中应用较少。

2. 钢

成分为 P 点与 E 点间（$w_C = 0.0218\% \sim 2.11\%$）的铁碳合金，其特点是高温固态组织为塑性很好的奥氏体，因而可进行热压力加工。根据相图中 S 点，钢又可分为以下三类：

（1）共析钢　成分为 S 点（$w_C = 0.77\%$）的合金，室温组织为珠光体。

（2）亚共析钢　成分为 S 点左面（$w_C = 0.0218\% \sim 0.77\%$）的合金，室温组织是珠光体 + 铁素体。

（3）过共析钢　成分为 S 点右面（$w_C = 0.77\% \sim 2.11\%$）的合金，室温组织是珠光体 + 二次渗碳体。

3. 白口铸铁

成分为 E 点右面（$w_C = 2.11\% \sim 6.69\%$）的铁碳合金，其特点是液态结晶时都有共晶转变，因而与钢相比有较好的铸造性能。但高温组织中硬脆的渗碳体量很多，故不能进行热压力加工。根据相图中 C 点，白口铸铁又可分为以下三类：

（1）共晶白口铸铁　成分为 C 点（$w_C = 4.3\%$）的合金，室温组织为变态莱氏体。

（2）亚共晶白口铸铁　成分为 C 点左面（$w_C = 2.11\% \sim 4.3\%$）的合金，室温组织为变态莱氏体 + 珠光体 + 二次渗碳体。

（3）过共晶白口铸铁　成分为 C 点右面（$w_C = 4.3\% \sim 6.69\%$）的合金，室温组织为变态莱氏体 + 一次渗碳体。

第三节　典型铁碳合金的结晶过程及其组织

为了进一步认识 Fe-Fe$_3$C 相图，现以上述几种典型铁碳合金为例，分析其结晶过程和在室温下的显微组织。图 4-8 为所选取的钢成分及相应的冷却曲线与结晶过程中组织转变示意图。图 4-12 为所选取的白口铸铁成分及相应的冷却曲线与结晶过程中组织转变示意图。

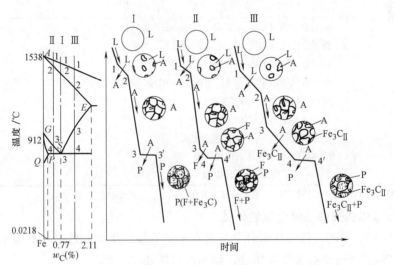

图 4-8　钢部分的典型合金结晶过程分析示意图

一、合金 Ⅰ（共析钢）

图 4-8 中合金 Ⅰ 为共析钢。共析钢在 1 点到 2 点之间，其分析方法与匀晶相图完全相同。当液态合金冷却到与液相线 AC 相交于 1 点的温度时，从液相中开始结晶出奥氏体。随着温度下降，奥氏体量不断地增加，其成分沿固相线 AE 改变，而剩余液相就逐渐减少，其成分沿液相线 AC 改变。到 2 点温度时，液相全部结晶成与原合金成分相同的奥氏体。从 2 点到 3 点温度范围内，合金的组织不变，待冷却到 3 点（727℃）时，将发生共析转变，即

$A_S \xrightarrow{727℃} (F_P + Fe_3C)$，形成珠光体。当温度继续下降时，铁素体的溶碳量沿固溶线 PQ 变化，因此析出三次渗碳体（Fe_3C_{III}）。三次渗碳体常与共析渗碳体（共析转变时形成的渗碳体）连在一起，不易分辨，而且数量极少，可忽略不计，故共析钢的室温组织仍为珠光体，它是铁素体与渗碳体的层状细密混合物，其显微组织如图 4-9 所示。

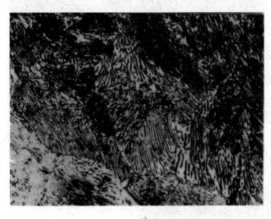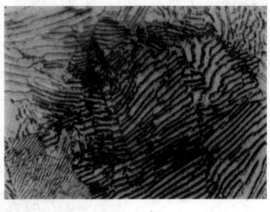

a)   b)

图 4-9　共析钢显微组织

a)（500×）　b)（800×）

珠光体中铁素体与渗碳体的相对量可用杠杆定律求出

$$F_P = \frac{SK}{PK} = \frac{6.69 - 0.77}{6.69 - 0.0218} \times 100\% = 88.8\%$$

$$Fe_3C = \frac{PS}{PK} = \frac{0.77 - 0.0218}{6.69 - 0.0218} \times 100\% = 11.2\%$$

或

$$Fe_3C = (1 - F_P) \times 100\%$$

由于珠光体中渗碳体数量较铁素体少，因此层状珠光体中渗碳体的层片较铁素体的层片薄。在显微镜的放大倍数较低且分辨能力又小于渗碳体层片厚度时，由于渗碳体的边缘线无法分辨，结果只能看到白色基底的铁素体和黑色线条的渗碳体，如图 4-9a 所示。当显微镜的放大倍数足够大、分辨能力又较高时，就可以看到渗碳体是有黑色边缘围着的白色窄条，如图 4-9b 所示。

二、合金Ⅱ（亚共析钢）

图 4-8 中合金Ⅱ为亚共析钢。亚共析钢在 1 点到 3 点温度间的结晶过程与共析钢相似。待合金冷却到与 GS 线相交于 3 点温度时，奥氏体开始转变成铁素体，称为先析铁素体。随着温度的下降，铁素体量不断地增加，其成分沿 GP 线改变，而奥氏体量就逐渐减少，其成分沿 GS 线改变。待冷却到与共析线 PSK 相交的 4 点的温度时，铁素体中含碳量为 $w_C = 0.0218\%$，而剩余奥氏体的含碳量正好为共析成分（$w_C = 0.77\%$），因此，剩余的奥氏体就发生共析转变而形成了珠光体。当温度继续下降时，铁素体中析出的三次渗碳体，同样可以忽略不计。故亚共析钢的室温组织为铁素体和珠光体。

所有亚共析钢的结晶过程均相似，它们在室温下的组织都是由铁素体和珠光体组成。其差别仅在于：其中铁素体和珠光体的相对量有所不同。按杠杆定律可算得，凡距共析成分越近的亚共析钢，组织中所含的珠光体量越多；反之铁素体量越多。图4-10是不同含碳量的亚共析钢的显微组织。图中黑色部分为珠光体，这是因为放大倍数较低，无法分辨层片，故呈黑色。白亮部分为铁素体。

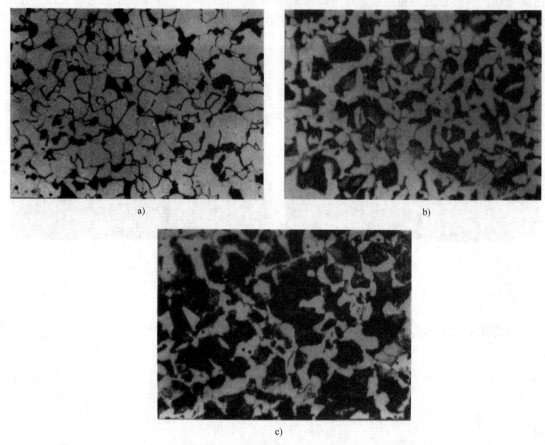

图 4-10 亚共析钢显微组织

a）$w_C = 0.20\%$ （$200 \times$） b）$w_C = 0.40\%$ （$250 \times$） c）$w_C = 0.60\%$ （$250 \times$）

在显微分析中，可以根据珠光体和铁素体所占面积的相对量，来估算出亚共析钢中碳的质量分数 w_C，即

$$w_C = p \times 0.77\% \tag{4-3}$$

式中 p——珠光体在显微组织中所占的面积百分比。

同理，根据亚共析钢中碳的质量分数，也可估算出其组织中珠光体和铁素体的相对量。

三、合金Ⅲ（过共析钢）

图4-8中合金Ⅲ为过共析钢。过共析钢在1点到3点温度间的结晶过程也与共析钢相同。待合金冷却到与 ES 线相交于3点温度时，奥氏体中溶碳量达到饱和而开始析出二次渗碳体，二次渗碳体沿着奥氏体晶界析出而呈网状分布，这种二次渗碳体又称为先析渗碳体。随着温度的下降，析出的二次渗碳体量不断增加，剩余奥氏体中溶碳量沿 ES 线变化而逐渐减少。待冷却至与共析线 PSK 相交于4点的温度时，剩余奥氏体的含碳量正好为共析成分（$w_C = 0.77\%$），因此就发生共析转变而形成珠光体。温度再继续下降时，合金组织基本不变。所以过共析钢室温组织为渗碳体网和珠光体，如图4-11所示。

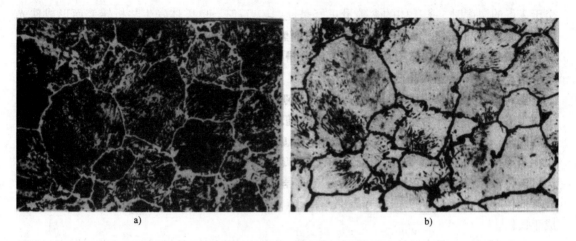

图 4-11　过共析钢显微组织（500×）

a) 4% 硝酸酒精浸蚀　b) 碱性苦味酸钠浸蚀

　　所有过共析钢的结晶过程均相似，它们在室温组织中，二次渗碳体的含量随钢中含碳量的增加而增加，当 $w_C = 2.11\%$ 时，二次渗碳体量达到最多，其值可由杠杆定律求得

$$\mathrm{Fe_3C}_{\text{II最多}} = \frac{2.11 - 0.77}{6.69 - 0.77} \times 100\% = 22.6\%$$

四、合金Ⅳ（共晶白口铸铁）

　　图 4-12 中合金Ⅳ为共晶白口铸铁。当共晶白口铸铁冷却到 1 点（共晶点）时，将发生共晶转变 $\left[\mathrm{L}_C \xrightarrow{1148℃} (\mathrm{A}_E + \mathrm{Fe_3C})\right]$ 而形成了莱氏体（Ld）。这种由共晶转变而结晶出的奥氏体与渗碳体，分别称为共晶奥氏体与共晶渗碳体。随着温度的下降，奥氏体中的溶碳量沿 ES 线变化而不断降低，故从奥氏体中不断析出二次渗碳体。当温度下降到与共析线 PSK 相

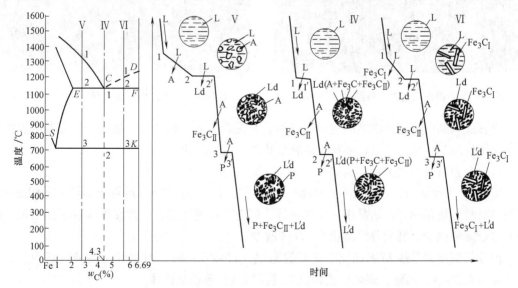

图 4-12　白口铸铁部分的典型合金结晶过程分析示意图

交于 2 点的温度时，奥氏体的含碳量正好是 $w_C = 0.77\%$，奥氏体发生共析转变而形成珠光体。因此，共晶白口铸铁的显微组织是由珠光体、二次渗碳体和共晶渗碳体组成的共晶体，即变态莱氏体（L′d），如图 4-13 所示。图中黑色部分为珠光体，白色基体为渗碳体（其中二次渗碳体和共晶渗碳体连在一起而难以分辨）。

五、合金 V（亚共晶白口铸铁）

图 4-12 中合金 V 为亚共晶白口铸铁。当亚共晶白口铸铁冷却到与液相线 AC 相交于 1 点的温度时，液相中开始结晶出初晶奥氏体。随着温度的下降，奥氏体量不断增加，其成分沿固相线 AE 改变，而剩余液相量逐渐减少，其成分沿液相线 AC 改变。

当冷却到与共晶线 ECF 相交于 2 点温度（1148℃）时，初晶奥氏体的含碳量 $w_C = 2.11\%$，液相的含碳量正好是共晶成分（$w_C = 4.3\%$），因此，剩余液相发生共晶转变而形成莱氏体。

在 2 点到 3 点间冷却时，初晶奥氏体与共晶奥氏体中，均不断析出二次渗碳体，并在 3 点的温度（727℃）时，这两种奥氏体的含碳量正好是 $w_C = 0.77\%$，故发生共析转变而形成珠光体。所以亚共晶白口铸铁的室温组织为珠光体、二次渗碳体和变态莱氏体，如图 4-14 所示。图中黑色块状或树枝状分布的是由初晶奥氏体转变成的珠光体，基体是变态莱氏体。从初晶奥氏体及共晶奥氏体中析出的二次渗碳体，都与共晶渗碳体连在一起，在显微镜下无法分辨。

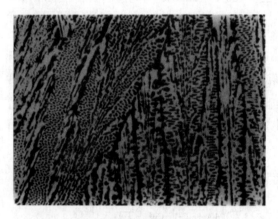

图 4-13　共晶白口铸铁显微组织（250×）

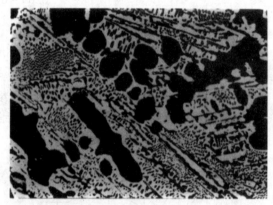

图 4-14　亚共晶白口铸铁显微组织（80×）

所有亚共晶白口铸铁的结晶过程均相似。只是合金成分越接近共晶成分，室温组织中变态莱氏体量越多；反之，由初晶奥氏体转变成的珠光体量越多。

六、合金 VI（过共晶白口铸铁）

图 4-12 中合金 VI 为过共晶白口铸铁。当过共晶白口铸铁冷却到与液相线 CD 相交于 1 点的温度时，液相中开始结晶出一次渗碳体。随着温度的下降，一次渗碳体量不断增加，剩余液相量逐渐减少，其成分沿液相线 CD 线改变。

当冷却到与共晶线 ECF 相交于 2 点的温度（1148℃）时，液相的含碳量正好为共晶成分（$w_C = 4.3\%$），因此，剩余的液相发生共晶转变而形成莱氏体。

在 2 点到 3 点间冷却时，奥氏体中同样要析出二次渗碳体，并在 3 点的温度（727℃）时，奥氏体发生共析转变而形成珠光体。故过共晶白口铸铁的室温组织为一次渗碳体和变态莱氏体，如图 4-15 所示。图中亮白色板条状的为一次渗碳体，基体为变态莱氏体。

所有过共晶白口铸铁的结晶过程均相似。只是合金成分越接近共晶成分，室温组织中变态莱氏体量越多；反之，一次渗碳体量就越多。

若将上述各类铁碳合金结晶过程中的组织变化填入相图中，则得到按组织组分填写的 $Fe-Fe_3C$ 相图，如图 4-5 所示。图 4-2 为铁碳合金按相组分填写的 $Fe-Fe_3C$ 相图。

图 4-15　过共晶白口铸铁显微组织（250×）

第四节　铁碳合金的成分、组织、性能间的关系

一、含碳量与平衡组织间的关系

从上面分析的结果可看出，不同种类的铁碳合金，其室温组织是不同的。运用杠杆定律可以求得含碳量与铁碳合金缓冷后的组织组分及相组分间的定量关系，其关系可归纳总结于图 4-16 中。

应当指出，铁碳合金中含碳量增高时，不仅组织中渗碳体的相对量增加，而且渗碳体的大小、形态和分布也随之发生变化。渗碳体由层状分布在铁素体基体内（如珠光体），改变为网状分布在晶界上（如二次渗碳体），最后形成莱氏体时，渗碳体又作为基体出现。这就是不同成分的铁碳合金具有不同的组织，进而决定它们具有不同性能的原因。

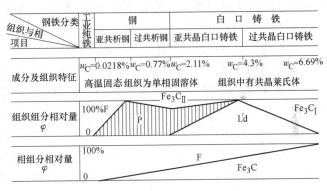

图 4-16　铁碳合金中含碳量与组织组分及相组分间的关系

二、含碳量与力学性能间的关系

在铁碳合金中，渗碳体一般可认为是一种强化相。当它与铁素体构成层状珠光体时，可提高合金的强度和硬度，故合金中珠光体量越多时，其强度、硬度越高，而塑性、韧性却相应降低。但过共析钢中，渗碳体明显地以网状分布在晶界上，特别在白口铸铁中渗碳体作为基体时，将使铁碳合金的塑性和韧性大大下降，这就是高碳钢和白口铸铁脆性高的主要原因。

图 4-17 所示为含碳量对碳钢的力学性能的影响。由图可见，当钢中 $w_C < 0.9\%$ 时，随着钢中含碳量的增加，钢的强度、硬度呈直线上升，而塑性、韧性不断降低；当钢中 $w_C > 0.9\%$ 时，因渗碳体网的存在，不仅使钢的塑性、韧性进一步降低，而且强度也明显下降。为了保证工业上使用的钢具有足够的强度，并具有一定的塑性和韧性，钢中碳的质量分数一般都不超过 $1.3\% \sim 1.4\%$。

$w_C > 2.11\%$ 的白口铸铁，由于组织中存在大量的渗碳体，使性能特别硬脆，难以切削加工，因此在一般机械制造工业中应用不广。

三、含碳量与工艺性能间的关系

1. 铸造性能

已知合金的铸造性能取决于相图中液相线与固相线的水平距离和垂直距离。距离越大，合金的铸造性能越差。由 Fe-Fe$_3$C 相图可见，共晶成分（$w_C = 4.3\%$）的铸铁，不仅液相线与固相线的距离最小，而且熔点亦最低，故流动性好，分散缩孔少，偏析小，是铸造性能良好的铁碳合金。偏离共晶成分远的铸铁，其铸造性能则变差。

低碳钢的液相线与固相线间距离较小，则有较好的铸造性能，但其熔点较高，使钢液的过热度较小，这对钢液的流动性不利。随着钢中含碳量的增加，虽然其熔点随之降低，但其液相线与固相线的距离却增大，铸造性能变差。故钢的铸造性能都不太好。

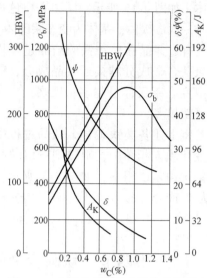

图 4-17　含碳量对碳钢力学性能的影响

2. 可锻性和焊接性

金属的可锻性是指金属压力加工时，能改变形状而不产生裂纹的性能。

钢加热到高温，可获得塑性良好的单相奥氏体组织，因此其可锻性良好。低碳钢的可锻性优于高碳钢。白口铸铁在低温和高温下，组织都是以硬而脆的渗碳体为基体，所以不能锻造。

金属的焊接性是以焊接接头的可靠性和出现焊缝裂纹的倾向性为其技术判断指标。

在铁碳合金中，钢都可以进行焊接，但钢中含碳量越高，其焊接性越差，故焊接用钢主要是低碳钢和低碳合金钢。铸铁的焊接性差，故焊接主要用于铸铁件的修复和焊补。

3. 可加工性

金属的可加工性是指其经切削加工成工件的难易程度。它一般用切削抗力大小、加工后工件的表面粗糙度、加工时断屑与排屑的难易程度及对刃具磨损程度来衡量。

钢中含碳量不同时，其可加工性亦不同。低碳钢（$w_C \leqslant 0.25\%$）中有大量铁素体，硬度低，塑性好，因而切削时产生切削热较大，容易粘刀，而且不易断屑和排屑，影响工件的表面粗糙度，故可加工性较差。高碳钢（$w_C > 0.60\%$）中渗碳体较多，当渗碳体呈层状或网状分布时，刃具易磨损，可加工性也差。中碳钢（$w_C = 0.25\% \sim 0.60\%$）中铁素体与渗碳体的比例适当，硬度和塑性比较适中，可加工性较好。一般认为钢的硬度在 160 ~ 230HBW 时，可加工性最好。碳钢可通过热处理来改变渗碳体的形态与分布，从而改善其可加工性。

习题与思考题

1. 分析一次渗碳体、二次渗碳体、三次渗碳体、共晶渗碳体、共析渗碳体的异同之处。

2. 合金中相组分与组织组分区别何在？指出亚共析钢与亚共晶白口铸铁中的相组分与组织组分。指出碳钢与白口铸铁在固态下相组分的异同之处。

3. 画出 $Fe\text{-}Fe_3C$ 相图中的钢部分相图，并进行以下分析：

1）标注出相图中空白区域的组织组分与相组分。

2）分析 $w_C = 0.4\%$ 的亚共析钢的结晶过程及其在室温下组织组分与相组分的相对量。

3）指出 $w_C = 0.2\%$、$w_C = 0.6\%$、$w_C = 1.2\%$ 的钢在 1400℃、1100℃、800℃ 时奥氏体中碳的质量分数。

4. 什么是共析转变和共晶转变？试以铁碳合金为例，说明这两种转变过程及其显微组织的特征。

5. 现有两种铁碳合金，其中一种合金的显微组织中珠光体量占 75%，铁素体量占 25%；另一种合金的显微组织中珠光体量占 92%，二次渗碳体量占 8%。问这两种合金各属于哪一类合金？其碳的质量分数各为多少？

6. 计算铁碳合金中二次渗碳体和三次渗碳体的最大的相对量。

7. 计算珠光体在共析温度和莱氏体在共晶温度时的相组分的相对量。

8. 已知铁素体硬度为 80HBW，渗碳体硬度为 800HBW。根据两相混合物的合金性能变化规律，计算珠光体的硬度。又为什么实际测得的珠光体硬度都要比计算结果高？

9. 设珠光体硬度为 200HBW、伸长率 $\delta = 20\%$；铁素体硬度为 80HBW、伸长率 $\delta = 50\%$。计算 $w_C = 0.45\%$ 碳钢的硬度和伸长率。

10. 现有形状、尺寸完全相同的四块平衡状态的铁碳合金，它们分别为 $w_C = 0.2\%$、$w_C = 0.4\%$、$w_C = 1.2\%$、$w_C = 3.5\%$ 的合金。根据你所学的知识，可有哪些方法来区别它们？

11. 钢的铸造性能随钢中碳的质量分数增加而降低，但铸铁中碳的质量分数远高于钢，为什么铸铁的铸造性能却比钢好？

12. 为什么绑扎物件一般用铁丝（镀锌低碳钢丝）？而起重机吊重物却用钢丝绳（用 60、65、70、75 等钢制成）？

第五章 钢的热处理

钢的热处理是指钢在固态下采用适当的方式进行加热、保温和冷却以获得所需要的组织结构与性能的工艺。

热处理的目的在于消除毛坯（如铸件、锻件等）中的缺陷，改善其工艺性能，为后续工序作组织准备；更重要的是热处理能显著提高钢的力学性能，从而充分发挥钢材的潜力，提高工件的使用性能和使用寿命。因此，热处理在机械制造工业中占有十分重要的地位。

根据加热和冷却方法的不同，常用的热处理方法大致分类如下：

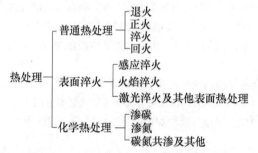

热处理方法虽然很多，但任何一种热处理工艺都是由加热、保温和冷却三个阶段所组成。图5-1就是最基本的热处理工艺曲线。因此，要了解各种热处理方法对钢的组织与性能的改变情况，必须首先研究钢在加热（包括保温）和冷却过程中的相变规律。

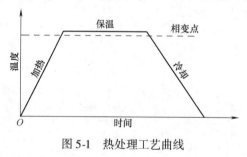

图5-1 热处理工艺曲线

第一节 钢在加热时的转变

由 Fe-Fe$_3$C 相图得知，碳钢在缓慢加热或冷却过程中，在 *PSK* 线、*GS* 线和 *ES* 线上都要发生组织转变。因此，任一成分碳钢的固态组织转变的相变点，都可由 *PSK* 线、*GS* 线和 *ES* 线来确定。通常把 *PSK* 线称为 A$_1$ 线；*GS* 线称为 A$_3$ 线；*ES* 线称为 A$_{cm}$ 线。而该线上的相变点，则相应地用 A$_1$ 点、A$_3$ 点、A$_{cm}$ 点来表示。

应当指出，A$_1$、A$_3$ 和 A$_{cm}$ 点都是平衡相变点。在实际生产中，加热速度和冷却速度都比较快，故其相变点在加热时要高于平衡相变点，冷却时要低于平衡相变点，且加热和冷却的速度越大，其相变点偏离平衡相变点也越大。为了区别于平衡相变点，将加热时的各相变

点用 Ac_1、Ac_3、Ac_{cm} 表示；冷却时的各相变点用 Ar_1、Ar_3、Ar_{cm} 表示。图 5-2 为这些相变点在 Fe-Fe_3C 相图上的位置示意图。

　　钢进行热处理时首先要加热，任何成分的碳钢加热到 A_1 点以上时，其组织中的珠光体均转变为奥氏体，这种加热到相变点以上获得奥氏体组织的过程称为"奥氏体化"。

一、钢的奥氏体化

　　共析碳钢在 A_1 点以下全部为珠光体组织，组织中铁素体具有体心立方晶格，A_1 点时其 $w_C = 0.0218\%$；渗碳体具有复杂晶格，其 $w_C = 6.69\%$。而加热到 Ac_1 点以上时，珠光体转变成具有面心立方晶格的奥氏体，其 $w_C = 0.77\%$。由此可见，

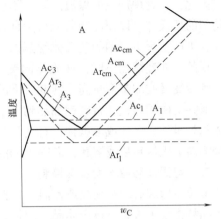

图 5-2　加热和冷却时碳钢的相变点在 Fe-Fe_3C 相图上的位置

奥氏体化必须进行晶格的改组和铁、碳原子的扩散，其转变过程遵循形核和长大的基本规律，并通过下列三个阶段来完成，如图 5-3 所示。

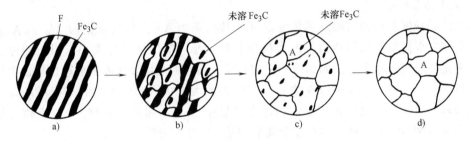

图 5-3　共析碳钢的奥氏体化示意图
a) A 形核　b) A 长大　c) 残余 Fe_3C 溶解　d) A 均匀化

　　1. 奥氏体晶核的形成和长大

　　实践表明，奥氏体的晶核是在铁素体和渗碳体的相界面处优先形成的。这是因为相界面上的原子排列较紊乱，处于能量较高状态；此外，因奥氏体中含碳量是介于铁素体和渗碳体之间，故在两相的相界面上，为奥氏体的形核提供了良好的条件。

　　奥氏体晶核形成后逐渐长大，由于它一面与渗碳体相接，另一面与铁素体相接，因此，奥氏体晶核的长大是新相奥氏体的相界面往渗碳体与铁素体方向同时推移的过程。它是通过铁、碳原子的扩散，使其邻近的渗碳体不断溶解，且铁素体晶格改组为面心立方晶格来完成的。

　　2. 残余渗碳体的溶解

　　由于渗碳体的晶体结构和含碳量都与奥氏体差别很大，故渗碳体向奥氏体的溶解，必然落后于铁素体向奥氏体的转变，即在铁素体全部消失后，仍有部分渗碳体尚未溶解。这部分未溶的残余渗碳体将随时间的增长，继续不断地向奥氏体溶解，直至全部消失为止。

　　3. 奥氏体的均匀化

　　当残余渗碳体全部溶解后，奥氏体中的碳浓度仍是不均匀的，在原来渗碳体处含碳量较高，在原来铁素体处含碳量较低。只有继续延长保温时间，通过碳原子的扩散，才能使奥氏体的成分渐趋均匀化。

因此，热处理加热的保温阶段，不仅为了使零件穿透加热和相变完全，且还为了获得成分均匀的奥氏体，以便冷却后能得到良好的组织与性能。

在生产实际中，钢的奥氏体常是以一定的加热速度将钢件连续加热到 Ac_1 点以上的温度来实现的。在连续加热时，珠光体向奥氏体转变是在一个温度区间内完成的。加热速度越快，则转变区间的温度越高，转变所需的时间越短，即奥氏体化的速度越快。

亚共析碳钢与过共析碳钢加热到 Ac_1 点以上时，珠光体转变成奥氏体，得到的组织为奥氏体和先析的铁素体或渗碳体，称为不完全奥氏体化。只有加热到 Ac_3 或 Ac_{cm} 以上，先析相继续向奥氏体转变或溶解，获得单相的奥氏体组织，才是完全奥氏体化。

二、奥氏体晶粒长大及其控制

奥氏体形成后继续加热或保温，在伴随着残余渗碳体的溶解和奥氏体的均匀化同时，奥氏体晶粒将发生长大。奥氏体晶粒的长大是大晶粒吞并小晶粒的过程，其结果是使晶界总面积减小，从而降低了表面能。因此，它是一个自发过程。

奥氏体晶粒的大小将影响随后冷却过程中发生的转变及转变所得的组织与性能。当奥氏体晶粒细小，冷却后转变产物的组织也细小，其强度与韧性都较高，韧脆转变温度较低。所以，为了获得细晶粒奥氏体，有必要了解奥氏体晶粒在其形成后的长大过程及控制方法。

1. 奥氏体晶粒度

奥氏体晶粒度是指将钢加热到相变点（亚共析钢为 Ac_3，过共析钢为 Ac_1 或 Ac_{cm}）以上某一温度并保温给定时间所得到的奥氏体晶粒大小。奥氏体晶粒大小有以下两种表示方法：一种是用晶粒尺寸表示，如晶粒的平均直径、晶粒的平均表面面积或单位表面面积内的晶粒数目等；另一种是用晶粒号 N 表示，它是将放大 100 倍的金相组织与标准晶粒号图片进行比较来确定的。一般将 N 小于 4 的称为粗晶粒，5~8 称为细晶粒，8 以上称为超细晶粒。详细可参阅 GB/T 6394—2002《金属平均晶粒度测定方法》。

2. 奥氏体晶粒长大

在加热转变中，新形成并刚好互相接触时的奥氏体晶粒，称为奥氏体起始晶粒，其大小称为起始晶粒度。奥氏体起始晶粒一般都是很细小的，但随温度进一步升高，时间继续延长，奥氏体晶粒将不断长大，长大到钢开始冷却时的奥氏体晶粒称为实际晶粒，其大小称为实际晶粒度。奥氏体的实际晶粒度直接影响钢热处理后的组织与性能。

加热时，奥氏体晶粒长大倾向取决于钢的成分和冶炼条件。冶炼时用铝脱氧，使形成 AlN 微粒；或加入 Nb、V、Ti 等元素，使形成难溶的碳氮化物微粒，由于这些第二相微粒能阻止奥氏体晶粒长大，故在一定温度下晶粒不易长大。只有当温度超过一定值时，第二相微粒溶入奥氏体后，奥氏体才突然长大，如图 5-4 中曲线 1 所示。该温度称为奥氏体晶粒粗化温度。若冶炼时用硅铁、锰铁脱氧的钢，或不含有阻止晶粒长大的第二相微粒的钢，随温度升高，奥氏体晶粒不断长大，如图 5-4 中曲线 2 所示。由于曲线 1 所示的钢，其奥氏体晶粒粗化温度一般都高于常用的热处理加热温度范围（800~930℃），一般能保证获得较细小的奥氏体实际晶粒，所以是生产中常用的钢种。

3. 奥氏体晶粒度的控制

由上面分析可知，欲使钢在热处理加热时，奥氏体晶粒不粗化，除了在冶炼时采用 Al 脱氧和加入 Nb、Ti、V 等合金元素外，还必须制定合理的热处理加热制度。

（1）加热温度　加热温度越高，晶粒长大速度越快，奥氏体晶粒也就越粗大。因此，为了获得细小奥氏体晶粒，热处理时必须规定合适的加热温度范围。一般都是将钢加热到相变点以上某一适当温度。

（2）保温时间　钢在加热时，随保温时间的延长，晶粒不断长大。但随时间延长，晶粒长大速度越来越慢，且不会无限制地长大下去。所以，延长时间对晶粒长大的影响要比提高温度小得多。确定钢热处理时的保温时间，除考虑相变需要外，还要考虑工件穿透加热的需要。

（3）加热速度　由于加热速度越快，奥氏体化的实际温度越高，奥氏体的形核率大

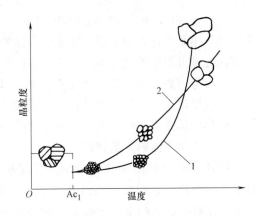

图 5-4　两种奥氏体晶粒长大倾向的示意图

于长大速率，因此获得细小的起始晶粒。但保温时间不能太长，否则晶粒反而更粗大。所以，生产中常采用快速加热和短时间保温的方法来细化晶粒，如高频感应淬火⊖就是利用这一原理来获得细晶粒的。

第二节　钢在冷却时的转变

钢经加热获得均匀奥氏体组织，一般只是为随后的冷却转变作准备。热处理后钢的组织与力学性能在更大程度上是由冷却过程来决定的，因此控制奥氏体在冷却时的转变过程是热处理的关键。

在热处理生产中，常用的有等温冷却与连续冷却两种冷却方式。等温冷却是把加热到奥氏体状态的钢，快速冷却到 Ar_1 以下某一温度，并等温停留一段时间，使奥氏体发生转变，然后再冷却到室温（见图 5-5a）。连续冷却是把加热到奥氏体状态的钢，以不同的冷却速度（如炉冷、空冷、油冷、水冷等）连续冷却到室温（见图 5-5b）。

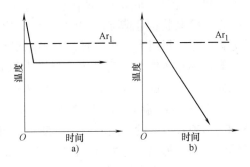

图 5-5　两种冷却方式示意图

a）等温冷却　b）连续冷却

实践表明，同一种钢的奥氏体化条件相同，但冷却条件不同时，所获得的组织与性能将有明显差异。表 5-1 为 45 钢在同样奥氏体化条件下，不同冷却速度对其力学性能的影响。

表 5-1　45 钢经 840℃加热后，不同条件冷却后的力学性能

冷却方式	σ_b/MPa	σ_s/MPa	δ(%)	ψ(%)	HRC
随炉冷却	530	280	32.5	49.3	15 ~ 18
空气冷却	670 ~ 720	340	15 ~ 18	45 ~ 50	18 ~ 24
油中冷却	900	620	18 ~ 20	48	40 ~ 50
水中冷却	1100	720	7 ~ 8	12 ~ 14	52 ~ 60

⊖　高频感应淬火是一种感应加热淬火，在第七节将详细讨论。

显然，上述以不同冷却速度冷却后钢力学性能上的差别，是由于钢的内部组织随冷却速度不同而发生了变化。为了更好地了解钢热处理后的组织与力学性能的变化规律，必须研究奥氏体在冷却过程中的变化规律。由于 Fe-Fe₃C 相图是在极其缓慢加热或冷却条件下建立的，它没有考虑到冷却条件对相变的影响，因此在热处理中，通常都是根据上述两种冷却方式，分别测绘出过冷奥氏体等温转变曲线和过冷奥氏体连续冷却转变曲线[注]，这两种曲线能正确说明奥氏体在冷却时的条件与相变间的关系。

一、过冷奥氏体的等温转变

奥氏体在相变点 A_1 以下就处于不稳定状态，必须要发生相变。但过冷到 A_1 以下的奥氏体并不是立即发生转变，而是要经过一个孕育期后才开始转变，这种在孕育期暂时存在的、处于不稳定状态的奥氏体称为"过冷奥氏体"。

过冷奥氏体在不同温度下的等温转变，将使钢的组织与性能发生明显的变化。而奥氏体等温转变曲线是研究过冷奥氏体等温转变的重要工具。

1. 过冷奥氏体等温转变曲线

（1）过冷奥氏体等温转变曲线的建立过冷奥氏体等温转变曲线是利用过冷奥氏体转变产物的组织形态和性能的变化来测定的。常用的测定方法较多，现以金相法测定共析碳钢过冷奥氏体等温转变曲线为例，来说明其建立过程，如图 5-6 所示。

首先将共析碳钢制成若干薄片小试样，并分为几组，每组有几个试样。将各组试样都在同样加热条件下奥氏体化，获得均匀的奥氏体组织。然后把各组试样分别迅速投入 A_1 点以下不同温度（如 720℃、700℃、

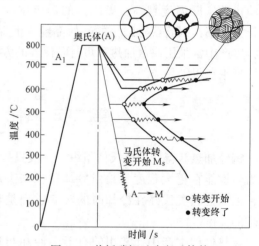

图 5-6 共析碳钢过冷奥氏体等温转变曲线建立示意图

650℃、600℃…）的等温浴槽中，使过冷奥氏体进行等温转变。同时从试样投入时刻起记录等温时间，每隔一定时间，在每一组中都取出一个试样淬入水中，将试样在不同时刻的等温转变状态固定下来。

然后将冷却的试样在金相显微镜下进行金相分析。凡在等温时未转变的奥氏体，水冷后变成马氏体[注]和残留奥氏体，在组织中呈白亮色。而等温转变的产物在水冷后被原样保留下来，在组织中呈暗黑色。图 5-7 为共析碳钢过冷奥氏体在 705℃ 等温不同时间后水冷所得的显微组织。可见，奥氏体等温转变产物是随等温时间的延长而逐渐增多的。通常以转变产物量为 1% 的时刻作为奥氏体转变开始，转变产物量达 99% 的时刻作为转变终了，图 5-7a 为珠光体开始形成，而图 5-7e 为珠光体全部形成的照片。由此找出过冷奥氏体在各个温度下的转变开始时间和转变终了时间，并将其绘在温度-时间坐标图中，然后把所有转变开始点

○ 过冷奥氏体等温转变曲线和过冷奥氏体连续冷却转变曲线在 GB/T 7232—1999《金属热处理工艺术语》中规定，其标准名称分别为等温转变图和连续冷却转变图。

○ 马氏体是 C 在 α-Fe 中的过饱和固溶体，在本节后面将详细讨论。

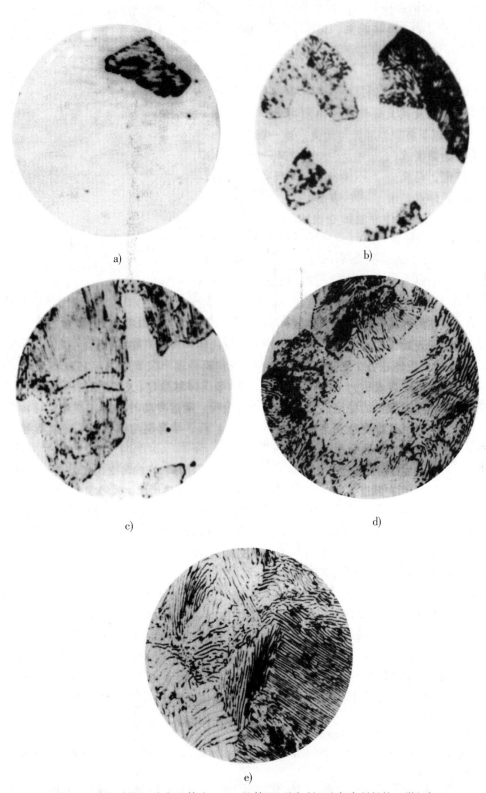

a)

b)

c)

d)

e)

图 5-7 共析碳钢过冷奥氏体在 705℃ 的等温不同时间后水冷所得的显微组织

和转变终了点分别连接起来，便获得过冷奥氏体等温转变曲线。由于其形状与字母"C"相似，故又称它为 C 曲线。

图 5-8[一]为共析碳钢过冷奥氏体等温转变曲线，并附有转变产物及其大致硬度。由图可见，把奥氏体过冷到 230℃ 以下将发生马氏体转变，这一温度称为马氏体转变开始温度或上马氏体点，用"M_s"表示。随着温度的降低，马氏体量越来越多，马氏体转变终了温度或下马氏体点，用"M_f"表示。

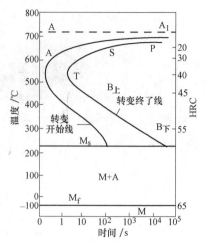

图 5-8　共析碳钢过冷奥氏体等温转变曲线

（2）过冷奥氏体等温转变曲线的分析　由图 5-8 可见：

1）由过冷奥氏体开始转变点连接的线称为转变开始线；由转变终了点连接起来的线称为转变终了线。因此，图中 A_1 以上是奥氏体稳定区域；A_1 以下、转变开始线以左的区域是过冷奥氏体区；A_1 以下、转变终了线以右和 M_s 以上的区域为转变产物区；在转变开始线和转变终了线之间为过冷奥氏体和转变产物共存区。

2）过冷奥氏体在各个温度下等温转变时，都要经过一段孕育期（它以转变开始线与纵坐标之间的水平距离表示）。孕育期越长，过冷奥氏体越稳定，反之则越不稳定。可见，过冷奥氏体在不同温度下的稳定性是不同的。开始时，随过冷度的增加，孕育期与转变终了时间逐渐缩短；但当过冷度达到某一值（约 550℃）后，孕育期与转变终了时间却随过冷度的增加而逐渐变长，所以曲线呈"C"字形状。

在 C 曲线上孕育期最短地方，表示过冷奥氏体最不稳定，它的转变速度最快，该处被称为 C 曲线的"鼻尖"。而在靠近 A_1 和 M_s 处的孕育期较长，过冷奥氏体比较稳定，转变速度也较慢。

3）在三个不同温度区间，共析碳钢的过冷奥氏体可以发生三种不同的转变：A_1 至 C 曲线鼻尖区间的高温转变，其转变产物是珠光体，故又称为珠光体转变；C 曲线鼻尖至 M_s 区间的中温转变，其转变产物是贝氏体，故又称为贝氏体转变；在 M_s 以下的低温转变，其转变产物是马氏体，故又称为马氏体转变。

2. 过冷奥氏体等温转变产物的组织与性能

（1）珠光体转变　由面心立方晶格的奥氏体（$w_C = 0.77\%$）转变为由体心立方晶格的铁素体（$w_C < 0.0218\%$）和复杂晶格的渗碳体（$w_C = 6.69\%$）组成的珠光体，必然要进行晶格的改组和铁、碳原子的扩散。其转变过程是一个在固态下形核和长大的过程。

1）珠光体的形态及其形成。按渗碳体的形状不同，珠光体分为层状珠光体和粒状珠光体两种。一般认为，成分均匀的奥氏体的高温转变产物都是层状珠光体，其形成过程如图 5-9 所示[二]。当奥氏体过冷到 A_1 以下温度时，首先在奥氏体晶界处形成渗碳体晶核[三]，然后依靠渗

㊀　图中 S、T、B 等符号将在下面讲解。

㊁　珠光体的形成可以有两种机制：①铁素体和渗碳体交替形核长大成珠光体；②渗碳体分枝长大形成珠光体，本书只介绍后者。

㊂　一般认为珠光体形核时的领先相取决于钢的化学成分，亚共析钢为铁素体，过共析钢为渗碳体，共析钢可以是渗碳体，也可以是铁素体。

碳体片的不断分枝，向奥氏体晶粒内部平行长大。由于渗碳体的含碳量较高，故在渗碳体片分枝长大的同时，必然使与它相邻的奥氏体的含碳量不断降低，从而促使这部分奥氏体转变为铁素体片，结果形成了渗碳体与铁素体片层相间的珠光体组织。这样由一个晶核发展起来的珠光体组织，称为一个珠光体领域。由于在一个奥氏体晶粒中可以产生几个晶核，结果可形成几个位向各不相同的珠光体领域（见图5-7e）。

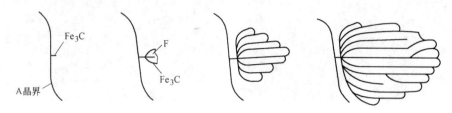

图5-9 层状珠光体形成示意图

渗碳体片的分枝主要发生在根部，且分枝处不一定是片状连接。由于连接处很小，在金相试样表面上不容易恰好剖到渗碳体片的分枝处，故在显微镜下，往往只看到渗碳体片与铁素体片相互交替排列的层状珠光体组织。

2）珠光体的性能。层状珠光体的性能主要取决于片层间距。转变温度越低，即过冷度越大，片层间距越小。因此，在 $A_1 \sim 680℃$ 范围内形成的珠光体，因过冷度小，片层间距较大，它在放大400倍以上的光学金相显微镜下，就能分辨清片层状形态，如图5-10所示；在 $680 \sim 600℃$ 范围内，形成片层间距较小的珠光体，称为细珠光体或索氏体，用符号"S"表示，它只能在高倍光学金相显微镜下才能分辨清片层形态，如图5-11所示；在 $600 \sim 550℃$ 范围内形成的片层间距极小的珠光体，称为极细珠光体或托氏体，用符号"T"表示，它只有在放大几千倍以上的电子显微镜下才能分辨清片层形态，如图5-12所示。

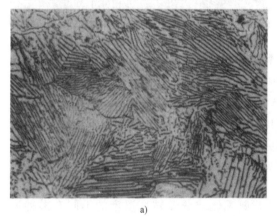

a) b)

图5-10 珠光体

a）光学显微组织（500×） b）电子显微组织（8000×）

图5-13为共析碳钢珠光体的力学性能与片层间距和转变温度的关系。珠光体的片层间距越小，相界面增多，塑性变形抗力增大，故强度和硬度越高。同时片层间距越小，由于渗碳体片越薄，越容易随同铁素体一起变形而不脆断，所以塑性和韧性也逐渐变好。这就是冷拔钢丝要求具有索氏体组织才容易变形而不致因拉拔而断裂的原因。

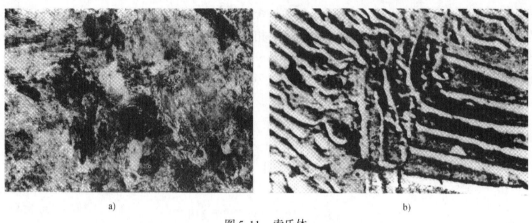

图 5-11 索氏体

a) 光学显微组织 (1000×)   b) 电子显微组织 (19000×)

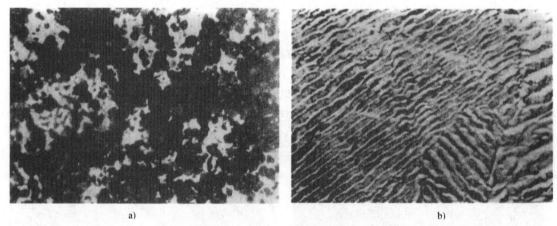

图 5-12 托氏体

a) 光学显微组织 (200×)   b) 电子显微组织 (19000×)

(2) 贝氏体转变 过冷奥氏体在 C 曲线鼻尖至 M_s 的温度范围内将发生贝氏体转变。贝氏体是由含过饱和碳的铁素体与弥散分布的渗碳体 (或碳化物) 组成的非层状两相组织，用符号 "B" 表示。因此，贝氏体转变也应进行晶格改组和碳原子的扩散，但由于转变温度较低，铁原子仅作很小位移，而不发生扩散。其转变过程也是在固态下形核和长大的过程。

1) 贝氏体的形态及其形成。贝氏体组织随着奥氏体成分及转变温度的不同有多种形态，常见的有在中温转变区上部形成的上贝氏体和下部形成的下贝氏体两种。共析碳钢的上、下贝氏体形成温度界限约在 350℃ $^{\ominus}$。

在光学显微镜下，典型的上贝氏体呈羽毛状形态，如图 5-14a 所示，组织中渗碳体不易辨认。在电子显微镜下观察时，可见到上贝氏体中，碳过饱和量不大的铁素体条成束平排地由奥氏体晶界伸向晶内，铁素体条间分布着粒状或短杆状的渗碳体，如图 5-14b 所示。

$\ominus$ 碳钢中 $w_C > 0.6\%$ 时，上、下贝氏体的分界温度均为 350℃。

在光学显微镜下，共析碳钢的下贝氏体呈暗黑色针片状形态⊖，如图 5-15a 所示。在电子显微镜下观察时，可见下贝氏体中，含过饱和碳的铁素体呈针片状，在其上分布着与长轴成 55°～60° 的微细 ε 碳化物（Fe$_{2.4}$C）颗粒或薄片，如图 5-15b 所示。

贝氏体形成过程与珠光体不同，它是先在过冷奥氏体晶界或晶内贫碳区形成过饱和碳的铁素体，随后在铁素体生长过程中，通过碳原子扩散，在铁素体中陆续析出极细的渗碳体或 ε 碳化物。图 5-16 为其形成过程示意图。

2）贝氏体的性能。贝氏体力学性能主要取决于铁素体条（片）粗细、铁素体中碳的过饱和度和渗碳体（或其他结构的碳化物）的大小、形状与分布。随着贝氏体形成温度越低，铁素体条（片）越细，铁素体中碳的过饱和度越大，渗碳体（或其他结构的碳化物）颗粒越小、越多、弥散度越大。所以上贝氏体强度小，塑性变形抗力低，而下贝氏体不仅具有高的强度、硬度与耐磨性，同时具有良好的塑性和韧性。生产中常采用等温淬火来获得下贝氏体，以提高零件的强韧性。

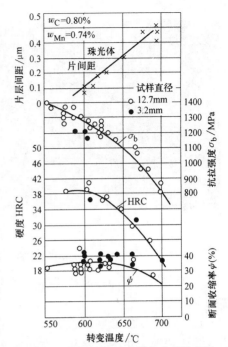

图 5-13　共析碳钢珠光体的力学性能与片层间距和转变温度的关系

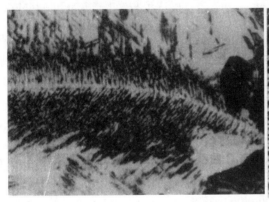

a)

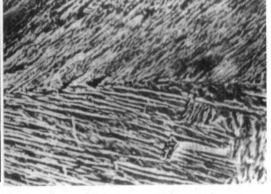

b)

图 5-14　上贝氏体

a）光学显微组织（600×）　　b）电子显微组织（4500×）

（3）马氏体转变　过冷奥氏体在 M$_s$ 温度以下将发生马氏体转变。马氏体用符号"M"表示，它是在极快的连续冷却过程中形成的，故详细内容将在讲解过冷奥氏体的连续冷却转变之后讨论。

⊖　下贝氏体的形态与奥氏体中的含碳量有关。一般含碳量低时呈板条状，含碳量高时呈针片状，含碳量中等时两种形态兼有。

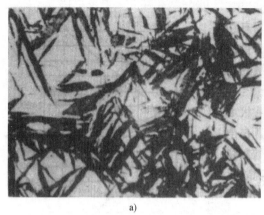

图 5-15　下贝氏体

a）光学显微组织（500×）　b）电子显微组织（8500×）

3. 亚共析碳钢与过共析碳钢过冷奥氏体的等温转变

（1）C 曲线的形状与位置[⊖]　图 5-17 为亚共析碳钢、共析碳钢和过共析碳钢的 C 曲线比较。由图可见，它们都具有过冷奥氏体转变开始线与转变终了线，但在亚共析碳钢的 C 曲线上，多出一条先析铁素体析出线；在过共析碳钢 C 曲线上，多出一条先析渗碳体（二次渗碳体）析出线。

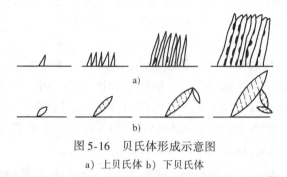

图 5-16　贝氏体形成示意图

a）上贝氏体　b）下贝氏体

在正常的热处理加热条件下，亚共析碳钢的 C 曲线随着含碳量的增加向右移，过共析碳钢的 C 曲线随着含碳量的增加向左移。故在碳钢中，以共析碳钢 C 曲线的鼻尖离纵坐标最远，其过冷奥氏体也最稳定。

（2）先析相的量与形态　由图 5-17 还可看出，随着过冷度增加，亚共析碳钢和过共析碳钢的先析铁素体或先析渗碳体的量逐渐减少。当过冷度达到一定程度后，这种先析相就不再析出，过冷奥氏体直接转变成极细珠光体（托氏体）。这时珠光体中的含碳量已不是共析成分（$w_C = 0.77\%$）。这种由非共析成分所获得的共析组织称为伪共析体或伪共析组织。由于转变温度越低时，先析相的量就越少，珠光体的量相应地就越多，因而钢的力学性能也就随之而不同。

由于钢中含碳量、奥氏体晶粒度和冷却时转变温度的不同，在亚共析碳钢和过共析碳钢中，先析相的组织形态也将有所不同。如前所述，先析铁素体可以呈块状（等轴状）或网状，先析渗碳体一般呈网状。但当钢中 $w_C < 0.6\%$ 或 $w_C > 1.2\%$ 时，如果奥氏体晶粒特别粗大（如在过热的钢或铸钢中），并在一定的冷却条件下，先析相将以一定位向呈片状或针状形态在奥氏体晶粒内部析出，这种组织称为魏氏组织。图 5-18 为亚共析碳钢中出现片状铁素体的魏氏组织。图 5-19 为过共析碳钢中出现针状渗碳体的魏氏组织。魏氏组织一般使钢的力学性能降低，特别是对韧性的影响尤为严重，故生产中常用退火或正火来消除钢中魏氏组织。

⊖　合金元素对 C 曲线有很大影响，这将在第七章中讨论。

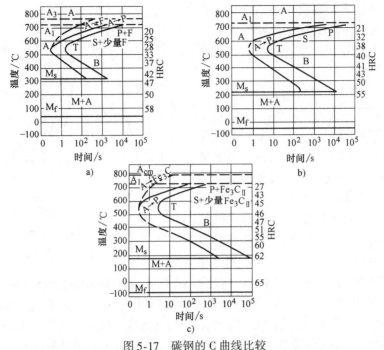

图 5-17　碳钢的 C 曲线比较

a) 亚共析碳钢　b) 共析碳钢　c) 过共析碳钢

图 5-18　亚共析碳钢的魏氏组织（200×）

图 5-19　过共析碳钢的魏氏组织（400×）

二、过冷奥氏体的连续冷却转变

在热处理生产中，奥氏体化后常采用连续冷却，如一般的水冷淬火、空冷正火和炉冷退火等。因此，研究过冷奥氏体在连续冷却时的转变规律，具有重要的实际意义。

1. 共析碳钢过冷奥氏体连续冷却转变曲线的建立

过冷奥氏体连续冷却转变曲线常用膨胀法测定，如图 5-20 所示。它是将一组试样经加热奥氏体化后，以不同冷却速度（v_1 至 v_6）连续冷却，在冷却过程中，应用高速膨胀仪测定各试样比体积变化，根据奥氏体与其转变产物的比体积不同，即可测出在各种冷却速度下，奥氏体转变开始和转变终了的温度与时间，再将这些数据绘在温度-时间坐标图上，并把所有转变开始点和转变终了点分别连接起来，便获得过冷奥氏体连续冷却转变曲线。而

v_5、v_6 两个冷却速度的转变开始点连成一水平线，这就是马氏体转变开始线（M_s 线）。

2. 共析碳钢过冷奥氏体连续冷却转变曲线的分析

将图 5-20 与图 5-6 比较时，就可发现连续冷却转变有以下一些主要特点：

1）连续冷却转变曲线只有 C 曲线的上半部分，而没有下半部分。这就是说，共析碳钢在连续冷却时，只有珠光体转变和马氏体转变，而没有贝氏体转变。

2）P_s 线是珠光体转变的开始线；P_f 线是珠光体转变的终了线；AB 线是珠光体转变的中止线，即冷却曲线碰到 AB 线时，过冷奥

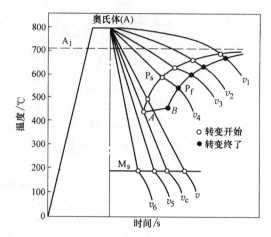

图 5-20 共析碳钢过冷奥氏体连续
冷却转变曲线建立示意图

氏体就不再发生珠光体转变，而一直保留到 M_s 点以下，直接变为马氏体。

3）与过冷奥氏体连续冷却转变曲线鼻尖相切的冷却速度，是保证奥氏体在连续冷却过程中不发生转变、而全部过冷到马氏体区的最小冷却速度，称为马氏体临界冷却速度，用 v_c 表示（见图 5-20）。马氏体临界冷却速度对热处理工艺具有十分重要的意义。

4）在连续冷却过程中，过冷奥氏体的转变是在一个温度区间内进行的，随着冷却速度的增加，转变温度区间逐渐移向低温，并随之加宽，而转变时间则缩短。

5）由于过冷奥氏体的连续冷却转变是在一个温度区间内进行，在同一冷却速度下，因转变开始温度高于转变终了温度，则先后获得的组织粗细不均匀。有时在某种冷却速度下还可获得混合组织。例如，图 5-20 中的冷却速度 v，由于它与转变开始线相交后又与 AB 线相交，故珠光体转变没有结束，剩余的过冷奥氏体将在随后冷却时，与 M_s 线相交而开始转变为马氏体，最后得到的产物主要是托氏体和马氏体的混合组织，如图 5-21 所示。

过共析碳钢的连续冷却曲线与共析碳钢的相比，除了多出一条先析渗碳体的析出线外，其他基本相似。但亚共析碳钢的连续冷却转变曲线与共析碳钢却大不相同，它除了多出一条先析铁素体的析出线外，还出现了贝氏体转变区，因此亚共析碳钢在连续冷却后，可以出现由更多产物组成的混合组织。图 5-22 为 45 钢奥氏体化后，经油冷而得到的铁素体 +

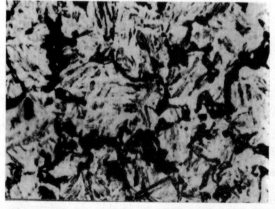

图 5-21 连续冷却获得的托氏体和马氏体（700×）

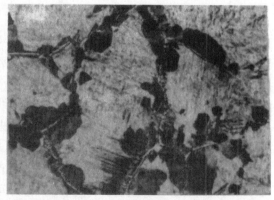

图 5-22 45 钢连续冷却获得的混合组织（400×）

托氏体 + 贝氏体 + 马氏体的混合组织。

3. 过冷奥氏体等温转变曲线在连续冷却中应用

由于过冷奥氏体连续冷却转变曲线测定比较困难，而且有些使用较广泛的钢种，其连续冷却转变曲线至今尚未被测出，所以目前生产技术中，还常应用过冷奥氏体等温转变曲线定性地、近似地来分析奥氏体在连续冷却中的转变。图5-23就是应用共析碳钢的等温转变曲线分析奥氏体连续冷却时的转变情况。图中冷却速度 v_1 相当于炉冷的速度，根据它和 C 曲线相交的位置，可估计出奥氏体将转变为珠光体；冷却速度 v_2 相当于空冷的速度，根据它和 C 曲线相交的位置，可估计出它将转变为索氏体；冷却速度 v_3 相当于油冷的速度，有一部分奥氏体先转变成托氏体，剩余的奥氏体冷却到 M_s 开始转变马氏体，最终获得托氏体 + 马氏体 + 残留奥氏体的混合组织；冷却速度 v_4 相当于水冷的速度，它不与 C 曲线相交，一直过冷到 M_s 以下发生马氏体转变；冷却速度 v_c 与 C 曲线鼻尖相切，为该钢的马氏体临界冷却速度。

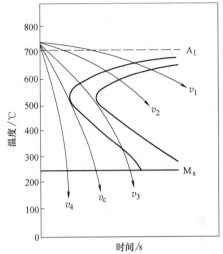

图5-23　应用等温转变曲线分析奥氏体在连续冷却中的转变

必须指出，用等温转变曲线来估计连续冷却转变过程，是很粗略的、不精确的。随着实验技术的发展，将有更多、更完善的连续冷却转变曲线被测得，用它来解决连续冷却转变过程才是合理的。

三、马氏体转变

当奥氏体的冷却速度大于该钢的马氏体临界冷却速度，并过冷到 M_s 以下时，就开始发生马氏体转变。

由于马氏体转变温度极低，过冷度很大，而且形成速度极快，使奥氏体向马氏体转变时只发生 $\gamma\text{-Fe} \rightarrow \alpha\text{-Fe}$ 的晶格改组，而没有铁、碳原子的扩散。因此，马氏体中含碳量就是转变前奥氏体中的含碳量。已知 $\alpha\text{-Fe}$ 最大溶碳量为 $w_C = 0.0218\%$，故马氏体是碳在 $\alpha\text{-Fe}$ 中的过饱和固溶体，是单相的亚稳组织。

1. 马氏体的晶体结构

在马氏体中，由于过饱和碳原子强制地分布在晶胞的某一晶轴（图5-24中 Z 轴）的间隙处，使 Z 轴方向的晶格常数 c 增大，X、Y 轴方

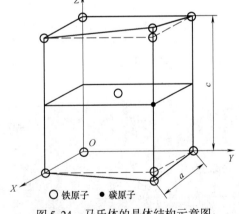

○ 铁原子　● 碳原子

图5-24　马氏体的晶体结构示意图

向的晶格常数 a 减小，$\alpha\text{-Fe}$ 的体心立方晶格因此而变为体心正方晶格，如图5-24所示。晶格常数 c/a 的比值称为马氏体的正方度。马氏体中含碳量越高，其正方度越大。

2. 马氏体的组织形态

钢中马氏体组织形态主要有片状和板条状两种基本类型。

片状马氏体的立体形态呈双凸透镜状，而显微镜下所看到的则是金相试样面上的马氏体截面形态，故呈针片状。图5-25为粗大的片状马氏体的显微组织。由于片状马氏体形成时一般不穿过奥氏体晶界，而后形成的马氏体又不能穿过先形成的马氏体，所以越是后形成的马氏体片，其尺寸越小，如图5-26所示。因此在显微镜下，可以在同一视场中，看到许多长短不一且互成一定角度分布的马氏体片。显然，粗大的奥氏体晶粒会获得粗大的片状马氏体，使力学性能降低，成为"过热"缺陷。一般共析碳钢和过共

图5-25 片状马氏体显微组织（400×）

析碳钢在正常加热温度下淬火时，马氏体片是非常细小的。在光学显微镜下看不清其形态的马氏体，称为隐针马氏体。

图5-26 片状马氏体的形成过程示意图

板条马氏体是由许多马氏体板条集合而成。马氏体板条的立体形态呈扁条状或薄板状，其金相试样面上的截面形态呈细长的条状或板状，板条之名即由此而来。许多相互平行的板条组成一个板条束，一个奥氏体晶粒可以转变成几个位向不同的板条束，因此，在光学显微镜下，可以看到板条马氏体是由许多位向不同的板条束组成，如图5-27所示。

试验表明，当奥氏体中$w_C > 1\%$的钢淬火后，马氏体形态为片状马氏体，故片状马氏体又称为高碳马氏体；当奥氏体中$w_C < 0.20\%$的钢淬火后，马氏体形态基本为板条马氏体，故板条马氏体又称为低碳马氏体；当奥氏体中碳的含量介于两者之间时，则为两种马氏体的混合组织。奥氏体中碳的含量越高，淬火组织中片状马氏体量越多，板条马氏体量越少。图5-28为45钢淬火马氏体形态。

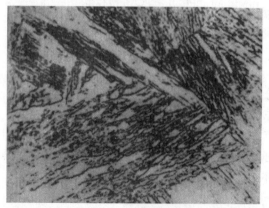

图5-27 板条马氏体显微组织（1000×）

图5-28 45钢淬火马氏体显微组织（400×）

3. 马氏体的性能

（1）马氏体的强度与硬度　马氏体的强度和硬度主要取决于马氏体的含碳量，如图5-29所示。随着马氏体含碳量的增高，其强度与硬度也随之增高，尤其在含碳量较低时，强度、硬度增高比较明显，但$w_C > 0.6\%$时，就逐渐趋于平缓[注]。

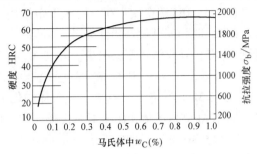

图 5-29　含碳量对马氏体的强度与硬度的影响

马氏体强度、硬度提高的主要原因是过饱和的碳原子使晶格正方畸变，产生了固溶强化。同时在马氏体中又存在着大量的微细孪晶和位错[注]，它们都会提高塑性变形的抗力，从而产生了相变强化。

（2）马氏体的塑性与韧性　马氏体的塑性与韧性也受含碳量的影响，可以在相当大的范围内变动，表5-2为淬火钢的塑性、韧性与含碳量间的关系。

由表5-2可见，马氏体的塑性和韧性随含碳量增高而急剧降低。低碳的板条马氏体具有良好的塑性与韧性，是一种强韧性很好的组织。此外，低碳马氏体还具有较高的断裂韧度和较低的韧脆转变温度等优点，故近年在生产中，已日益广泛地采用低碳钢和低碳合金钢进行淬火的热处理工艺。

表 5-2　淬火钢的塑性、韧性与含碳量间关系

$w_C(\%)$	$\delta(\%)$	$\psi(\%)$	A_K/J
0.15	~15	30~40	>64
0.25	5~8	10~20	16~32
0.35	2~4	7~12	12~24
0.45	1~2	2~4	4~12

（3）马氏体的比体积　钢中不同组织的比体积是不同的。马氏体的比体积最大，奥氏体的比体积最小，珠光体居中。因此，奥氏体向马氏体转变时，必然伴随体积膨胀而产生内应力。马氏体中含碳量越高，其正方度越大，比体积也越大，故产生的内应力也越大，这就是高碳钢淬火时容易变形和开裂的原因之一。但生产中也有利用这一效应，使淬火零件的表层产生残余压应力，以提高其疲劳强度。

4. 马氏体转变的特点

马氏体转变过程和其他相变一样，也是由形核和长大两个基本过程所组成。但它和其他相变比较，又有以下几方面特点：

（1）马氏体转变是无扩散型相变　前述的珠光体转变和贝氏体转变都是属于扩散型相变。但马氏体转变是过冷奥氏体在极大的过冷度下（M_s以下）进行的，转变时只发生$\gamma\text{-Fe}\rightarrow\alpha\text{-Fe}$的晶格改组，而奥氏体中的铁、碳原子都不能进行扩散，故马氏体转变是无扩散型相变。

（2）马氏体转变的速度极快　马氏体形成时一般不需要孕育期，有人测得一片高碳马

[注]　马氏体的硬度并不等于淬火钢的硬度，这是因为淬火钢还经常混有其他组织（如残留奥氏体和渗碳体等）。

[注]　有关孪晶的概念，将在本书第六章中讨论。

氏体的形成仅需 10^{-7} s，故在通常情况下是看不到马氏体的长大过程的。马氏体量的增加不是靠已经形成的马氏体片的不断长大，而是靠新的马氏体片的不断形成。

（3）马氏体转变发生在一定温度范围内　当过冷奥氏体以大于马氏体临界冷却速度 v_c 过冷到 M_s 时，就开始马氏体转变。以后随着温度的降低，马氏体转变量越来越多，当温度降到 M_f 时，马氏体转变就结束。如在 M_s 与 M_f 之间某一温度等温，则马氏体量并不明显的增多。所以，只有在 M_s 至 M_f 温度间继续降温时，马氏体才能继续形成。

M_s 与 M_f 的位置主要取决于奥氏体的化学成分。奥氏体含碳量越高，M_s 与 M_f 的温度越低，图 5-30 为奥氏体含碳量对马氏体转变温度范围的影响$^{\ominus}$。

由图 5-30 可见，当奥氏体中 $w_C > 0.5\%$ 时，由于 M_f 已低于室温，因此淬火到室温时，必然有一部分奥氏体被残留下来，这部分奥氏体称为残留奥氏体。随着奥氏体含碳量增高，M_s 和 M_f 温度降低，故淬火后残留奥氏体量也越多，如图 5-31 所示。

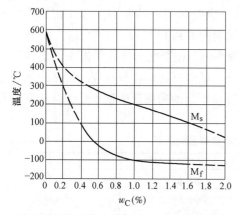

图 5-30　奥氏体含碳量对 M_s 和 M_f 的影响

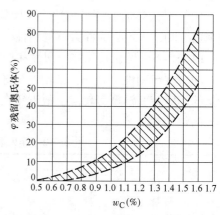

图 5-31　含碳量对残留奥氏体量的影响

一般低、中碳钢淬火到室温后，约有 $1\% \sim 2\%$ 的残留奥氏体；高碳钢淬火到室温后，残留奥氏体量可达 $10\% \sim 15\%$。残留奥氏体不仅降低了淬火钢的硬度和耐磨性，而且在工件的长期使用过程中，由于残留奥氏体会发生转变，使工件尺寸发生变化，从而降低了工件的尺寸精度。因此，生产中，对一些高精度的工件（如精密量具、精密丝杠、精密轴承等），为了保证它们在使用期间的精度，可将淬火工件冷却到室温后，又随即放到零下温度的冷却介质中冷却（如干冰 + 酒精可冷却到 -78℃，液态氮可冷却到 -183℃），以最大限度地消除残留奥氏体，达到增加硬度、耐磨性与稳定尺寸的目的，这种处理称为"冷处理"或"深冷处理"。

第三节　钢的退火与正火

在机械零件或工模具等工件的制造过程中，往往要经过各种冷、热加工，而且在各加工工序中，还经常要穿插多次热处理工序。在生产中，常把热处理分为预备热处理和最终热处理两类。为了消除前道工序造成的某些缺陷，或为随后的切削加工和最终热处理作好准备的热处理，称为预备热处理。为使工件满足使用性能要求的热处理，称为最终热处理。例如，

$\ominus$　这里没有考虑合金元素的影响。

一般较重要工件的制造过程大致是：铸造或锻造→退火或正火→机械（粗）加工→淬火 + 回火（或表面热处理）→机械（精）加工等工序。其中淬火 + 回火工序就是为了满足工件使用要求而进行的最终热处理；而安排在铸造或锻造之后、机械（粗）加工之前的退火或正火工序，就是预备热处理。这是因为铸造或锻造之后，工件中不仅存在残余应力和硬度可能偏高或不均匀，而且往往出现一些组织缺陷，如铸钢件中的枝晶偏析、魏氏组织、晶粒粗大等；锻钢件中魏氏组织、带状组织和晶粒粗大等，这些都会使钢件的性能降低，淬火时易产生变形和开裂。经过适当退火或正火处理可使组织细化，成分均匀，消除应力，硬度均匀适当，从而改善了力学性能和切削加工性，为随后的机械加工和淬火作好准备。

退火或正火除经常作为预备热处理工序外，对一些普通铸件、焊接件以及一些性能要求不高的工件，常作为最终热处理工序。例如，一些容器或箱体在焊接或铸造后，往往在退火后不再进行其他热处理。因此，这种退火处理就属于最终热处理。

综上所述，退火或正火的主要目的大致可归纳为如下几点：

1）调整钢件硬度，以利于随后的切削加工。经适当退火或正火处理后，一般钢件的硬度在 160～230HBW 之间，这是最适于切削加工的硬度。

2）消除残余应力，以稳定钢件尺寸，并防止其变形和开裂。

3）使化学成分均匀，细化晶粒，改善组织，提高钢的力学性能和工艺性能。

4）为最终热处理（淬火、回火）作好组织上的准备。

一、退火

退火是将钢件加热到适当温度，保持一定时间，然后缓慢冷却的热处理工艺。根据钢的成分、退火的工艺与目的不同，退火常分为完全退火、等温退火、均匀化退火、球化退火和去应力退火等几种[⊖]。

1. 完全退火

完全退火主要用于亚共析成分的碳钢和合金钢的铸件、锻件及热轧型材，有时也用于焊接结构件。其目的是细化晶粒，消除内应力与组织缺陷，降低硬度，为随后的切削加工和淬火作好组织准备。表 5-3 为 30 钢的铸件（具有粗大晶粒或魏氏组织等缺陷）进行完全退火后与原始铸态的性能比较。由表中数据可见，铁素体晶粒尺寸在退火后大为减少，故强度、塑性均显著提高。

表 5-3　30 钢铸态和完全退火后性能比较

状　　态	铁素体晶粒尺寸/mm^3	σ_b/MPa	σ_s/MPa	δ(%)	ψ(%)
铸造状态	7.5×10^{-5}	473	230	14.6	17.0
850℃退火后	1.4×10^{-5}	510	280	22.5	29.0

完全退火工艺是将亚共析碳钢工件加热到 Ac$_3$ 以上 30～50℃[⊖]，保温一定时间，随炉缓慢冷却到 600℃ 以下，再出炉在空气中冷却，以获得接近平衡组织的退火工艺。

完全退火的加热速度主要根据钢的成分、工件的尺寸和形状等因素来确定，一般取 100～200℃/h。对高碳高合金钢及形状复杂的或截面大的工件，一般应进行预热或采用

⊖　这里未包括第六章中将讨论的再结晶退火。

⊖　退火与正火的加热温度受钢的成分与处理目的等因素影响而不同。本节中各种退火与正火温度均取自 GB/T 16923—1997。

低温入炉随炉升温的加热方式，以免在加热过程中，引起变形与开裂。保温时间与钢的成分、工件的形状与尺寸、加热温度、装炉量和工件堆放形式等因素有关。工艺员应从生产实际出发，根据具体情况来定，但必须保证工件能穿透加热和完成组织转变。退火后的冷却速度应缓慢，以保证奥氏体在过冷度较小情况下发生珠光体转变。由于加热炉断电后的冷却速度约为 $30 \sim 120℃/h$，在一般情况下，退火工件随炉冷却，即可满足所要求的冷却速度。

2. 等温退火

等温退火的退火工艺是将亚共析钢加热到 Ac_3 以上 $30 \sim 50℃$，共析钢和过共析钢加热到 Ac_1 以上 $20 \sim 40℃$ 奥氏体化后，以较快速度冷却到珠光体转变温度区间的某一温度，等温一定时间，使奥氏体在等温中发生珠光体转变，然后又以较快冷速（一般为空冷）冷至室温。因此，等温退火不仅可以有效地缩短退火时间，提高生产率，而且工件内外都是处于同一温度下发生组织转变，故能获得均匀的组织与性能。

图 5-32 所示为高速工具钢的普通退火与等温退火工艺比较。可见，普通退火需要 $15 \sim 20h$ 以上，而等温退火所需时间则大为缩短。

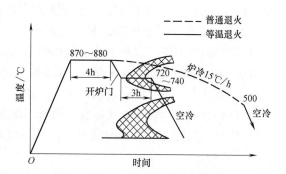

图 5-32　高速工具钢的普通退火与等温退火工艺比较

3. 球化退火

球化退火主要用于共析或过共析成分的碳钢和合金钢。其目的是使钢中的碳化物球化，以降低硬度，改善切削加工性，并为淬火作好组织准备。

过共析碳钢经热轧、锻造后，组织中会出现层状珠光体和二次渗碳体网，这不仅使钢的硬度增加，切削加工性变坏，而且淬火时，易产生变形和开裂。为了克服这一缺点，可采用球化退火，使珠光体中的层状渗碳体和二次渗碳体网都能球化，变成球状（粒状）的渗碳体。这种在铁素体基体上均匀分布着球状（粒状）渗碳体的组织，称为粒状珠光体，如图5-33 所示。

一般球化退火的工艺是把过共析钢加热到 Ac_1 以上 $10 \sim 20℃$，保温一定时间，然后缓慢冷却到 $600℃$ 以下再出炉空冷。T10 钢一般球化退火工艺如图 5-34 中曲线 a 所示。在生产中也常采用如图 5-34 中曲线 b 所示的等温球化退火工艺。它是在加热、保温后快冷到稍低于 Ar_1，较长时间的等温，然后炉冷至 $600℃$ 再出炉空冷。这种等温球化退火的操作较简单，生产周期也较短。

球化退火工艺特点是低温短时加热和缓慢的冷却。当加热温度超过 Ac_1 不多时，渗碳体开始溶解，但又未完全溶解，此时层状渗碳体逐渐断开成许多细小的链状或点状渗碳体，弥散地分布在奥氏体基体上；同时由于低温短时加热，奥氏体的成分也极不均匀。故在随后的缓冷或等温过程中，以原有的细小渗碳体质点为核心，或在奥氏体中碳原子富集的地方产生新的核心，均匀地形成了颗粒状渗碳体。同时由于球状表面能最小，故在缓冷或等温过程中，渗碳体发生聚集长大的结果，也一定是形成较大粒状（球状）。

若钢原始组织中存有严重渗碳体网时，应采用正火将其消除后，再进行球化退火。

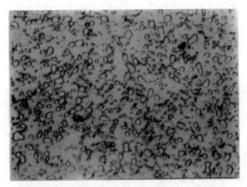

图 5-33　粒状珠光体显微组织（800×）

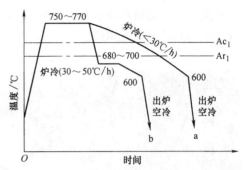

图 5-34　T10 钢球化退火工艺曲线

4. 均匀化退火

均匀化退火主要用于合金钢铸锭和铸件，目的是为了消除铸造中产生的枝晶偏析，使成分均匀化。

均匀化退火通常在铸锭开坯或铸造后进行，它是把钢加热到 Ac_3 以上 150～200℃（通常为 1000～1200℃）保温 10～15h，然后再随炉缓冷到 350℃，再出炉冷却。其工艺特点是高温长时间的加热，使钢中成分能进行充分扩散而达到均匀化的目的，故均匀化退火又称扩散退火。钢中合金元素含量越高，其加热温度也越高。由于温度高、时间长，使均匀化退火后组织严重过热，因此，必须再进行一次完全退火或正火来消除过热缺陷。

均匀化退火需要时间很长，工件烧损严重，耗费能量很大，是一种成本很高的工艺，所以它主要用于质量要求高的优质高合金钢的铸锭和铸件。

5. 去应力退火

去应力退火又称低温退火，它主要用于消除铸件、锻件、焊接件、冷冲压件以及机加工工件中的残余应力。如果这些残余应力不予消除，工件在随后的机械加工或长期使用过程中，将引起变形或开裂。

去应力退火的工艺是将工件缓慢加热到 Ac_1 以下 100～200℃（一般为 500～600℃），保温一定时间，然后随炉缓慢冷却至 200℃再出炉冷却。由于去应力退火的加热温度低于 A_1，故钢在去应力退火过程中不发生相变，主要是在保温时消除残余应力。

一些大型焊接结构件，由于体积庞大，无法装炉退火，可用火焰加热或感应加热等局部加热方法，对焊缝及热影响区进行局部去应力退火。

二、正火

正火是将钢加热到相变点（Ac_3、Ac_{cm}）以上完全奥氏体化后，再在空气中冷却以得到以较细珠光体为主的组织的热处理工艺。

1. 正火工艺

正火的加热温度比退火高，一般为 Ac_3 或 Ac_{cm} 以上 30～80℃。保温时间主要取决于工件有效厚度和加热炉的形式，如在箱式炉中加热时，可以每毫米有效厚度保温 1min 计算。保温后一般可在空气中冷却，但一些大型工件或在气温较高的夏天，有时也采用吹风或喷雾冷却。

2. 正火后组织与性能

正火实质上是退火的一个特例。两者不同之处主要在于正火的冷却速度较快，过冷度较大，因而发生了伪共析转变，使组织中珠光体量增多，片层间距变小，如图 5-35 中 45 钢退火与正火后的显微组织所示。$w_C = 0.6\% \sim 1.4\%$ 的钢经正火后，组织中一般不出现先析相，只存在着伪共析的珠光体或索氏体。

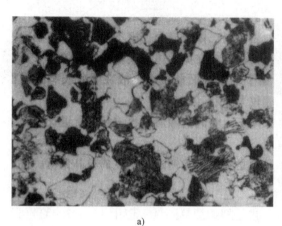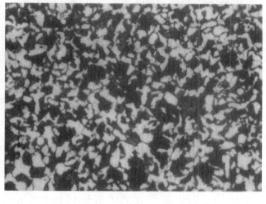

a)   b)

图 5-35   45 钢退火与正火后的显微组织 （400×）

a) 退火组织   b) 正火组织

由于正火与退火后钢的组织存在上述差别，故反映在性能上也有所不同。表 5-4 为 45 钢退火与正火状态的力学性能比较。由表可见，正火后的强度、硬度、韧性都比退火后的高，且塑性也并不降低。

表 5-4   45 钢退火、正火状态的力学性能

状 态	σ_b/MPa	$\delta_5(\%)$	A_K/J	HBW
退火	$650 \sim 700$	$15 \sim 20$	$32 \sim 48$	~ 180
正火	$700 \sim 800$	$15 \sim 20$	$40 \sim 64$	~ 220

3. 正火的应用

正火与退火相比，钢的力学性能高，操作简便，生产周期短，能量耗费少，故在可能条件下，应优先考虑采用正火处理，目前正火主要应用于以下几个方面：

（1）作为普通结构零件的最终热处理   因为正火可消除铸造或锻造中产生的过热缺陷，细化组织，提高力学性能，能满足普通结构零件的使用性能的要求。

（2）改善低碳钢和低碳合金钢的切削加工性   一般认为硬度在 $160 \sim 230$HBW 范围内的金属，其切削加工性较好。硬度过高时不但难以加工，而且刀具容易磨损；但硬度过低时，切削加工中易"粘刀"，使刀具发热和磨损，且加工后零件表面粗糙度值也高。图 5-36 为各种碳钢退火和正火后的大致硬度值，其中阴影线部分为切削加工性较好的硬度范围。由图可见，低碳钢和低碳合金钢退火硬

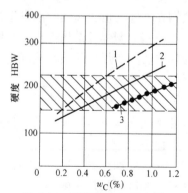

图 5-36   碳钢退火与正火后的大致硬度值

1—正火（层状珠光体型组织）

2—退火（层状珠光体型组织）

3—球化退火（粒状珠光体）

度一般都在 160HBW 以下，切削加工性不良，但通过正火，由于珠光体量的增加和片层间距变细，使其硬度提高，从而改善了切削加工性。

（3）作为中碳结构钢制作的较重要零件的预备热处理　由于中碳结构钢正火后，可使一些不正常组织变为正常组织，消除了热加工所造成的组织缺陷，且其硬度一般还是在 160～230HBW 范围内，不仅具有良好的切削加工性，而且还能减少工件淬火时的变形与开裂，提高淬火质量。所以，正火常作为较重要零件的预备热处理。同时，正火也常代替调质处理，为以后高频感应加热表面淬火作好组织准备。

（4）消除过共析钢中二次渗碳体网　这是为球化退火作好组织准备，因为正火冷却速度比较快，二次渗碳体来不及沿奥氏体晶界呈网状析出。

（5）特定情况下代替淬火、回火　对某些大型的或形状较复杂的零件，当淬火可能有开裂危险时，正火往往代替淬火、回火处理，而作为这类零件的最终热处理。

上述各种退火和正火的加热温度与工艺曲线示意图如图 5-37 所示。

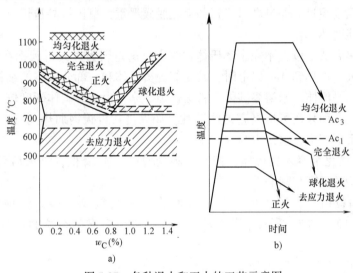

图 5-37　各种退火和正火的工艺示意图

a）加热温度范围　b）工艺曲线

第四节　钢 的 淬 火

将钢加热到 Ac_3 或 Ac_1 点以上某一温度，保温一定时间使奥氏体化后，以适当方式进行快速冷却，从而获得马氏体或贝氏体组织的热处理工艺，称为淬火。它是强化钢材最重要的热处理方法。

必须指出，因为各类工具和零件的工作条件不同，所要求的性能差别很大。淬火马氏体在不同回火温度下可获得不同组织，从而使钢具有不同的力学性能，以满足各类工具或零件的使用要求，所以一般淬火后必须进行回火 $^{\ominus}$。淬火是为回火作好组织准备，而回火则决定了工件热处理后的最终组织与性能。

$\ominus$　回火是指将淬火钢重新加热到 A_1 以下某一温度，适当保温后冷却的一种热处理工艺，详见下一节。

一、淬火工艺

1. 淬火加热温度

钢的化学成分是决定其淬火加热温度的最主要因素。因此碳钢的淬火加热温度可利用 Fe-Fe$_3$C 相图来选择，如图 5-38 所示。其淬火加热温度原则上为：

$$亚共析碳钢 \quad t = Ac_3 + 30 \sim 70℃$$

$$\left.\begin{array}{l} 共析碳钢 \\ 过共析碳钢 \end{array}\right\} t = Ac_1 + 30 \sim 70℃$$

亚共析碳钢一般加热到 Ac$_3$ 以上完全奥氏体化淬火。如果加热温度选择在 Ac$_1$ ~ Ac$_3$ 之间，组织中将有一部分先析铁素体存在。在随后淬火冷却中，由于铁素体不发生转变而被保留下来，降低了淬火钢的硬度。同时，由于这种组织上的不均匀性，还会影响回火后的力学性能。但若加热温度超过 Ac$_3$ 过高时，钢的氧化脱碳严重，奥氏体晶粒粗化，淬火后马氏体粗大，使钢的性能变坏。

过共析钢加热到 Ac$_1$ 以上不完全奥氏体化淬火，这是因为过共析碳钢在淬火加热以前，都已经过球化退火，加热到 Ac$_1$ 以上时，其组织为奥氏体和一部分未溶的细粒状渗碳体。淬火后，奥氏体变为马氏体，未溶渗碳体颗粒被保留下来。由于渗碳体硬度较高，它不但不会降低淬火钢的硬度，而且还可提高它的耐磨性。如果过共析碳钢加热到 Ac$_{cm}$ 以上完全奥氏体化淬火，结果反而有害，这是因为：

1）由于渗碳体完全溶入奥氏体，使其含碳量增加，M$_s$ 降低，淬火后残留奥氏体量增多，结果降低了钢的硬度与耐磨性。

2）奥氏体晶粒粗化，淬火后的马氏体粗大，显微裂纹增多，使钢的脆性大为增加。图 5-39 为 T12 钢加热至 Ac$_{cm}$ 以上淬火后，获得带有显微裂纹的粗片状马氏体显微组织。

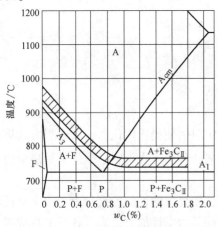

图 5-38　碳钢的淬火加热温度范围

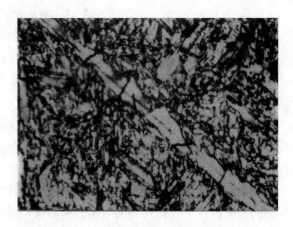

图 5-39　带有显微裂纹的粗片状马氏体

3）钢的氧化脱碳严重，降低了钢的表面质量。

4）淬火应力大，增加了工件变形和开裂的倾向。

合金钢的淬火加热温度，同样可根据其相变点来确定。但大多数合金元素都有细化晶粒的作用，故其淬火温度可高于前述公式。

2. 淬火加热时间

一般工件淬火加热升温与保温所需的时间常合在一起计算，统称为加热时间。

工件的加热时间与钢的成分、原始组织、工件形状和尺寸、加热介质、装炉方式、炉温等许多因素有关，因此要确切计算加热时间是比较复杂的。目前生产中，常根据工件有效厚度[○]，用下列经验公式确定加热时间

$$t = \alpha D$$

式中　t——加热时间（min）；

　　　α——加热系数（min/mm）；

　　　D——工件有效厚度（mm）。

加热系数 α 表示工件单位有效厚度所需的加热时间，其值的大小主要与钢的化学成分、工件尺寸和加热介质有关，见表5-5。

3. 淬火冷却介质

表 5-5　常用钢的加热系数 α （单位：$min \cdot mm^{-1}$）

钢的种类	工件直径/mm	<600℃ 箱式炉中加热	750~850℃ 盐浴炉中加热或预热	800~900℃ 箱式炉或井式炉加热	1100~1300℃ 高温盐炉中加热
碳钢	≤50		0.3~0.4	1.0~1.2	
	>50		0.4~0.5	1.2~1.5	
合金钢	≤50		0.45~0.5	1.2~1.5	
	>50		0.5~0.55	1.5~1.8	
高合金钢		0.35~0.40	0.3~0.35		0.17~0.20

在淬火冷却时，既要快速冷却以保证淬火工件获得马氏体组织，但又要减少变形和防止开裂。因此，冷却是关系到淬火质量高低的关键操作。

（1）理想淬火冷却速度　由奥氏体等温转变曲线得知，要获得马氏体组织，不需要在整个冷却过程中都快速冷却。关键是在过冷奥氏体最不稳定的 C 曲线鼻尖附近，即在 650~500℃的温度范围内要快速冷却，而在 C 曲线鼻尖的上部和下部的过冷奥氏体较稳定，为了减少淬火冷却中，因工件截面内外温差引起的热应力，其冷却速度应该缓慢。特别是在 M_s 以下的冷却速度更应该缓慢。因为马氏体转变将使工件的体积胀大，如冷却速度较大，由于工件截面上的内外温差增大，使马氏体转变不能同时进行而产生相变应力。冷却速度越大，相变应力也越大，容易引起工件的变形与开裂。根据上述要求，钢的淬火介质理想冷却速度应如图5-40所示。

（2）常用淬火介质　目前生产中，应用较广的淬火介质有水、油及盐或碱的水溶液。表5-6为常用淬火介质及其冷却特性。

1）水。由表5-6可见，水的冷却特性并不理想。因为在需要快冷的 650~500℃ 温度

○　工件有效厚度是指工件加热时，在最快传热方向上的截面厚度。

范围，它的冷却速度很小，而在 300～200℃ 需要慢冷时，它的冷却速度反而增大；其次，水温越高，它的冷却能力越小，而且对应最大冷却速度的温度移向低温，故水温一般不能超过 40℃。但因水价廉易得，使用安全，无燃烧、腐蚀等危险，且具有较强烈的冷却能力，故目前仍是碳钢最常用的淬火介质。

2）食盐水溶液。当红热的淬火工件与盐水接触时，水被剧烈汽化，而食盐微粒依附在工件表面，并产生急剧的爆炸，使其冷却能力提高到约为水的 10 倍，而且最大冷却速度所在温度正好处于 650～500℃ 温度范围内，易获得高而均匀的硬度，防止软点产生。但在 300～200℃ 温度范围的冷却速度过大，使淬火工件中相变应力增大，而且食盐水溶液对工件有一定的锈蚀作用，淬火后工件必须清洗干净。

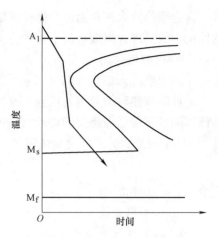

图 5-40　淬火理想冷却速度

表 5-6　常用淬火介质及其冷却特性[1]

淬火介质	最大冷却速度时		平均冷却速度/℃·s^{-1}	
	所在温度/℃	冷却速度/℃·s^{-1}	650～500℃时	300～200℃时
静止自来水,20℃	340	775	135	450
静止自来水,60℃	220	275	80	185
w_{NaCl}=10% 水溶液,20℃	580	2000	1900	1000
w_{NaOH}=15% 水溶液,20℃	560	2830	2750	775
机油,20℃	430	230	60	65
机油,80℃	430	230	70	55

[1] 表中各种淬火介质的冷却特性数值，均根据有关冷却特性曲线推算。冷却特性曲线是用热导率很高的银球试样（ϕ20mm），加热后淬入淬火介质中，利用热电偶测出试样心部温度随冷却时间的变化曲线，并由此换算得到冷却速度与温度的关系曲线。

3）苛性钠水溶液。由表 5-6 可见，它在 650～500℃ 温度范围内，冷却速度比食盐水溶液还大，而在 300～200℃ 温度范围内，冷却速度比食盐水溶液稍低。但其缺点是腐蚀性大，对工件、设备及操作者都有影响，所以没有食盐水溶液用得广泛。

4）油。目前生产中用作淬火介质的有各种矿物油（如机油、锭子油、变压器油、柴油等）。由表 5-6 可见，油在 300～200℃ 温度范围内，冷却速度远小于水，这对减小淬火工件的变形与开裂是很有利的，但它在 650～500° 温度范围内，冷却速度也比水小得多，故只能用于过冷奥氏体稳定性较大的合金钢的淬火。

近年来，国内外在研制新型淬火介质中已取得了较大成就。目前我国热处理生产中，使用效果较好的新型淬火介质有：过饱和硝盐水溶液、氯化锌-碱水溶液、水玻璃淬火介质及以聚乙烯醇为主的合成淬火介质等。

二、淬火方法

虽然近年来在探索新型淬火介质方面做了不少工作，但目前还没有一种淬火介质能完全满足理想淬火冷却速度的要求，所以还需要改进淬火方法，使既能将工件淬硬，又能减少淬火内应力。生产中常用的淬火方法如下：

1. 单液淬火法

把奥氏体化的工件投入一种淬火介质中，一直冷至室温的淬火，称为单液淬火法，如图 5-41 中曲线 a 所示。例如，一般碳钢在水或水溶液中淬火，合金钢在油中淬火等均属单液淬火法。

单液淬火操作简便，易实现机械化与自动化。但由于水和油对钢的冷却性能都不理想，所以它常用于形状简单的工件淬火。

2. 预冷淬火法

把奥氏体化的工件从加热炉中取出后，先在空气中预冷到一定温度，再投入淬火介质中冷却，称为预冷淬火法，如图 5-41 中曲线 b 所示。预冷淬火法可在不降低淬火工件的硬度与淬硬深度条件下，使淬火内应力（主要是热应力）大为减小，故可减小淬火变形与开裂。

3. 双液淬火法

先把奥氏体化的工件投入冷却能力较强的介质中，冷却到稍高于 M_s 温度，再立即转入另一冷却能力较弱的介质中，使之发生马氏体转变的淬火称为双液淬火法。碳钢通常采用先水淬后油冷，如图 5-42 所示。合金钢通常采用先油淬后空冷。

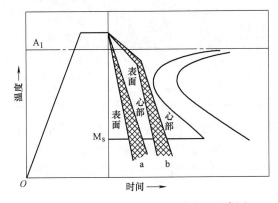

图 5-41　单液淬火法与预冷淬火法示意图

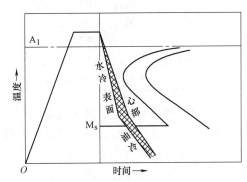

图 5-42　双液淬火法示意图

双液淬火法的优点在于能把两种不同的冷却能力介质的长处结合起来，既保证获得马氏体组织，又减小了淬火应力，防止工件的变形与开裂。双液淬火的关键是要准确控制工件由第一种介质转入第二种介质时的温度。因为，如果工件温度过高（尚处在 C 曲线鼻尖以上），取出缓冷时奥氏体可能发生珠光体转变，从而达不到淬火的目的。如果工件温度过低（已处于 M_s 以下），则已发生马氏体转变，失去双液淬火的意义。目前生产中，工件在第一种介质中停留的时间是根据工件尺寸凭经验掌握的。

4. 分级淬火法

把奥氏体化的工件先投入温度在 M_s 附近的盐浴或碱浴中，停留适当时间，待钢件的内外层都达到介质温度后取出空冷，以获得马氏体组织的淬火，称为分级淬火法，如图 5-43

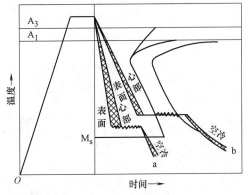

图 5-43　分级淬火法与等温淬火法示意图

中曲线 a 所示。

分级淬火法通过在 M_s 附近保温，消除工件内外温差，使淬火热应力减到最小，并在随后空冷时，可在工件截面上几乎同时形成马氏体组织，减少淬火的相变应力。因此分级淬火法能保证工件较小的变形与防止开裂。但盐浴或碱浴的冷却能力较小，容易使过冷奥氏体稳定性较小的钢，在分级过程中形成珠光体，故此法只适用于截面尺寸不大、形状较复杂的工件。

应当指出，过去分级温度一般都略高于 M_s 点，而现在较多的情况是略低于 M_s 温度。这是因为分级温度选在 M_s 以下，能增加工件在盐浴中的冷却速度，可以获得更深的淬硬层。当然，分级温度也不能在 M_s 以下太多，否则就与单液淬火法无大区别了。

分级淬火法和等温淬火法常用的碱浴、硝盐浴的成分、熔点及其使用温度见表 5-7。

5. 等温淬火法

把奥氏体化的工件投入温度稍高于 M_s 的盐浴或碱浴中，保温足够时间，使其发生下贝氏体转变后取出空冷，这种方法称为等温淬火法，如图 5-43 中曲线 b 所示。钢等温淬火后的组织是下贝氏体，故又称为贝氏体等温淬火。

表 5-7　常用碱浴、硝盐浴的成分、熔点及使用温度

淬火介质	成　分	熔点/℃	使用温度/℃
碱浴	$w_{NaOH} = 100\%$	328	350~550
	$w_{KOH} = 65\% + w_{NaOH} = 35\%$	155	170~350
硝盐浴	$w_{NaNO_3} = 100\%$	281	300~550
	$w_{KNO_3} = 50\% + w_{NaNO_3} = 50\%$	220	240~500
	$w_{KNO_3} = 55\% + w_{NaNO_3} = 45\%$	137	150~500

等温淬火法的特点是淬火内应力很小，工件不易发生变形与开裂。同时所得到的下贝氏体组织又具有良好的综合力学性能，其强度、硬度、韧性和耐磨性都较高。一般情况下，等温淬火后可不再进行回火处理。但由于盐浴或碱浴的冷却能力较小，故适用于处理形状复杂、尺寸较小，要求较高硬度和韧性的工件。

6. 局部淬火法

有些工件由于其工作条件，只是要求局部高硬度，可对工件需要硬化的部位进行加热淬火，这种工艺称为局部淬火。图 5-44 为直径 60mm 以上的较大卡规，局部淬火时在盐浴中加热的示意图。

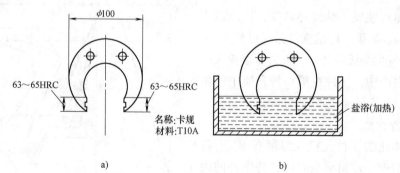

图 5-44　卡规及其局部淬火法

a) 卡规　b) 局部加热

第五节 钢 的 回 火

将淬火钢重新加热到 A_1 以下某一温度，保温一定时间，然后冷却到室温的热处理工艺，称为回火。钢在淬火后一般都要进行回火处理。回火决定了钢在使用状态的组织和性能，因此是很重要的热处理工序。

一、回火目的

（1）获得工件所需的组织和性能　在通常情况下，钢淬火组织为淬火马氏体和少量残留奥氏体，它具有高的强度与硬度，但塑性与韧性较低。为了满足各种工件不同性能的要求，就必须配以适当回火来改变淬火组织，以调整和改善钢的性能。

（2）稳定工件尺寸　淬火马氏体和残留奥氏体都是不稳定的组织，它们具有自发地向稳定组织转变的趋势，因而将引起工件的形状与尺寸的改变，通过回火使淬火组织转变为稳定组织，从而保证工件在使用过程中，不再发生形状和尺寸的改变。

（3）消除或减小淬火内应力　工件在淬火后存在很大内应力，如不及时通过回火消除，会引起工件进一步变形甚至开裂。

二、淬火钢的回火转变

淬火马氏体与残留奥氏体在回火过程中，都会向稳定的铁素体和渗碳体（或其他结构碳化物）的两相组织转变。在不同温度范围内回火，将发生以下四种转变。

1. 马氏体的分解（<200℃）

在100℃以上回火时，马氏体中过饱和碳原子以 η–碳化物（Fe_2C）形式析出而发生分解。使马氏体中碳的过饱和量降低，其正方度（c/a）减小。

由于这阶段温度较低，马氏体中仅析出一部分过饱和碳原子，故它仍是碳在 α-Fe 中的过饱和固溶体（α 固溶体）。析出的 η–碳化物与过饱和 α 固溶体晶格联系在一起，保持着共格关系。所谓"共格关系"是指两相界面上的原子恰好位于两相晶格的共同结点上，如图5-45所示。

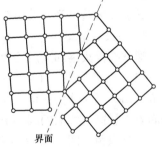

界面

图5-45　共格关系示意图

这时回火组织是由过饱和 α 固溶体和与其晶格相联系的 η–碳化物所组成，这种组织称为回火马氏体。由于回火马氏体中，α 固溶体仍然是过饱和固溶体，而且 η–碳化物极为细小，弥散度极高，并与 α 固溶体保持共格关系，所以，在 <200℃回火，钢的硬度并不降低，但由于 η–碳化物的析出，晶格畸变降低，使淬火内应力却有所减小。

2. 残留奥氏体的转变（200~300℃）

残留奥氏体本质上与原过冷奥氏体并无不同。在相同的等温温度下，残留奥氏体的回火转变产物与原过冷奥氏体的转变产物相同，即在不同温度范围内可转变为马氏体、贝氏体和珠光体。

实验证明，当回火温度达到 200~300℃时，残留奥氏体发生明显转变。由 C 曲线得知，200~300℃温度范围属于高碳钢的下贝氏体相变区。因此，残留奥氏体在该温度回火时，将转变成下贝氏体。

应当指出，马氏体的分解过程可延续到350℃左右，故在200～300℃范围内，除残留奥氏体发生转变外，马氏体还在继续分解。在这温度范围内，钢的硬度并没有明显降低，但淬火应力进一步减小。

3. 碳化物的转变（250～450℃）

在250℃以上回火时，η-碳化物将随温度升高逐渐转变为稳定的渗碳体（Fe_3C）。

当回火温度达到450℃时，所有碳化物全部变为与α固溶体不保持共格关系的渗碳体。同时由于碳化物不断析出，α固溶体的含碳量降到平衡含量，正方度c/a随之下降到1，即α固溶体实际上已变成铁素体。所以这时钢的组织由铁素体和高度弥散分布的渗碳体组成，钢的硬度降低，淬火应力基本消除。

4. 渗碳体的球化、长大和铁素体的再结晶（450～700℃）

当回火温度在450℃以上时，高度弥散分布的渗碳体球化成细粒状，并随温度的升高，渗碳体颗粒逐渐长大。

在渗碳体球化、长大同时，铁素体发生回复和再结晶⊖。回火时，铁素体的再结晶温度一般在600℃以上。也就是说，在600℃以下回火，铁素体仍保留着原来马氏体的板条状或片状形态，只有当回火温度超过600℃时，由于铁素体发生再结晶，使其形态由原来的板条状或片状变为多边形晶粒。

根据淬火钢的上述四种回火转变，现将α固溶体的含碳量、残留奥氏体量、淬火内应力及渗碳体颗粒尺寸随回火温度所发生的变化，示意地用图5-46表示。

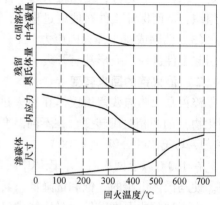

图5-46 淬火钢在回火过程中的变化

三、回火转变产物的组织与性能

1. 回火后组织

通常按淬火钢回火后的组织特征，将回火产物分为以下四种组织。

（1）回火马氏体（<250℃回火产物） 它是由过饱和α固溶体和与其共格的η-碳化物组成。回火马氏体仍保留着原来马氏体的片状或板条状的形态。由于在过饱和α固溶体上，分布着大量高度弥散的细小η-碳化物，回火马氏体比淬火马氏体容易被腐蚀，故在光学显微镜下呈黑色。图5-47为高碳钢的淬火马氏体和回火马氏体显微组织。

（2）回火托氏体（300～500℃回火产物） 它是由尚未发生再结晶的铁素体和弥散分布的极细小的片状或粒状渗碳体组成。由于这时铁素体尚未再结晶，故仍保留着原来马氏体的形态。图5-48为45钢的回火托氏体显微组织。

（3）回火索氏体（500～650℃回火产物） 它是由已再结晶的铁素体和均匀分布的细粒状渗碳体组成的。由于在上限温度回火时，铁素体已发生了再结晶，故已失去了原来马氏体的片状或板条状的形态。同时由于渗碳体的聚集长大，故渗碳体颗粒要比在回火托氏体中大，弥散度较小。图5-49为45钢的回火索氏体显微组织。

⊖ 再结晶是金属在固态下，通过形核与长大而形成新晶粒的过程。有关回复和再结晶将在本书第六章中讨论。

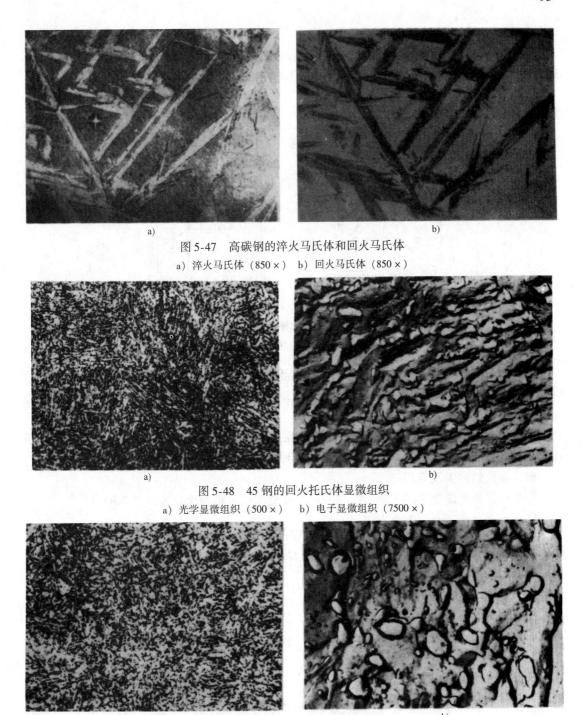

图 5-47 高碳钢的淬火马氏体和回火马氏体

a) 淬火马氏体（850×） b) 回火马氏体（850×）

图 5-48 45 钢的回火托氏体显微组织

a) 光学显微组织（500×） b) 电子显微组织（7500×）

图 5-49 45 钢的回火索氏体显微组织

a) 光学显微组织（500×） b) 电子显微组织（7500×）

（4）回火珠光体（650℃～A_1 回火产物） 它是由多边形的铁素体和较大粒状渗碳体组成。其光学显微组织与球化退火后显微组织相似。采用这种高的温度回火，主要目的在于使钢软化或代替球化退火，故不作最终热处理组织应用。

2. 回火时力学性能的变化

由于淬火钢在不同温度回火时，获得不同的回火组织，因而其力学性能也将有明显的不同。图 5-50 表明两种不同成分的钢的力学性能与回火温度的关系。

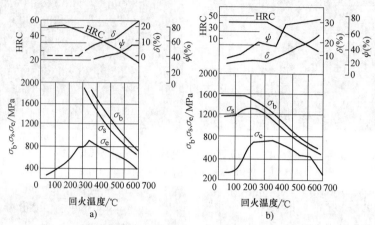

图 5-50　钢的力学性能与回火温度的关系

a）$w_C = 0.82\%$ 的钢　b）$w_C = 0.2\%$ 的钢

由图可见，随着回火温度的升高，钢的强度指标（σ_b、σ_s）与硬度逐渐降低，塑性指标（δ、ψ）与韧性逐渐提高。而弹性极限（σ_e）随回火温度的变化却出现了峰值，一般在 300～400℃附近达到最大值。

由图 5-50 还可看出，高碳回火马氏体的强度、硬度高，塑性、韧性差；低碳回火马氏体的强韧性较好；回火托氏体的弹性极限高；回火索氏体具有较好的综合力学性能。

四、回火的种类及应用

根据对工件性能要求的不同，按其回火温度范围，可将回火分为以下几种。

1. 低温回火（150～250℃）

低温回火所得组织为回火马氏体。其目的是在保持淬火钢的高硬度和高耐磨性的前提下，降低其淬火内应力和脆性，以免使用时崩裂或过早损坏。它主要用于各种高碳的切削刀具、量具、冷冲模具、滚动轴承以及渗碳件等，回火后硬度一般为 58～64HRC。

2. 中温回火（350～500℃）

中温回火所得组织为回火托氏体。其目的是获得高的屈强比、弹性极限和较高的韧性。因此，它主要用于各种弹簧和模具的处理，回火后硬度一般为 35～50HRC。

3. 高温回火（500～650℃）

高温回火所得组织为回火索氏体。习惯上，将淬火加高温回火相结合的热处理称为调质处理，其目的是获得强度、硬度和塑性、韧性都较好的综合力学性能。因此，广泛用于汽车、拖拉机、机床等的重要结构零件，如连杆、螺栓、齿轮及轴类。回火后硬度一般为 200～330HBW。

应当指出，钢经正火后和调质处理后的硬度值很相近，但重要的结构零件一般都进行调质处理。这是由于调质处理后的组织为回火索氏体，其渗碳体呈粒状，而正火得到的索氏体中渗碳体呈层片状。因此，钢经调质处理后不仅强度较高，而且塑性与韧性更显著地超过了正火状态。表 5-8 所示为 45 钢（$\phi20～40mm$）经调质处理与正火后的力学性能的比较。

表 5-8 45 钢经调质处理和正火后的性能比较

热处理状态	σ_b/MPa	$\delta(\%)$	A_K/J	HBW	组　　织
正火	700 ~ 800	15 ~ 20	40 ~ 64	163 ~ 220	细珠光体 + 铁素体
调质	750 ~ 850	20 ~ 25	64 ~ 96	210 ~ 250	回火索氏体

调质处理一般作为最终热处理,因为调质后钢的硬度不高,便于切削加工,并能获得较低的表面粗糙度值,故也可以作为表面淬火和化学热处理前改善钢件原始组织状态的预备热处理。

除了以上三种常用的回火方法外,某些高合金钢还在 A_1 以下 20 ~ 40℃进行高温软化回火。其目的是获得回火珠光体,以代替球化退火。

此外,生产中某些精密工件(精密量具、精密轴承等),为了保持淬火后的高硬度及尺寸稳定性,常采用 100 ~ 150℃加热温度,保温 10 ~ 50h。这种低温长时间的热处理,称为稳定化处理。

必须指出,回火温度是决定工件回火后硬度的主要因素,但随着回火时间的增长,工件硬度也将下降。确定回火时间的基本原则是保证工件穿透加热,以及组织转变能够充分进行。实际上,组织转变所需时间一般不大于 0.5h,而穿透加热时间则随温度、工件的有效厚度、装炉量及加热方式等的不同而波动较大,一般为 1 ~ 3h。回火后的冷却对碳钢的性能影响不大,但为了避免重新产生内应力,一般在空气中缓慢冷却。

五、回火脆性

淬火钢回火时,随着回火温度的升高,通常强度、硬度降低,而塑性、韧性提高。但在某些温度范围内回火时,钢的韧性不仅没有提高,反而显著降低,这种脆化现象称为回火脆性。

从上述各种回火方法的温度范围中可以看出,一般不在 250 ~ 350℃进行回火,这是因为淬火钢在这个温度范围内回火时,要发生回火脆性,这种回火脆性称为第一类回火脆性。产生第一类回火脆性的原因,一般认为是,由于沿马氏体片或马氏体板条的界面析出硬脆的薄片碳化物所致。另外,P、Sn、Sb、As 等杂质元素偏聚于晶界也会引起第一类回火脆性。第一类回火脆性不仅降低钢的冲击吸收功,而且还使韧脆转变温度升高,断裂韧度 K_{IC} 下降。

某些合金钢在 450 ~ 650℃进行回火时,又会产生回火脆性,称为第二类回火脆性。这将在本书第七章中进一步讨论。

第六节　钢的淬透性

一、淬透性的概念

钢的淬透性是指钢在淬火时能获得淬硬深度的能力,它是钢材本身固有的属性。

淬火时,工件截面上各处冷却速度是不同的。若以圆棒试样为例,淬火冷却时,其表面冷却速度最大,越到中心冷却速度越小,如图 5-51a 所示。表层部分冷却速度大于该钢的马氏体临界冷却速度,淬火后获得马氏体组织,在距表面某一深处的冷却速度开始小于该钢的马氏体临界冷却速度,则淬火后将有非马氏体组织出现,如图 5-51b 所示。所以这时工件未被淬透。

用不同钢种制成的相同形状和尺寸的工件,在同样条件下淬火,淬透性好的钢,其淬硬深度较深；淬透性差的钢，其淬硬深度较浅。

淬硬深度从理论上讲，应该是全淬成马氏体的深度，但实际上马氏体中混入少量非马氏体组织时，无论从显微组织或硬度测量上都难以辨别出来。因此，为了测试方便，通常是把由工件表面测量至半马氏体区（即50%马氏体和50%非马氏体）的垂直距离作为淬硬深度（也称有效淬硬深度）。

必须注意，钢的淬透性和钢的淬硬性是两种完全不同的概念，切勿混淆。钢的淬硬性是指钢在淬火后能达到最高硬度的能力，它主要取决于马氏体的含碳量。淬透性好的钢，它的淬硬性不一定高。如低碳合金钢的淬透性相当好，但它的淬硬性却不高；再如高碳工具钢的淬透性较差，但它的淬硬性很高。

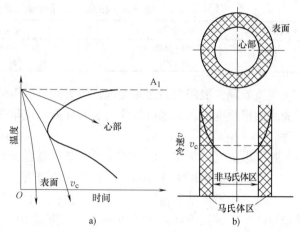

图 5-51　冷却速度与工件淬硬深度的关系

a）工件截面上不同冷却速度　b）淬硬区与未淬硬区示意图

二、淬透性对钢热处理后力学性能的影响

淬透性对钢的力学性能的影响很大。例如，用淬透性不同的两种钢材制成直径相同的轴，进行淬火加高温回火（调质处理），其中一种钢材的淬透性好，使轴的整个截面都淬透，另一种钢材的淬透性较差，轴未能淬透。这两根轴经调质处理后，其力学性能比较如图5-52所示。由图可见，二者硬度虽然相同，但力学性能却有明显差别。淬透性好的钢，其力学性能沿截面是基本相同的；而淬透性差的钢，其力学性能沿截面是不同的，越靠近心部，力学性能越低，特别是韧性更为明显。其原因是淬透的轴在调质后，整个截面都获得均匀的回火索氏体组织，其中渗碳体呈粒状分布。而未淬透的轴靠近心部的组织中，渗碳体仍为层片状，故性能较低。

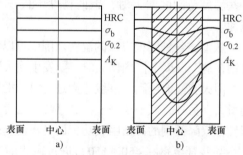

图 5-52　淬透性不同的钢调质

处理后的力学性能对比

a）淬透的轴　b）未淬透的轴

但在选材时，不能因此而都选用淬透性好的钢材，而是应该根据具体工件的受力情况、工作条件及其失效原因，来确定其对钢材淬透性的要求，然后再进行合理选材，这将在第十一章中进一步研究。

三、影响淬透性及淬硬深度的因素

1. 影响淬透性的因素

凡能增加过冷奥氏体稳定性的因素，或者说凡使 C 曲线位置右移，减小马氏体临界冷却速度的因素，都能提高钢的淬透性。影响淬透性的最主要因素是奥氏体的化学成分和奥氏体化条件。

（1）奥氏体化学成分　除钴以外的合金元素，当其溶入奥氏体后，都能增加过冷奥氏体的稳定性，降低马氏体临界冷却速度，使钢的淬透性增高。

（2）奥氏体化条件　奥氏体化温度越高，保温时间越长，由于奥氏体晶粒越粗大，成分越均匀，残余渗碳体或碳化物的溶解也越彻底，使过冷奥氏体越稳定，C 曲线越右移，马氏体临界冷却速度越小，故钢的淬透性越好。

2. 影响淬硬深度的因素

钢的淬硬深度与淬透性有密切关系，但两者并不完全相同。这是因为影响淬硬深度的主要因素除了钢的淬透性以外，还和工件的形状、尺寸和淬火介质的冷却能力等外部因素有关。

在相同的奥氏体化条件下，同一钢种的淬透性是相同的。但它的淬硬深度却随工件的形状、尺寸和淬火介质的冷却能力不同而变化。如同一钢种在相同的奥氏体化条件下，水淬要比油淬的淬硬深度深；小件要比大件的淬硬深度深。这决不能因此就说成是，同一种钢水淬比油淬的淬透性好，小件比大件的淬透性好。所以，只是在其他条件都相同的情况下，才可按淬硬深度来判定钢的淬透性高低。

四、淬透性的测定与表示方法

1. 端淬试验

淬透性的测定方法很多，GB/T 225—2006《钢　淬透性的末端淬火试验方法》（Jominy 试验）是最常用的方法，如图 5-53 所示。

将试样加热至规定淬火温度后，置于支架上，然后从试样末端喷水冷却，如图 5-53a 所示。由于试样末端冷却最快，越往上冷却得越慢，因此，沿试样长度方向便能测出各种冷却速度下的不同组织与硬度。若从喷水冷却的末端起，每隔一定距离测一硬度点，则最后绘成如图 5-53b 所示的被测试钢种的淬透性曲线。由此图可见，45 钢比 40Cr 钢硬度下降得快，故 40Cr 钢比 45 钢的淬透性好。

根据 GB/T 225—2006 的规定，钢的淬透性值用 J×× -d 表示，其中 J 表示端淬试验，d 表示距淬火末端的距离，×× 为该处测得的硬度值，为 HRC。例如，J35-15 表示距淬火末端 15mm 处试样具有 35HRC 的硬度值。

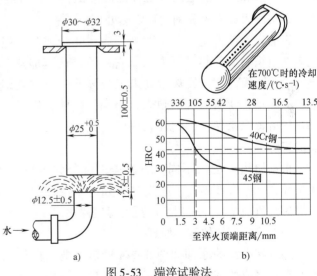

图 5-53　端淬试验法
a）端淬试验装置示意图　b）淬透性曲线

2. 临界直径

临界直径是一种直观衡量淬透性的方法，是钢在某种淬火介质中冷却后，心部能得到半马氏体组织的最大直径，用 D_c 表示。显然，同一钢种在冷却能力大的介质中，比冷却能力小的介质中所得的临界直径要大。但在同一淬火介质中，钢的临界直径（D_c）越大，则其淬透性越好。表 5-9 为几种常用钢的临界直径。

表 5-9 常用钢的临界直径

牌　号	临界直径/mm		牌　号	临界直径/mm	
	淬　水	淬　油		淬　水	淬　油
45	13 ~ 16.5	5 ~ 9.5	35CrMo	36 ~ 42	20 ~ 28
60	11 ~ 17	6 ~ 12	60Si2Mn	55 ~ 62	32 ~ 46
T10	10 ~ 15	< 8	50CrVA	55 ~ 62	32 ~ 40
65Mn	25 ~ 30	17 ~ 25	38CrMoAlA	100	80
20Cr	12 ~ 19	6 ~ 12	20CrMnTi	22 ~ 35	15 ~ 24
40Cr	30 ~ 38	19 ~ 28	30CrMnSi	40 ~ 50	32 ~ 40
35SiMn	40 ~ 46	25 ~ 34	40MnB	50 ~ 55	28 ~ 40

第七节　钢的表面淬火

在生产中，有不少零件（如齿轮、凸轮、曲轴、活塞销等）是在弯曲、扭转等变动载荷、冲击载荷以及摩擦条件下工作的。零件的表层承受着比心部高的应力，而且表面还要不断地被磨损。因此，这种零件的表层必须强化，使其具有高的强度、硬度、耐磨性和疲劳强度，而心部为了能承受冲击载荷，仍应保持足够的塑性与韧性。在这种情况下，若单从钢材的选择入手和采用前述的普通热处理方法，已很难满足其要求。解决办法是进行表面热处理，即钢的表面淬火和钢的化学热处理。

钢的表面淬火是一种不改变钢表层化学成分，但改变表层组织的局部热处理方法。它是通过快速加热，使钢的表层奥氏体化，在热量尚未充分传至中心时立即予以淬火冷却，使表层获得硬而耐磨的马氏体组织，而心部仍保持着原来塑性、韧性较好的退火、正火或调质状态的组织。

根据加热方法的不同，表面淬火可分为感应淬火、火焰淬火、电解液淬火、激光淬火和电子束淬火等。本节仅讨论目前生产中应用最广泛的感应淬火。

一、感应加热的基本原理

感应淬火法的原理如图 5-54a 所示。把工件放入由空心铜管绕成的感应器（线圈）中，感应器中通入一定频率的交流电以产生交变磁场，于是工件内就会产生频率相同、方向相反的感应电流。感应电流在工件内自成回路，故称为"涡流"。涡流在工件截面上的分布是不均匀的，如图 5-54b 所示，表面密度大，中心密度小，通入感应器的电流频率越高，涡流集中的表面层越薄，这种现象称为"集肤效应"。由于钢本身具有电阻，因而集中于工件表层的涡流，可使表层迅速被加热到淬火温度，而心部温度仍接近室温，所以，在随即喷水快速冷却后，

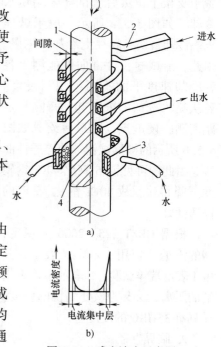

a)

图 5-54　感应淬火示意图
a）感应淬火原理
b）涡流在工件截面上的分布
1—工件　2—加热感应器
3—淬火喷水套　4—加热淬火层

就达到了表面淬火的目的。

由于通入感应器的电流频率越高，感应涡流的集肤效应就越强烈，故电流透入深度就越薄。

二、感应淬火用钢及其应用

1. 感应淬火用钢

用作表面淬火最适宜的钢种是中碳钢和中碳合金钢，如 40、45、40Cr、40MnB 等。因为含碳量过高，会增加淬硬层脆性，降低心部塑性和韧性，并增加淬火开裂倾向；若含碳量过低，会降低零件表面淬硬层的硬度和耐磨性。在某些条件下，感应淬火也应用于高碳工具钢、低合金工具钢及铸铁等工件。

2. 感应淬火的应用

根据对表面淬火淬硬深度的要求，应选择不同的电流频率和感应加热设备。故目前生产中，常用的有以下四种感应淬火。

（1）高频感应淬火　高频感应淬火是应用最广泛的表面淬火法。我国目前主要采用电子管式高频发生装置，其工作频率为 70 ~ 1000kHz，常用频率为 200 ~ 300kHz，淬硬深度为 0.5 ~ 2mm。它主要用于要求淬硬层较薄的中、小型零件（如中、小模数齿轮、小型轴）的表面淬火。

（2）中频感应淬火　中频感应加热的电源设备为机械式中频发电机或晶闸管中频变频器，其工作频率为 500 ~ 10000Hz，常用频率为 2500Hz 和 8000Hz，淬硬深度一般为 2 ~ 10mm。它主要用于处理淬硬层要求较深的零件，如直径较大的轴类和模数较大的齿轮等。

（3）工频感应淬火　工频感应加热是用工业频率（50Hz）电流，通过感应器加热工件。它不需要专门的、复杂的变频设备。由于频率低，其淬硬深度可达 10 ~ 15mm 以上。它主要用于大直径钢材的穿透加热和要求淬硬层深的大直径零件（如轧辊、火车车轮等）的表面淬火。

（4）超音频感应淬火　超音频感应加热装置是 20 世纪 60 年代发展起来的一种先进表面淬火加热设备，，它的工作电流频率一般为 20 ~ 40kHz，由于这个频率比音频（ <20kHz）稍高，故称超音频。它用于模数为 3 ~ 6 的齿轮表面淬火并取得良好效果，同时也适用于链轮、花键轴、凸轮等零件的表面淬火。

感应淬火对工件的原始组织有一定要求。一般铸铁件的组织应是珠光体基体和细小均匀分布的石墨；钢件应预先进行正火或调质处理。

感应淬火后需进行低温回火，以降低内应力。回火方法有炉中加热回火、感应加热回火和利用工件内部的余热使表面进行自热回火（自回火）。

三、感应淬火的特点

与普通加热淬火相比，感应淬火有以下几方面的特点：

1）感应加热速度极快，一般只要几秒到几十秒的时间就可使工件达到淬火温度。因此，使相变温度升高，感应淬火温度要比普通加热淬火高几十摄氏度。

2）由于感应加热速度快、时间短，使奥氏体晶粒细小而均匀，淬火后可在表层获得极细马氏体或隐针马氏体，使工件表层硬度较普通淬火的硬度高出 2 ~ 3HRC，且具有较低的脆性。

3）由于工件表层存在残余压应力，它能部分抵消在变动载荷作用下产生的拉应力，从而提高了疲劳极限。

4）工件表面不易氧化和脱碳，耐磨性好，而且工件变形也小。

5）生产率高，适用于大批量生产，而且容易实现机械化和自动化操作，可置于生产流水线上进行程序自动控制。

但感应加热设备较贵，维修、调整比较困难。形状复杂零件的感应器不易制造，且不适用于单件生产。

第八节　钢的化学热处理

一、概述

化学热处理是将钢件置于一定温度的活性介质中保温，使一种或几种元素渗入它的表层，以改变其化学成分、组织和性能的热处理工艺。它和其他热处理比较，其特点是表层不仅有组织变化，而且化学成分也发生了变化。

1. 化学热处理的作用

化学热处理的作用主要有以下两个方面：

（1）强化工件表面　提高工件表层的某些力学性能，如表层硬度、耐磨性、疲劳极限等。

（2）保护工件表面　提高工件表层的物理、化学性能，如耐高温及耐腐蚀等。

2. 化学热处理的种类

钢的化学热处理种类很多，但它们都是介质中某些元素的原子向钢中扩散的过程。根据扩散元素的性质不同，可将化学热处理大致分为两大类：

（1）扩散元素是非金属　它们能与基体金属形成间隙固溶体或特殊化合物，如渗碳、渗氮及渗硼等。它们大多是为了提高工件的表面硬度和耐磨性。

（2）扩散元素是金属　它们能与基体金属形成置换固溶体或特殊化合物，如渗铬、渗铝及渗钒等。工件渗铬后可具有高的耐磨性、耐蚀性及抗氧化性；渗铝可增加工件的抗高温氧化性及耐蚀性；渗钒可明显提高工件的耐磨性。

3. 化学热处理的过程

各种化学热处理都是工件加热到一定温度后，并经历了以下三个基本过程：

（1）分解　由介质中分解出渗入元素的活性原子。

（2）吸收　工件表面吸收活性原子，也就是活性原子由钢的表面进入铁的晶格而形成固溶体，或形成特殊化合物。

（3）扩散　被工件吸收的原子，在一定温度下，由表面向内部扩散，形成一定厚度的扩散层。

目前在机械制造业中，最常用的化学热处理有渗碳、渗氮和碳氮共渗。

二、钢的渗碳

渗碳是把钢置于渗碳介质（称为渗碳剂）中，加热到单相奥氏体区，保温一定时间，使碳原子渗入钢表层的化学热处理工艺。

1. 渗碳目的及用钢

在机器制造工业中，有许多重要零件（如汽车、拖拉机变速箱齿轮、活塞销、摩擦片及轴类等），它们都是在变动载荷、冲击载荷、很大接触应力和严重磨损条件下工作的，因此要求零件表面具有高的硬度、耐磨性及疲劳极限，而心部具有较高的强度和韧性。

为了满足上述零件使用性能的要求，可用 $w_C = 0.10\% \sim 0.25\%$ 的碳钢或低合金钢，经渗碳和淬火、低温回火后，可在零件的表层和心部分别获得高碳和低碳组织，使高碳钢与低碳钢的不同性能结合在一个零件上，从而满足了零件的使用性能要求。

2. 渗碳方法

根据采用的渗碳剂不同，渗碳方法可分为固体渗碳、液体渗碳和气体渗碳。气体渗碳法的生产率高，渗碳过程容易控制，渗碳层质量好，且易实现机械化与自动化，故应用最广。本节将介绍国内应用较广的滴注式气体渗碳法。

滴注式气体渗碳法是把工件置于密封的加热炉中，通入渗碳剂，并加热到渗碳温度 900 ~ 950℃（常用930℃），使工件在高温的渗碳气氛中进行渗碳。

炉内的渗碳气氛主要由滴入炉内的煤油、丙酮、甲苯及甲醇等有机液体在高温下分解而成。渗碳气氛主要由 CO、CO_2、H_2 和 CH_4 等组成。图 5-55所示为在井式气体渗碳炉中，直接滴入煤油进行气体渗碳的示意图。

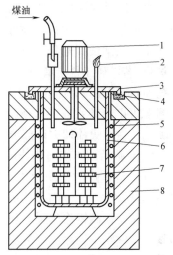

气体渗碳法同样是由分解、吸收、扩散三个基本过程组成。首先是渗碳气氛在高温下分解出活性碳原子，即

$$CH_4 \rightleftharpoons 2H_2 + [C]$$
$$2CO \rightleftharpoons CO_2 + [C]$$
$$CO + H_2 \rightleftharpoons H_2O + [C]$$

随后，活性碳原子被钢表面吸收而溶于高温奥氏体中，并向钢内部扩散而形成一定深度的渗碳层。渗碳层深度主要取决于保温时间。在一定的渗碳温度下，保温时间越长，渗碳层越厚。如用井式气体渗碳炉加热到930℃进行渗碳，渗碳时间与渗碳层深度大体有如表 5-10 所示的关系。生产中，常采用随炉试样检查渗碳层深度的方法，以确定工件出炉时间。

图 5-55　气体渗碳法示意图
1—风扇电动机　2—废气火焰　3—炉盖
4—砂封　5—电阻丝　6—耐热罐
7—工件　8 炉体

3. 渗碳件的技术要求

实践证明，渗碳层的含碳量、渗碳层的深度与组织是决定渗碳质量的主要指标，对渗碳件的使用寿命起着极为重要的作用。

表 5-10　930℃渗碳时渗碳层深度与时间的关系

渗碳时间/h	3	4	5	6	7
渗碳层深度[①]/mm	0.4 ~ 0.6	0.6 ~ 0.8	0.8 ~ 1.2	1 ~ 1.4	1.2 ~ 1.6

① 碳钢的渗碳层深度一般是指从表面到 $w_C = 0.4\%$ 处的深度，测定时，可以从表面测量到50%珠光体 + 50%铁素体处为止。

1）渗碳层的表面含碳量最好在 $w_C = 0.85\% \sim 1.05\%$ 范围内，表面层含碳量过低，淬火、低温回火后得到含碳量较低的回火马氏体，硬度低，耐磨性较差，疲劳极限也低。但表面含碳量过高，渗碳层会出现大量块状或网状渗碳体，使渗碳层变脆，易剥落，同时由于表面淬火组织中，残留奥氏体量的过度增加，使表面硬度、耐磨性下降，表层残余压应力减小，导致疲劳极限的显著降低。

2）在一定的渗碳层深度范围内，随着渗碳层深度的增加，渗碳件的疲劳极限、抗弯强度及耐磨性都将增加。但渗碳层深度超过一定限度后，疲劳极限反而随渗碳层深度的增加而降低，而且渗碳层过深，渗碳件的冲击吸收功也太低。故渗碳件所要求的渗碳层深度 δ，应根据其具体尺寸及工作条件来确定，下列经验公式可供参考：

轴类 $\delta = (0.1 \sim 0.2)R$

齿轮 $\delta = (0.2 \sim 0.3)m$

薄片工件 $\delta = (0.2 \sim 0.3)t$

式中 R——半径（mm）；

$\qquad m$——模数（mm）；

$\qquad t$——厚度（mm）。

工件在工作条件下磨损较小时，δ 值取小些；磨损较大时，δ 值取大些。

渗碳层一般能按零件轮廓均匀分布，图 5-56 为齿轮齿部渗碳后的渗碳层按齿廓均匀分布的宏观组织。均匀的渗碳层有利于提高渗碳齿轮的性能，并延长其寿命。

3）若渗碳工件上有不允许高硬度的部位（如装配孔等），应在设计图样上予以注明。该部位可采用镀铜来防止渗碳；或者多留加工余量（防渗余量），渗碳后，在淬火前切去该部位的渗碳层。

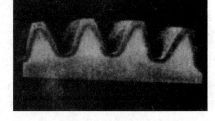

图 5-56　渗碳层沿齿廓分布的渗碳齿轮

4. 渗碳后的组织与热处理

（1）渗碳后的组织　由于钢经渗碳后，其表层的 $w_C = 0.85\% \sim 1.05\%$，并从表层到心部其含碳量逐渐减少，到心部为原来低碳钢的含碳量。因此，低碳钢渗碳缓冷到室温的组织，应如图 5-57 所示。最外层是过共析钢组织，往里是共析钢组织，再往里是亚共析钢组织的过渡层，最里面是心部的原始组织。

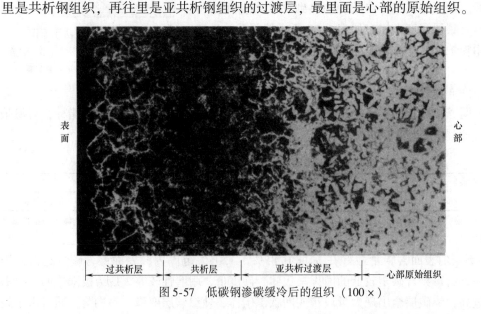

图 5-57　低碳钢渗碳缓冷后的组织（100×）

（2）渗碳后的热处理　工件渗碳后必须进行热处理，才能有效地发挥渗碳层的作用，这是因为：①渗碳后表层虽是过共析和共析成分，但缓冷后的组织是珠光体 + 渗碳体网（共析成分为珠光体），故未达到表面硬而耐磨的要求，而且渗碳体网的存在又会使渗碳层性能变坏；②在900~950℃渗碳温度下长时间保温，往往引起奥氏体晶粒粗化，使渗碳件的力学性能降低。因此，工件经渗碳后，常采用图5-58所示的三种热处理方法。

1）直接淬火法。工件渗碳完毕，出炉经预冷后，直接淬火和低温回火的热处理工艺称为直接淬火法，如图5-58a所示。预冷的目的是为了减少淬火变形与开裂，并使表层析出一些碳化物。降低奥氏体中含碳量，从而减少淬火后的残留奥氏体量，提高表层硬度。预冷温度应略高于钢的 Ar_3，以免工件心部析出铁素体。

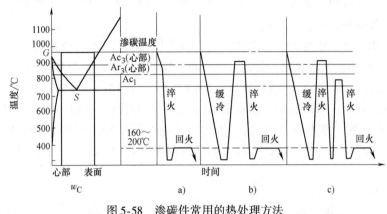

图 5-58　渗碳件常用的热处理方法
a）直接淬火法　b）一次淬火法　c）二次淬火法

直接淬火法操作简便、成本低，但它只在渗碳件的心部和表层都不过热的情况下才适用。

2）一次淬火法。渗碳件出炉空冷后，再加热到淬火温度进行淬火和低温回火的热处理工艺，称为一次淬火法，如图5-58b所示。一次淬火法的淬火温度应兼顾表层和心部要求，一般选在略高于心部的 Ac_3。对心部强度要求不高，而要求表面具有较高的硬度和耐磨性时，淬火温度可选在 Ac_1 和 Ac_3 之间。

3）二次淬火法。第一次淬火（或正火）是为了细化心部组织和消除表层渗碳体网，因此加热温度应选在心部成分的 Ac_3 以上（850~900℃）；第二次淬火是为了改善渗碳层的组织和性能，使其获得细片状马氏体和均匀分布的碳化物颗粒，故加热温度应选在 Ac_1 以上（约760~800℃），如图5-58c所示。

二次淬火法使渗碳体的表层和心部组织都能细化，表面具有高的硬度、耐磨性和疲劳极限，心部具有良好的强韧性和塑性。但工件经两次高温加热后变形较严重，渗碳层易脱碳和氧化，生产周期长，成本高，故生产中较少应用。

直接淬火法和一次淬火法获得的表层组织为回火马氏体和少量残留奥氏体，二次淬火法的表层组织为回火马氏体、粒状渗碳体（或碳化物）和少量残留奥氏体。它们的硬度都可达到 58~64HRC。而心部组织则取决于钢的淬透性和工件截面尺寸，碳钢一般为珠光体和铁素体，其硬度为 10~15HRC；合金钢一般为低碳马氏体和铁素体，其硬度为 30~45HRC。

三、钢的渗氮（氮化）

渗氮是在一定温度下使活性氮原子渗入工件表面的化学热处理工艺。其目的是提高工件表面的硬度、耐磨性、疲劳极限及耐蚀性等。目前应用的渗氮方法主要有气体渗氮和离子渗氮。

1. 气体渗氮（气体氮化）

（1）渗氮原理及渗氮用钢　气体渗氮通常是在预先已排除了空气的井式炉内进行，它是把已除油净化了的工件放在密封的炉内加热，并通入氨气。氨气在380℃以上就能按下式分解出活性氮原子

$$2NH_3 \xrightarrow{\ >380℃\ } 3H_2 + 2\ [N]$$

活性氮原子被钢的表面吸收，形成固溶体和氮化物，随着渗氮时间的增长，氮原子逐渐往里扩散，而获得一定深度的渗氮层。

常用的气体渗氮温度为550~570℃，渗氮时间取决于所需的渗氮层深度，一般渗氮层深度为0.4~0.6mm，其渗氮时间约需40~70h，故气体渗氮的生产周期很长。

合金钢中，由于许多合金元素可以形成各种合金氮化物，如AlN、CrN、MoN等，它们以极高的弥散度分布在渗氮层中，获得极高的硬度与耐磨性。所以，经常采用含有Al、Cr、Mo等合金元素的钢（称为渗氮用钢）。国内外普遍采用的渗氮用钢是38CrMoAlA。为了提高渗氮零件心部的综合力学性能，在渗氮前要进行调质处理，故零件原来的心部组织为回火索氏体。

（2）渗氮特点及应用

1）钢经渗氮后表面形成一层极硬的合金氮化物，渗氮层的硬度一般可达950~1200HV（相当68~72HRC），故不需再经过淬火便具有很高的表面硬度和耐磨性，而且还可保持到600~650℃而不明显下降。

2）渗氮后钢的疲劳极限可提高15%~35%。这是由于渗氮层的体积增大，使工件表层产生了残余压应力。

3）渗氮后的钢具有很高的耐蚀能力。这是由于渗氮层表面是由致密的、耐腐蚀的氮化物所组成。因此，可代替镀镍、镀锌、发蓝等处理。

4）渗氮处理后，工件的变形很小。这是由于渗氮温度低，而且渗氮后又不需要进行任何其他热处理，所以渗氮后一般只需精磨或研磨、抛光即可。

由于渗氮处理具有上述特点，因此它广泛用于各种高速传动的精密齿轮、高精度机床主轴（如镗杆、磨床主轴），在变动载荷工作条件下要求疲劳极限很高的零件（如高速柴油机曲轴），以及要求变形很小和具有一定抗热、耐蚀能力的耐磨零件（如阀门等）。

2. 离子渗氮

（1）离子渗氮简单原理　离子渗氮是在一定真空度下，利用工件（阴极）和阳极之间产生的辉光放电现象进行的，所以又叫辉光离子渗氮。图5-59为离子渗氮装置示意图。将工件置于专门的离子渗氮炉（真空室）中，在进行渗氮时，先把炉内真空度抽到13.33~1.333Pa，慢慢通入氨气使气压维持在133.3~1333Pa之间，并以需要渗氮的工件为阴极，以炉壁为阳极（或另设置一个与零件外形相仿的专门阳

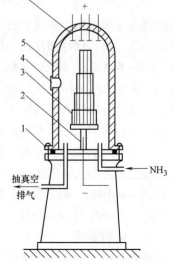

图5-59　离子渗氮装置示意图
1—密封橡皮棒　2—阴极　3—工件
4—观察孔　5—真空室外壳　6—阳极

极），通过高压（400 ~ 750V）直流电，氨气被电离成氮和氢的正离子及电子，这时阴极（工件）表面形成一层紫色辉光。具有高能量的氮离子以很大速度轰击工件表面，由动能转化为热能，使工件表面温度升高到所需的渗氮温度（450 ~ 650℃）；同时氮离子在阴极上夺取电子后，还原成氮原子而渗入工件表面，并向内层扩散形成渗氮层。另外，氮离子轰击工件表面时，还能产生阴极溅射效应而溅射出铁离子，这些铁离子与氮离子化合，形成含氮量很高的氮化铁（FeN），氮化铁又重新附着在工件表面上，依次分解为 Fe_2N、Fe_3N、Fe_4N 等，并放出氮原子向工件内部扩散，于是在工件表面形成渗氮层。随时间的增加，渗氮层逐渐加深。

（2）离子渗氮特点

1）渗氮速度快，生产周期短。以 38CrMoAlA 钢为例，渗氮层深度要求 0.53 ~ 0.7mm，硬度大于 900HV 时，采用气体渗氮法需 50h 以上，而离子渗氮只需 15 ~ 20h。

2）渗氮层质量高。由于离子渗氮的阴极溅射有抑制生成脆性层的作用，所以明显地提高了渗氮层的韧性和疲劳极限。

3）工件变形小。阴极溅射效应使工件尺寸略有减小，可抵消氮化物形成而引起的尺寸增大。故适用于处理精密零件和复杂零件。例如，38CrMoAlA 钢制成的螺杆长 900 ~ 1000mm，外径 27mm，渗氮后其弯曲变形小于 5μm。

4）对材料的适应性强。渗氮用钢、碳钢、合金钢和铸铁等都能进行离子渗氮。

目前离子渗氮存在的问题是投资高、温度分布不均匀、测温困难以及操作要求严格等。

四、钢的碳氮共渗

碳氮共渗是向钢的表面同时渗入碳和氮原子的过程。碳氮共渗的方法有液体碳氮共渗和气体碳氮共渗。其主要目的是提高工件的表面硬度、耐磨性和疲劳极限。

目前生产中应用较广的有低温气体氮碳共渗和中温气体碳氮共渗两种方法。

1. 低温气体氮碳共渗（气体软氮化）

低温气体氮碳共渗实质上是以渗氮为主的共渗工艺，故又称气体氮碳共渗，生产中把这种工艺称为气体软氮化。

（1）低温气体氮碳共渗的工艺　此工艺是在含有活性氮、碳原子的气氛中进行低温氮、碳共渗，常用的共渗介质有氨加醇类液体（甲醇、乙醇）以及尿素、甲酰胺和三乙醇胺等，它们在软氮化温度下发生热分解反应，产生活性氮、碳原子。

活性氮、碳原子被工件表面吸收，通过扩散渗入工件表层，从而获得以氮为主的氮碳共渗层。

低温气体氮碳共渗的常用温度为 560 ~ 570℃，时间常为 2 ~ 3h。因为在该温度与时间下的共渗层硬度值最高；如时间超过 6h，共渗层深度增加极慢。

低温气体氮碳共渗后一般采用油冷或水冷，以获得 N 在 α-Fe 中的过饱和固溶体，造成工件表面残余压应力，疲劳强度可明显提高。

（2）低温气体氮碳共渗的特点

1）处理温度低，时间短，工件变形小。

2）不受钢种限制，碳钢、低合金钢、工具钢、不锈钢、铸铁及铁基粉末冶金材料均可进行低温气体氮碳共渗处理。

3）能显著地提高工件的疲劳极限、耐磨性和耐蚀性。在干摩擦条件下，还具有抗擦伤和抗咬合等性能。

4）共渗层硬而具有一定的韧性，不容易剥落。

因此，目前生产中低温气体氮碳共渗已广泛地用于模具、量具、高速钢刀具、曲轴、齿轮、气缸套等耐磨工件的处理。但低温气体氮碳共渗目前亦存在一些问题，如表层中化合物层厚度较薄（0.01~0.02mm），且共渗层硬度梯度较陡，故不宜在重载条件下工作。

2. 中温气体碳氮共渗

中温气体碳氮共渗实质上是以渗碳为主的共渗工艺，生产中习惯所说的气体碳氮共渗就是指中温气体碳氮共渗。

（1）气体碳氮共渗的工艺　气体碳氮共渗的介质实际上就是渗碳和渗氮用的混合气体。目前我国生产中最常用的是在井式气体渗碳炉中滴入煤油（或甲苯、丙酮等渗碳剂），使其热分解出渗碳气体，同时往炉中通入渗氮所需的氨气。在共渗温度下，煤油与氨气除了单独进行前述的渗碳和渗氮作用外，它们相互间还可发生如下化学反应而产生活性碳、氮原子

$$CH_4 + NH_3 \longrightarrow HCN + 3H_2$$

$$CO + NH_3 \longrightarrow HCN + H_2O$$

$$2HCN \longrightarrow H_2 + 2 [C] + 2 [N]$$

此外，有些工厂也有采用有机液体三乙醇胺、甲酰胺和甲醇+尿素等共渗介质，作为滴入剂进行碳氮共渗。

活性碳、氮原子被工件表面吸收，并逐渐向内部扩散，结果获得了一定深度的碳氮共渗层。

气体碳氮共渗所用的钢种，大多为低碳或中碳的碳钢和合金钢，其共渗温度常采用820~860℃范围。碳氮共渗时间，取决于渗层深度、共渗温度以及所用的共渗介质。一般低碳钢和低碳合金结构钢采用850℃碳氮共渗时，共渗时间与渗层深度的关系见表5-11。

表5-11　850℃碳氮共渗时间与渗层深度的关系

介质为$\varphi_{渗碳气体}$（70%~80%）+$\varphi_{氨气}$（20%~30%）

共渗时间/h	1~1.5	2~3	4~5	7~9
渗层深度/mm	0.2~0.3	0.4~0.5	0.6~0.7	0.8~1.0

（2）气体碳氮共渗后的热处理与组织　气体碳氮共渗层的碳、氮含量主要取决于共渗温度。共渗温度越高，共渗层的含碳量越高，而含氮量越低；反之，共渗温度越低，共渗层含碳量越低，而含氮量越高。

在常用的820~860℃进行碳氮共渗时，共渗表层的含碳量约为$w_C = 0.7\%~0.9\%$，含氮量约为$w_N = 0.25\%~0.4\%$。故工件经共渗后，还需要淬火和低温回火，才能提高表面硬度与心部强度。在一般情况下，由于碳氮共渗温度比渗碳低，因此共渗后就可直接淬火，然后再低温回火。热处理后表层显微组织为含碳、氮的回火马氏体与含碳、氮的残留奥氏体以及少量的碳氮化合物。其中残留奥氏体和碳氮化合物由表面往里逐渐减少。而心部组织为低碳马氏体或中碳马氏体。碳钢的淬透性较差，其心部可能出现极细珠光体和铁素体等非马氏体组织。

（3）气体碳氮共渗的特点

1）共渗层的力学性能兼有渗碳层和渗氮层的优点。共渗层经热处理后获得含氮马氏体

和少量氮化物，故比渗碳层热处理后具有更高的耐磨性，同时还有一定的耐蚀性能，以及由于共渗层存在残余压应力而提高了钢的疲劳极限；与渗氮层相比，共渗层的深度要比渗氮层深，表面脆性小，抗压强度较好。

2）碳氮共渗使共渗层的奥氏体相变温度降低。由于碳、氮的渗入都能降低钢的 A_1 和 A_3，故共渗温度比单独渗碳低，奥氏体晶粒不会明显长大，保证了零件的心部强度，并减少了零件的淬火变形。

3）氮的渗入使共渗层的奥氏体的稳定性提高，C 曲线右移，所以一般气体碳氮共渗后的直接淬火，采用油冷即可淬硬。

4）气体碳氮共渗的速度显著大于单独渗碳或渗氮的速度，因而可缩短生产周期。但由于气体碳氮共渗的渗层深度一般不超过 0.8mm，所以不能满足承受很高压强和要求厚渗层的零件。目前生产中，常用来处理汽车和机床上的各种齿轮、蜗轮、蜗杆和轴类零件等，并取得了良好的效果。

第九节　表面气相沉积

为了提高零件的耐磨性，减缓材料的腐蚀，近年来，人们越来越重视材料表面性能优化技术。其中表面气相沉积是一种发展较快、应用最广的表面涂覆新技术，它是气相中的纯金属或化合物在零件表面沉积，形成具有特殊性能膜层的方法。

在机械工业中，常用碳化物（TiC、SiC 等）和氮化物（TiN、Si_3N_4 等）涂覆于刀具、模具及各种耐磨结构零件表面上，获得厚度为几个 μm 的超硬涂覆层，以显著提高其使用寿命。本节将以此为重点作简要介绍。

一、表面气相沉积的方法

根据成膜过程的机理不同，常见的方法有化学气相沉积（CVD）和物理气相沉积（PVD）两种。

1. 化学气相沉积（CVD）

化学气相沉积是一种通过气相化学反应在金属表面沉积元素或化合物层的工艺。图5-60为在工件表面沉积 TiC 涂覆层的装置示意图。它是将工件置于通以氢气的炉内，加热到 900～1100℃，以氢为载体气将 $TiCl_4$ 和 CH_4 带入反应器，并在高温下发生下列反应，于工件表面沉积出 TiC 涂覆层

$$TiCl_4 + CH_4 + H_2 \longrightarrow TiC + 4HCl + H_2$$

化学气相沉积法的缺点是沉积温度较高，故目前主要用于硬质合金的涂覆。近年来，将低压气体放电等离子体技术应用

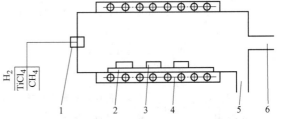

图 5-60　化学气相沉积 TiC 装置示意图
1—进气系统　2—反应器　3—工件　4—加热炉
5—工件出口　6—排气口

于化学气相沉积中，形成了等离子化学气相沉积（PCVD）。这种方法能促进化学反应过程，降低了沉积温度，例如，在 400～560℃ 就可获得 TiN、Si_3N_4 等超硬涂层。因此，扩大了化学气相沉积的应用范围。

2. 物理气相沉积（PVD）

物理气相沉积是一种通过真空蒸发或真空溅射等物理过程，使金属表面沉积元素或化合物层的工艺。物理气相沉积方法很多，有真空蒸镀、磁控溅射与离子镀等。下面以离子镀为例来说明物理气相沉积法。

离子镀属于离子气相沉积，涂覆层的沉积过程和等离子化学气相沉积一样，都是在低压气体放电等离子体环境中进行的。图5-61为离子镀原理示意图。工作时，将真空室抽至高真空度后通入氩气，并使真空度调至1~10Pa，工件（基板）接上1~5kV负偏压。在工件（基板）的下方设蒸发源，将欲镀的材料放置在蒸发源上。当接通电源产生辉光

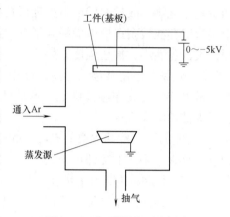

图5-61　离子镀原理示意图

放电后，由蒸发源蒸发出来的部分镀材原子被电离成金属离子，金属离子在电场作用下，向作为阴极的工件（基板）加速运动，能量可达数千电子伏的金属离子轰击工件（基板）表面，并获得所需的离子镀膜层。

物理气相沉积的优点为镀膜较均匀，组织致密，与基体的结合力较强以及沉积温度低（通常于550℃以下进行），故近年来发展较快。

二、表面气相沉积的应用

表5-12为表面气相沉积的涂覆层及其应用范围。由表可见，气相沉积的涂覆层材料可以是纯金属W、Mo、Ta、Al、Ti等，也可以是无机化合物TiC、TiN、Al_2O_3、Nb_3Ge、In_2O_3等。而气相沉积所适应的基材又可以是金属、碳纤维、陶瓷、工程塑料、玻璃等多种工程材料。因此，气相沉积的应用范围是很广泛的。

表5-12　表面气相沉积的涂覆层及其应用范围

涂覆层材料	应用范围
TiN、TiC	装饰品仿金镀层，刀具、模具耐磨超硬涂层，无油润滑减摩层，核燃料炉第一壁防护层
SiC、Si_3N_4	耐磨超硬涂层，炉用加热器抗氧化层，放射性材料防护层，电介质膜
Nb_3Ge、Nb_3Se	超导复合材料，太阳能选择吸收膜
BC、W	火箭喷嘴抗氧化涂层
Au、Ag、MoS_2	高温无油润滑涂层
Al_2O_3	光学保护膜，超硬涂层
Al	反光膜，导电膜，宇航等零件耐蚀膜
M-Cr-Al-Y	汽轮机叶片抗氧化涂层

在机械工业中，常在高速钢刀具、硬质合金刀具、各种模具以及耐磨结构上沉积TiC、TiN、Si_3N_4、Al_2O_3等超硬涂层，可使其寿命提高几倍。TiC硬度很高（2980~3800HV），但韧性较差，和钢材的热膨胀系数差异较大。TiN硬度较TiC低（2400HV），但韧性好，和钢材的热膨胀系数差异小，有利于膜与基体间的结合，且与钢材间摩擦因数小，具有干润滑、抗粘着磨损作用等优点，故TiN涂覆层应用更广泛。为了得到TiC的高硬度和TiN的韧性，近年又发展了TiCN涂覆层，且可使沉积温度降低到350℃，故很有实用价值。

第十节　影响热处理件质量的因素

热处理件的质量受多方面因素的影响，其中最主要的是热处理工艺因素和工件的结构因素。

一、热处理工艺因素

在热处理生产中，往往由于热处理工艺控制不当，使工件产生某些缺陷，如氧化、脱碳、过热、过烧、硬度不足、变形与开裂等，这对热处理件的质量影响很大。其中淬火产生的缺陷更为人们所重视，这是由于淬火加热温度较高，冷却速度很快，容易使工件产生缺陷。淬火中常见的缺陷是工件的氧化与脱碳，以及变形与开裂。

1. 氧化与脱碳

工件在淬火加热时，若加热炉中介质控制不好，就会产生氧化与脱碳缺陷。

钢在氧化性介质中加热时，会发生氧化而在其表面形成一层氧化铁（Fe_2O_3、Fe_3O_4、FeO），这层氧化铁就是氧化皮。加热温度越高，保温时间越长，氧化作用就越激烈。

钢在某些介质中加热时，这些介质会使钢表层的含碳量下降，这种现象称为"脱碳"。使钢发生脱碳的主要原因是气氛中 O_2、CO_2、H_2 及 H_2O 的存在。表层脱碳后，内层的碳便向表面扩散，这样使脱碳层逐渐加深。加热时间越长，脱碳层越深。图 5-62 为 T8 钢的脱碳层显微组织。

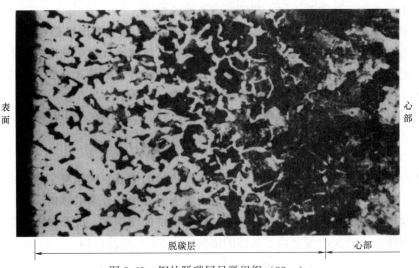

图 5-62　钢的脱碳层显微组织（80×）

氧化与脱碳不但造成钢材的大量损耗，而且使工件的质量与使用寿命大为降低。例如，在氧化严重时，可使工件淬不硬；脱碳使工件表层含碳量降低，马氏体临界冷却速度增大，故在同一淬火介质中淬火，就有可能使奥氏体发生分解。即使奥氏体不分解，淬火后获得的马氏体，也因其含碳量过低而影响表层硬度与耐磨性。另外，氧化与脱碳使工件表面质量降低，从而降低了疲劳极限。减少或防止钢在淬火中氧化与脱碳的办法如下：

（1）采用脱氧良好的盐浴炉加热　若在以空气为介质的电炉中加热，可在工件表面涂上一层涂料，或往炉中加入适量木炭、滴入煤油等起保护作用的物质。

（2）在可控保护气氛炉中加热　根据钢的含碳量和加热温度高低不同，往炉内送入成分可以控制的保护气氛，使工件表面在加热过程中既不氧化、不脱碳也不渗碳。

（3）真空炉中加热　此法不仅能防止零件氧化与脱碳，还能使零件去气净化，提高性能。但因设备复杂，国内应用还不普遍。

（4）正确控制加热温度与保温时间　在保证奥氏体化条件下，加热温度应尽可能低，保温时间要尽可能短。

2. 变形与开裂

淬火中变形与开裂主要是淬火时形成的内应力所引起的。根据内应力形成的原因不同，它分为热应力与相变应力两种。热应力是由于工件在加热和冷却时内外温度不均匀，因而使工件截面上热胀冷缩先后不一致所造成的。相变应力是由于热处理过程中工件各部位相转变的不同时性所引起的应力。

工件淬火中变形与开裂是热应力与相变应力复合的结果。显然，当热应力与相变应力组成的复合应力超过钢的屈服强度时，工件就发生变形；当复合应力超过钢的抗拉强度时，工件就产生开裂。

内应力在淬火中是不可避免的，为了控制与减小变形，防止开裂，在热处理工艺上可采取下列措施：

（1）合理的锻造与预备热处理　合理的锻造可使网状、带状及大块状的碳化物（或渗碳体）呈弥散均匀分布。淬火前进行预备热处理（如退火与正火），不但可为淬火作好组织准备，而且还可消除工件在前面加工过程中产生的内应力。

（2）合理的淬火工艺　如正确选定加热温度与时间，避免奥氏体晶粒粗化；对形状复杂或导热性差的高合金钢，应该缓慢加热或多次预热，以减小加热中热应力；工件在加热炉中安放时，要尽量保证受热均匀，防止加热时变形；选择合适的淬火介质、淬火方法以及工件浸入淬火介质的方式，以减小冷却中热应力和相变应力等。

（3）淬火后及时回火　淬火内应力如不及时通过回火来消除，对某些形状复杂的或含碳量较高的工件，在等待回火期间就会发生变形与开裂。

二、工件的结构因素

设计零件时，如只考虑零件结构形状适合部件机构的需要，而忽视了热处理零件的结构工艺性，则往往会因零件结构形状不合理而增大淬火时变形与开裂的倾向。因此，在满足零件使用要求而初步选定材料的条件下，在设计淬火零件的结构时，应充分考虑零件结构工艺性。一般应遵循的原则及改善结构工艺性的措施见表 5-13 及表 5-14。

表 5-13　改善一般淬火件结构工艺性的措施

原则	改善措施						图例
避免尖角、棱角	为了防止淬火时产生应力集中，应避免零件上尖角、棱角，设计成圆角或倒角，如右图所示阶梯轴淬火前粗加工圆角 R，如下表所示（mm）						
	$D-d$	—	11 ~ 15	26 ~ 50	51 ~ 125	126 ~ 300	301 ~ 500
	R	2	5	10	15	20	30
	氮化零件在轴肩或截面改变处，应采用 $R \geqslant 0.5\,\text{mm}$						

（续）

原则	改善措施	图 例
避免厚薄悬殊的断面	断面厚薄悬殊的零件,在淬火过程中,由于冷却不均匀而易于变形或开裂。因此,对厚薄悬殊的零件,在其结构上可采取以下措施: 1. 开工艺孔,如右图所示 2. 合理安排孔或槽的位置,如右图所示 3. 变盲孔为通孔,如右图所示	工艺孔　工艺孔 不好　好　不好　好 不好 好　>1.5*d* 不好　好
尽量采用对称封闭结构	为了避免应力分布不均匀而产生变形,零件应尽量采用对称结构,如右图所示	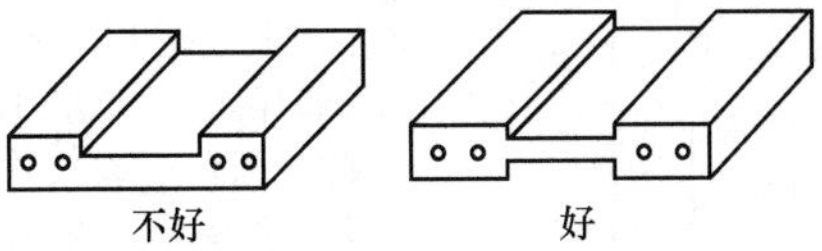 不好　好
	如汽车上拉条因结构上需要制成开口形,但制造时,应先加工成封闭结构(右图双点画线所示),淬火、回火后再加工成开口状(用薄片砂轮切开),以减少变形	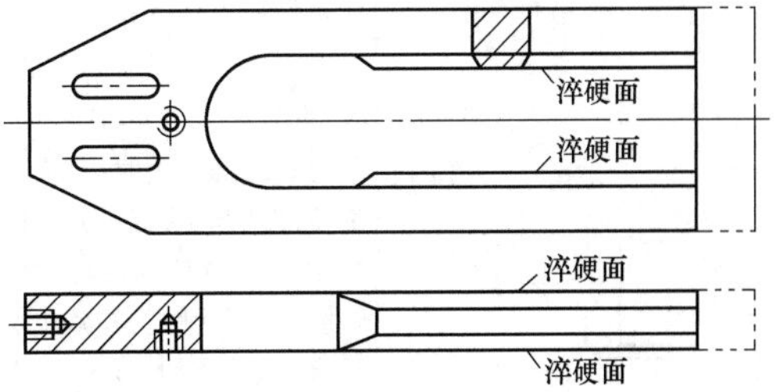 淬硬面 淬硬面 淬硬面 淬硬面
采用组合结构	如右图所示的磨床顶尖,原设计时采用W18Cr4V整体制造,在淬火时出现裂纹。改用图示的组合结构(顶尖部用W18Cr4V钢,尾部用45钢)分别热处理后,采用热套方式配合,既解决了开裂问题,又节约了高速钢	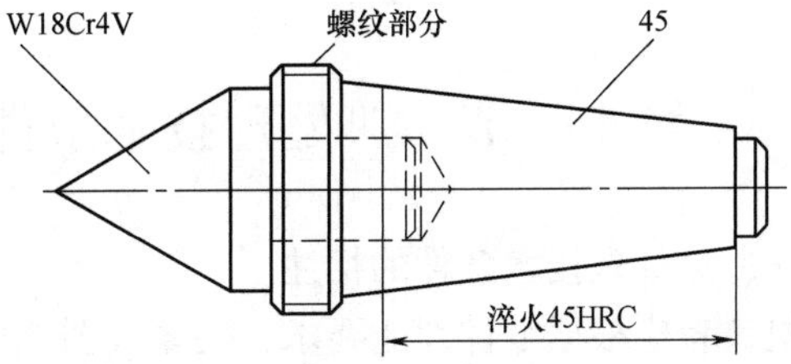 W18Cr4V　螺纹部分　45 淬火45HRC

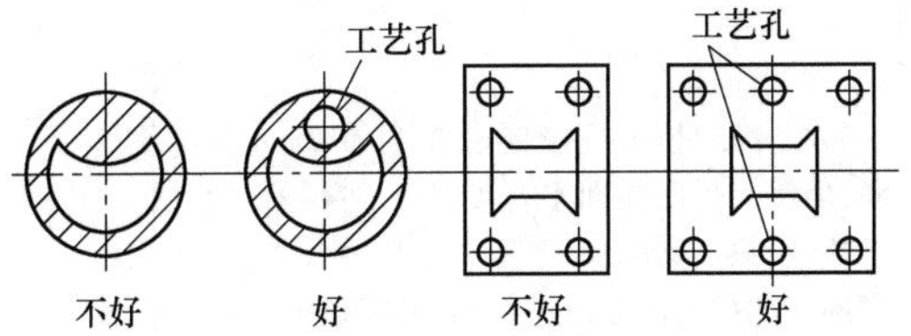

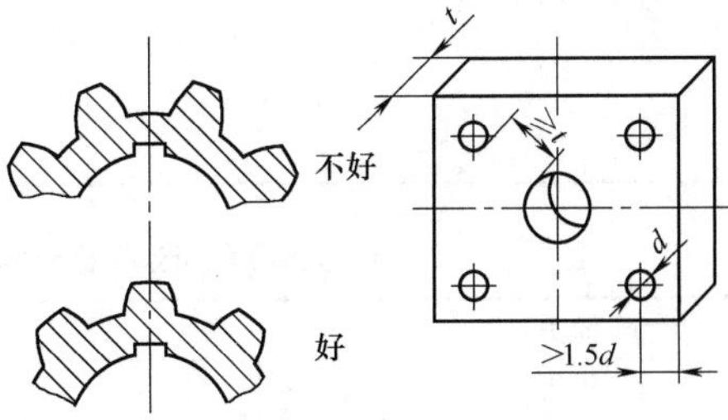

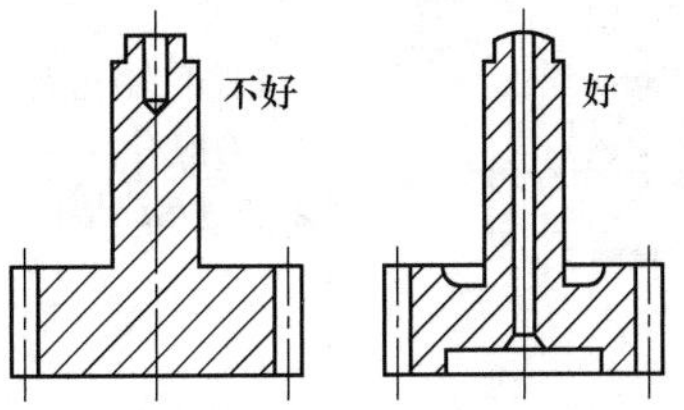

（续）

原则	改善措施	图　例
有利于机械加工修正变形	右图 a 零件(45 钢)要求 6 个 φ12mm 孔淬硬,但淬火后两端面平行度达不到要求,因孔已淬硬,只能磨削加工,但平面尺寸过大,无法磨削。如按右图 b 改进结构,使淬硬的孔面降低 2mm,则可用车削法修正	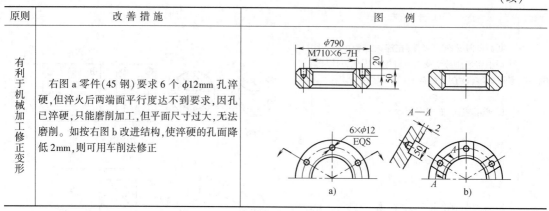

表 5-14　改善感应淬火件结构工艺性的措施

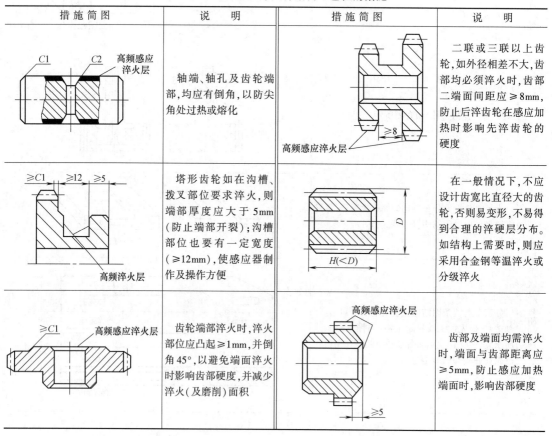

措施简图	说　明	措施简图	说　明
	轴端、轴孔及齿轮端部,均应有倒角,以防尖角处过热或熔化		二联或三联以上齿轮,如外径相差不大,齿部均必须淬火时,齿部二端面间距应≥8mm,防止后淬齿轮在感应加热时影响先淬齿轮的硬度
	塔形齿轮如在沟槽、拨叉部位要求淬火,则端部厚度应大于 5mm(防止端部开裂);沟槽部位也要有一定宽度(≥12mm),使感应器制作及操作方便		在一般情况下,不应设计齿宽比直径大的齿轮,否则易变形,不易得到合理的淬硬层分布。如结构上需要时,则应采用合金钢等温淬火或分级淬火
	齿轮端部淬火时,淬火部位应凸起≥1mm,并倒角 45°,以避免端面淬火时影响齿部硬度,并减少淬火(及磨削)面积		齿部及端面均需淬火时,端面与齿部距离应≥5mm,防止感应加热端面时,影响齿部硬度

第十一节　热处理技术条件的标注及工序位置的安排

一、热处理技术条件的标注

　　设计者应根据零件性能要求,在零件图上标出热处理技术条件。其内容包括最终热处理方法及热处理后应达到的力学性能指标等,供热处理生产及检验时用。

零件经热处理后应达到的力学性能指标，一般仅需标出硬度值。但对于某些力学性能要求较高的重要零件，如重型零件、动力机械上的关键零件（如曲轴、连杆、齿轮、螺栓等）等，还应标出强度、塑性、韧性指标，有的还应提出对显微组织的要求。

标定的硬度值应允许有一个波动范围，一般布氏硬度范围在 30 ~ 40 单位左右；洛氏硬度范围在 5 个单位左右。例如，"调质 220 ~ 250HBW"或"淬火回火 40 ~ 45HRC"。

渗碳零件应标明渗碳淬火、回火后的硬度（表面和心部）、渗碳的部位（全部或局部）及渗碳层深度等。对重要渗碳件还应提出对显微组织的要求。

表面淬火零件应标明淬硬层的硬度、深度与淬硬部位。有的还应提出对显微组织及限制变形的要求（如轴淬火后弯曲度、孔的变形量等）。

在图样上标注热处理技术条件时，可用文字对热处理技术条件加以扼要说明（一般可注在零件图样标题栏的上方）。也可采用 GB/T 12603—2005 规定的热处理工艺代号及技术条件来标注。热处理工艺代号标注规定如下：

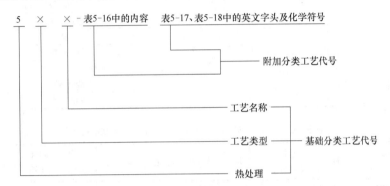

热处理工艺代号由基础分类工艺代号和附加分类工艺代号两部分组成。基础分类工艺代号由三位数组成。第一位数字"5"表示热处理的工艺代号；第二、三位数字分别表示表中工艺类型、工艺名称的代号（见表5-15）。当某个层次不需进行分类时，该层次用零代替。附加分类工艺代号接在基础分类工艺代号后面，中间用半字线连接。附加分类代号采用两位数和英文字头作后缀的方法。其中加热方式采用两位数字，退火工艺、淬火介质和冷却方法则采用英文字头，具体代号见表5-16 ~ 表5-18。多工序热处理代号用破折号将各工艺代号连接组成，但除第一个工艺外，后面的工艺均省略第一位数字"5"，如 515——33-01 表示调质和气体渗氮，在可控气氛中加热。

二、热处理工序位置的安排

根据热处理目的和工序位置的不同，热处理可分为预备热处理与最终热处理两大类，其工序位置一般安排如下。

1. 预备热处理的工序位置

预备热处理包括退火、正火、调质等。其工序位置一般均紧接毛坯生产之后，切削加工之前；或粗加工之后，精加工之前。

（1）退火、正火的工序位置　经热加工的零件一般都先要进行退火或正火处理，以消除毛坯中内应力；细化晶粒，均匀组织；改善可加工性；或为最终热处理作组织准备。其工序位置均安排在毛坯生产之后，切削加工之前。对于精密零件，为了消除切削加工的残余应力，在切削加工之间还应安排去应力退火。

表 5-15　热处理工艺分类及代号（摘自 GB/T 12603—2005）

工艺总称	代号	工艺类型	代号	工艺名称	代号
热处理	5	整体热处理	1	退火	1
				正火	2
				淬火	3
				淬火和回火	4
				调质	5
				稳定化处理	6
				固溶处理;水韧处理	7
				固溶处理和时效	8
		表面热处理	2	表面淬火和回火	1
				物理气相沉积	2
				化学气相沉积	3
				等离子体增强化学气相沉积	4
				离子注入	5
		化学热处理	3	渗碳	1
				碳氮共渗	2
				渗氮	3
				氮碳共渗	4
				渗其他非金属	5
				渗金属	6
				多元共渗	7

表 5-16　加热方式及代号（摘自 GB/T 12603—2005）

加热方式	可控气氛（气体）	真空	盐浴（液体）	感应	火焰	激光	电子束	等离子体	固体装箱	流态床	电接触
代号	01	02	03	04	05	06	07	08	09	10	11

表 5-17　退火工艺及代号（摘自 GB/T 12603—2005）

退火工艺	去应力退火	均匀化退火	再结晶退火	石墨化退火	脱氢处理	球化退火	等温退火	完全退火	不完全退火
代号	St	H	R	G	D	Sp	I	F	P

表 5-18　淬火介质和冷却方法及代号（摘自 GB/T 12603—2005）

淬火介质和方法	空气	油	水	盐水	有机聚合物水溶液	热浴	加压淬火	双介质淬火	分级淬火	等温淬火	形变淬火	气冷淬火	冷处理
代号	A	O	W	B	Po	H	Pr	I	M	At	Af	G	C

退火、正火零件的前阶段加工路线为：

毛坯生产（铸、锻、焊、冲压等)→退火或正火→机械加工

（2）调质的工序位置　调质主要是提高零件的综合力学性能，或为以后表面淬火和为易变形的精密零件的整体淬火作好组织准备。调质工序一般安排在粗加工之后、精加工或半精加工之前。若在粗加工之前调质，对于淬透性差的碳钢零件，表面调质层的优良组织很可能在粗加工中大部分被切除掉，失去调质的作用。

调质零件的加工路线一般为：

下料→锻造→正火（或退火）→机械粗加工→调质→机械精加工

调质件在淬火时有变形、氧化、脱碳等缺陷，因此无论是型材还是锻件，在调质前粗加工时，必须留有加工余量（例如，直径 10 ~ 100mm 的轴，调质前留 2 ~ 3.5mm 的加工余量）。必要时，在调质后还应增加校直工序，以纠正过大的变形。

在实际生产中，灰铸铁铸件、铸钢件和某些钢轧件及钢锻件经退火、正火或调质后，往往不再进行最终热处理。这时，上述热处理也就是最终热处理。

2. 最终热处理的工序位置

（1）一般情况下的安排　最终热处理包括各种淬火、回火及化学热处理等。零件经这类热处理后硬度较高，除磨削外，不适宜其他切削加工，故其工序位置应尽量靠后，一般均安排在半精加工之后，磨削之前。

1）淬火的工序位置。整体淬火与表面淬火的工序位置安排基本相同。淬火件的变形及氧化、脱碳应在磨削中予以去除，故需留磨削余量（例如，直径 200mm 以下，长度 1000mm 以下的淬火件，磨削余量一般为 0.37 ~ 0.75mm）。对于表面淬火件，为了提高其心部力学性能及获得细马氏体的表层淬火组织，常需先进行正火或调质处理。因表面淬火件的变形小，其磨削余量也比整体淬火件为小。

① 整体淬火件的加工路线一般为：

下料→锻造→退火（正火）→机械粗加工、半精加工→淬火、回火（低、中温）→磨削

② 感应加热表面淬火件的加工路线一般为：

下料→锻造→正火（退火）→机械粗加工→调质→机械半精加工→感应加热表面淬火、低温回火→磨削

不经调质的感应加热表面淬火件，锻造后预备热处理必须用正火。如正火后硬度偏高，切削加工性不良时，可在正火后再进行高温回火。

2）渗碳的工序位置。渗碳分整体渗碳与局部渗碳两种。当渗碳件局部不允许有高硬度时，应在设计图样上予以注明。该部位可镀铜以防渗碳，或采取多留余量的方法，待零件渗碳后、淬火前，再去掉该部位的渗碳层。故渗碳件的加工路线一般为：

下料→锻造→正火→机械粗加工、半精加工→局部渗碳时，不渗碳部位镀铜（或留防渗余量）→渗碳→淬火、低温回火→磨削

去防渗层切削加工

3）渗氮的工序位置。渗氮的温度低、变形小、渗氮层硬而薄。因而其工序应尽量靠后，一般渗氮后只需研磨或精磨。为了防止因切削加工产生的残余应力引起渗氮件变形，在渗氮前常进行去应力退火。又因渗氮层薄而脆，心部必须有较高的强度才能承受载荷，故一般应先进行调质。调质后形成细密、均匀的回火索氏体，可提高心部力学性能，并便于获得均匀的渗氮层。

渗氮零件（38CrMoAlA 钢）的加工路线一般为：

下料→锻造→退火→机械粗加工→调质→机械精加工→去应力退火（常称为高温回火）→粗磨→渗氮→精磨或研磨

对需精磨的渗氮件，粗磨时，直径应留 0.10 ~ 0.15mm 余量；对需研磨的渗氮件，则只留 0.05mm 余量。零件不需渗氮部位应镀锡（或镀镍）保护，也可留 1mm 防渗余量，渗氮后再磨去。表 5-19 列举了某些零件热处理工序位置的安排。

表 5-19　零件热处理工序位置安排举例

零件简图	热处理技术条件	加 工 路 线
齿条 (45 钢)	退火:硬度 >170HBW	下料→锻造→正火→机械加工
连杆螺栓 (40Cr 钢)	调质:硬度 263 ~ 322HBW;组织为回火索氏体,不允许有块状铁素体	下料→锻造→退火(或正火)→机械粗加工→调质→机械精加工
尾锥套 (45 钢)	淬火回火:硬度 40 ~ 45HRC	下料→锻造→正火→机械粗加工、半精加工→淬火、回火→磨削
汽车半轴 (40Cr 钢)	调质(或正火):硬度 187 ~ 241HBW 中频感应淬火;杆部、花键≥52HRC,淬硬层深 4 ~ 6mm;凸缘与杆部过渡圆角处应淬硬	下料→锻造→调质(或正火)→校直→粗加工、半精加工→中频感应淬火、回火→校直→磨削
磨床主轴 (38CrMoAlA)	渗氮:渗氮层深度 0.5mm,硬度 >850HV	下料→锻造→退火→粗车→调质→割试样检验显微组织(离表层 8 ~ 10mm 以内,块状铁素体不超过 5%)→精车(留磨量)→铣键槽→去应力退火→粗磨外圆(留 0.06 ~ 0.08mm 余量)→渗氮(键槽处保护防渗)→磁力探伤→磨螺纹→精磨

（续）

零件简图	热处理技术条件	加 工 路 线
滚轮 （20Cr 钢） 圆周展开图 2×φ10 配作 0.8 105 70 20 φ40 φ60$^{+0.04}_{+0.02}$ 195° 360°	渗碳淬火:渗碳层深度 0.9mm,淬火回火至 56～62HRC	下料→车(外圆至尺寸,两端面留防渗余量)→铣槽→渗碳→车(加工两端面至尺寸要求,钻内孔至 φ36mm 及 φ10mm,孔口倒角以去除渗碳层)→淬火、回火→钻铰 φ40mm→配钻 φ10mm 两孔
锥度塞规 （T12A 钢） 1:5 (斜角5°42′38″±20″) 0.8 φ25$^{0}_{-0.02}$ φ18 117	淬火回火至硬度 60～64HRC	下料→锻造→球化退火→机械粗加工、半精加工→淬火、回火→稳定化处理→粗磨→稳定化处理→精磨

（2）其他情况时的安排　生产过程中，由于零件选用的毛坯与工艺过程的需要不同，在制定具体加工路线时，热处理工序还可能有所增减；同时，为解决一些突出的矛盾（如减少淬火变形、开裂倾向），则冷热加工工序位置也可能不按上述原则安排。因此，工序位置的安排还应根据具体情况灵活运用。例如：

1）在上述加工路线中，如采用型材毛坯，则锻造及其后面的退火、正火工序便可省去。

2）对某些精密零件，为消除机械加工造成的残余应力，应与渗氮零件一样，在粗加工后可穿插去应力退火或稳定化处理。

对于需要精磨的精密零件（如精密主轴、丝杠、量具等），在最终热处理及粗磨后，一般安排稳定化处理，以消除磨削应力，稳定尺寸。

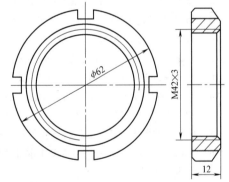

图 5-63　锁紧螺母

3）适当调整工序次序，以减少零件变形与开裂。例如，图 5-63 为 45 钢制成的锁紧螺母，要求槽口硬度 35～40HRC。若在槽口，内螺纹全部加工后再整体淬火回火，槽口硬度虽可达到要求，但内螺纹变形较大，不能保证精度；若热处理后再切削加工，则硬度较高，切削加工性差，因此一般将热处理方法及工序位置改变如下：

调质→加工槽口→槽口高频淬火→加工内螺纹

这样既可达到技术要求，又可减少零件变形。

习题与思考题

1. 画出 T8 钢的过冷奥氏体等温转变曲线。为了获得以下组织，应采用什么冷却方式？并在等温转变曲线上画出冷却曲线示意图。

1）索氏体　2）托氏体＋马氏体＋残留奥氏体　3）全部下贝氏体　4）马氏体＋残留奥氏体

5）托氏体＋马氏体＋下贝氏体＋残留奥氏体

2. 根据下表所列的要求，归纳、比较共析碳钢过冷奥氏体冷却转变中几种产物的特点。

过冷奥氏体冷却转变中的产物	采用符号	形成条件	相组分	显微组织特征	硬度 HRC	塑性与韧性
珠光体						
索氏体						
托氏体						
上贝氏体						
下贝氏体						
低碳马氏体						
高碳马氏体						

3. 分别比较 45 钢、T12 钢经不同热处理后硬度值的高低，并说明其原因。

1）45 钢加热到 700℃后，投入水中快冷。

2）45 钢加热到 750℃后，投入水中快冷。

3）45 钢加热到 840℃后，投入水中快冷。

4）T12 钢加热到 700℃后，投入水中快冷。

5）T12 钢加热到 750℃后，投入水中快冷。

6）T12 钢加热到 900℃后，投入水中快冷。

4. 指出下列钢件正火的主要目的及正火后的组织：

1）20 钢齿轮　　2）45 钢小轴　　3）T12 钢锉刀

5. 为什么亚共析钢经正火后，可获得比退火高的强度与硬度？

6. 将 $w_C = 1.0\%$、$w_C = 1.2\%$ 的碳钢同时加热到 780℃进行淬火，问：

1）淬火后各是什么组织？

2）淬火马氏体的含碳量及硬度是否相同？为什么？

3）哪一种钢淬火后的耐磨性更好些？为什么？

7. 现有 20、45、T8、T12 钢的试样一批，分别加热到 780℃、840℃、920℃后各得到什么组织？然后在水中淬火后各得到什么组织？淬火马氏体中含碳量各是多少？这四种钢最合适的淬火温度分别应是什么温度？

8. 有一批 35 钢制成的螺钉，要求其头部在热处理后硬度为 35～40HRC，现材料中混入少量 T10 钢和 10 钢。问由 T10 钢和 10 钢制成的螺钉，若仍按 35 钢进行处理（淬火、回火）时，能否达到要求？为什么？

9. 现有一批丝锥，原定由 T12 钢制成，要求硬度为 60～64HRC。但生产时材料中混入了 45 钢，若混入的 45 钢在热处理时：

1）仍按 T12 钢进行处理，问能否达到要求？为什么？

2）按 45 钢进行处理后能否达到要求？为什么？

10. 淬火内应力是怎样产生的？它与哪些因素有关？

11. 退火与回火都可以消除钢中内应力，问两者在生产中能否通用？为什么？

12. 45 钢经调质处理后硬度为 240HBW，若再进行 200℃ 回火，能否使其硬度提高？为什么？又 45 钢经淬火、低温回火后硬度为 57HRC，若再进行 560℃ 回火，能否使其硬度降低？为什么？

13. 45 钢经调质处理后要求硬度为 220～250HBW，但热处理后发现硬度偏高，问能否依靠减慢回火的冷却速度，使其硬度降低？若热处理后硬度偏低时，能否依靠增加回火的冷却速度，使其硬度提高？并说明其原因。

14. 现有如图 5-64 所示的材料为 T12A 的 M12 丝锥，要求刃部硬度为 60～62HRC，柄部硬度为 30～40HRC，试制定其热处理工艺（写明热处理方法、热处理加热温度及冷却方法）。

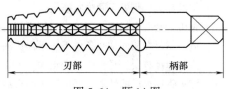

图 5-64　题 14 图

15. T8 钢的过冷奥氏体等温转变曲线如图5-65所示，若该钢在 620℃ 进行等温转变，并经不同时间保温后，按图示的 1、2、3、4 线的冷却速度冷至室温，问各获得什么组织？然后再进行中温回火，又各获得什么组织？

16. 一把厚 5mm 锉刀，材料为 T12 钢，经球化退火、780℃ 淬火、160℃ 回火后，硬度为 65HRC，现用火焰将锉刀一端加热，并依靠热的传导，使锉刀上各点达到如图 5-66 所示的温度，保温 15min 后，立即整体淬入水中。试问锉刀冷至室温后，各点部位的组织与硬度？

17. 一根直径为 6mm 的 45 钢圆棒（见图 5-67），先经 840℃ 加热淬火，硬度为 55HRC（未回火），然后从一端加热，依靠热传导，使 45 钢圆棒上各点达到如图 5-67 所示的温度。试问：

1）各点部位的组织是什么？

2）整个圆棒自图示各温度，缓冷至室温后各点部位的组织是什么？

3）整个圆棒自图示各温度，水淬快冷至室温后各点部位的组织是什么？

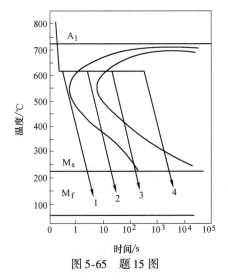

图 5-65　题 15 图

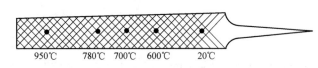

图 5-66　题 16 图

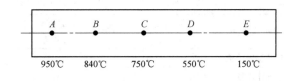

图 5-67　题 17 图

18. 生产中经常把已加热到淬火温度的钳工凿子刃部投入水中急冷，然后出水停留一定时间，再整体投入水中冷却。试分析这先后二次水冷的作用。

19. 零件调质处理的效果与钢材的淬透性有何关系？同一钢材，当调质后和正火后的硬度相同时，两者在组织上与性能上是否相同？为什么？

20. 区别钢的淬硬性、淬透性与淬硬深度，并分别指出其影响因素。

21. 用同一钢种制造尺寸不同的两个零件，试问：

1）它们的淬透性是否相同？为什么？

2）采用相同的淬火工艺，两个零件的淬硬深度是否相同？为什么？

22. 分析以下几种说法是否正确？为什么？

1）过冷奥氏体的冷却速度越快，钢冷却后硬度越高。

2）钢经淬火后是处于硬脆状态。

3）钢中合金元素越多，则淬火后硬度就越高。

4）同一钢材在相同加热条件下，水淬比油淬的淬透性好，小件比大件的淬透性好。

5）冷却速度越快，马氏体转变点 M_s、M_f 越低。

6）淬火钢回火后的性能主要取决于回火后的冷却速度。

7）为了改善碳素工具钢的切削加工性，其预备热处理应采用完全退火。

8）钢在加热时，奥氏体的起始晶粒越细，则冷却后得到的组织也越细。

23. 为什么高频感应淬火零件的表层硬度、耐磨性及疲劳强度均高于一般淬火？

24. 今有分别经过普通整体淬火、渗碳淬火及高频感应淬火的三个形状、尺寸完全相同的齿轮，试用最简单迅速的办法把它们区分出来。

25. 现有低碳钢齿轮和中碳钢齿轮各一个，要求齿面具有高的硬度和耐磨性，问各应怎样热处理？并比较热处理后它们在组织与性能上的差别？

26. 某工厂用 20 钢制成的塞规，其热处理工艺曲线如图 5-68 所示。试问：

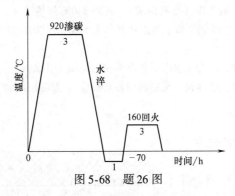

图 5-68　题 26 图

1）渗碳后为什么可直接淬火？渗碳淬火后塞规的表层及心部应是什么组织？

2）冷处理的目的是什么？

3）160℃回火 3h 起什么作用？

27. 根据下表所列要求，归纳、比较四种常用表面热处理。

热处理方法	处理温度 /℃	适用钢材	最终热 处理方法	热处理前、 后表层组织	表层耐磨性	生产成本	应用场合
高频感应淬火							
气体渗碳							
气体渗氮							
中温气体碳氮共渗							

28. 某一用 45 钢制造的零件，其加工路线如下：

备料→锻造→正火→机械粗加工→调质→机械精加工→高频感应淬火与低温回火→磨削

请说明各热处理工序的目的及处理后的显微组织。

第六章 金属的塑性变形及再结晶

塑性是金属的重要特性。利用金属的塑性可把金属加工成各种制品。不仅轧制、锻造、挤压、冲压、拉拔等成形加工工艺都是金属发生大量塑性变形的过程，而且在车、铣、刨、钻等各种切削加工工艺中，也都发生金属的塑性变形。

塑性变形不仅可以使金属获得一定的形状和尺寸，而且还会引起金属内部组织与结构变化，使铸态金属的组织与性能得到一定的改善。因此，研究金属的塑性变形过程及其机理，变形后金属的组织、结构与性能的变化规律，以及加热对变形后金属的影响，将对改进金属材料加工工艺，提高产品质量和合理使用金属材料等方面都具有重要意义。

第一节 金属的塑性变形

在一般情况下，实际金属都是多晶体。多晶体的变形是与其中各个晶粒的变形行为有关的。为了便于研究，有必要先通过单晶体的塑性变形来掌握金属塑性变形的基本规律。

一、单晶体的塑性变形

实验表明，晶体只有在切应力作用下才会发生塑性变形。在室温下，单晶体的塑性变形主要是通过滑移和孪生两种方式进行的。

1. 滑移

（1）滑移带和滑移线　将表面经过抛光的纯金属试样进行拉伸，当产生一定的塑性变形后，在显微镜下观察，可看到试样表面有许多互相平行的线条，称为滑移带。图6-1为铜变形后的滑移带。如用电子显微镜作高倍观察时，则发现滑移带都是由许多密集而相互平行的更细的滑移线和小台阶所构成，如图6-2所示。

显然，在晶体塑性变形过程中，所产生的滑移线和滑移带是由于在切应力作用下，晶体一部分相对于另一部分发生滑动的结果。

图 6-1　铜变形后的滑移带（500×）

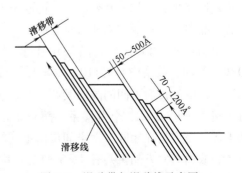

图 6-2　滑移带与滑移线示意图

在切应力作用下，晶体的一部分沿着某一晶面相对于另一部分的滑动，称为滑移。滑移是金属塑性变形的主要方式。图 6-3 表示晶体在切应力 τ 作用下产生滑移的变形过程。单晶体在不受外力时，原子处于平衡位置（见图 6-3a）。当切应力较小时，晶格发生弹性剪切变形（见图 6-3b）。但当切应力增大到超过了受剪晶面的滑移抗力时，则晶面两侧的两部分晶体将产生相对滑移（见图 6-3c）。滑移的距离必然是原子间距的整数倍。因此，滑移后原子可在新位置上重新处于平衡状态。这时，即使除去外力，使晶格弹性歪扭消失，但处于新的平衡位置上原子已不能回到原始位置。这样，就产生了塑性变形（见图 6-3d）。晶体还可以在另外一些与此相平行的晶面上发生滑移，这种在许多互相平行的晶面上发生滑移的结果，就形成了如图 6-2 所示的滑移线与滑移带。

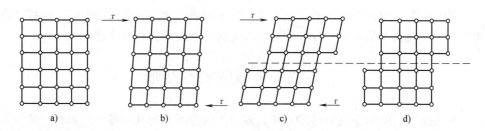

图 6-3　晶体在切应力作用下的变形

a）未变形　b）弹性变形　c）弹-塑性变形　d）塑性变形

（2）滑移系　滑移通常是沿晶体中一定晶面和该晶面上一定晶向发生的。这些能够产生滑移的晶面和晶向，相应地称为滑移面和滑移方向。滑移面和滑移方向大多是原子排列最密的晶面和晶向。这可从图 6-4 说明其原因。图中 A 晶面是原子排列最密的晶面，晶面间的距离最大（$a/\sqrt{2}$），即面与面之间的结合力最弱，故在切应力作用下，沿该晶面滑移比较容易；反之，B 晶面是一个原子排列较疏的晶面，面与面之间距离则较小（$a/2$），面间结合力较强，故不易沿此面滑移。同样也可应用上述道理来解释滑移为什么总是沿滑移面上原子排列密度最大的方向进行。

由一个滑移面和该面上的一个滑移方向组成一个滑移系。晶体中滑移系越多，金属晶体滑移的可能性就越大，其塑性就越好。图 6-5 为三种常见金属晶格的主要滑移面和滑移方向。

由图可见，体心立方晶格中主要滑移面是（110）晶面，晶格中与（110）面上原子排列情况

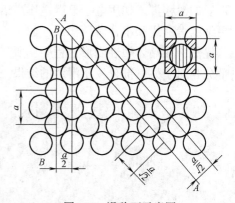

图 6-4　滑移面示意图

相同，而空间位向不同的晶面共有六个。而（110）晶面上的滑移方向共有两个，故体心立方晶格共有 6×2=12 个滑移系。面心立方晶格中滑移面是（111）晶面，晶格中与（111）面上原子排列情况相同，而空间位向不同的晶面共有四个。而（111）面上的滑移方向共有三个，故面心立方晶格共有 4×3=12 个滑移系。密排六方晶格中滑移面是晶格的底面，而在该面上的滑移方向有三个，故密排六方晶格共有 1×3=3 个滑移系。

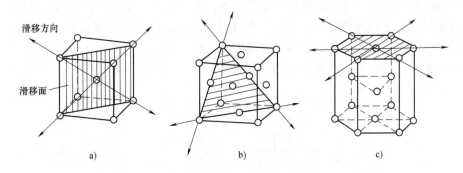

图 6-5 三种常见金属晶格中的滑移面和滑移方向

a) 体心立方晶格　b) 面心立方晶格　c) 密排六方晶格

必须指出，影响金属塑性的因素是多方面的（如变形温度、应力状态、晶粒大小等）。因此，只能说在其他条件都基本相同的情况下，滑移系越多，该金属的塑性越好。

（3）滑移时晶体的转动　单晶体在滑移变形时还伴随着晶体的转动。图 6-6 表示单晶体受拉伸时晶体转动的示意图。晶体受拉伸产生滑移时，如不受夹头限制，则晶体轴线将逐渐偏移，使试样两端的拉力 F 不处于同一轴线上（见图 6-6b）。但实际上由于夹头的限制，拉力轴线方向不能改变，这就不得不使晶体作相应的转动，使滑移系逐渐趋向与拉力轴线平行（$\phi' > \phi$），保持晶体轴线与拉力轴线在滑移过程中始终重合（见图 6-6c）。

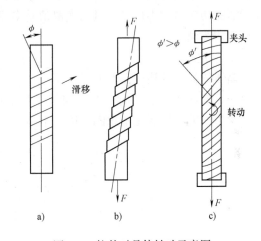

图 6-6　拉伸时晶体转动示意图

由材料力学得知，与拉力成 45°角的截面上的分切应力最大。因此，与拉力成 45°角位向的滑移系最有利于滑移。但由于滑移过程中晶体的转动，使原来有利于滑移位向的滑移系逐渐转到不利于滑移位向而停止滑移，但原来处于不利于滑移位向的滑移系，则逐渐转到有利于滑移的位向而参与滑移。这样，不同位向的滑移系交替进行滑移，结果使晶体均匀地变形。但在实际拉伸过程中，晶体两端有夹头固定，只有试样的中间部分才能转动，故靠近两端部分因受夹头限制而产生不均匀变形。

（4）滑移机理　如图 6-3 所示，滑移是晶体的一部分相对于晶体的另一部分沿滑移面作整体滑动，即滑移面上每一个原子都同时移到与其相邻的另一个平衡位置上，这种滑移称为刚性滑移。由计算得出的刚性滑移晶体开始滑移所需的切应力值，都比实测结果大几百倍到几千倍。这说明了刚性滑移与实际情况不符。

数十年来，大量的理论与实验证明，由于实际晶体中存在位错，滑移不是按刚性滑移进行，而是按图 6-7 表示那

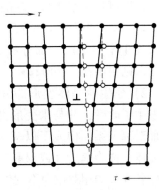

图 6-7　位错的移动

样，由位错的移动来实现的。即具有位错的晶体，在切应力作用下，位错线上面的两列原子向右作微量位移，进到虚线位置；位错线下面的一列原子向左作微量位移，进到虚线位置，这样就可使位错向右移动一个原子间距。在切应力作用下，如位错线继续向右移动到晶体表面时，就形成了一个原子间距的滑移量，如图6-8所示。结果晶体就产生了塑性变形。

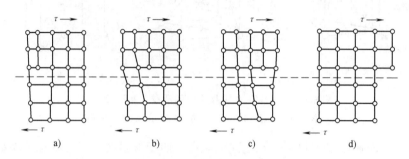

图6-8　刃型位错移动产生滑移的示意图

由此可见，晶体通过位错移动而产生滑移时，并不需要整个滑移面上全部的原子同时移动，只需位错附近的少数原子作微量的移动，移动的距离远小于一个原子间距，因而位错移动所需的切应力就小得多，且与实测值基本相符。故滑移实质上是在切应力作用下，位错沿滑移面的运动。

2. 孪生

晶体的另一种塑性变形方式是孪生。它是在切应力作用下，晶体的一部分相对于另一部分以一定的晶面（孪晶面）及晶向（孪生晶向）产生的剪切变形。图6-9表示单晶体滑移后与孪生后的外形变化示意图。图6-10表示孪生时晶体内部原子的位移情况。

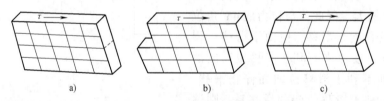

图6-9　晶体塑性变形的基本方式

a）未变形　b）滑移　c）孪生

由图可见，孪生与滑移的主要区别有：

1）孪生变形使一部分晶体发生均匀的切应变（发生孪生变形的部分称为孪晶带），而滑移变形则集中在一些滑移面上。

2）孪生使晶体变形部分（孪晶带）的位向发生了改变，并与未变形部分的位向形成了镜面对称关系，构成了以孪晶面为对称面的一对晶体，称为孪晶（或双晶）。而滑移变形后，晶体各部分的相对位向不发生改变。

由于孪晶带与未变形部分的位向不同，故

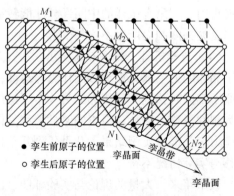

图6-10　孪生过程示意图

发生孪生的晶体经抛光腐蚀后，在显微镜下很容易观察到孪晶带。图 6-11 为锌的形变孪晶组织。

3）孪生变形时，孪晶带中每层原子沿孪生方向的位移量都是原子间距的分数值，并且和距孪晶面的距离成正比。而滑移变形时，晶体的一部分相对于另一部分沿滑移方向的位移量为原子间距的整数倍。

4）孪生变形所需的切应力比滑移变形大得多，故只有在滑移很难进行的条件下才发生孪生。如六方晶格的金属因滑移系较少，孪生就比较容易发生。而滑移系较多的体心立方晶格的金属，只有在低温或受到冲击时，才产生孪生变形。面心立方晶格的金属一般不发生孪生变形。

图 6-11　锌的形变孪晶（100×）

孪生对变形过程的直接作用不大，但孪生后由于晶体转至新位向，将产生有利于滑移位向的新滑移系，因而提高了晶体的塑性变形能力。

二、多晶体的塑性变形

1. 多晶体塑性变形的特点

实际使用的金属材料一般是多晶体。在室温下，它的塑性变形与单晶体基本相似，即每个晶粒内的塑性变形仍是以滑移与孪生这两种基本方式进行的。但因多晶体是由形状、大小、位向都不相同的许多晶粒所组成，故每个晶粒在塑性变形时，将受到周围位向不同的晶粒及晶界的影响与约束，即每个晶粒不是处于独立的自由变形状态。晶粒变形时既要克服晶界的阻碍，又需要其周围晶粒同时发生相适应的变形来协调配合，以保持晶粒间的结合和晶体的连续性，否则将导致晶体破裂。

2. 晶界及晶粒位向的影响

多晶体由于存在着晶界及许多位向不同的晶粒，故其塑性变形抗力要比同类金属的单晶体高得多。

晶界是相邻晶粒的过渡层，不但原子排列紊乱，晶格畸变，而且也是杂质和各种缺陷集中的地带。塑性变形时，位错移动到晶界附近会受到严重的阻碍而停止前进，并使位错在晶界前堆积起来。可见晶界增加了变形抗力，提高了金属的强度，此外，由于多晶体中各晶粒的空间位向不一致，其中某一处于有利于滑移位向的晶粒发生滑移时，必然受到周围位向不同晶粒的约束与牵制，使滑移受到的阻力增加，故也提高了塑性变形的抗力。

由此可见，多晶体的塑性变形抗力不仅与原子间结合力有关，而且还与晶粒大小有关。因为晶粒越细，在晶体的单位体积中的晶界越多，不同位向的晶粒也越多，因而塑性变形抗力也就越大。细晶粒的多晶体金属不但强度较高，而且塑性及韧性也较好。因为晶粒越细，在一定体积的晶体内晶粒数目越多，则在同样变形条件下，变形量被分散在更多的晶粒内进行，使各晶粒的变形比较均匀而不致产生过分的应力集中。同时，晶粒越细，晶界就越多，越曲折，故越不利于裂纹的传播，从而使其在断裂前能承受较大的塑性变形，表现出具有较高的塑性和韧性。故生产中，一般总是设法获得细小均匀的晶粒，使金属材料具有较高的综合力学性能。

第二节　冷塑性变形对金属组织与性能的影响

一、冷塑性变形对金属性能的影响

图 6-12 为工业纯铁的力学性能与冷变形度[⊖]的关系。由图可见，金属材料经冷塑性变形后，强度及硬度显著提高，而塑性则很快下降。变形度越大，性能的变化也越大。由于塑性变形的变形度增加，使金属的强度、硬度提高，而塑性下降的现象称为加工硬化。

加工硬化现象在工程技术中具有重要的实用意义。首先可利用加工硬化来强化金属，提高金属强度、硬度和耐磨性。特别是对那些不能用热处理强化的材料（如纯金属、某些铜合金、铬镍不锈钢和高锰钢等），加工硬化更是唯一有效的强化方法。冶金厂出厂的"硬"或"半硬"等供应状态的某些金属材料，就是经过冷轧或冷拉等方法，使之产生加工硬化的产品。

此外，加工硬化也是工件能够用塑性变形方法成形的重要因素。例如，金属在拉延过程中（见图 6-13），由于相应于凹模 r 处金属塑性变形最大，故首先在该处产生加工硬化，使随后的变形就能够转移到其他部位，有利于塑性变形均匀地分布于整个工件，从而得到壁厚均匀的制品。

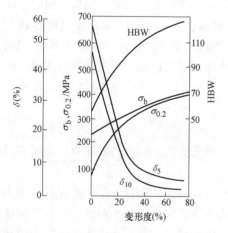

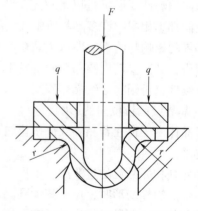

图 6-12　工业纯铁冷变形度对力学性能的影响　　　　图 6-13　拉延时金属的变形

加工硬化还可以在一定程度上提高构件在使用过程中的安全性。因为构件在使用过程中，往往不可避免地会在某些部位（如孔、键槽、螺纹以及截面过渡处）出现应力集中和过载荷现象。在这种情况下，由于金属能加工硬化，使局部过载部位在产生少量塑性变形后，提高了屈服强度并与所承受的应力达到了平衡，变形就不会继续发展，从而在一定程度上提高了构件的安全性。

⊖　变形度指毛坯截面积的缩减率，例如拉伸时，变形度 $= \dfrac{\text{变形前截面积} - \text{变形后截面积}}{\text{变形前截面}} \times 100\%$。

　　加工硬化也有其不利的一面。由于它使金属塑性降低，给进一步冷塑性变形带来困难，并使压力加工时能量消耗增大。为了使金属材料能继续变形，必须进行中间热处理来消除加工硬化现象。这就增加了生产成本，降低了生产率。

　　塑性变形除了影响力学性能外，也会使金属的某些物理性能、化学性能发生变化。例如，使金属电阻增加、耐蚀性降低等。

　　冷塑性变形引起金属性能变化的原因，是由于它使金属内部组织结构发生了变化。

二、冷塑性变形对金属组织的影响

1. 形成纤维组织

　　金属在外力作用下发生塑性变形时，随着外形的变化，金属内部的晶粒形状也由原来等轴晶粒（见图 6-14a）变为沿变形方向延伸的晶粒，同时晶粒内部出现了滑移带（见图 6-14b）。当变形度很大时，可观察到晶粒被显著伸长成纤维状。这种呈纤维状的组织称为冷加工纤维组织，如图 6-14c、d 所示。

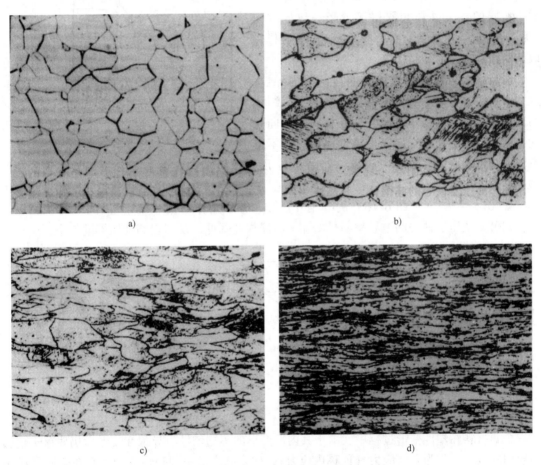

　　　　　　a)　　　　　　　　　　　　　　　　　b)

　　　　　　c)　　　　　　　　　　　　　　　　　d)

图 6-14　工业纯铁不同冷变形度时的显微组织（100×）

a) 未变形　b) 变形度 20%　c) 变形度 50%　d) 变形度 70%

　　形成纤维组织后，金属会具有明显的方向性，其纵向（沿纤维的方向）的力学性能高于横向（垂直纤维的方向）的性能。

2. 亚组织的细化

金属发生塑性变形时，在晶粒形状变化的同时，晶粒内部存在的亚组织也会细化，形成变形亚组织，如图6-15所示。

由于亚晶界是一系列刃型位错所组成的小角晶界（见图2-25），随着塑性变形程度的增大，变形亚组织将逐渐增多并细化，使亚晶界显著增多。亚晶界愈多，位错密度越大。这种在亚晶界处大量堆积的位错，以及它们之间的相互干扰作用，会阻止位错的运动，使滑移发生困难，增加了金属塑性变形抗力。

因此可以认为，冷塑性变形后，亚组织细化和位错密度的增加是产生加工硬化的主要原因。变形度越大，亚组织细化程度和位错密度也越高，故加工硬化现象就越显著，如图2-23所示。

3. 产生形变织构

金属发生塑性变形时，由于晶体在滑移过程中要按一定方向转动，当变形量很大时，原来位向不相同的各个晶粒会取得接近于一致的方向（见图6-16），这种现象称为择优取向。具有择优取向的结构称为形变织构。

形变织构会使金属性能呈明显的各向异性，这在多数情况下是不利的。例如，具有形变织构的金属板拉延成筒形工件时，由于材料的各向异性，导致变形不均匀，使筒形工件四周边缘不整

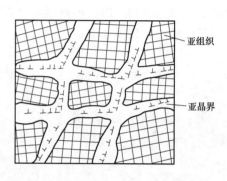

图6-15　变形亚组织示意图

齐，即产生了所谓"制耳"现象，如图6-17所示。但织构在某些场合下却是有利的。例如，制作变压器铁心的硅钢片，其晶格为体心立方，沿 [001] 晶向最易磁化，如果能采用具有 [001] 织构（见图6-16）的硅钢片制作，并在工作时使 [001] 晶向平行于磁场方向，则可使变压器铁心的磁导率明显增加，磁滞损耗降低，从而提高变压器的效率。

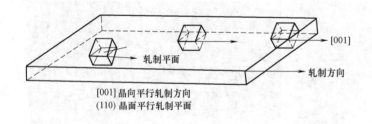

[001] 晶向平行轧制方向
(110) 晶面平行轧制平面

图6-16　形变织构示意图

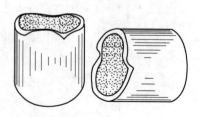

图6-17　制耳现象

三、产生残余应力

金属材料在塑性变形过程中，由于其内部变形的不均匀性，导致在变形后仍残存于金属材料内的应力，称为残余应力（或称内应力）。残余应力是一种弹性应力，它在金属材料中处于自相平衡的状态。按照残余应力作用的范围，可将它分为宏观残余应力、微观残余应力、晶格畸变应力三类。

1. 宏观残余应力（第一类内应力）

由于金属材料各部分（如表面和心部）变形不均匀，因而产生在宏观范围内自相平衡

的残余应力，称为宏观残余应力。例如，使金属杆产生弯曲塑性变形（见图6-18a），则在金属杆中性层上边的金属被拉长，而下边的金属被缩短。由于金属要保持整体性，上层金属的伸长必然受到下层的阻碍，即下层金属对上层金属产生了附加压应力；反之，下层金属的缩短也必然受到上层阻碍，即上层金属对下层金属产生了附加的拉应力。这种附加的拉应力与压应力存在于金属杆整体范围内，并相互平衡，故属宏观残余应力。图6-18b为拉丝时产生的宏观残余应力，这是由于拉丝时，外层金属塑性变形较中心部分小，结果使外层受拉应力，而心部受压应力。

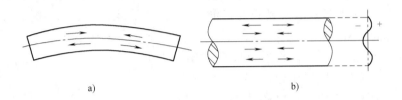

图 6-18　宏观残余应力

a）弯曲后　b）拉丝后

当宏观残余应力与工作应力方向一致时，会明显地降低工件的承载能力。此外，在工件的加工或使用中，由于破坏了残余应力原先处于自相平衡的状态，从而引起工件形状与尺寸的变化。但生产中也常有意控制残余应力分布，使其与工作应力方向相反，以提高工件的力学性能。例如，工件经表面淬火、化学热处理、喷丸或滚压等方法处理后，因其表层具有残余的压应力，使其疲劳极限显著提高（见图1-17）。

2. 微观残余应力（第二类内应力）

由于多晶体中各晶粒位向不同，使各晶粒或亚晶粒间的变形也不均匀，因而产生于金属晶粒或亚晶粒间相互平衡的残余应力，称为微观残余应力。

在总的残余应力中，微观残余应力占的比例不大，但其数值很高，可造成显微裂纹，甚至使工件破裂。同时，它又使晶体处于高能量状态，导致金属易与周围介质发生化学反应而降低耐蚀性。因此，它也是金属产生应力腐蚀的重要原因。

3. 晶格畸变应力（第三类内应力）

金属在塑性变形后，增加了位错及空位等晶体缺陷，使晶体中一部分原子偏离其平衡位置而造成晶格畸变，这种由于晶格畸变而产生的残余应力，称为晶格畸变应力，它在部分原子范围内（几百个到几千个原子）相互平衡。它是存在于变形金属中最主要的残余应力。

晶格畸变使金属的强度和硬度升高，塑性和耐蚀性降低，是使变形金属强化的主要原因。同时，晶格畸变又提高了变形金属内部的能量，使之处于热力学不稳定状态，故变形金属有着自发地向变形前的稳定状态变化的趋势。

第三节　冷变形金属在加热时的变化

经过冷塑性变形的金属，不仅其组织结构与性能发生了变化，并且还产生了残余应力。所以在生产中，如要求其组织结构与性能恢复到原始状态，并消除残余应力，必须进行相应的热处理，以达到预期的要求。

由于变形后的金属内部能量较高而处于不稳定状态，所以它具有自发地恢复到原来稳定状态的趋势。但在室温下，原子活动能力不够大，这种不稳定状态要经过很长时间才能逐渐向较稳定的状态过渡。若对塑性变形后的金属加热，则因原子活动能力增强，它就会迅速地发生一系列组织与性能的变化，使金属恢复到变形前的稳定状态。随加热温度的升高，这变化过程可分为回复、再结晶、晶粒长大三个阶段，如图6-19所示。

一、回复

当加热温度较低时，冷变形金属的显微组织无明显变化，力学性能也变化不大，但残余应力显著降低，物理和化学性能部分地恢复到变形前的情况，这一阶段称为回复。

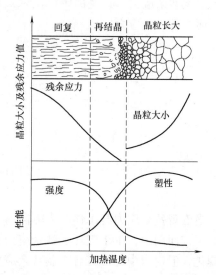

由于回复加热温度较低，晶格中的原子仅能作短距离扩散，使空位与间隙原子合并，空位与位错发生交互作用而消失。总之，点缺陷明显减少，晶格畸变减轻，故残余应力显著下降。但因亚组织的尺寸未明显改变，位错密度未显著减少，即造成加工硬化的主要原因尚未消除，因而，力学性能在回复阶段变化不大。

在实际生产中，将回复这种处理工艺称为低温退火（或去应力退火）。它是能降低或消除冷变形金属的残余应力，同时又保持了加工硬化性能的一种处理。例如，用冷拉钢丝卷制弹簧，在成形后进

图6-19　加热温度对冷变形金属组织与性能的影响

行250～300℃的低温处理，以消除内应力使其定型；经拉延制成的黄铜弹壳于280℃左右进行去应力退火，以消除残余应力，避免变形和应力腐蚀开裂。

二、再结晶

冷塑性变形后的金属在回复后继续升温时，由于原子扩散能力增大，其显微组织便发生明显的变化，使被拉长而呈纤维状的晶粒又变为等轴晶粒，同时也使加工硬化与残余应力完全消除。这一过程称为再结晶[^⊖]。

1. 再结晶过程

再结晶也是通过形核与长大的方式进行的。通常在变形金属中晶格畸变严重、能量较高的地区优先形核，然后通过原子扩散和晶界迁移，逐渐向周围长大形成了新的等轴晶粒，直到金属内部全部由新的等轴晶粒取代了变形晶粒之后，再结晶过程就告完成。图6-20为纯铁再结晶过程的显微组织。

由于再结晶后形成了新的等轴晶粒，消除了纤维组织，晶体中位错密度已下降到变形前的程度，因而残余应力与加工硬化现象已完全消除，使变形金属又重新恢复到冷塑性变形前的状态（见图6-19）。但必须指出，再结晶只是改变了晶粒的外形和消除了因变形而产生的某些晶体缺陷，而新、旧晶粒的晶格类型是完全相同的，所以再结晶不是相变过程。

2. 再结晶温度

⊖　为了与前述的发生相变的重结晶区别，这一过程称为再结晶。

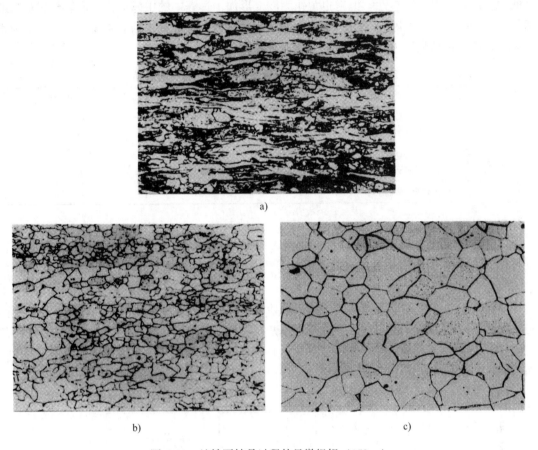

图 6-20　纯铁再结晶过程的显微组织（150×）

a）550℃再结晶　b）600℃再结晶　c）850℃再结晶

　　金属的再结晶过程不是一个恒温过程，而是在一定温度范围内进行的过程。通常再结晶温度是指再结晶开始的温度（发生再结晶所需的最低温度），它与金属的预先变形度有关。金属预先变形度越大，金属的组织越不稳定，再结晶的倾向就越大，因此，再结晶开始温度越低。当预先变形度达到一定量后，再结晶温度将趋于某一个最低值（见图6-21）。这一最低的再结晶温度，就是通常指的再结晶温度。大量实验证明，各种纯金属再结晶温度（$T_再$）与其熔点（$T_熔$）间的关系，大致可用下式表示

$$T_再 \approx (0.35 \sim 0.45) T_熔$$

式中各温度值应按热力学温度计算。

　　金属中的微量杂质和合金元素会阻碍原子扩散和晶界迁移，故显著提高了再结晶的温度。

3. 再结晶退火

　　把冷变形金属加热到再结晶温度以上，使其

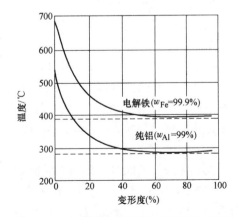

图 6-21　金属再结晶温度与变形度的关系

发生再结晶的热处理工艺，称为再结晶退火。生产中，采用再结晶退火来消除冷变形加工产品的加工硬化，提高其塑性。但它也常作为冷变形加工过程中的中间退火，恢复金属材料的塑性以便继续加工。实际生产中，再结晶退火温度通常都比最低再结晶温度高。表6-1为常用金属材料的再结晶退火与去应力退火的加热温度。

表 6-1　金属材料的再结晶退火与去应力退火的温度

金　属　材　料		去应力退火温度/℃	再结晶退火温度/℃
钢	碳素结构钢及合金结构钢	500 ~ 650	680 ~ 720
	碳素弹簧钢丝	280 ~ 300	—
铝及铝合金	工业纯铝	≈100	350 ~ 420
	普通硬铝合金	≈100	350 ~ 370
铜合金（黄铜）		270 ~ 300	600 ~ 700

三、晶粒长大

冷塑性变形的金属在再结晶后，一般都得到细小均匀的等轴晶粒。但如继续升高温度或延长保温时间，则再结晶后形成的新晶粒又会逐渐长大（见图6-19），使金属的力学性能下降。

晶粒长大是一个自发过程，因为它可使晶界减少，晶界表面能量降低，使组织处于更为稳定的状态。其过程实质上是一个晶粒的边界向另一个晶粒中迁移，把另一个晶粒中晶格的位向逐步改变成为与这个晶粒相同的位向，于是，另一个晶粒便逐步地被这个晶粒"吞并"而合成一个大晶粒，如图6-22所示。

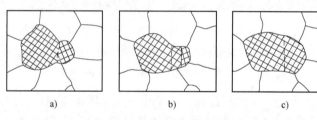

图 6-22　晶粒长大示意图

影响再结晶后晶粒大小的因素除加热温度与保温时间外，还与晶粒的原始尺寸、杂质的分布及预先冷变形度等有关。其中以加热温度和冷变形度影响最大。

1. 加热温度和保温时间的影响

再结晶的加热温度越高，保温时间越长，则再结晶后的晶粒越粗大。特别是加热温度的影响更明显。图6-23表示加热温度对晶粒大小影响的示意图。

2. 冷变形度的影响

在其他条件相同时，再结晶后晶粒大小与冷变形度之间的关系如图6-24所示。由图可见，当变形度很小时，由于晶格畸变很小，不足以产生再结晶的晶核而发生再结晶，故晶粒保持原来大小。当变形度达到某一值（一般金

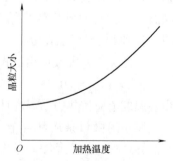

图 6-23　加热温度对再结晶
后晶粒大小的影响

属为 2% ~ 10%）时，由于金属变形度不大而且不均匀，再结晶时形核数目少，故获得的晶粒特别粗大。这种获得异常粗大晶粒的变形度，称为临界变形度。图 6-25 为临界变形度下形成的异常粗大晶粒。当变形度超过临界变形度后，随变形度的增加，各晶粒变形越趋于均匀，再结晶时形核率越大，再结晶后的晶粒也越细越均匀。

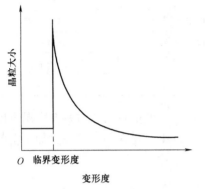

图 6-24　冷变形度对再结晶后晶粒大小的影响

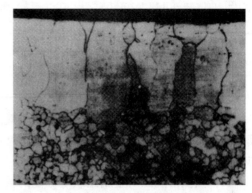

图 6-25　临界变形度下形成的异常粗大晶粒

为了使金属再结晶后获得细小晶粒和良好力学性能，在冷变形加工时，应尽量避开临界变形度这一范围。

第四节　金属的热塑性变形（热变形加工）

一、热变形加工与冷变形加工的区别

由于金属在高温下强度下降，塑性提高，易进行变形加工，故目前生产中有冷、热变形加工之分。例如，锻造、热轧等加工过程属热变形加工，而冷轧、冷拔等加工过程属冷变形加工。

从金属学的观点来看，热变形加工与冷变形加工的区别，是以金属再结晶温度为界限的。凡是金属的塑性变形是在再结晶温度以下进行的，称为冷变形加工。在冷变形加工时，必然产生加工硬化；反之，在再结晶温度以上进行的塑性变形则称为热变形加工。而在热变形加工时，产生的加工硬化可以随时被再结晶所消除。由此可见，冷变形加工与热变形加工并不是以具体的加工温度的高低来区分的。例如，钨的最低再结晶温度约为 1200℃，故钨即使在稍低于 1200℃ 的高温下进行变形仍属于冷变形加工；锡的最低再结晶温度约为 -7℃，故锡即使在室温下进行变形仍属于热变形加工。

研究表明，金属热变形加工时，伴随塑性变形引起的硬化过程与再结晶引起的软化过程同时发生，但硬化过程随变形的进行而立即产生，而再结晶引起的软化过程需要一定时间才能完成。因此，当金属的热变形加工的变形速度较大，而变形温度较低时，软化过程往往来不及将加工硬化现象完全消除，故生产中常提高热变形加工的温度来加速软化过程，使加工过程中的加工硬化能完全被软化过程所抵消。但若热变形加工结束前的变形度较小，且温度又较高时，由于再结晶后晶粒长大而粗化，使金属性能变坏。因此，进行热变形加工时，应控制金属的变形温度范围与最终的变形度。表 6-2 为某些金属材料的热变形加工温度范围。

表 6-2　常用金属材料的热变形加工（锻造）温度范围

材　　料	锻前最高加热温度/℃	终锻温度/℃
碳素结构钢及合金结构钢	1200～1280	750～800
碳素工具钢及合金工具钢	1150～1180	800～850
高速钢	1090～1150	930～950
铬不锈钢(12Cr13)	1120～1180	870～925
铬镍不锈钢(Y12Cr18Ni9)	1175～1200	870～925
纯铝	450	350
纯铜	860	650

在一般情况下，热变形加工可应用于截面尺寸较大、变形量较大、材料在室温下硬脆性较高的金属制品；冷变形加工则一般适于制造截面尺寸较小、材料塑性较好、加工精度较高与表面粗糙度值要求较低的金属制品。

二、热变形加工对金属组织与性能的影响

热变形加工虽然不会引起加工硬化，但也能使金属组织与性能发生以下的显著变化：

1. 消除铸态金属的某些缺陷

通过热变形加工可使金属铸锭中的气孔和疏松焊合；在温度和压力作用下，原子扩散速度加快，可消除部分偏析；将粗大的柱状晶粒与枝晶变为细小均匀的等轴晶粒；改善夹杂物、碳化物的形态、大小与分布，可使金属材料致密度提高。例如，铸态钢锭的比密度为6.9，经热轧后，其比密度可提高到 7.85。故只要能避免临界变形度⊖和过高的终锻温度，就可细化晶粒和提高力学性能。表 6-3 表示 $w_C = 0.3\%$ 的碳钢在铸态和锻态时的力学性能比较。

表 6-3　碳钢（$w_C = 0.3\%$）锻态与铸态的力学性能比较

状态	σ_b/MPa	σ_s/MPa	$\delta(\%)$	$\psi(\%)$	A_K/J
铸态	500	280	15	27	28
锻态	530	310	20	45	56

可见，经热塑性变形后，钢的强度、塑性、冲击韧性均较铸态高。故工程上受力复杂、载荷较大的工件（如齿轮、轴、刃具、模具等）大多数要通过热变形加工来制造。

2. 形成热变形纤维组织（流线）

热变形加工时，铸态金属中的粗大枝晶偏析及各种夹杂物，都要沿变形方向伸长，并逐渐形成纤维状。这些夹杂物在再结晶过程中不会再改变其纤维状分布特点，故对热变形金属材料或工件进行宏观分析（即金属磨面经浸蚀后，用肉眼或放大 20 倍以下观察）时，可见到沿着变形方向呈现出一条条细线，这就是热变形纤维组织，通常称为"流线"。图 6-26为模锻获得的大电机风叶（铝合金）中的流线照片。

纤维组织会使金属材料的力学性能呈现各向异性。沿纤维方向（纵向）较垂直于纤维方向（横向）具有较高的强度、塑性与韧性。表 6-4 表示 $w_C = 0.45\%$ 碳钢的力学性能与纤维方向间的关系。

⊖ 热变形加工的临界变形度值与冷变形加工的值略有不同。

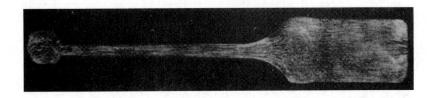

图 6-26　大电机风叶中的流线

表 6-4　碳钢（$w_C = 0.45\%$）力学性能与纤维方向的关系

性能 取样	σ_b/MPa	$\sigma_{0.2}$/MPa	$\delta(\%)$	$\psi(\%)$	A_K/J
横向	675	440	10	31	24
纵向	715	470	17.5	62.8	49.6

因此，用热变形加工方法制造工件时，应力求使工件具有合理的流线分布，以保证零件的使用性能。一般情况下，应使流线与工件工作时所受到的最大拉应力方向一致；与切应力或冲击力方向相垂直；尽量使流线能沿工件外形轮廓连续分布，则较为理想。

生产中，为了使流线沿工件外形轮廓连续分布，并适应工件工作时的受力情况，广泛采用模型锻造方法制造齿轮及中小型曲轴，用局部镦粗法制造螺栓。图 6-27 表示用上述加工方法获得的工件与用轧材直接进行切削加工获得的工件中流线的比较。显然锻造毛坯的流线分布是较合理的。

3. 形成带状组织

亚共析钢经热变形加工后，珠光体和铁素体常沿变形方向呈带状或层状分布，称为带状组织，如图 6-28 所示。这种组织是由于铸态金属中存在的枝晶偏析或夹杂物，在加工过程中沿变形方向被延伸拉长，当热变形加工后冷却时，先析铁素体往往在被拉长的杂质上优先析出，形成铁素体带，而铁素体带两侧的富碳奥氏体则随后转变为珠光体带，从而形成了带状组织。

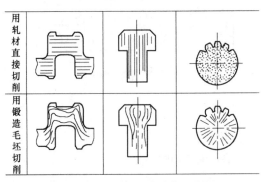

图 6-27　工件中流线分布示意图

图 6-28　亚共析钢的带状组织（100×）

带状组织也会使钢材的力学性能呈现各向异性，特别是横向的塑性和韧性明显下降。故生产中常用均匀化退火或多重正火方法加以消除。高碳钢中碳化物往往也呈带状分布而形成带状组织，则应采用改锻办法予以消除。

习题与思考题

1. 为什么在一般条件下进行塑性变形时，锌中易出现孪晶（见图6-11）？而纯铜中易出现滑移带（见图6-1）？

2. $w_C = 0.25\%$ 的碳钢拉伸试样，第一次加载后产生 10% 的塑性变形，获得如图 6-29 左所示的应力-应变曲线。卸载后，立即将此试样再进行拉伸，直至断裂，试绘出其应力-应变曲线，并比较先后两次加载所得的应力-应变曲线的异同之处，并说明理由。

3. 低碳钢试样拉断后，试分析沿其长度方向的组织与硬度的分布情况，并说明其原因。

4. 用生产中的实例说明加工硬化现象及其利弊。

5. 根据你已学到的知识，列举出强化金属材料的方法。

6. 为什么细晶粒金属不但强度高，而且塑性、韧性也好？

7. 将未经过塑性变形的金属加热到再结晶温度，会发生再结晶吗？为什么？

8. 简要比较液态结晶、重结晶、再结晶的异同处。

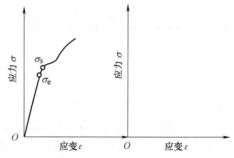

图 6-29　题 2 图

9. 金属铸件能否通过再结晶退火来细化晶粒？

10. 用一冷拉钢丝绳吊装一大型工件入炉，并随工件一起加热到 1000℃，加热完毕，再次吊装该工件时，钢丝绳发生断裂。试分析其原因。

11. 热锻或热轧时为什么要控制始锻（轧）温度、终锻（轧）温度和终锻（轧）时的变形量？

12. 若将经过大量冷塑性变形（变形度 70% 以上）的纯铜长棒的一端浸入冰水中（并保持水温不变），另一端加热至 900℃，并将此过程持续 1h，然后再把试样完全冷却。试分析沿试棒长度方向的组织与硬度的分布情况。

13. 厚的纯铁板经冷弯曲变形后，中性层两边变形对称，表层金属变形度为 40%，横截面上原始晶粒度如图 6-30 所示。试绘出再结晶退火后，该纯铁板横截面上晶粒度示意图，并说明原因。

14. 比较纤维组织、形变织构、流线与带状组织间的区别，并分析其产生原因及对材料性能的影响。

15. 分析以下几种说法是否正确？为什么？

1）金属发生塑性变形时，实际测得的应力值总是小于理论计算值。

2）工件中存在残余应力时，对工件都是不利的。

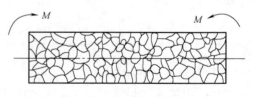

图 6-30　题 13 图

3）因为再结晶不是相变过程，故它不影响金属的组织与性能。

4）冷变形金属经再结晶退火后，晶粒都可细化。

5）室温下的变形加工称为冷加工，高温下的变形加工称为热加工。

6）热变形加工都可细化晶粒和提高力学性能，而且也不会产生加工硬化。

第七章　钢

钢是一种非常重要的工程材料，它按化学成分分为碳素钢（简称碳钢）和合金钢两大类。碳钢除以铁、碳为其主要成分外，还含有少量的锰、硅、硫、磷等常存元素。由于碳钢容易冶炼，价格低廉，性能可以满足一般工程机械、普通机械零件、工具及日常轻工业产品的使用要求，因此在工业上得到广泛的应用。我国碳钢产量约占钢产量的90%。合金钢是在碳钢基础上，有目的地加入某些元素（称为合金元素）而得到的多元合金。与碳钢相比，合金钢的性能有显著的提高，故应用亦日益广泛。

钢的种类很多，为了便于管理、选用及研究，从不同角度把它们分成若干类别[一]。

一、按用途分类

按用途可把钢分为结构钢、工具钢、特殊性能钢三大类。

（1）结构钢

1）工程结构用钢。主要有碳素结构钢、低合金高强度结构钢等。

2）机械结构用钢。主要有优质碳素结构钢、合金结构钢、弹簧钢及滚动轴承钢等。

（2）工具钢　根据用途不同，可分为刃具钢、模具钢与量具钢。

（3）特殊性能钢　主要有不锈钢、耐热钢、耐磨钢、磁钢等。

二、按冶金质量分类

按钢的冶金质量和钢中有害元素磷、硫含量，可分为：

1）普通质量钢（$w_P \leqslant 0.035\% \sim 0.045\%$、$w_S \leqslant 0.035\% \sim 0.050\%$）。

2）优质钢（w_P、w_S均$\leqslant 0.035\%$）。

3）高级优质钢（w_P、w_S均$\leqslant 0.025\%$，牌号后加"A"表示）。

三、按化学成分分类

（1）碳素钢　按含碳量又可分为低碳钢（$w_C < 0.25\%$）、中碳钢（$w_C = 0.25\% \sim 0.6\%$）和高碳钢（$w_C > 0.6\%$）。

（2）合金钢　按合金元素含量又可分为低合金钢（$w_{Me} < 5\%$）、中合金钢（$w_{Me} = 5\% \sim 10\%$）和高合金钢（$w_{Me} > 10\%$）。另外，还根据钢中所含主要合金元素种类不同来分类，如锰钢、铬钢、铬镍钢、铬锰钢、铬锰钛钢等。

钢厂在给钢的产品命名时，往往将用途、成分、质量这三种分类方法结合起来。如将钢称为优质碳素结构钢、碳素工具钢、高级优质合金结构钢、合金工具钢等。

第一节　常存元素和杂质对钢性能的影响

钢在冶炼过程中，不可避免地要带入少量的常存元素（硅、锰、硫、磷）和一些杂质（非金属杂质以及某些气体，如氮、氢、氧等）。它们对钢的质量有较大的影响。

[一]　本书中钢的分类是根据以往习惯分类方法，并参考 GB/T 13304—1991 钢分类后确定的。

一、锰的影响

锰在钢中是一种有益的元素。在室温下，锰能溶于铁素体，对钢有一定的强化作用。锰也能溶于渗碳体中，形成合金渗碳体。锰作为常存元素少量存在（一般 $w_{Mn} < 1\%$）时对钢的性能影响不显著。

二、硅的影响

硅在钢中也是一种有益元素。在室温下，硅能溶于铁素体，对钢有一定的强化作用。但硅在钢中作为常存元素少量存在（一般 $w_{Si} < 0.5\%$）时对钢的性能影响也不显著。

三、硫的影响

在固态下，硫在铁中的溶解度极小，主要以 FeS 形态存在于钢中。由于 FeS 的塑性差，则含硫量较多的钢脆性较大。更严重的是，FeS 与 Fe 可形成低熔点（985℃）的共晶体，分布在奥氏体的晶界上。当钢加热到约 1200℃ 进行压力加工时，晶界上的共晶体已熔化，晶粒间结合被破坏，使钢材在加工过程中沿晶界开裂，这种现象称为热脆性。

为了消除硫的有害作用，必须增加钢中含锰量。锰与硫先形成高熔点（1620℃）的 MnS，并呈粒状分布在晶粒内，它在高温下具有一定塑性，从而避免了热脆性。

因此，通常情况下，硫是有害的元素，在钢中要严格限制硫的含量。但含硫量较多的钢，可形成较多的 MnS，在切削加工中，MnS 能起断屑作用，改善钢的可加工性，这是硫有利的一面。

四、磷的影响

在一般情况下，钢中的磷能全部溶于铁素体中。磷有强烈的固溶强化作用，使钢的强度、硬度增加，但塑性、韧性则显著降低。这种脆化现象在低温时更为严重，故称为冷脆性。磷在结晶过程中，由于容易产生晶内偏析，使局部含磷量偏高，导致韧脆转变温度升高，从而发生冷脆。冷脆对高寒地带和其他低温条件下工作的结构件具有严重的危害性。此外，磷的偏析还使钢材在热轧后形成带状组织。

因此，在通常情况下，磷也是有害元素，在钢中也要严格控制磷的含量。但含磷量较多时，由于脆性较大，对制造炮弹用钢以及改善钢的可加工性方面则是有利的。

五、非金属夹杂物的影响

在炼钢过程中，少量的炉渣、耐火材料及冶炼中反应产物可能进入钢液，形成非金属夹杂物，例如氧化物、硫化物、硅酸盐和氮化物等。它们都会降低钢的力学性能，特别是降低塑性、韧性及疲劳强度。严重时，还会使钢在热加工和热处理时产生裂纹，或使用时突然脆断。非金属夹杂物也促使钢形成热加工纤维组织与带状组织，使材料具有各向异性。严重时，横向塑性仅为纵向的一半，并使冲击韧性大为降低。因此，对重要用途的钢（如滚动轴承钢、弹簧钢等）要检查非金属夹杂物的数量、形状、大小与分布情况，并应按相应的等级标准进行评级检验。

此外，钢在整个冶炼过程中都与空气接触，因而钢液中总会吸收一些气体，如氮、氧、氢等。它们对钢的质量都会产生不良影响。尤其是氢对钢的危害性更大，它使钢变脆（称为氢脆），也可使钢中产生微裂纹（称为白点），严重影响钢的力学性能，使钢易于脆断。

第二节　合金元素在钢中的作用

为了改善钢的力学性能或获得某些特殊性能，有目的地在冶炼钢的过程中加入一些元素，这些元素称为合金元素。常用的合金元素有：锰（$w_{Mn} > 1.0\%$）、硅（$w_{Si} > 0.5\%$）、铬、镍、钼、钨、钒、钛、锆、钴、铝、硼、稀土（RE）等。磷、硫、氮等在某些情况下也起合金元素的作用。钢中合金元素含量高者达百分之几十，如铬、镍、锰等，有的则低至万分之几，如硼的质量分数一般为 $w_B = 0.005\% \sim 0.0035\%$。

根据我国资源情况，富产元素有硅、锰、钼、钨、钒、硼及稀土元素。选用合金钢时，在保证产品质量的前提下，应优先考虑采用我国资源丰富的钢种。

由于合金元素与钢中的铁、碳两个基本组元的作用，以及它们彼此间作用，促使钢中晶体结构和显微组织发生有利的变化。因此，通过合金化可提高和改善钢的性能。

一、合金元素在钢中存在形式

1. 形成合金铁素体

几乎所有合金元素都可或多或少地溶入铁素体中，形成合金铁素体。其中原子直径很小的合金元素（如氮、硼等）与铁形成间隙固溶体；原子直径较大的合金元素（如锰、镍、钴等）与铁形成置换固溶体。

合金元素在溶入铁素体后，由于它与铁的晶格类型和原子半径有差异，必然引起铁素体晶格畸变，产生固溶强化，使铁素体的强度、硬度提高，但塑性、韧性却有下降趋势。图7-1 和图 7-2 为几种合金元素对铁素体硬度和韧性的影响。

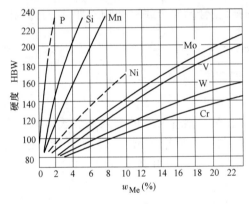

图 7-1　合金元素对铁素体硬度的影响

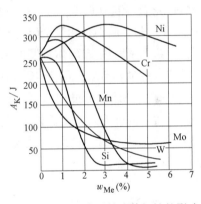

图 7-2　合金元素对铁素体韧性的影响

由图可知，硅、锰能显著地提高铁素体的强度和硬度，但当 $w_{Si} > 0.6\%$、$w_{Mn} > 1.5\%$ 时，将降低其韧性。而铬与镍比较特殊，在铁素体中的含量适当时（$w_{Cr} \leqslant 2\%$、$w_{Ni} \leqslant 5\%$），在强化铁素体的同时，仍能提高韧性。

2. 形成合金碳化物

在钢中能形成碳化物的元素有：铁、锰、铬、钼、钨、钒、铌、锆、钛等（按照与碳的亲和力由弱到强，依次排列）。在周期表中，碳化物形成元素都是位于铁左边的过渡族金属元素，离铁越远，则其与碳的亲和力越强，形成碳化物的能力越大，形成的碳化物稳定而不易分解。其中钒、铌、锆、钛为强碳化物形成元素；锰为弱碳化物形成元素；铬、钼、钨为中强碳化物形成元素。钢中形成的合金碳化物的类型主要有以下两类：

（1）合金渗碳体　它是合金元素溶入渗碳体（置换其中铁原子）所形成的化合物。它仍具有渗碳体的复杂晶格，其中铁与合金元素的比例可变，但两者的总和与碳的比例则固定不变。

锰一般是溶入钢中渗碳体，形成合金渗碳体 $(Fe,Mn)_3C$。当中强碳化物形成元素在钢

142

中的质量分数不大（0.5%～3%）时，一般也倾向于形成合金渗碳体，如（Fe,Cr）$_3$C、（Fe,W）$_3$C 等。

合金渗碳体较渗碳体略为稳定，硬度也较高，是一般低合金钢中碳化物的主要存在形式。

（2）特殊碳化物 它是与渗碳体晶格完全不同的合金碳化物。通常是中强或强碳化物形成元素所构成的碳化物。

特殊碳化物有两种类型：①具有简单晶格的间隙相碳化物，如 WC、Mo$_2$C、VC、TiC 等；②具有复杂晶格的碳化物，如 Cr$_{23}$C$_6$、Cr$_7$C$_3$、Fe$_3$W$_3$C 等。

强碳化物形成元素，即使含量较少，但只要有足够的碳，就倾向于形成特殊碳化物；而中强碳化物形成元素，只有当其质量分数较高（>5%）时，才倾向于形成特殊碳化物。

特殊碳化物特别是间隙相碳化物，比合金渗碳体具有更高的熔点、硬度与耐磨性，并且更为稳定，不易分解。

合金碳化物的种类、性能和在钢中分布状态会直接影响到钢的性能及热处理时的相变。例如，当钢中存在弥散分布的特殊碳化物时，将显著增加钢的强度、硬度与耐磨性，而不降低韧性，这对提高工具的使用性能极为有利。

3. 形成非金属夹杂物

大多数元素与钢中的氧、氮、硫可形成简单的或复合的非金属夹杂物，如 Al$_2$O$_3$、AlN、TiN、FeO 等。非金属夹杂物都会降低钢的质量。

二、合金元素对铁-渗碳体相图的影响

钢中加入合金元素后，Fe-Fe$_3$C 相图将发生下列变化。

1. 改变了奥氏体区的范围

合金元素以两种方式对奥氏体区发生影响。镍、钴、锰等元素的加入使奥氏体区扩大，*GS* 线向左下方移动，使 A$_3$ 及 A$_1$ 温度下降（见图 7-3a）。而铬、钨、钼、钒、钛、铝、硅等元素则缩小奥氏体区，*GS* 线向左上方移动，使 A$_3$ 及 A$_1$ 温度升高（见图 7-3b）。

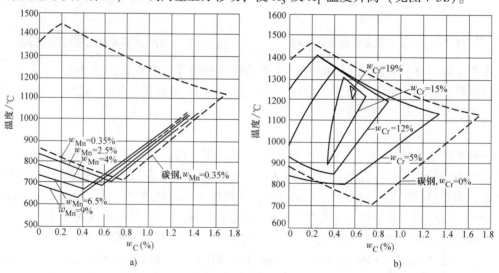

图 7-3 合金元素对 Fe-Fe$_3$C 相图中奥氏体区的影响

a）Fe-C-Mn 系 b）Fe-C-Cr 系

若钢中含有大量扩大奥氏体区的元素，便会使相图中奥氏体区一直延展到室温以下。因此它在室温下的平衡组织是稳定的单相奥氏体，这种钢称为奥氏体钢。当钢中加入大量缩小奥氏体区的合金元素时，会使奥氏体区可能完全消失，此时，钢在室温下的平衡组织是单相的铁素体，这种钢称为铁素体钢。

2. 改变 S、E 点位置

由图 7-3 可见，凡能扩大奥氏体区的元素，均使 S、E 点向左下方移动；凡缩小奥氏体区的元素，均使 S、E 点向左上方移动。因此，大多数合金元素均使 S 点、E 点左移（见图 7-4 与图 7-5）。S 点向左移动，意味着减低了共析点的含碳量，使含碳量相同的碳钢与合金钢具有不同的显微组织。如 $w_C = 0.4\%$ 的碳钢具有亚共析组织，但加入 $w_{Cr} = 14\%$ 后，因 S 点左移，使该合金钢具有过共析钢的平衡组织。E 点左移，使出现莱氏体的含碳量降低，如高速钢中 $w_C < 2.11\%$，但在铸态组织中却出现合金莱氏体，这种钢称为莱氏体钢。

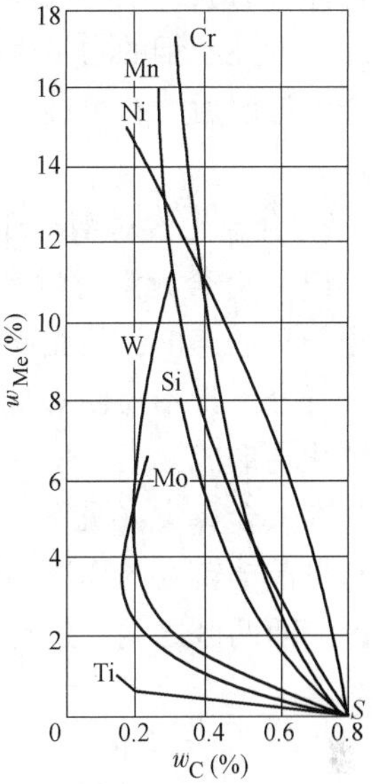

由此可见，由于合金元素的影响，要判断合金钢是亚共析还是过共析钢，以及确定其热处理加热或缓冷时相变温度，就不能单纯地直接根据 Fe-Fe₃C 相图，而应根据多元铁基合金系相图来进行分析。

图 7-4　合金元素对共析点含碳量的影响

三、合金元素对钢热处理的影响

钢在加热、冷却时所发生的相变，大多是扩散型相变，其过程与原子扩散速度有关。合金元素对扩散速度的影响是：①形成碳化物的合金元素使碳的扩散速度减慢，碳化物不易析出，析出后也较难聚集长大；非碳化物形成元素（除硅外）则有增加碳扩散速度的作用；②合金元素均能增加铁原子间结合力，使铁的自扩散速度下降；③合金元素自身在固溶体中的扩散速度也比碳的扩散速度低得多。

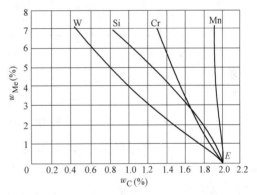

图 7-5　合金元素对 E 点含碳量的影响

因此，在其他条件相同时，合金钢扩散型相变过程比碳钢缓慢，因之合金钢在热处理时具有许多特点。

1. 合金元素对钢加热转变的影响

（1）大多数合金元素（除镍、钴外）减缓奥氏体化的过程　合金钢在加热时，奥氏体化的过程基本上与碳钢相同。但钢中加入碳化物形成元素后，使这一转变减慢。一般合金钢特别是含有强碳化物形成元素的钢，为了得到比较均匀的、含有足够数量合金元素的奥氏体，充分发挥合金元素的有益作用，就需更高的加热温度与较长的保温时间。

（2）合金元素（除锰外）阻止奥氏体晶粒长大　碳化物形成元素（如钒、钛、铌、锆等强碳化物形成元素）容易形成稳定的碳化物，并以弥散质点的形式分布在奥氏体晶界上，对奥氏体晶粒长大起机械阻碍作用。因此，除锰钢外，合金钢在加热时不易过热。这样有利于在淬火后获得细马氏体；有利于适当提高加热温度，使奥氏体中溶入更多的合金元素，以增加淬透性及钢的力学性能；同时也可减少淬火时变形与开裂的倾向。对于渗碳零件，使用合金钢渗碳后，有可能直接淬火，以提高生产率。因此，合金钢不易过热是它的一个重要优点。

2. 合金元素对钢冷却转变的影响

（1）合金元素对过冷奥氏体等温转变的影响　合金元素（除钴外）溶入奥氏体后，降低原子扩散速度，使奥氏体稳定性增加，从而使 C 曲线位置右移。

合金元素不仅使 C 曲线位置右移，而且对 C 曲线形状也有影响。非碳化物形成元素及弱碳化物形成元素，使 C 曲线右移。含有这类元素的低合金钢，其 C 曲线形状与碳钢相似，只具有一个鼻尖（见图 7-6a）。当碳化物形成元素溶入奥氏体后，由于它们对推迟珠光体转变与贝氏体转变的作用不同，使 C 曲线出现两个鼻尖，曲线分解成珠光体和贝氏体两个转变区，而两区之间，过冷奥氏体有很大的稳定性（见图 7-6b）。

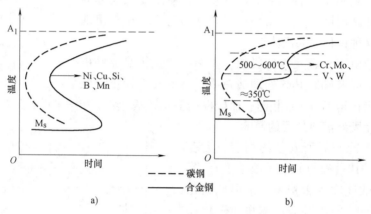

图 7-6　合金元素对 C 曲线的影响

a）一个鼻尖的 C 曲线　b）两个鼻尖的 C 曲线

由于合金元素使 C 曲线右移，故降低了钢的马氏体临界冷却速度，增大了钢的淬透性。特别是多种元素同时加入，对钢淬透性的提高远比各元素单独加入时为大，故目前淬透性好的钢，多采用"多元少量"的合金化原则（如铬-镍、铬-锰、铬-硅、硅-锰等组合）。

合金钢淬透性较好，这在生产中具有以下的实际意义：①合金钢淬火时，大多数可用冷却能力较弱的淬火介质（如油等），或采用分级淬火、等温淬火，故可以减少工件变形与开裂倾向；②可增加大截面工件的淬硬深度，从而获得较高的、沿截面均匀的力学性能；③某些合金钢（如高速钢、某些不锈钢）由于含有大量提高淬透性的合金元素，过冷奥氏体非常稳定，甚至空冷后也能形成马氏体（空冷淬火），这类钢称为马氏体钢。但马氏体钢退火处理较困难。

（2）合金元素对过冷奥氏体向马氏体转变的影响　合金元素（除钴、铝外）溶入奥氏体后，使马氏体转变温度 M_s 及 M_f 降低，其中锰、铬、镍作用较强。图 7-7 为合金元素对 M_s 的影响。

实践表明，M_s 越低，则淬火后钢中残留奥氏体的数量就越多。因此，凡使 M_s 降低的元素，均使残留奥氏体数量增加。图 7-8 为不同合金元素对 $w_C = 1.0\%$ 的钢，在 1150℃ 的淬

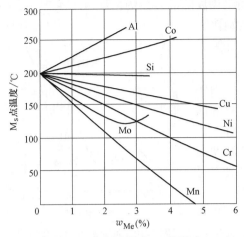

图 7-7 合金元素对 M_s 的影响

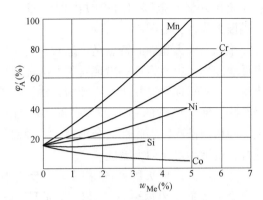

图 7-8 合金元素对残留奥氏体量的影响

火后，残留奥氏体数量的影响。一般合金钢淬火后，残留奥氏体量较碳钢多。

3. 合金元素对淬火钢回火转变的影响

合金元素对淬火钢的回火转变一般起阻碍作用，其主要影响为以下几点：

（1）提高淬火钢的耐回火性 淬火钢在回火时，抵抗软化（强度、硬度下降）的能力称为耐回火性。不同的钢在相同温度回火后，强度、硬度下降少的，其耐回火性较高。

由于合金元素溶入马氏体，使原子扩散速度减慢，因而在回火过程中马氏体不易分解，碳化物不易析出，析出后也较难聚集长大，使合金钢在相同温度回火后强度、硬度下降较少，即比碳钢具有较高的耐回火性。图 7-9 为合金元素对钢回火硬度的影响。

合金钢耐回火性较高，一般是有利的。在达到相同硬度的情况下，合金钢的回火温度比碳钢高，回火时间也应适当增长，可进一步消除残余应力，因而合金钢的塑性、韧性较碳钢好；而在同一温度回火时，合金钢的强度、硬度比碳钢高。

（2）回火时产生二次硬化现象 钢在回火时出现硬度回升的现象，称为二次硬化（见图 7-9）。

造成合金钢在回火时产生二次硬化的原因主要有两点：首先当回火温度升高到 500~600℃ 时，会从马氏体中析出特殊碳化物，如 Mo_2C、W_2C、VC 等，析出的碳化物高度弥散地分布在马氏体基体上，并与马氏体保持共格关系，阻碍位错运动，使钢的硬度反而有所提高；

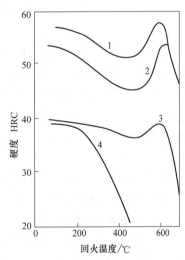

图 7-9 合金元素对钢回火硬度的影响
1—$w_C = 0.43\%$，$w_{Mo} = 5.6\%$
2—$w_C = 0.32\%$，$w_V = 1.36\%$
3—$w_C = 0.11\%$，$w_{Mo} = 2.14\%$
4—$w_C = 0.10\%$

此外，在某些高合金钢淬火组织中，残留奥氏体量较多，且十分稳定，当加热到 500~600℃ 时仍不分解，仅是析出一些特殊碳化物，但由于特殊碳化物的析出，使残留奥氏体中碳及合金元素浓度降低，提高了 M_s 温度，故在随后冷却时就会有部分残留奥氏体转变为马氏体，使钢的硬度提高。

二次硬化现象对需要较高热硬性（高温下保持高硬度的能力）的工具钢具有重要意义。

（3）回火时产生第二类回火脆性 某些合金钢淬火后在 $450 \sim 650$℃范围内回火时出现的回火脆性，称为第二类回火脆性，如图 7-10 所示。

第二类回火脆性的特点是：通常在脆化温度范围内回火后缓冷，才出现脆性。出现这类回火脆性后，在再次回火时，采用短期加热并快速冷却的方法，可消除脆性。已经消除了回火脆性的钢，如果重新加热到脆性区温度回火，随后用慢冷，则脆性又会出现。这种回火脆性具有可逆性，也称为可逆回火脆性。

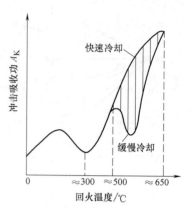

图 7-10 回火温度对合金钢冲击韧性影响的示意图

产生第二类回火脆性的原因，一般认为与杂质及某些合金元素向晶界偏聚有关。实践证明，各类合金结构钢都有第二类回火脆性的倾向，只是程度不同而已。目前减轻或消除第二类回火脆性的方法有：提高钢的纯洁度，减少杂质元素的含量；小截面工件在脆化温度回火后快冷（油冷或水冷）；大截面工件则采用含有钨（$w_W \approx 1.0\%$）或钼（$w_{Mo} \approx 0.5\%$）的合金钢，可使回火后缓冷也不产生回火脆性。

第三节 结 构 钢

凡用于制造各种机器零件以及各种工程结构（如屋架、桥梁、高压电线塔、钻井架、车辆构架、起重机械构架等）的钢都称为结构钢。

用作工程结构的钢称为工程结构用钢，它们大都是普通质量的结构钢。因为其含硫、磷较优质钢多，且冶金质量也较优质钢差，故适于制造承受静载荷作用的工程结构件。这类结构钢冶炼比较简单，成本低，适应工程结构需大量消耗钢材的要求。这类钢一般不再进行热处理。

用作机械零件的钢称为机械结构用钢，它们大都是优质或高级优质的结构钢，以适应机械零件承受动载荷的要求。一般需经适当热处理，以发挥材料的潜力。

一、碳素结构钢

碳素结构钢的平均 w_C 在 $0.06\% \sim 0.38\%$ 范围内，钢中含有害元素和非金属夹杂物较多，但性能上能满足一般工程结构及普通零件的要求，因而应用较广。它通常轧制成钢板或各种型材（圆钢、方钢、工字钢、钢筋等）供应。表 7-1、表 7-2 为碳素结构钢牌号、成分与力学性能。

碳素结构钢牌号表示方法是由代表屈服强度的字母（Q）、屈服强度数值、质量等级符号（A、B、C、D）及脱氧方法符号（F、Z、TZ）等四个部分按顺序组成，如 Q235-A·F。质量等级符号反映了碳素结构钢中有害元素（磷、硫）含量的多少，从 A 级到 D 级，钢中磷、硫含量依次减少。C、D 级的碳素结构钢由于磷、硫含量低，质量好，可作重要焊接结构件。脱氧方法符号"F"、"Z"、"TZ"分别表示沸腾钢、镇静钢及特殊镇静钢。镇静钢和特殊镇静钢的牌号中脱氧方法符号可省略。

表 7-1 碳素结构钢牌号及化学成分（摘自 GB/T 700—2006）

牌号	等级	化学成分（%），不大于					脱氧方法
		w_C	w_{Mn}	w_{Si}	w_S	w_P	
Q195	—	0.12	0.50	0.30	0.040	0.035	F、Z
Q215	A	0.15	1.20	0.35	0.050	0.045	F、Z
	B				0.045		
Q235	A	0.22	1.40	0.35	0.050	0.045	F、Z
	B	0.20			0.045		
	C	0.17			0.040	0.040	Z
	D				0.035	0.035	TZ
Q275	A	0.24	1.50	0.35	0.050	0.045	F、Z
	B	0.22			0.045		Z
	C	0.20			0.040	0.040	Z
	D				0.035	0.035	TZ

表 7-2 碳素结构钢力学性能（摘自 GB/T 700—2006）

牌号	等级	拉 伸 试 验												冲击试验	
		屈服强度 σ_s/MPa						抗拉强度 σ_b/MPa	断后伸长率 δ_5（%）					温度/℃	V 形冲击吸收功（纵向）A_K/J
		钢材厚度（直径）/mm							钢材厚度（直径）/mm						
		≤16	>16 ~40	>40 ~60	>60 ~100	>100 ~150	>150 ~200		≤40	>40 ~60	>60 ~100	>100 ~150	>150 ~200		
		不小于							不小于						不小于
Q195	—	195	185	—	—	—	—	315~430	33	—	—	—	—	—	—
Q215	A	215	205	195	185	175	165	335~450	31	30	29	27	26	—	—
	B													20	27
Q235	A	235	225	215	215	195	185	370~500	26	25	24	22	21	—	—
	B													20	27
	C													0	
	D													−20	
Q275	A	275	265	255	245	225	215	410~540	22	21	20	18	17	—	—
	B													+20	27
	C													0	
	D													−20	

　　碳素结构钢一般以热轧空冷状态供应。其中牌号 Q195 的碳素结构钢是不分质量等级的，Q215、Q235、Q275 牌号的碳素结构钢，当质量等级为"A"级时，在保证力学性能要求下，化学成分可根据需方要求作适当调整。

　　Q195 钢含碳量很低，强度不高，但具有良好的焊接性能和塑性、韧性，常用作铁钉、铁丝及各种薄板，如黑铁皮、白铁皮（镀锌薄钢板）和马口铁（镀锡薄钢板）。也可用来代替优质碳素结构钢 08 或 10 钢，制造冲压、焊接结构件。

Q275 钢含碳量较高，强度较高，可代替 30 钢、40 钢用于制造稍重要的某些零件（如齿轮、链轮等），以降低原材料成本。

其余两个牌号中的 A 级钢，一般用于不经锻压、热处理的工程结构件或普通零件（如制作机器中受力不大的铆钉、螺钉、螺母等）；有时也可制造不重要的渗碳件。B 级钢常用以制造稍为重要的机器零件和作船用钢板，并可代替相应含碳量的优质碳素结构钢。

二、低合金高强度结构钢

为了满足工程上各种结构承载大、自重轻的要求，我国自力更生地发展了具有本国特色的低合金高强度结构钢。它是在碳素结构钢的基础上加入少量（$w_{Me} < 3\%$）合金元素而制成的。产品同时保证力学性能和化学成分。

低合金高强度结构钢的牌号由代表屈服强度的汉语拼音字母（Q）、屈服强度数值、质量等级符号（A、B、C、D、E）三个部分按顺序排列，例如 Q390A。

1. 化学成分

低合金高强度结构钢含碳量较低，多数 $w_C = 0.1\% \sim 0.2\%$，一般以少量（$0.8\% \sim 1.7\%$）的锰为主加元素，硅的含量较碳素结构钢为高（$w_{Si} \leqslant 0.55\%$）。为改善钢的性能，各牌号 A、B 级钢可加入 V、Nb、Ti 等细化晶粒元素，其含量应符合表 7-3 规定。如不作为合金元素加入时，其下限含量不受限制，该元素的含量也不予保证。除 A、B 级钢外，其他钢中至少含有细化晶粒元素（V、Nb、Ti、Al）其中的一种，如这些元素同时使用，则至少应有一种元素的含量不低于规定的最小值。为改善钢的性能，Q390、Q460 级钢可加入少量 Mo 元素。有时还在钢中加入少量稀土元素，以消除钢中有害杂质，改善夹杂物形状及分布，减弱其冷脆性。

2. 性能特点

（1）高的屈服强度与良好的塑、韧性　通过合金元素（主要是锰、硅）强化铁素体；细化铁素体晶粒（如铝、钒、钛等）；增加珠光体数量（合金元素使 S 点左移）以及加入能形成碳化物、氮化物的合金元素（钒、铌、钛），使细小化合物从固溶体中析出，产生弥散强化作用。故低合金高强度结构钢的屈服强度较碳素结构钢提高 30% ~ 50% 以上，特别是屈强比（σ_s / σ_b）的提高更为明显。

低合金高强度结构钢含碳量低，当其主加元素锰的质量分数在 1.5% 以下时，因不会显著降低其塑性、韧性，故仍具有良好的塑性与韧性。一般低合金高强度结构钢伸长率 $\delta_5 = 17\% \sim 23\%$，室温下冲击吸收功 $A_{KV} > 34J$，并且韧脆转变温度较低，约为 $-30℃$（碳素结构钢为 $-20℃$），在 $-40℃$ 时，低合金高强度结构钢的 A_{KV} 值不低于 27J。

（2）良好的焊接性　近代钢铁工程结构大都采用焊接结构，故要求钢材具有良好的焊接性。低合金高强度结构钢的含碳量低，合金元素少，塑性好，不易在焊缝区产生淬火组织及裂纹，且加入铌、钛、钒还可抑制焊缝区的晶粒长大，故具有良好的焊接性。

（3）较好的耐蚀性　由于低合金高强度结构钢构件截面尺寸较小，又常在室外使用，故要求比碳素结构钢有更高的抵抗大气、海水、土壤腐蚀的能力。在低合金高强度结构钢中加入合金元素，可使耐蚀性明显提高，尤其是铜和磷复合加入时效果更好。

3. 常用的低合金高强度结构钢

列入国家标准的低合金高强度结构钢有 5 个级别。其牌号、成分及性能见表 7-3、表 7-4。

表 7-3　低合金高强度结构钢牌号及化学成分（摘自 GB/T 1591—1994）

牌号	质量等级	化学成分(%)										
		$w_C \leqslant$	w_{Mn}	$w_{Si} \leqslant$	$w_P \leqslant$	$w_S \leqslant$	w_V	w_{Nb}	w_{Ti}	$w_{Al} \geqslant$	$w_{Cr} \leqslant$	$w_{Ni} \leqslant$
Q295	A	0.16	0.80~1.50	0.55	0.045	0.045	0.02~0.15	0.015~0.060	0.02~0.20	—		
	B	0.16	0.80~1.50	0.55	0.040	0.040	0.02~0.15	0.015~0.060	0.02~0.20	—		
Q345	A	0.20	1.00~1.60	0.55	0.045	0.045	0.02~0.15	0.015~0.060	0.02~0.20	—		
	B	0.20	1.00~1.60	0.55	0.040	0.040	0.02~0.15	0.015~0.060	0.02~0.20	—		
	C	0.20	1.00~1.60	0.55	0.035	0.035	0.02~0.15	0.015~0.060	0.02~0.20	0.015		
	D	0.18	1.00~1.60	0.55	0.030	0.030	0.02~0.15	0.015~0.060	0.02~0.20	0.015		
	E	0.18	1.00~1.60	0.55	0.025	0.025	0.02~0.15	0.015~0.060	0.02~0.20	0.015		
Q390	A	0.20	1.00~1.60	0.55	0.045	0.045	0.02~0.20	0.015~0.060	0.02~0.20	—	0.30	0.70
	B	0.20	1.00~1.60	0.55	0.040	0.040	0.02~0.20	0.015~0.060	0.02~0.20	—	0.30	0.70
	C	0.20	1.00~1.60	0.55	0.035	0.035	0.02~0.20	0.015~0.060	0.02~0.20	0.015	0.30	0.70
	D	0.20	1.00~1.60	0.55	0.030	0.030	0.02~0.20	0.015~0.060	0.02~0.20	0.015	0.30	0.70
	E	0.20	1.00~1.60	0.55	0.025	0.025	0.02~0.20	0.015~0.060	0.02~0.20	0.015	0.30	0.70
Q420	A	0.20	1.00~1.70	0.55	0.045	0.045	0.02~0.20	0.015~0.060	0.02~0.20	—	0.40	0.70
	B	0.20	1.00~1.70	0.55	0.040	0.040	0.02~0.20	0.015~0.060	0.02~0.20	—	0.40	0.70
	C	0.20	1.00~1.70	0.55	0.035	0.035	0.02~0.20	0.015~0.060	0.02~0.20	0.015	0.40	0.70
	D	0.20	1.00~1.70	0.55	0.030	0.030	0.02~0.20	0.015~0.060	0.02~0.20	0.015	0.40	0.70
	E	0.20	1.00~1.70	0.55	0.025	0.025	0.02~0.20	0.015~0.060	0.02~0.20	0.015	0.40	0.70
Q460	C	0.20	1.00~1.70	0.55	0.035	0.035	0.02~0.20	0.015~0.060	0.02~0.20	0.015	0.70	0.70
	D	0.20	1.00~1.70	0.55	0.030	0.030	0.02~0.20	0.015~0.060	0.02~0.20	0.015	0.70	0.70
	E	0.20	1.00~1.70	0.55	0.025	0.025	0.02~0.20	0.015~0.060	0.02~0.20	0.015	0.70	0.70

表 7-4　低合金高强度结构钢力学性能（摘自 GB/T 1591—1994）

牌号	质量等级	屈服强度 σ_s/MPa 厚度(直径、边长)/mm 不小于				抗拉强度 σ_b/MPa	伸长率 δ_5(%)	冲击吸收功 A_{KV}(纵向)/J 不小于				180°弯曲试验 d=弯心直径; a=试样厚度(直径) 钢材厚度(直径)/mm	
		≤16	>16~35	>35~50	>50~100		不小于	+20℃	0℃	-20℃	-40℃	≤16	>16~100
Q295	A	295	275	255	235	390~570	23					d=2a	d=3a
	B	295	275	255	235	390~570	23	34				d=2a	d=3a
Q345	A	345	325	295	275	470~630	21					d=2a	d=3a
	B	345	325	295	275	470~630	21	34				d=2a	d=3a
	C	345	325	295	275	470~630	22		34			d=2a	d=3a
	D	345	325	295	275	470~630	22			34		d=2a	d=3a
	E	345	325	295	275	470~630	22				27	d=2a	d=3a
Q390	A	390	370	350	330	490~650	19					d=2a	d=3a
	B	390	370	350	330	490~650	19	34				d=2a	d=3a
	C	390	370	350	330	490~650	20		34			d=2a	d=3a
	D	390	370	350	330	490~650	20			34		d=2a	d=3a
	E	390	370	350	330	490~650	20				27	d=2a	d=3a
Q420	A	420	400	380	360	520~680	18					d=2a	d=3a
	B	420	400	380	360	520~680	18	34				d=2a	d=3a
	C	420	400	380	360	520~680	18		34			d=2a	d=3a
	D	420	400	380	360	520~680	18			34		d=2a	d=3a
	E	420	400	380	360	520~680	18				27	d=2a	d=3a
Q460	C	460	440	420	400	550~720	17		34			d=2a	d=3a
	D	460	440	420	400	550~720	17			34		d=2a	d=3a
	E	460	440	420	400	550~720	17				27	d=2a	d=3a

低合金高强度结构钢大多数是在热轧、正火状态下使用，其组织为铁素体＋珠光体。也有在淬火＋回火状态下使用的。

目前我国低合金高强度结构钢成本与碳素结构钢相近，故推广使用低合金高强度结构钢在经济上具有重大意义。特别在桥梁、船舶、高压容器、车辆、石油化工设备、农业机械中应用更为广泛。

三、优质碳素结构钢及合金结构钢

优质碳素结构钢牌号用两位数字表示。两位数字表示钢中平均碳质量分数的万倍。如45 钢，表示平均 $w_C = 0.45\%$；08 钢表示钢中平均 $w_C = 0.08\%$。

优质碳素结构钢按含锰量不同，分为普通含锰量（$w_{Mn} = 0.25\% \sim 0.8\%$）及较高含锰量（$w_{Mn} = 0.7\% \sim 1.2\%$）两组。含锰量较高的一组，在其牌号数字后加"Mn"字。若是沸腾钢，则在牌号末尾加"F"字。优质碳素结构钢的牌号、成分、性能见表7-5。

合金结构钢通常是在优质碳素结构钢的基础上加入一些合金元素而形成的钢种。合金元素加入量不大（大多数 $w_{Me} < 5\%$），所以合金结构钢属低、中合金钢。

合金结构钢的牌号表示方法由三部分组成，即"数字＋元素符号＋数字"。前面两位数表示平均碳质量分数的万倍；合金元素以化学符号表示；合金元素符号后面的数字表示合金元素质量分数的百倍，当其平均质量分数 < 1.5 时，牌号中一般只标出元素符号，而不标明数字，当其平均质量分数≥1.5%、≥2.5%、≥3.5%…时，则在元素符号后相应标出2、3、4…。

在我国合金结构钢中，主加元素一般为锰、硅、铬、硼等，它们对提高淬透性和力学性能起主导作用。辅加元素主要有钨、钼、钒、钛、铌等。

合金结构钢都是优质钢、高级优质钢（牌号后加"A"字）或特级优质钢（牌号后加"E"字）。按其用途及工艺特点可分为渗碳用钢、调质用钢。

1. 渗碳用钢

渗碳用钢通常是指经渗碳淬火、低温回火后使用的钢，常称渗碳钢。它一般为低碳的优质碳素结构钢与合金结构钢，主要用于制造表面承受高耐磨并承受动载荷的零件（如动力机械中的变速齿轮等）。这类零件要求钢表面具有高硬度，心部要有较高的韧性和足够的强度。

（1）化学成分 一般渗碳钢的 $w_C = 0.10\% \sim 0.20\%$（个别也可达0.3%），以保证渗碳零件心部有较高的韧性。

在合金渗碳钢中，主加元素为铬（$w_{Cr} < 3\%$）、锰（$w_{Mn} < 2\%$）、镍（$w_{Ni} < 4.5\%$）、硼（$w_B < 0.0035\%$），其作用是增加钢的淬透性，使渗碳淬火后，心部得到低碳马氏体，以提高强度，同时保持良好的韧性。主加元素还能提高渗碳层的强度和塑性，尤其以镍的作用最佳。对大截面零件，心部要求性能高的，应采用多元合金结构钢，对提高淬透性更有效。值得指出的是在钢中加入微量的硼（$w_B = 0.0005\% \sim 0.0035\%$）时，就能显著提高钢的淬透性。据试验数据表明，上述微量硼对提高淬透性的作用与 $w_{Ni} = 2\%$、$w_{Cr} = 0.5\%$ 或 $w_{Mo} = 0.35\%$ 的作用相当。

但必须注意的是，随着钢中含碳量的增加，硼对淬透性的影响也随之减弱。因此微量硼在低碳钢中比在中碳钢中效果大。当 $w_C > 0.9\%$ 时，硼基本上已不起作用。

辅加合金元素为少量的钼、钨、钒、钛等强碳化物形成元素，以阻止高温渗碳时晶粒长大，起细化晶粒作用。细晶粒组织对防止渗碳层剥落及提高心部性能都有利，并且渗碳后可直接淬火，简化热处理工序。辅加元素形成的特殊碳化物，还可以增加渗碳层的耐磨性。

（2）常用的渗碳钢　常用的渗碳钢的牌号、成分、热处理、性能及用途见表7-6。

渗碳钢按化学成分分为碳素渗碳钢和合金渗碳钢两大类（渗碳钢最终热处理通常都是渗碳后进行淬火及低温回火，表面硬度 58～64HRC，心部组织根据钢的淬透性及尺寸而定）。

1）碳素渗碳钢。一般用优质碳素结构钢中 15、20 钢。这类钢价格便宜，但淬透性低，故渗碳淬火后心部强度低，表层强度及耐磨性也不够高，淬火时变形开裂倾向大。一般用于制造承受载荷较低、形状简单、不太重要的、但要求耐磨的小型零件。

2）合金渗碳钢。常按淬透性大小分为三类。

① 低淬透性渗碳钢。这类钢水淬临界淬透直径为 20～35mm。用于制作受力不太大，不需要很高强度的耐磨零件。属于这类钢的有 20Mn2、20Cr、20MnV 等。这类钢渗碳时心部晶粒易长大（特别是锰钢）。

② 中淬透性渗碳钢。这类钢油淬临界淬透直径约为 25～60mm 左右。用于制作承受中等载荷的耐磨零件。属于这类钢的有 20CrMnTi、12CrNi3、20MnVB 等。

③ 高淬透性渗碳钢。这类钢油淬临界淬透直径约为 100mm 以上，甚至空冷也能淬成马氏体，属于马氏体钢。用于制造承受重载与强烈磨损的重要大型零件。属于这类钢的有 12Cr2Ni4、20Cr2Ni4 及 18Cr2Ni4WA 等。

（3）热处理

1）预备热处理。低、中淬透性的渗碳钢在锻压空冷后，其组织一般为珠光体与铁素体（珠光体钢），采用正火可以改善可加工性。但对于高淬透性的马氏体钢，则因退火困难，一般在锻压后可进行一次空冷淬火后，再于 650℃ 左右高温回火，形成回火索氏体组织以利于切削加工。

2）最终热处理。一般都是在渗碳后进行直接淬火或一次淬火及 180～200℃ 低温回火。处理后工件表面硬度一般为 58～64HRC，心部组织和硬度由淬火钢的淬透性和尺寸而定。

近年来，生产中采用渗碳钢直接进行淬火和低温回火，以获得低碳马氏体组织，制造某些要求综合力学性能较高的零件（如传递动力的轴、重要的螺栓等），在某些场合下，它还可以代替中碳钢的调质处理。

2. 调质用钢

调质用钢通常是指经调质后使用的钢，常称调质钢。一般为中碳的优质碳素结构钢与合金结构钢，主要用于制造承受很大变动载荷与冲击载荷或各种复合应力的零件（如机器中传递动力的轴、连杆、齿轮等）。这类零件要求钢材具有较高的综合力学性能，即强度、硬度、塑性、韧性有良好的配合。

（1）化学成分　大多数调质钢的 w_C =0.25%～0.5%。含碳量过低，不易淬硬，回火后强度不足。如零件要求较高的塑性与韧性，则用 w_C <0.4% 的调质钢；反之，如要求较高强度、硬度，则用 w_C >0.4% 的调质钢。合金调质钢因合金元素起了强化作用，相当于代替了一部分碳量，故含碳量可偏低。

表7-5 优质碳素结构钢牌号、

牌号	化学成分(%)							
	w_C	w_{Si}	w_{Mn}	w_P	w_S	w_{Ni}	w_{Cr}	w_{Cu}
				不 大 于				
08F	0.05~0.11	≤0.03	0.25~0.50	0.035	0.035	0.25	0.10	0.25
10F	0.07~0.14	≤0.07	0.25~0.50	0.035	0.035	0.25	0.15	0.25
15F	0.12~0.19	≤0.07	0.25~0.50	0.035	0.035	0.25	0.25	0.25
08	0.05~0.12	0.17~0.37	0.35~0.65	0.035	0.035	0.25	0.10	0.25
10	0.07~0.14	0.17~0.37	0.35~0.65	0.035	0.035	0.25	0.15	0.25
15	0.12~0.19	0.17~0.37	0.35~0.65	0.035	0.035	0.25	0.25	0.25
20	0.17~0.24	0.17~0.37	0.35~0.65	0.035	0.035	0.25	0.25	0.25
25	0.22~0.30	0.17~0.37	0.50~0.80	0.035	0.035	0.25	0.25	0.25
30	0.27~0.35	0.17~0.37	0.50~0.80	0.035	0.035	0.25	0.25	0.25
35	0.32~0.40	0.17~0.37	0.50~0.80	0.035	0.035	0.25	0.25	0.25
40	0.37~0.45	0.17~0.37	0.50~0.80	0.035	0.035	0.25	0.25	0.25
45	0.42~0.50	0.17~0.37	0.50~0.80	0.035	0.035	0.25	0.25	0.25
50	0.47~0.55	0.17~0.37	0.50~0.80	0.035	0.035	0.25	0.25	0.25
55	0.52~0.60	0.17~0.37	0.50~0.80	0.035	0.035	0.25	0.25	0.25
60	0.57~0.65	0.17~0.37	0.50~0.80	0.035	0.035	0.25	0.25	0.25
65	0.62~0.70	0.17~0.37	0.50~0.80	0.035	0.035	0.25	0.25	0.25
70	0.67~0.75	0.17~0.37	0.50~0.80	0.035	0.035	0.25	0.25	0.25
75	0.72~0.80	0.17~0.37	0.50~0.80	0.035	0.035	0.25	0.25	0.25
80	0.77~0.85	0.17~0.37	0.50~0.80	0.035	0.035	0.25	0.25	0.25
85	0.82~0.90	0.17~0.37	0.50~0.80	0.035	0.035	0.25	0.25	0.25
15Mn	0.12~0.19	0.17~0.37	0.70~1.00	0.035	0.035	0.25	0.25	0.25
20Mn	0.17~0.24	0.17~0.37	0.70~1.00	0.035	0.035	0.25	0.25	0.25
25Mn	0.22~0.30	0.17~0.37	0.70~1.00	0.035	0.035	0.25	0.25	0.25
30Mn	0.27~0.35	0.17~0.37	0.70~1.00	0.035	0.035	0.25	0.25	0.25
35Mn	0.32~0.40	0.17~0.37	0.70~1.00	0.035	0.035	0.25	0.25	0.25
40Mn	0.37~0.45	0.17~0.37	0.70~1.00	0.035	0.035	0.25	0.25	0.25
45Mn	0.42~0.50	0.17~0.37	0.70~1.00	0.035	0.035	0.25	0.25	0.25
50Mn	0.48~0.56	0.17~0.37	0.70~1.00	0.035	0.035	0.25	0.25	0.25
60Mn	0.57~0.65	0.17~0.37	0.70~1.00	0.035	0.035	0.25	0.25	0.25
65Mn	0.62~0.70	0.17~0.37	0.90~1.20	0.035	0.035	0.25	0.25	0.25
70Mn	0.67~0.75	0.17~0.37	0.90~1.20	0.035	0.035	0.25	0.25	0.25

注：1. 对于直径或厚度小于25mm的钢材，热处理是在与成品截面尺寸相同的试样毛坯上进行。

2. 表中所列正火推荐保温时间不小于30min，空冷；淬火推荐保温时间不小于30min，75、80和85钢油淬，其

成分及性能（GB/T 699—1999）

试样毛坯尺寸/mm	推荐热处理温度/℃			力 学 性 能					钢材交货状态硬度 HBW	
	正火	淬火	回火	σ_b/MPa	σ_s/MPa	δ_5(%)	ψ(%)	A_{KU}/J	不大于	
				不 小 于					未热处理	退火钢
25	930			295	175	35	60		131	
25	930			315	185	33	55		137	
25	920			355	205	29	55		143	
25	930			325	195	33	60		131	
25	930			335	205	31	55		137	
25	920			375	225	27	55		143	
25	910			410	245	25	55		156	
25	900	870	600	450	275	23	50	71	170	
25	880	860	600	490	295	21	50	63	179	
25	870	850	600	530	315	20	45	55	197	
25	860	840	600	570	335	19	45	47	217	187
25	850	840	600	600	355	16	40	39	229	197
25	830	830	600	630	375	14	40	31	241	207
25	820	820	600	645	380	13	35		255	217
25	810			675	400	12	35		255	229
25	810			695	410	10	30		255	229
25	790			715	420	9	30		269	229
试样		820	480	1080	880	7	30		285	241
试样		820	480	1080	930	6	30		285	241
试样		820	480	1130	980	6	30		302	255
25	920			410	245	26	55		163	
25	910			450	275	24	50		197	
25	900	870	600	490	295	22	50	71	207	
25	880	860	600	540	315	20	45	63	217	187
25	870	850	600	560	335	19	45	55	229	197
25	860	840	600	590	355	17	45	47	229	207
25	850	840	600	620	375	15	40	39	241	217
25	830	830	600	645	390	13	40	31	255	217
25	810			695	410	11	35		269	229
25	810			735	430	9	30		285	229
25	790			785	450	8	30		285	229

余钢水淬；回火推荐保温时间不少于1h。

表7-6 常用渗碳用钢的牌号、成分、热处理、力学

种类	钢号	化学成分(%)									试样毛坯尺寸/mm
		w_C	w_{Mn}	w_{Si}	w_{Cr}	w_{Ni}	w_{Mo}	w_V	w_{Ti}	$w_{其他}$	
碳钢	15	0.12 ~ 0.19	0.35 ~ 0.65	0.17 ~ 0.37	—	—	—	—	—	P、S ≤0.035	25
	20	0.17 ~ 0.24	0.35 ~ 0.65	0.17 ~ 0.37	—	—	—	—	—	P、S ≤0.035	25
低淬透性合金渗碳钢	20Mn2	0.17 ~ 0.24	1.40 ~ 1.80	0.17 ~ 0.37	—	—	—	—	—	—	15
	15Cr	0.12 ~ 0.18	0.40 ~ 0.70	0.17 ~ 0.37	0.70 ~ 1.00	—	—	—	—	—	15
	20Cr	0.18 ~ 0.24	0.50 ~ 0.80	0.17 ~ 0.37	0.70 ~ 1.00	—	—	—	—	—	15
	20MnV	0.17 ~ 0.24	1.30 ~ 1.60	0.17 ~ 0.37	—	—	—	0.07 ~ 0.12	—	—	15
中淬透性合金渗碳钢	20CrMnTi	0.17 ~ 0.23	0.80 ~ 1.10	0.17 ~ 0.37	1.00 ~ 1.30	—	—	—	0.04 ~ 0.10	—	15
	20Mn2B	0.17 ~ 0.24	1.50 ~ 1.80	0.17 ~ 0.37	—	—	—	—	—	B 0.0005 ~ 0.0035	15
	12CrNi3	0.10 ~ 0.17	0.30 ~ 0.60	0.17 ~ 0.37	0.60 ~ 0.90	2.75 ~ 3.15	—	—	—	—	15
	20CrMnMo	0.17 ~ 0.23	0.90 ~ 1.20	0.17 ~ 0.37	1.10 ~ 1.40	—	0.20 ~ 0.30	—	—	—	15
	20MnVB	0.17 ~ 0.23	1.20 ~ 1.60	0.17 ~ 0.37	—	—	—	0.07 ~ 0.12	—	B 0.0005 ~ 0.0035	15
高淬透性合金渗碳钢	12Cr2Ni4	0.10 ~ 0.16	0.30 ~ 0.60	0.17 ~ 0.37	1.25 ~ 1.75	3.25 ~ 3.65	—	—	—	—	15
	20Cr2Ni4	0.17 ~ 0.23	0.30 ~ 0.60	0.17 ~ 0.37	1.25 ~ 1.75	3.25 ~ 3.65	—	—	—	—	15
	18Cr2Ni4WA	0.13 ~ 0.19	0.30 ~ 0.60	0.17 ~ 0.37	1.35 ~ 1.65	4.00 ~ 4.50	—	—	—	W 0.80 ~ 1.20	15

① 力学性能试验用试样尺寸：碳钢直径25mm，合金钢直径15mm。

性能 (摘自 GB/T 699—1999、GB/T 3077—1999) 及用途

热处理工艺			力学性能(不小于)[①]					用途举例
渗碳	第一次淬火温度/℃	第二次淬火温度/℃	回火温度/℃	σ_s/MPa	σ_b/MPa	δ_5(%)	ψ(%)	A_K/J	
900～950℃	~920 空气	—		225	375	27	55	—	形状简单、受力小的小型渗碳件
	~900 空气	—		245	410	25	55	—	形状简单、受力小的小型渗碳件
	850 水油	—	200 水空气	590	785	10	40	47	代替20Cr
	880 水油	780~820 水油	200 水空气	490	735	11	45	55	船舶主机螺钉、活塞销、凸轮、机车小零件及心部韧性高的渗碳零件
	880 水油	780~820 水油	200 水空气	540	835	10	40	47	机床齿轮、齿轮轴、蜗杆、活塞销及气门挺杆等
	880 水油	—	200 水空气	590	735	10	40	55	代替20Cr
	880 油	870 油	200 水空气	853	1080	10	45	55	工艺性优良,作汽车、拖拉机的齿轮、凸轮,是Cr-Ni钢代用品
	880 油	—	200 水空气	785	980	10	45	55	代替20Cr、20CrMnTi
	860 油	780 油	200 水空气	685	930	11	50	71	大齿轮,轴
	850 油	—	200 水空气	885	1175	10	45	55	代替含镍较高的渗碳钢作大型拖拉机齿轮、活塞销等大截面渗碳件
	860 油	—	200 水空气	885	1080	10	45	55	代替20CrMnTi、20CrNi
	860 油	780 油	200 水空气	835	1080	10	50	71	大齿轮,轴
	880 油	780 油	200 水空气	1080	1175	10	45	63	大型渗碳齿轮、轴及飞机发动机齿轮
	950 空气	850 空气	200 水空气	835	1175	10	45	78	同12Cr2Ni4,作高级渗碳零件

表 7-7　常用调质用钢的牌号、成分、热处理、

种类	牌号	化学成分(%)								
		w_C	w_{Si}	w_{Mn}	w_{Cr}	w_{Ni}	w_W	w_V	w_{Mo}	$w_{其他}$
碳钢	40	0.37 ~ 0.45	0.17 ~ 0.37	0.50 ~ 0.80	—	—	—	—	—	—
	45	0.42 ~ 0.50	0.17 ~ 0.37	0.50 ~ 0.80	—	—	—	—	—	—
	40Mn	0.37 ~ 0.45	0.17 ~ 0.37	0.70 ~ 1.00	—	—	—	—	—	—
低淬透性合金调质钢	45Mn2	0.42 ~ 0.49	0.17 ~ 0.37	1.40 ~ 1.80	—	—	—	—	—	—
	40Cr	0.37 ~ 0.45	0.17 ~ 0.37	0.50 ~ 0.80	0.80 ~ 1.10	—	—	—	—	—
	35SiMn	0.32 ~ 0.40	1.10 ~ 1.40	1.10 ~ 1.40	—	—	—	—	—	—
	42SiMn	0.39 ~ 0.45	1.10 ~ 1.40	1.10 ~ 1.40	—	—	—	—	—	—
	40MnB	0.37 ~ 0.44	0.17 ~ 0.37	1.10 ~ 1.40	—	—	—	—	—	B 0.0005 ~ 0.0035
	40CrV	0.37 ~ 0.44	0.17 ~ 0.37	0.50 ~ 0.80	0.80 ~ 1.10	—	—	0.10 ~ 0.20	—	—
中淬透性合金调质钢	40CrMn	0.37 ~ 0.45	0.17 ~ 0.37	0.90 ~ 1.20	0.90 ~ 1.20	—	—	—	—	—
	40CrNi	0.37 ~ 0.44	0.17 ~ 0.37	0.50 ~ 0.80	0.45 ~ 0.75	1.00 ~ 1.40	—	—	—	—
	42CrMo	0.38 ~ 0.45	0.17 ~ 0.37	0.50 ~ 0.80	0.90 ~ 1.20	—	—	—	0.15 ~ 0.25	—
	30CrMnSi	0.27 ~ 0.34	0.90 ~ 1.20	0.80 ~ 1.10	0.80 ~ 1.10	—	—	—	—	—
	35CrMo	0.32 ~ 0.40	0.17 ~ 0.37	0.40 ~ 0.70	0.80 ~ 1.20	—	—	—	0.15 ~ 0.25	—
	38CrMoAlA	0.35 ~ 0.42	0.20 ~ 0.45	0.30 ~ 0.60	1.35 ~ 1.65	—	—	—	0.15 ~ 0.25	Al 0.70 ~ 1.10
高淬透性合金调质钢	37CrNi3	0.34 ~ 0.41	0.17 ~ 0.37	0.30 ~ 0.60	1.20 ~ 1.60	3.00 ~ 3.50	—	—	—	—
	40CrNiMoA	0.37 ~ 0.44	0.17 ~ 0.37	0.50 ~ 0.80	0.60 ~ 0.90	1.25 ~ 1.65	—	—	0.15 ~ 0.25	—
	25Cr2Ni4WA	0.21 ~ 0.28	0.17 ~ 0.37	0.30 ~ 0.60	1.35 ~ 1.65	4.00 ~ 4.50	0.80 ~ 1.20	—	—	—
	40CrMnMo	0.37 ~ 0.45	0.17 ~ 0.37	0.90 ~ 1.20	0.90 ~ 1.20	—	—	—	0.20 ~ 0.30	—

① 力学性能试验采用试样毛坯直径尺寸：除 38CrMoAl 以外（30mm），其余牌号均为 25mm。

力学性能（摘自 GB/T 699—1999、GB/T 3077—1999）**及用途**

热 处 理		力学性能(不大于)[①]					用 途 举 例
淬火温度 /℃	回火温度 /℃	σ_s/MPa	σ_b/MPa	$\delta(\%)$	$\varphi(\%)$	A_k/J	
840 水	600 水 油	335	570	19	45	47	同 45 钢
840 水	600 水 油	335	600	16	40	39	机床中形状较简单、中等强度、韧性的零件,如轴、齿轮、曲轴、螺栓、螺母
840 水	600 水 油	355	590	15	—	47	比 45 钢强度要求稍高的调质件,如轴、万向接头轴、曲轴、连杆、螺栓、螺母
840 油	550 水 油	735	685	10	45	47	直径 60mm 以下时,性能与 40Cr 相当,制万向接头轴、蜗杆、齿轮、连杆、摩擦盘
850 油	520 水 油	785	980	9	45	47	重要调质零件,如齿轮、轴、曲轴、连杆螺栓
900 水	570 水 油	735	885	15	45	47	除要求低温(−20℃ 以下)韧性很高的情况外,可全面代替 40Cr 作调质零件
880 水	590 水	735	885	15	40	47	与 35SiMn 同,并可作表面淬火零件
850 油	500 水 油	785	980	10	45	47	代替 40Cr
880 油	650 水 油	735	885	10	50	71	机车连杆、强力双头螺栓、高压锅炉给水泵轴
840 油	550 水 油	835	980	9	45	47	代替 40CrNi、42CrMo 作高速高载荷而冲击载荷不大的零件
820 油	500 水 油	785	980	10	45	55	汽车、拖拉机、机床、柴油机的轴、齿轮、连接机件螺栓、电动机轴
850 油	560 水 油	930	1080	12	45	63	代替含 Ni 较高的调质钢,也作重要大锻件用钢,机车牵引大齿轮
880 油	520 水 油	885	1080	10	45	39	高强度钢,高速载荷砂轮轴、齿轮、轴、联轴器、离合器等重要调质件
850 油	550 水 油	835	980	12	45	63	代替 40CrNi 制大断面齿轮与轴、汽轮发电机转子,480℃ 以下工件的紧固件
水 940 油	640 水 油	835	980	14	50	71	高级氮化钢,制 >900HV 氮化件,如镗床镗杆、蜗杆、高压阀门
820 油	500 水 油	980	1130	10	50	47	高强度、韧性的重要零件,如活塞销、凸轮轴、齿轮、重要螺栓、拉杆
850 油	600 水 油	835	980	12	55	78	受冲击载荷的高强度零件,如锻压机床的传动偏心轴、压力机曲轴等大断面重要零件
850 油	550 水 油	930	1080	11	45	71	断面 200mm 以下、完全淬透的重要零件,与 12Cr2Ni4 相同,可作高级渗碳零件
850 油	600 水 油	785	980	10	45	63	代替 40CrNiMoA

在合金调质钢中，主加元素为锰（$w_{Mn} < 2\%$）、铬（$w_{Cr} < 2\%$）、镍（$w_{Ni} < 4.5\%$）、硼（$w_B < 0.0035\%$），主要目的是增加钢的淬透性。全部淬透的零件在高温回火后，可获得均匀的综合力学性能，特别是钢的屈强比（σ_s / σ_b）。此外，主加元素（除硼外）都具有较显著强化铁素体的作用，并且当它们含量在一定范围时，这可提高铁素体的韧性。

辅加元素与渗碳钢一样，用少量的钨、钼、钒、钛等碳化物形成元素。它们起细化晶粒和提高耐回火性的作用。其中钨、钼尚有防止调质钢的第二类回火脆性的作用。

（2）常用调质钢　常用调质钢的牌号、成分、热处理、性能与用途见表7-7。

调质钢也分为碳素调质钢与合金调质钢两大类。

1）碳素调质钢。一般是中碳优质碳素结构钢，如35～45钢或40Mn、50Mn等，其中以45钢应用最广。碳钢的淬透性较差，调质后性能随零件尺寸增大而降低，所以只有小尺寸的零件调质后才能获得均匀的较高的综合力学性能（一般 $\sigma_b = 570 \sim 650$MPa，$\sigma_s = 320 \sim 400$MPa，$A_K = 32 \sim 56$J）。这类钢一般用水淬，故变形与开裂倾向较大，只适宜制造载荷较低、形状简单、尺寸较小的调质工件。

2）合金调质钢。由于合金元素能强化铁素体，特别是能提高淬透性，所以综合力学性能高于碳素调质钢。

合金调质钢按淬透性分为三类。

① 低淬透性调质钢。这类钢油淬临界直径为20～40mm，调质后强度比碳钢高，常用作中等截面受变动载荷的调质工件。常用的有40Cr、40MnB、35SiMn等钢种。

② 中淬透性调质钢。这类钢油淬临界直径为40～60mm，调质后强度很高，可作截面较大、承受较重载荷的调质工件。常用的有35CrMo、38CrMoAlA、40CrMn、40CrNi等钢种。

③ 高淬透性调质钢。这类钢油淬临界直径≥60～100mm，调质后强度最高，韧性也很好，可用作大截面、承受更大载荷的重要的调质件。常用的有40CrMnMo、37CrNi3、25Cr2Ni4WA等钢种。

（3）热处理

1）预备热处理。对珠光体钢可在 Ac_3 点以上进行一次正火（或退火）。马氏体钢则先在 Ac_3 点以上进行一次空冷淬火，然后再在 Ac_1 以下进行高温回火，获得回火索氏体组织。

2）最终热处理。一般采用淬火后进行500～650℃的高温回火处理，以获得回火索氏体，使钢件具有高的综合力学性能。

如果零件除了要求较高的强度、韧性和塑性配合外，还在其某些部位（如轴类零件的轴颈和花键部分）要求良好的耐磨性时，则可在调质处理后再进行表面淬火处理。对耐磨性有更高要求的还可进行化学热处理（如38CrMoAlA钢件调质后再渗氮处理）。为提高疲劳强度，带有缺口的零件调质后，在缺口附近采用喷丸或滚压强化。根据需要，调质钢也可在中温回火（450℃左右）状态下使用。此时零件具有较调质状态更高的强度、硬度和疲劳强度。

近年来为提高生产率，节约能源，降低成本，世界各国正在积极研制非调质机械结构钢，以取代需要进行调质处理的碳素调质钢或合金调质钢。非调质机械结构钢是在中碳钢中添加微量元素（V、Ti、Nb 和 N 等），通过控制轧制（锻制）、控温冷却、在铁素体和珠光体中弥散析出碳（氮）化物为强化相，使之在轧制（锻制）后不经调质处理，即可获得碳素结构钢或合金结构钢经调质处理后所达到的力学性能的钢种。

非调质机械结构钢的突出优点是不进行淬火、回火处理，简化了生产工序，且易于切削加工，用其代替调质钢，可降低成本 25%。因此，这类钢在国外发展很快，已被用来制造曲轴、连杆、螺栓、齿轮等。但目前这类钢（无论是德国的 49MnVS3 或英国的 Vanard1 牌号）与调质钢相比，主要缺点是塑性、冲击韧性偏低，限制了它在强冲击载荷下的应用。

我国的非调质机械结构钢分为易切削非调质机械结构钢和热锻用非调质机械结构钢两大类。常用的有 YF40MnV$^{\ominus}$（$w_C = 0.37\% \sim 0.44\%$、$w_{Mn} = 1.00\% \sim 1.50\%$、$w_{Si} = 0.30\% \sim 0.60\%$、$w_V = 0.06\% \sim 0.13\%$）和 F35MnVN$^{\ominus}$（$w_C = 0.32\% \sim 0.39\%$、$w_{Mn} = 1.00\% \sim 1.50\%$、$w_{Si} = 0.20\% \sim 0.40\%$、$w_V = 0.06\% \sim 0.13\%$、$w_N \geq 0.009\%$）。研究表明，F35MnVN 钢通过控制热加工工艺，防止了高终轧温度下奥氏体晶粒长大的再结晶现象发生，因此细化了铁素体-珠光体显微组织，保证了高的冲击韧性和高的强度相配合的综合力学性能（一般可达 $\sigma_b = 785\text{MPa}$、$\sigma_s = 490\text{MPa}$、$A_K = 39\text{J}$、硬度不大于 269HBW）。

四、弹簧钢

弹簧钢是指用来制造各种弹簧的钢。

弹簧依靠其工作时产生的弹性变形，在各种机械中起缓冲、吸振的作用，并利用其储存能量，使机械完成规定的动作。因此作弹簧的材料要具有高的弹性极限和弹性比功，保证弹簧具有足够的弹性变形能力，当承受大载荷时不发生塑性变形；弹簧在工作时一般是承受变动载荷，故还要求具有高的疲劳强度；此外，还应具有一定的塑性、韧性，因太脆的材料对缺口十分敏感，会降低疲劳强度。对于特殊条件下工作的弹簧，还有某些特殊要求，如耐热、耐腐蚀等。

1. 化学成分

弹簧钢按化学成分可分为碳素弹簧钢和合金弹簧钢。为了保证高的弹性极限与疲劳强度，碳素弹簧钢的 $w_C = 0.6\% \sim 0.9\%$。它们在热处理前，具有接近共析成分的组织。由于合金元素的加入，使共析点左移，故合金弹簧钢的 $w_C = 0.45\% \sim 0.70\%$。

在合金弹簧钢中加入锰、硅、铬、钒、钼等合金元素，主要目的是增加钢的淬透性和耐回火性，使淬火和中温回火后，整个截面上获得均匀的回火托氏体，同时又使托氏体中的铁素体强化，因而有效地提高了钢的力学性能。硅的加入可使屈强比 σ_s/σ_b 提高到接近 1。但硅的加入，促使钢的加热时表面易脱碳，使疲劳强度降低。少量钼、钒的加入，可减少硅-锰弹簧钢的脱碳和过热的倾向，同时也可进一步提高弹性极限、屈强比与耐热性。钒还能细化晶粒，提高强韧性。

另外，弹簧钢的纯度对其疲劳强度有很大影响，因此，对承受较高应力的弹簧钢丝来说，其 w_S 应小于 0.02%。

2. 常用的弹簧钢

常用的弹簧钢的牌号、成分、热处理、性能及用途见表 7-8。

（1）碳素弹簧钢 一般用优质碳素结构钢中的高碳钢，如 60、65 ~ 85 或 60Mn、65Mn、75Mn。这类钢价格较合金弹簧钢便宜，热处理后具有一定的强度，但淬透性差，当直径 > 15mm 时，油淬不能淬透，使屈服强度以及屈强比降低，弹簧的寿命显著降低。如用水淬又

$\ominus$ YF 表示易切削非调质机械结构钢。

$\ominus$ F 表示热锻用非调质机械结构钢。

表7-8 常用弹簧钢的牌号、成分、热处理、力学性能（摘自 GB/T 1222—2007）及用途

种类	牌号	化学成分（%）						热处理		力学性能（不小于）				用 途 举 例
		w_C	w_{Si}	w_{Mn}	w_{Cr}	w_V	$w_{其他}$	淬火温度/℃	回火温度/℃	σ_s/MPa	σ_b/MPa	δ（%）	ψ（%）	
碳素弹簧钢	65	0.62~0.70	0.17~0.37	0.50~0.80	≤0.25	—	—	840 油	500	785	980	9	35	小于 φ12mm 的一般机器上的弹簧，或拉成钢丝作小型机械弹簧
	85	0.82~0.90	0.17~0.37	0.50~0.80	≤0.25	—	—	820 油	480	980	1130	6	30	小于 φ12mm 的汽车、拖拉机和机械等机械上承受振动的螺旋弹簧
	65Mn	0.62~0.70	0.17~0.37	0.90~1.20	≤0.25	—	—	830 油	540	785	980	8	30	小于 φ25mm 各种弹簧如弹簧发条、制动弹簧等
合金弹簧钢	55SiMnVB	0.52~0.60	0.70~1.00	1.00~1.30	≤0.35	0.08~0.16	B 0.0005~0.0035	860 油	460	1225	1375	5	30	代替 60Si2MnA 制作重型、中小型汽车的板簧和其他型断面的板簧和螺旋弹簧
	60Si2Mn	0.56~0.64	1.50~2.00	0.70~1.00	≤0.35	—	—	870 油	480	1180	1275	5	25	用于 φ25~30mm 减振板簧与螺旋弹簧，工作温度低于230℃
	50CrVA	0.46~0.54	0.17~0.37	0.50~0.80	0.80~1.10	0.10~0.20	—	850 油	500	1130	1275	10（δ_5）	40	用于 φ30~50mm 承受大应力的各种重要的螺旋弹簧，也可用作大截面的及工作温度低于400℃的气阀弹簧、喷油嘴弹簧等
	60Si2CrVA	0.56~0.64	1.40~1.80	0.40~0.70	0.90~1.20	0.10~0.20	—	850 油	410	1665	1860	6（δ_5）	20	用于线径与板厚<50mm 弹簧，工作温度低于250℃的板簧和重要的和重载荷下工作的板簧与螺旋弹簧
	30W4Cr2VA	0.26~0.34	0.17~0.37	≤0.40	2.00~2.50	0.50~0.80	W 4.00~4.50	1050~1100 油	600	1325	1470	7（δ_5）	40	用于高温下（500℃以下）的弹簧，如锅炉安全阀用弹簧等

易开裂与变形。故碳素弹簧钢只适宜作线径较小的不太重要的弹簧。这类弹簧能承受静载荷及有限次数的循环载荷。其中以65Mn在热成形弹簧中应用最广。

（2）合金弹簧钢　60Si2Mn是合金弹簧钢中最常用的牌号，它具有较高的淬透性，油淬临界直径为20～30mm；弹性极限高，屈强比（$\sigma_s/\sigma_b = 0.9$）与疲劳强度也较高；工作温度一般在230℃以下。主要用于铁路机车、汽车、拖拉机上的板弹簧和螺旋弹簧。

50CrVA钢的力学性能与硅锰弹簧钢相近，但淬透性更高，油淬临界直径为30～50mm，因铬、钒元素能提高耐回火性，故在200℃时，屈服强度仍可大于1000MPa。常用作大截面的承受应力较高或工作温度低于400℃的弹簧。

3. 热处理

根据弹簧的尺寸的不同，成形与热处理方法也有所不同。

（1）热成形弹簧的热处理　线径或板厚大于10mm的螺旋弹簧或板弹簧，往往在热态下成形。板弹簧多数是将热成形和热处理结合进行的，即利用热成形后的余热进行淬火，然后再进行中温回火。而螺旋弹簧则大多是在热成形结束后，再重新进行淬火和中温回火处理。中温回火后获得回火托氏体，具有高的弹性极限与疲劳强度，硬度为38～50HRC（以42～48HRC最常用）。

弹簧因要求高的表面质量，在热处理后，往往需采用喷丸处理，以消除或减轻表面缺陷的有害影响，并可使表面产生硬化层，形成残余压应力，提高疲劳极限和弹簧的使用寿命。例如60Si2Mn钢制成的汽车板簧经喷丸处理后，使用寿命可大为提高。

（2）冷成形弹簧的热处理　对于线径或板厚小于10mm的弹簧，常用冷拉弹簧钢丝或冷轧弹簧钢带在冷态下制成。

冷拉弹簧钢丝一般以热处理状态交货。按制造工艺不同，可分为索氏体化处理冷拉钢丝、油淬回火钢丝及退火状态供应的合金弹簧钢丝三种类型。

1）索氏体化处理冷拉钢丝。将盘条坯料加热至奥氏体组织后，在500～550℃的铅浴或盐浴中等温分解成索氏体组织，然后多次冷拔至所需直径。这类钢丝具有最高的强度，其抗拉强度最高可达3000MPa以上，而且还有较高的塑性。用这种钢丝冷卷成的弹簧，只需进行一次200～300℃的去应力回火，以消除内应力，并使弹簧定型，不需再经淬火、回火处理。

2）油淬回火钢丝。即冷拔到规定尺寸后进行油淬回火处理的钢丝。这类钢丝的抗拉强度虽然不及上一种冷拉钢丝，但它的性能比较均匀一致，抗拉强度波动范围小。这类钢丝冷卷成弹簧后，也只需进行去应力回火，不需再经淬火、回火处理。

3）退火状态供应的合金弹簧钢丝。冷卷成弹簧后，和热成形弹簧一样，要进行淬火、回火处理。

五、滚动轴承钢

滚动轴承钢是指制造各种滚动轴承内外套圈及滚动体（滚珠、滚柱、滚针）的专用钢种。

滚动轴承工作时，一般内套圈常与轴紧密配合，并随轴一起转动，外套圈则装在轴承座上固定不动。

在转动时，滚动体与内外套圈在滚道面上均受变动载荷作用。因套圈和滚动体之间呈点或线接触，接触应力很大，易使轴承工作表面产生接触疲劳破坏与磨损。因而要求轴承材料具有高的接触疲劳抗力、高的硬度和耐磨性以及一定的韧性。

1. 化学成分

目前最常用的是高碳铬轴承钢，其 $w_C = 0.95\% \sim 1.15\%$，以保证轴承钢具有高强度、硬度，并形成足够的合金碳化物以提高耐磨性。

主加元素为铬（$w_{Cr} < 1.65\%$），用于提高淬透性，并使钢材在热处理后形成细小均匀分布的合金渗碳体（Fe，Cr）$_3$C，提高钢的接触疲劳抗力与耐磨性。但含铬量过多（$w_{Cr} > 1.65\%$），会增加淬火后残余奥氏体量，并使碳化物分布不均匀。为了进一步提高其淬透性，制造大型轴承的钢还可加入硅、锰等元素。

高碳铬轴承钢对硫、磷含量限制极严（$w_S < 0.02\%$、$w_P < 0.027\%$），因硫、磷形成非金属夹杂物，降低接触疲劳抗力。故铬轴承钢是一种高级优质钢（但在牌号后不加"A"字）。

2. 常用的滚动轴承钢

常用的滚动轴承钢的牌号、成分等见表7-9。

表7-9　常用滚动轴承钢牌号、成分热处理、力学性能（摘自 GB/T 18254—2002）及用途

牌号	化 学 成 分(%)				热 处 理		回火后硬度 HRC	用 途 举 例
	w_C	w_{Cr}	w_{Si}	w_{Mn}	淬火温度 /℃	回火温度 /℃		
GCr4	0.95 ~ 1.05	0.35 ~ 0.50	0.15 ~ 0.30	0.15 ~ 0.30	810 ~ 830 水、油	150 ~ 170	62 ~ 66	直径 < 20mm 的滚珠、滚柱及滚针
GCr15	0.95 ~ 1.05	1.40 ~ 1.65	0.15 ~ 0.35	0.25 ~ 0.45	820 ~ 840 油	150 ~ 160	62 ~ 66	壁厚 < 12mm、外径 < 250mm 的套圈。直径为 25 ~ 50mm 的钢球。直径 < 22mm 的滚子
GCr15SiMn	0.95 ~ 1.05	1.40 ~ 1.65	0.45 ~ 0.75	0.95 ~ 1.25	820 ~ 840 油	150 ~ 170	62 ~ 64	壁厚 ≥ 12mm、外径大于 250mm 的套圈；直径 > 50mm 的钢球；直径 > 22mm 的滚子
GCr15SiMo	0.95 ~ 1.05	1.40 ~ 1.70	0.65 ~ 0.85	0.20 ~ 0.40	840 ~ 860 油	170 ~ 190	62 ~ 65	与 GCr15SiMn 钢相同
GCr18Mo	0.95 ~ 1.05	1.65 ~ 1.95	0.20 ~ 0.40	0.25 ~ 0.40	850 ~ 865 油	160 ~ 200	62 ~ 65	用于制造尺寸较大（如高速列车）的套圈及滚动体

滚动轴承钢的牌号前冠以"G"字，其后以铬（Cr）加数字来表示。数字表示平均铬质量分数的千倍（$w_{Cr} \times 1000$），碳质量分数不予标出。若再含其他元素时，表示方法同合金结构钢。例如，GCr15 钢，表示平均含铬量 $w_{Cr} = 1.5\%$ 的滚动轴承钢；GCr15SiMn 钢，表示除平均含铬量 $w_{Cr} = 1.5\%$ 外，还含有硅、锰合金元素的滚动轴承钢。

目前我国以高碳铬轴承钢应用最广（占90%）。在高碳铬轴承钢中，又以 GCr15、GCr15SiMn 钢应用最多。前者用于制造中、小型轴承的内外套圈及滚动体，后者应用于较大型滚动轴承。

对于承受很大冲击或特大型的轴承，常用合金渗碳钢制造，目前最常用的渗碳轴承钢有

20Cr2Ni4 等，对于要求耐腐蚀的不锈轴承，可采用马氏体型不锈钢制造，常用的不锈轴承钢有 8Cr17 等。

在化学成分上，GCr15 与低铬工具钢相近，所以有时也用它制造形状复杂的刃具、冷冲模、精密量具、冷轧辊及某些精密零件（精密淬硬丝杠、柴油机喷嘴等）。

3. 热处理

滚动轴承钢的热处理包括预备热处理（球化退火）及最终热处理（淬火与低温回火）。球化退火的目的是降低锻造后钢的硬度以利于切削加工，并为淬火作好组织上准备。如若钢中存在着粗大的块状碳化物或较严重的带状或网状碳化物时，则在球化退火前应先进行正火处理，以改善碳化物的形态与分布。淬火、低温回火目的是使钢的力学性能满足使用要求，淬火、低温回火后，组织应为极细的回火马氏体、细小而均匀分布的碳化物及少量残余奥氏体，硬度为 61 ~ 65HRC。

对于精密轴承零件，为了保证使用中的尺寸稳定性，可在淬火后进行冷处理（ - 60 ~ -80℃），以减少残余奥氏体量，然后再进行低温回火，并在磨削加工后，再予以稳定化处理（120 ~ 150℃，保温 10 ~ 20h）。

六、低淬透性含钛优质碳素结构钢

低淬透性含钛优质碳素结构钢又称低淬透性钢，是专供感应淬火用的淬透性特别低的钢（淬透性低于碳钢）。用这种钢制造的中、小模数的齿轮，即使全部热透，在冷却时也只能使表面淬硬，各齿的心部仍保持强韧状态。且淬硬层基本上沿齿廓分布（深度一般 1 ~ 3mm），因而解决了渗碳钢与调质钢制造这类齿轮的不足之处。

低淬透性钢的 $w_C = 0.5\% ~ 0.7\%$，能保证淬火后表面具有较高的硬度与耐磨性。降低其淬透性的主要措施有：①将钢中增加淬透性的元素（主要是锰、硅）含量降低到最低限度（$w_{Mn} < 0.23\%$、$w_{Si} < 0.25\%$）；②加入少量强碳化物形成元素，如钛（$w_{Ti} = 0.04\% ~ 0.10\%$）、钒等。淬火加热时，这类碳化物不易溶入奥氏体，冷却时，碳化物成为珠光体转变的核心，从而降低过冷奥氏体稳定性及钢的淬透性。

实践证明，低淬透性钢感应淬火的加热速度快，淬火变形及裂纹倾向小；用其制作的淬火齿轮的硬化层能沿齿廓分布，如图 7-11 所示，故可部分地代替贵重的合金渗碳钢。同时，在节约合金元素、简化工艺、提高生产率方面都取得了良好效果。目前它已在汽车、拖拉机工业制作中、重载荷齿轮以及承受冲击载荷的半轴、花键轴、活塞销等零件中得到应用。

常用的低淬透性钢有 55Ti、60Ti 及 70Ti。其牌号表示方法与合金结构钢一样。

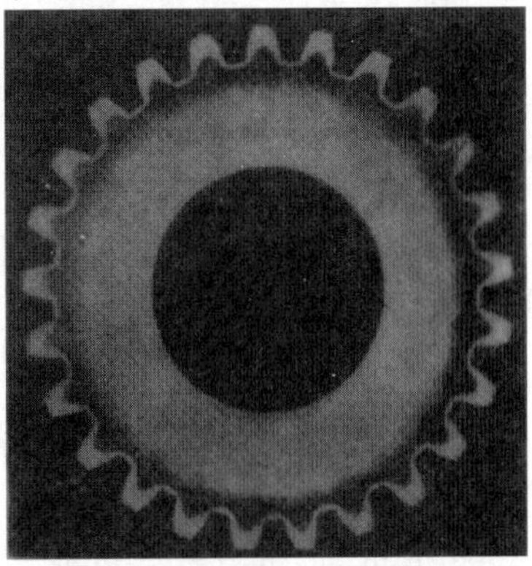

图 7-11　低淬透性钢制齿轮加热淬火后的硬化层

七、易切削结构钢

钢的切削加工性一般是按刀具寿命、切削抗力大小、加工表面粗糙度和切屑排除难易程度来评定的。

在钢中加入某一种或几种易削添加元素，使其成为可加工性良好的钢，这种钢称为易切削结构钢。

提高钢的可加工性，目前主要通过加入易削添加元素，如硫、铅、磷及微量的钙等。利用其自身或与其他元素形成一种对切削加工有利的夹杂物，使切削抗力降低，切屑易脆断，从而改善钢的可加工性。

硫是现今广泛应用的易削添加元素。当钢中含足够量的锰时，硫主要以 MnS 夹杂物微粒的形式分布在钢中，中断钢基体的连续性，使钢被切削时形成易断的切屑，既降低切削抗力，又容易排屑。MnS 硬度及摩擦因数低，能减少刀具磨损，并使切屑不粘在刀刃上，这都有利于降低零件的表面粗糙度数值。但硫太多，会降低钢的力学性能，故硫的质量分数应控制在 0.08% ~0.33% 范围内。

磷对改善可加工性作用较弱，很少单独使用，一般都复合地加入含硫或含铅的易切削结构钢中，以进一步提高可加工性。由于磷产生有害作用，故含量不能太多，一般 w_P <0.15% 。

铅在室温下不固溶于铁素体中，故呈孤立、细小的铅质点（1~3μm）分布于钢中。与硫相似，铅也有减摩作用，对改善可加工性极为有利。铅对钢的室温强度、塑性和韧性影响很小，但铅易产生密度偏析，另外，因铅的熔点低（327℃），易产生热脆性而使力学性能变坏。因此，一般铅的质量分数控制在 0.15% ~0.35%。为了进一步改善可加工性，可复合地加入硫和铅。

钙主要由脱氧来改变氧化夹杂物性态，使钢的可加工性得到改善，并能形成钙铝硅酸盐附在刀具上，防止刀具磨损。

易切削结构钢的牌号、成分、性能及用途见表7-10。易切削结构钢牌号以字母"Y"为首，后面数字为平均碳质量分数的万倍。对含锰量较高的，其后标出"Mn"。

表 7-10　常用易切削钢的牌号、成分、力学性能（摘自 GB/T 8731—1988）**及大致用途**

| 牌号 | 化 学 成 分(%) | | | | | | 力学性能(热轧) | | | | 用途举例 |
	w_C	w_{Mn}	w_{Si}	w_S	w_P	$w_{其他}$	σ_b /MPa	δ_5(%) (不小于)	ψ(%) (不小于)	HBW (不小于)	
Y12	0.08 ~ 0.16	0.60 ~ 1.00	0.15 ~ 0.35	0.10 ~ 0.20	0.08 ~ 0.15	—	390 ~ 540	22	36	170	在自动机床上加工的一般标准紧固件，如螺栓、螺母、销
Y12Pb	0.08 ~ 0.16	0.70 ~ 1.10	≤0.15	0.15 ~ 0.25	0.05 ~ 0.10	Pb 0.15 ~ 0.35	390 ~ 540	22	36	170	可制作表面粗糙度要求更小的一般机械零件，如轴、销、仪表精密小件等
Y15	0.10 ~ 0.18	0.80 ~ 1.20	≤0.15	0.23 ~ 0.33	0.05 ~ 0.10	—	390 ~ 540	22	36	170	同 Y12,但加工性更好
Y15Pb	0.10 ~ 0.18	0.80 ~ 1.20	≤0.15	0.23 ~ 0.33	0.05 ~ 0.10	Pb 0.15 ~ 0.35	390 ~ 540	22	36	170	同 Y12Pb,可加工性较 Y15 钢更好
Y20	0.15 ~ 0.25	0.70 ~ 1.00	0.15 ~ 0.35	0.80 ~ 0.15	≤0.06		450 ~ 600	20	30	175	强度要求稍高,形状复杂不易加工的零件,如纺织机、计算机上的零件,及各种紧固标准件
Y30	0.25 ~ 0.35	0.70 ~ 1.00	0.15 ~ 0.35	0.08 ~ 0.15	≤0.06		510 ~ 655	15	25	187	

(续)

牌号	化学成分(%)						力学性能(热轧)				用途举例
	w_C	w_{Mn}	w_{Si}	w_S	w_P	$w_{其他}$	σ_b /MPa	$\delta_5(\%)$ (不小于)	$\psi_\varphi(\%)$ (不小于)	HBW (不小于)	
Y35	0.32 ~ 0.40	0.70 ~ 1.00	0.15 ~ 0.35	0.08 ~ 0.15	≤0.06	—	510 ~ 655	14	22	187	同Y30钢
Y40Mn	0.35 ~ 0.45	1.20 ~ 1.55	0.15 ~ 0.35	0.20 ~ 0.30	≤0.05	—	590 ~ 735	14	20	207	受较高应力、要求表面粗糙度值小的机床丝杠、光杠、螺栓及自行车、缝纫机零件
Y45Ca	0.42 ~ 0.50	0.60 ~ 0.90	0.20 ~ 0.40	0.04 ~ 0.08	≤0.04	Ca 0.002 ~ 0.006	600 ~ 745	12	26	241	经热处理的齿轮、轴等

易切削结构钢可进行最终热处理，但一般不进行预备热处理，以免损害其可加工性。

易切削结构钢的冶金工艺要求比普通钢严格，成本较高，故只有对大批量生产的零件，在必须改善钢材的可加工性时，采用它才能获得良好的经济效益。

八、冷冲压用钢

用来制造各种在冷态下成形的冲压零件用钢称冷冲压用钢（冷冲压钢）。这类钢既要求塑性高，成形性好，又要求冲制的零件具有平滑光洁的表面。

1. 化学成分

冷冲压钢的 w_C <0.2% ~0.3%。对冲压变形量大、轮廓形状复杂的零件，则多采用 w_C <0.05% ~0.08%的钢。锰的作用与碳相似，故其含量也不宜过高；磷和硫损害钢的成形性，要求其质量分数 <0.035%。硅使钢的塑性降低，其含量越低越好。故通常深冲压钢板不使用硅铁脱氧，而采用含硅量极低的沸腾钢。

2. 钢板的组织

冷冲压件有两类：一类是形状复杂但受力不大的，如汽车驾驶室覆盖件和一些机器外壳等，只要求钢板有良好的冲压性能和表面质量，多采用冷轧深冲低碳钢板（厚度 <4mm）；另一类不但形状较复杂，而且受力较大的，如汽车车架，要求钢板既有良好的冲压性，又有足够的强度，多选用冲压性能好的热轧低合金结构钢（或碳素结构钢）厚板（习惯上叫中板）。

目前生产中以冷轧深冲薄板应用最广，其金相组织主要是铁素体基体上分布有极少量的非金属夹杂物等。它要求具有细（晶粒度级别指数为6）而均匀的铁素体晶粒。晶粒过粗，在冲压过程中，在变形量较大的部位易发生裂纹，而且零件表面也极为粗糙（橘皮状）；晶粒过细时，因钢板的强度提高了，使冲压性能恶化。特别是晶粒大小不均匀时，会使钢板在冲压时因变形不均匀而发生裂纹。

对有珠光体存在的冲压钢来说，以粒状珠光体的冲压性为最好。此外，呈连续条状分布的夹杂物及沿铁素体晶界析出的三次渗碳体，都会破坏金属基体的连续性，降低了钢板的塑性，使冲压性能恶化。

3. 常用的冷冲压用钢

冷冲压用薄钢板通常在热处理后经精压后供货，钢板材料是低碳的优质碳素结构钢，用量最大的是 08F 和 08Al$^{\ominus}$薄板。对形状简单，外观要求不高的冲压件，可选用价廉的 08F 钢；而冲压性能要求高，外观要求严的零件宜选用铝脱氧的镇静钢 08Al；变形不大的一般冲压件，可用 10、15、20 钢等。

第四节 工 具 钢

工具钢是指制造各种刃具、模具、量具的钢，相应地称为刃具钢、模具钢与量具钢。

工具钢除个别情况以外，大多数是在受很大局部压力和磨损条件下工作的，应具有高硬度、高耐磨性以及足够的强度和韧性，故工具钢（除热作模具钢外）大多属于过共析钢（$w_C = 0.9\% \sim 1.3\%$）。可以获得高碳马氏体，并形成足够数量弥散分布的粒状碳化物，以保证高的耐磨性。所加的合金元素除提高淬透性外，主要是使钢具有高硬度和高耐磨性，故常采用能形成碳化物的元素，如铬、钨、钼、钒等。为了改善工具钢塑性变形能力，并减轻热处理时淬裂倾向，对钢材杂质含量控制更严。碳素工具钢中，$w_S \leqslant 0.03\%$，$w_P \leqslant 0.035\%$。合金工具钢中 w_S 与 w_P 均 $\leqslant 0.03\%$。

工具钢的预备热处理通常采用球化退火，以改善其可加工性。有时为消除网状或大块状碳化物，在球化退火前，先进行一次正火处理。工具钢的最终热处理一般多采用淬火与低温回火。淬火温度通常是在碳化物与奥氏体共存的两相区内。这不仅可以阻止奥氏体晶粒长大，使工具钢保持细小晶粒，从而能在高硬条件下保证有一定韧性；且由于剩余碳化物的存在，还有利于工具耐磨性的提高。

各种工、模具在性能上除有共性要求外，由于它们工作条件的不同，还有不同的要求。下面对刃具钢、模具钢、量具钢分别进行论述。

一、刃具钢

刃具在工作时，受到复杂的切削力作用（如局部压力、弯曲、扭转等），刃部与切屑间产生强烈的摩擦，使刀刃磨损并发热。切削量越大，刃部温度越高（可达 800～1000℃），会使刃部硬度降低，甚至丧失切削功能。另外，刃具还承受冲击与振动。因此，要求刃具钢具有下列性能：

（1）高的硬度与耐磨性 钢的耐磨性不仅与硬度有关，而且与钢中碳化物性质、数量、大小及分布有关。通常硬度越高，耐磨性越好，如硬度由 62～63HRC 降至 60HRC 时，耐磨性降低 25%～30%；当硬度基本相同时，如在马氏体基体上分布有适量的、均匀细小的碳化物（尤其是特殊碳化物），则比单一马氏体具有更高的耐磨性。

（2）高的热硬性 热硬性是刀刃在高温下保持高硬度（$\geqslant$60HRC）的能力。热硬性与钢的耐回火性有关。

（3）足够的强度与韧性 避免刃具在复杂切削力的作用下及冲击振动时发生脆断或崩刃。

制造刃具的刃具钢有碳素工具钢、合金刃具钢及高速钢。

1. 碳素工具钢

$\ominus$ 08Al 钢化学成分为：$w_C \leqslant 0.12\%$，$w_{Si} \leqslant 0.03\%$，$w_{Mn} \leqslant 0.65\%$，$w_{Al} = 0.02\% \sim 0.07\%$。

碳素工具钢可分为优质碳素工具钢（简称为碳素工具钢）与高级优质碳素工具钢两类。碳素工具钢的牌号冠以"T"表示，其后数字表示平均碳质量分数的千倍。若为高级优质钢，则在数字后面再加"A"字。如"T8"钢，表示平均 $w_C = 0.8\%$ 的优质碳素工具钢；"T10A"钢，表示平均 $w_C = 1.0\%$ 的高级优质碳素工具钢。含锰量较高者，在牌号后标以"Mn"，如 T8Mn。碳素工具钢的牌号、成分及用途见表 7-11。

表 7-11　碳素工具钢的牌号、成分（GB/T 1298—2008）及用途

牌号	化学成分(%)			退火态硬度 HBW 不大于	试样淬火硬度[①]HRC 不小于	用　途　举　例
	w_C	w_{Si}	w_{Mn}			
T7 T7A	0.65~0.74	≤0.35	≤0.40	187	800~820℃水 62	承受冲击,韧性较好,硬度适当的工具,如扁铲、手钳、大锤、螺钉旋具、木工工具
T8 T8A	0.75~0.84	≤0.35	≤0.40	187	780~800℃水 62	承受冲击,要求较高硬度的工具,如冲头、压缩空气工具、木工工具
T8Mn T8MnA	0.80~0.90	≤0.35	0.40~0.60	187	700~800℃水 62	同上,但淬透性较大,可制断面较大的工具
T9 T9A	0.85~0.94	≤0.35	≤0.40	192	760~780℃水 62	韧性中等、硬度高的工具,如冲头、木工工具、凿岩工具
T10 T10A	0.95~1.04	≤0.35	≤0.40	197	760~780℃水 62	不受剧烈冲击、高硬度耐磨的工具,如车刀、刨刀、冲头、丝锥、钻头、手锯条
T11 T11A	1.05~1.14	≤0.35	≤0.40	207	760~780℃水 62	不受剧烈冲击、高硬度耐磨的工具,如车刀、刨刀、冲头、丝锥、钻头、手锯条
T12 T12A	1.15~1.24	≤0.35	≤0.40	207	760~780℃水 62	不受冲击、要求高硬度高耐磨的工具,如锉刀、刮刀、精车刀、丝锥、量具
T13 T13A	1.25~1.35	≤0.35	≤0.40	217	760~780℃水 62	同上,要求更耐磨的工具,如刮刀、剃刀

① 淬火后硬度不是指用途举例中各种工具的硬度,而是指碳素工具钢材料在淬火后的最低硬度。

碳素工具钢的 $w_C = 0.65\% \sim 1.35\%$，从而保证淬火后有足够高的硬度。各牌号的碳素工具钢淬火后硬度相近，但随着含碳量的增加，未溶渗碳体量增多，使钢的耐磨性增加，而韧性降低。因此，T7、T8 适用于制造承受一定冲击而要求韧性较高的刃具，如木工用斧、钳工錾子等，淬火、回火后硬度为 48~54HRC（工作部分）。T9、T10、T11 钢用于制造冲击较小而要求高硬度与耐磨的刃具，如小钻头、丝锥、手锯条等，淬火、回火后硬度为 60~62HRC。T12、T13 钢，硬度及耐磨性最高，但韧性最差，用于制造不承受冲击的刃具，如锉刀、铲刮刀等，淬火、回火后硬度为 62~65HRC。高级优质的 T7A~T13A 比相应的优质碳素工具钢有较小的淬火开裂倾向，适于制造形状较复杂的刃具。

2. 合金刃具钢

合金工具钢牌号表示方法与合金结构钢相似，但其平均 $w_C > 1\%$ 时，含碳量不标出；当 $w_C < 1\%$ 时，则牌号前的数字表示平均碳质量分数的千倍。合金元素的表示方法与合金结构钢相同。由于合金工具钢都属于高级优质钢，故不再在牌号后标出"A"字。

合金刃具钢是在碳素工具钢基础上加入少量（$w_{Me} < 5\%$）合金元素，以进一步提高耐磨性及热处理工艺性能。

（1）化学成分　合金刃具钢的 $w_C = 0.75\% \sim 1.5\%$，以保证钢淬火后具有高硬度（>62HRC），并可与合金元素形成适当数量的合金碳化物，以增加耐磨性。加入的合金元素主要有 Cr、Si、Mn、W 等。

铬是碳化物形成元素，当 $w_{Cr} < 3\%$ 时，只形成合金渗碳体并部分溶于固溶体。铬能使钢的淬透性明显增加，但铬在过共析钢中的含量不宜过高，当 $w_{Cr} > 1.4\%$，而 $w_C > 1.0\% \sim 1.2\%$ 时，将会增加碳化物的不均匀性。所以，过共析钢中，铬含量一般控制在 $w_{Cr} = 1\%$ 左右为宜。

硅除了增加钢的淬透性以外，其主要作用是提高钢的耐回火性，改善刃具的热硬性。

锰能使过冷奥氏体的稳定性增加，淬火后能使钢具有较多的残余奥氏体，可减少刃具淬火中的变形量。

钨在钢中形成较稳定的碳化物，在淬火加热过程中，碳化物基本上不溶于奥氏体，能阻止奥氏体晶粒粗化，并提高了钢的耐磨性。

（2）常用合金刃具钢　常用合金刃具钢的牌号、成分及用途见表 7-12。

表 7-12　常用合金刃具钢的牌号、成分、热处理（摘自 GB/T 1299—2000）及用途

| 牌号 | 化学成分(%) | | | | | 试样淬火 | | 退火状态 HBW | 用途举例 |
	w_C	w_{Mn}	w_{Si}	w_{Cr}	$w_{其他}$	淬火温度 /℃	HRC 不小于		
Cr06	1.30 ~ 1.45	≤0.40	≤0.40	0.50 ~ 0.70	—	780 ~ 810 水	64	241 ~ 187	锉刀、刮刀、刻刀、刀片、剃刀
Cr2	0.95 ~ 1.10	≤0.40	≤0.40	1.30 ~ 1.65	—	830 ~ 860 油	62	229 ~ 179	车刀、插刀、铰刀、冷轧辊等
9SiCr	0.85 ~ 0.95	0.30 ~ 0.60	1.20 ~ 1.60	0.95 ~ 1.25	—	820 ~ 860 油	62	241 ~ 197	丝锥、板牙、钻头、铰刀、冷冲模等
8MnSi	0.75 ~ 0.85	0.80 ~ 1.10	0.30 ~ 0.60		—	800 ~ 820 油	60	≤229	长铰刀、长丝锥
9Cr2	0.80 ~ 0.95	≤0.40	≤0.40	1.30 ~ 1.70		820 ~ 850 油	62	217 ~ 179	尺寸较大的铰刀、车刀等刃具
W	1.05 ~ 1.25	≤0.40	≤0.40	0.10 ~ 0.30	W 0.80 ~ 1.20	800 ~ 830 水	62	229 ~ 187	低速切削硬金属刃具,如麻花钻、车刀和特殊切削工具

1）W 钢。淬火后的硬度和耐磨性均较碳素工具钢好，韧性也较好，热处理变形小，水淬不易开裂，但耐回火性不高，且淬透性较低，适于制作断面不大的或低速切削硬金属的刃具，如小型麻花钻、手动铰刀等。

2）Cr2 钢。$w_C = 0.95\% \sim 1.10\%$，加入铬提高了淬透性，减少淬火变形与开裂的倾向，碳化物颗粒细小且分布均匀，提高钢的强度及耐磨性。因此，Cr2 钢可制造形状复杂、尺寸较大、切削用量较大的刃具（如车刀、刨刀、钻头、铰刀等）。

3）9SiCr 钢。在铬工具钢基础上加入硅（$w_{Si} = 1.2\% \sim 1.6\%$）。这类钢具有更高的淬透性和耐回火性，且碳化物细小均匀。9SiCr 钢的热硬性可达 $250 \sim 300℃$，其过冷奥氏体中温转变区的孕育期较长，故适宜采用分级淬火，以减少变形。因此，9SiCr 钢适于制造变形要求小的薄刃刀具（如丝锥、板牙、铰刀等）。

合金刃具钢的热处理与碳素工具钢基本相同。刀具毛坯锻压后的预备热处理采用球化退火，机械加工后的最终热处理采用淬火（油淬、分级淬火或等温淬火）、低温回火。合金刃具钢经球化退火及淬火、低温回火后，组织应为细回火马氏体、粒状合金碳化物及少量残余奥氏体，一般硬度为 $60 \sim 65HRC$。

综上所述，合金刃具钢比碳素工具钢有较高的淬透性，有较小的淬火变形，有较高的热硬性（达 $300℃$），有较高的强度与耐磨性。但合金刃具钢的热硬性、耐磨性及淬透性仍不能满足现代工具的更高要求。

3. 高速工具钢

高速工具钢是热硬性、耐磨性较高的高合金工具钢。因它制作的刀具使用时，允许比合金刃具钢有更高的切削速度而得此名。它的热硬性可达 $600℃$，切削时能长期保持刃口锋利，故俗称为"锋钢"。其强度也比碳素工具钢提高 $30\% \sim 50\%$。

（1）高速工具钢的牌号与化学成分

1）高速工具钢的牌号。我国的高速工具钢按化学成分分类，可分为钨系、钨钼系两种基本系列，其牌号等见表 7-13。高速工具钢的牌号表示方法类似合金工具钢，但在高速工具钢牌号中，不论含碳量多少，都不予标出。但当合金成分相同，仅含碳量不同时，对高碳者牌号前冠以"C"字。如牌号 W6Mo5Cr4V2 与 CW6Mo5Cr4V2，前者 $w_C = 0.80\% \sim 0.90\%$，后者 $w_C = 0.86\% \sim 0.94\%$。

表 7-13　常用高速工具钢的牌号、成分（GB/T 9943—2008）、热处理、硬度及热硬性

种类	牌　号	化 学 成 分(%)						热处理			硬度		热硬性[1] HRC
		w_C	w_{Cr}	w_W	w_{Mo}	w_V	$w_{其他}$	预热温度/℃	淬火温度/℃ 盐浴炉	回火温度/℃	退火 HBW	淬火+回火 HRC 不小于	
钨系	W18Cr4V (18-4-1)	0.73 ~ 0.83	3.80 ~ 4.50	17.20 ~ 18.70	—	1.00 ~ 1.20	—		1250 ~ 1270	550 ~ 570	≤255	63	61.5 ~ 62
钨钼系	CW6Mo5Cr4V2	0.86 ~ 0.94	3.80 ~ 4.50	5.90 ~ 6.70	4.70 ~ 5.20	1.75 ~ 2.10	—	800 ~ 900	1190 ~ 1210	540 ~ 560	≤255	64	—
	W6Mo5Cr4V2 (6-5-4-2)	0.80 ~ 0.90	3.80 ~ 4.40	5.50 ~ 6.75	4.50 ~ 5.50	1.75 ~ 2.20	—		1200 ~ 1220	540 ~ 560	≤255	64	60 ~ 61
	W6Mo5Cr4V3 (6-5-4-3)	1.15 ~ 1.25	3.80 ~ 4.50	5.90 ~ 6.70	4.70 ~ 5.20	2.70 ~ 3.20	—		1190 ~ 1210	540 ~ 560	≤262	64	64
	W6Mo5Cr4V2Al	1.05 ~ 1.15	3.80 ~ 4.40	5.50 ~ 6.75	4.50 ~ 5.50	1.75 ~ 2.20	Al 0.80 ~ 1.20		1200 ~ 1220	550 ~ 570	≤269	65	65

[1] 热硬性是将淬火回火试样在 $600℃$ 加热四次，在每次 1h 的条件下测定的。

2）高速工具钢的化学成分。对高速工具钢的性能要求主要是硬度、韧性、耐磨性和热硬性，在保证足够韧性的基础上，寻求尽可能高的硬度。因而，高速工具钢的 $w_C = 0.75\% \sim 1.60\%$，并含有质量分数总和在 10% 以上的钨、钼、铬、钒等碳化物形成元素。

含碳量较高可获得高碳马氏体，并保证形成足够的合金碳化物，从发展趋势看，高速工具钢的含碳量有普遍提高的趋势。显然，含碳量的提高会使钢的耐磨性、热硬性和切削性能进一步改善，但同时也会使淬火后残余奥氏体量增加。

钨是提高热硬性的主要元素之一，它在高速工具钢中形成很稳定的碳化物 Fe_4W_2C。淬火加热时，碳化物一部分溶于奥氏体，淬火后即形成含有大量钨（及其他合金元素）的马氏体。这种合金马氏体具有很高的耐回火性，并在 560℃ 左右析出弥散的特殊碳化物 W_2C，造成二次硬化，使高速工具钢具有高的热硬性。W_2C 还可提高高速工具钢的耐磨性。在加热时，未溶的碳化物 Fe_4W_2C 能阻止晶粒长大。

随钨含量的增多，钢热硬性增加，但当 $w_W > 18\%$ 时，热硬性增加不明显，碳化物不均匀性增加，塑性降低，造成加工困难。故常用的钨系高速工具钢中含钨量 $w_W \approx 18\%$。

钼在高速工具钢中的作用与钨相似，可用 1% 的钼取代 1.8% 的钨（指质量分数）。

在高速工具钢中 w_{Cr} 均为 4%，它主要存在于 M_6C 中，使 M_6C 稳定性下降，另一部分形成 $Cr_{26}C_6$，它的稳定性更低，所以，在加热时几乎全部溶入奥氏体，从而明显地提高了钢的淬透性，使高速工具钢空冷也能转变成马氏体。但含铬量过高，M_s 点下降，使残余奥氏体量增多，会降低钢的硬度和增加回火次数。

钒是强碳化物形成元素。淬火加热时部分溶入奥氏体，并在淬火后存在于马氏体中，从而增加了马氏体的耐回火性。回火时，钒以特殊碳化物 VC 形式析出，并呈弥散质点分布在马氏体基体上，产生二次硬化。由于 VC 具有极高的硬度（83～85HRC），超过钨碳化物的硬度（73～77HRC）。故钒能显著提高钢的硬度、耐磨性与热硬性。同时，VC 在 1200℃ 以上才开始明显溶入奥氏体，未溶的 VC 能显著阻止奥氏体晶粒长大。但钒太多时，锻造性能与磨削性能变差。

常用高速工具钢的牌号、成分、热处理及性能见表 7-13。

3）常用高速工具钢。根据高速工具钢的化学成分和性能特点，我国常用的牌号主要有：

① W18Cr4V（18-4-1 钢）。是我国发展最早、使用最广的钨系高速工具钢。其硬度、热硬性较高，过热敏感性较小，磨削性好，在 600℃ 时硬度值仍能保持在 52～53HRC。但碳化物较粗大，热塑性差，热加工废品率较高。W18Cr4V 钢适于制造一般的高速切削刀具（如车刀、铣刀、刨刀、拉刀、丝锥、板牙等），但不适于作薄刃刃具、大型刃具及热加工成形刃具。

② W6Mo5Cr4V2（6-5-4-2）。这种钢用钼代替一部分钨，为钨钼系高速工具钢。它的碳化物比钨系高速工具钢更均匀细小，使钢在 950～1100℃ 仍有良好的热塑性，便于压力加工，并且热处理后韧性也较高。这种钢含碳量及钒量较 W18Cr4V 高，故提高了耐磨性。但

钼的碳化物不如钨碳化物稳定，因而含钼高速工具钢加热时，易脱碳和过热，热硬性稍差。它适于制造耐磨性与韧性需较好配合的刃具（如齿轮铣刀、插齿刀等），对于扭制、轧制等热加工成形的薄刃刃具（如麻花钻头等）更为适宜。

我国发展的含铝超硬高速工具钢（$w_{Al} = 1\%$），价格便宜，适合我国资源情况。W6Mo5Cr4VAl 具有高热硬性、高耐磨性、热塑性好，且高温硬度高，工作寿命长。该钢热处理后硬度可达 68～69HRC。含铝高速工具钢适用于加工各种难加工材料，如高温合金、超高强度钢、不锈钢等，但加工高强度钢时，不如钴高速工具钢。另外，可磨削性不如 W18Cr4V 钢和 W6Mo5Cr4V2 钢。

（2）高速工具钢的铸态组织与锻造　高速工具钢都含有大量的钨、钼、铬、钒等合金元素，当加热溶入奥氏体时，使碳在 γ-Fe 中最大溶解度 E 点显著左移，故高速工具钢铸态组织中出现了莱氏体，属于莱氏体钢。铸造高速工具钢的莱氏体中，共晶碳化物呈鱼骨状，如图 7-12 所示。

鱼骨状的共晶碳化物若经过高温轧制和锻压，可被粉碎并重新分布，但其分布不均匀性仍不能完全消除，碳化物往往聚集成带状、网状或大块状。图 7-13 为碳化物呈带状偏析的显微组织。

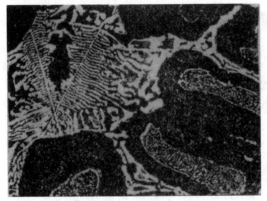

图 7-12　高速工具钢铸态显微组织（300×）

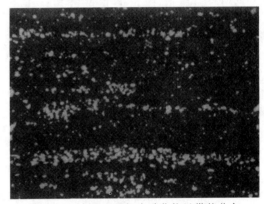

图 7-13　高速工具钢中碳化物呈带状分布
的显微组织（300×）

高速工具钢中的碳化物偏析，将使刃具的强度、硬度、耐磨性、热硬性均下降，从而使刃具在使用过程中容易崩刃和磨损。因此高速工具钢在出厂时，应按规定级别检验碳化物的分布不均匀性。粗大而不均匀的碳化物，是不能用热处理来消除的，只能用锻造的方法（改锻），使碳化物细化并分布均匀。

（3）高速工具钢的退火　由于高速工具钢的奥氏体稳定性很好，锻造后虽然缓冷，但硬度仍较高，并产生残余应力。为了改善其可加工性，消除残余应力，并为最后淬火作组织准备，必须进行球化退火。生产中常采用等温球化退火（即在 860～880℃保温后，迅速冷却到 720～750℃等温），退火后，组织为索氏体及粒状碳化物（图 7-14），硬度为 207～255HBW。

（4）高速工具钢的淬火和回火　高速工具钢的优越性只有在正确的淬火与回火后才能发挥出来。

高速工具钢属于高合金工具钢，塑性与导热性较差。淬火加热时，为了减少热应力，防止变形和开裂，必须在 800～900℃ 进行预热，待工件在截面上里外温度均匀后，再送入高温炉加热，对截面大、形状复杂的刃具，可采用 600～650℃ 与 800～900℃ 的二次预热。

图 7-15 为淬火温度对 W18Cr4V 高速工具钢奥氏体成分的影响。由图可见，以碳化物形式存在的钨、钼、钒等元素溶入奥氏体的量，将随淬火温度的增高而增多。为使钨、钼、钒元素尽可能多地溶入奥氏体，以提高钢的热硬性，其淬火温度应高，

图 7-14　W18Cr4V 钢退火后的显微组织（500×）

但加热温度过高，将使钢过热，奥氏体晶粒粗大，碳化物聚集，致使处理后工具的力学性能变坏，甚至造成过热，使晶界熔化而报废。故高速工具钢淬火温度一般不超过 1300℃。淬火冷却一般多采用盐浴分级淬火或油冷淬火。高速工具钢淬火后，正常组织由隐针马氏体、粒状碳化物及 20%～25% 的残余奥氏体[⊖]所组成，如图 7-16 所示。

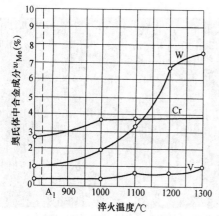

图 7-15　淬火温度对 W18Cr4V 高速工具钢奥氏体成分的影响

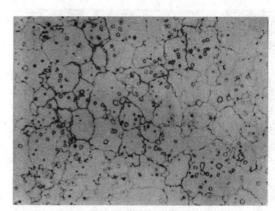

图 7-16　W18Cr4V 钢正常淬火显微组织（500×）

为了消除淬火应力，减少残余奥氏体含量，稳定组织，达到所要求的性能，高速工具钢淬火后必须及时回火。

高速工具钢淬火组织中的碳化物在回火中不发生变化，只有马氏体和残余奥氏体发生转变，使之引起性能的变化。图 7-17 表示 W18Cr4V 钢回火温度与硬度的关系。

由图可知，在 550～570℃ 回火时，由于产生了二次硬化，其硬度最高。故一般高速工具钢多采用 560℃ 左右回火。由于高速工具钢中残余奥氏体量多，经第一次回火后，仍有 10% 残余奥氏体未转变，只有经过三次回火（每次保温 1h）后，残余奥氏体才基本转变完。有时，为了减少回火次数，也可在淬火后，立即进行冷处理（-60～-80℃），然后再进行一次 560℃ 回火。

⊖　此处应为体积分数。

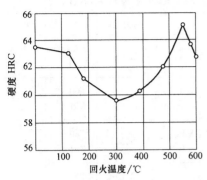

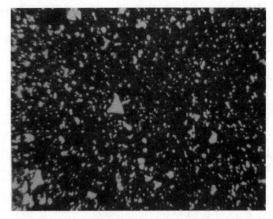

图 7-17　W18Cr4V 钢回火温度与硬度的关系　　图 7-18　W18Cr4V 钢淬火回火后的显微组织（250×）

高速工具钢正常淬火、回火后，组织应为极细的回火马氏体、较多的粒状碳化物及少量（1%～2%）的残余奥氏体[⊖]，如图 7-18 所示，硬度为 63～66HRC。

为了进一步提高高速工具钢的切削性能与使用寿命，可在淬火、回火后再进行某些化学热处理。如低温气体氮碳共渗、硫氮共渗（共渗层具有减摩、抗咬合性能和高硬度、高耐磨性）、蒸汽处理（加热到 500℃ 左右通入蒸汽，使表面形成 Fe_3O_4 氧化膜，有防锈、吸油、降低摩擦因数的作用）及表面气相沉积等。

各种高速工具钢由于具有比其他刃具用钢高得多的热硬性、耐磨性及较高的强度与韧性，不仅可制作切削速度较高的刃具，也可制造载荷大、形状复杂、贵重的切削刃具（如拉刀、齿轮铣刀等）。此外，高速工具钢还可用于制造冷冲模、冷挤压模及某些要求耐磨性高的零件，但应根据具体工件的使用要求，选用与上述刃具不同的热处理工艺。

二、模具钢

根据工作条件的不同，模具钢又可分为使金属在冷态下成形的冷作模具钢、在热态下成形的热作模具钢及塑料模具用钢等。

1. 冷作模具钢

冷作模具钢包括冷冲模（冲裁模、弯曲模、拉深模等）及冷挤压模等。它们都要使金属在模具中产生塑性变形，因而受到很大压力、摩擦或冲击。冷作模正常的失效一般是磨损过度，有时也可能因脆断、崩刃而提前报废。因此，冷作模具钢与刃具用钢相似，主要要求高硬度、高耐磨性及足够的强度和韧性。当然，也要求较高的淬透性与较低的淬火变形倾向。表 7-14 列出了对冷冲模的硬度要求。

表 7-14　对冷冲模的硬度要求

名称		单式或复式硅钢片冲裁模	级进式硅钢片冲裁模	薄钢板冲裁模	厚钢板冲裁模	拉深模	拉丝模	剪刀	φ5mm以下的小冲头	冷挤压模	
										挤铜、铝	挤钢
硬度HRC	凸模	60～62	58～60	58～60	56～58	58～62	—	54～58	56～58	60～64	60～64
	凹模	60～62	60～62	58～60	56～58	62～64	>64	—	—	60～64	58～60

⊖　此处应为体积分数，以下同。

目前常用的冷作模具钢牌号、成分及性能见表7-15。

表 7-15　几种常用冷作模具钢牌号、成分及性能（摘自 GB/T 1299—2000）

类别	牌号	化 学 成 分(%)						退火状态	试样淬火	
		w_C	w_{Si}	w_{Mn}	w_{Cr}	w_{Mo}	$w_{其他}$	HBW	淬火温度 /℃	HRC 不小于
低合金	CrWMn	0.90 ~ 1.05	≤0.40	0.80 ~ 1.10	0.90 ~ 1.20	—	W 1.20 ~ 1.60	207 ~ 255	800 ~ 830 油	62
	9Mn2V	0.85 ~ 0.95	≤0.40	1.70 ~ 2.00	—	—	V 0.10 ~ 0.25	≤229	780 ~ 810 油	62
高碳高铬	Cr12	2.00 ~ 2.30	≤0.40	≤0.40	11.50 ~ 13.00	—	—	217 ~ 269	950 ~ 1000 油	60
	Cr12MoV	1.45 ~ 1.70	≤0.40	≤0.40	11.00 ~ 12.50	0.40 ~ 0.60	V 0.15 ~ 0.30	207 ~ 255	950 ~ 1000 油	58
高碳中铬	Cr4W2MoV	1.12 ~ 1.25	0.40 ~ 0.70	≤0.40	3.50 ~ 4.00	0.80 ~ 1.20	W 1.90 ~ 2.60 V 0.80 ~ 1.10	≤269	960 ~ 980 油 1020 ~ 1040	60
	Cr5Mo1V	0.95 ~ 1.05	≤0.50	≤1.00	4.75 ~ 5.50	0.90 ~ 1.40	V 0.15 ~ 0.50	≤255	940 空冷	60
碳钢	T10A	0.95 ~ 1.04	≤0.35	≤0.40	—	—	—	≤197	760 ~ 780 水	62

（1）**碳素工具钢**　碳素工具钢 T10A 主要是可加工性好，价廉。但淬透性较低，耐磨性差，淬火变形大，使用寿命低。因此只适于制造一些尺寸不大、形状简单、工作负荷不大的模具。

（2）**低合金的冷作模具钢**　低合金的冷作模具钢主要有 9Mn2V、CrWMn 等。CrWMn 钢由于锰、钨、铬等元素的同时加入，使钢具有高淬透性和耐磨性。锰降低了 M_s，淬火后有较多的残余奥氏体，可使淬火变形很小，故有"微变形钢"之称，适于制造尺寸较大、形状复杂、易变形、精度高的模具，以及截面较大、切削刃口不剧烈受热、要求变形小、耐磨性高的刃具，如长丝锥、长铰刀、拉刀等。9Mn2V 钢不含铬元素，符合我国资源情况，故价格较低，性能与 CrWMn 钢相近；由于钒的加入，可克服锰钢易过热的缺点，并使碳化物分布均匀，故常用以代替 CrWMn 钢。此外，9Mn2V 钢还常用来制造磨床主轴、精密淬硬丝杠等重要零件。

（3）**Cr12 型钢**　目前最常用的冷作模具钢主要还是 Cr12 型钢。Cr12 型钢成分特点是高碳高铬（w_C = 1.45% ~ 2.3%、w_{Cr} = 11% ~ 13%）。它在淬火、回火后组织是由合金马氏体和大量（约 14%）高硬度、高耐磨性的特殊碳化物（Cr，Fe）$_7C_3$ 所组成，因而这类钢具有高硬度、高强度及极高的耐磨性（比低合金的冷作模具钢高 3 ~ 4 倍）。大量的铬可使这类钢有极好的淬透性（油淬时临界直径为 200mm），一般空冷也能淬硬。在淬火加热温度较高的情况下，由于奥氏体溶入较多的铬，使淬火后残余奥氏体量增多，故可大大减少淬火变形，因而也属于微变形钢。图 7-19 表示 Cr12 型钢的残余奥氏体与淬火温度的关系。此外，在较高的淬火温度下，这类钢耐回火性高，在 300~400℃时，仍有高的硬度。但这类钢碳化物不均匀性比较严重，尤其是 Cr12 钢。Cr12MoV 含碳量较 Cr12 低，并加入合金元素钼、钒，除进一步提高了耐回火性外，还能细化组织，改善韧性。

Cr12 型钢与高速钢一样，也属于莱氏体钢，铸态下有网状共晶碳化物。轧制后，坯料中碳化物往往分布不均匀，并呈带状分布，故在制造模具时，特别对精度高、复杂的模具必须与高速钢一样，应经合理锻造以消除碳化物的不均匀性。锻造后应缓冷，然后进行等温球化退火。

Cr12 型钢经不同温度淬火后，在不同温度下回火时，其硬度变化如图 7-20 所示。由图可知，要提高 Cr12 型钢硬度有两种方法：

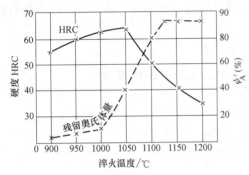

图 7-19　Cr12MoV 钢硬度、残余奥氏
体量与淬火温度的关系

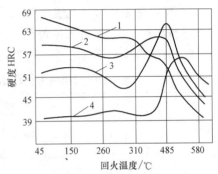

图 7-20　Cr12 钢淬火、回火温度与硬度关系
1—980℃淬火　2—1010℃淬火
3—1040℃淬火　4—1150℃淬火

1）一次硬化法。采用较低的淬火温度与较低的回火温度。通常 Cr12 钢的淬火温度为 950~980℃（Cr12MoV 钢选用 1000~1050℃淬火）。淬火后钢中的残余奥氏体量约为 20% 左右。回火温度一般为 160~180℃。一次硬化处理使钢具有高硬度（61~63HRC）与耐磨性，且淬火变形小。大多数 Cr12 型钢的冷作模具均采用此法。

2）二次硬化法。采用较高的淬火温度与多次回火。通常 Cr12 钢的淬火温度为 1080~1100℃（Cr12MoV 钢采用 1100~1120℃）。由于残余奥氏体增多，硬度较低（40~50HRC），但经多次 510~520℃回火，产生二次硬化，硬度可升高到 60~62HRC，这种方法可获得较高的热硬性，它适于制作在 400~450℃条件下工作的模具或还需进行低温气体氮碳共渗的模具。

Cr12 型钢经淬火、回火后的组织为回火马氏体、碳化物和残余奥氏体。Cr12 型钢适用于重载荷、高耐磨、高淬透性、变形量要求小的冷冲模。其中 Cr12MoV 钢，除耐磨性不及 Cr12 钢外，强度、韧性都较好，应用最广。

（4）高碳中铬钢　高碳中铬钢 Cr5Mo1V 钢、Cr4W2MoV 钢等可用来代替 Cr12 型钢。它们也属于过共析钢，在铸态下，也存在着莱氏体。钢中钨（或钼）与钒的作用同 Cr12 型钢。高碳中铬钢也具有淬火变形小、淬透性好、耐磨性高等优点，可广泛地用于制造负荷大、生产批量大、形状复杂、变形要求小的模具。

（5）其他　近十余年来，还研制了多种高强韧型冷作模具钢，如降碳高速钢、基体钢等。这类钢除抗压性及耐磨性稍逊于高速钢或高碳高铬钢外，其强度、韧性、疲劳强度等均优于它们。

6W6Mo5Cr4V 属降碳减钒型钨钼系高速钢。与 W6Mo5Cr4V2 相比，碳量降低了 50%，钒量减少 1% 左右，是一种高强韧型高承载能力的冷作模具钢。它取代高速钢或高碳高铬钢主要用于制造易于脆断或劈裂的冷挤压冲头或冷镦冲头。

基体钢的化学成分与相应高速工具钢的正常淬火后基体组织的成分相当。这种钢中碳化物数量少，颗粒细小，分布均匀。它具有高速工具钢的高强度、高硬度，又有结构钢的高韧性，淬火变形也小。常用于制造重载的冷镦模、冷挤压模。常用的基体钢有 6Cr4W3Mo2VNb 等。由于合金元素含量低，所以成本低于相应的高速工具钢。

2. 热作模具钢

热作模具钢是用来制造使加热的固态或液态金属在压力下成形的模具。前者称为热锻模（包括热挤压模），后者称为压铸模。

常用的热作模具钢的牌号、化学成分及用途见表 7-16。

表 7-16　常用热作模具钢的牌号、成分（GB/T 1299—2000）及用途

牌号	化 学 成 分(%)								用途举例
	w_C	w_{Mn}	w_{Si}	w_{Cr}	w_W	w_V	w_{Mo}	w_{Ni}	
5CrMnMo	0.50 ~ 0.60	1.20 ~ 1.60	0.25 ~ 0.60	0.60 ~ 0.90	—	—	0.15 ~ 0.30	—	中小型锻模
4Cr5W2SiV	0.32 ~ 0.42	≤0.40	0.80 ~ 1.20	4.50 ~ 5.50	1.60 ~ 2.40	0.60 ~ 1.00	—	—	热挤压模（挤压铝、镁）高速锤锻模
5CrNiMo	0.50 ~ 0.60	0.50 ~ 0.80	≤0.40	0.50 ~ 0.80	—	—	0.15 ~ 0.30	1.40 ~ 1.80	形状复杂、重载荷的大型锻模
4Cr5MoSiV	0.33 ~ 0.43	0.20 ~ 0.50	0.80 ~ 1.20	4.75 ~ 5.50	—	0.30 ~ 0.60	1.10 ~ 1.60	—	同 4Cr5W2SiV
3Cr2W8V	0.30 ~ 0.40	≤0.40	≤0.40	2.20 ~ 2.70	7.50 ~ 9.00	0.20 ~ 0.50	—	—	热挤压模（挤压铜、钢）压铸模

（1）热锻模用钢　热锻模在工作过程中，炽热金属被强制成形时，使模面受到强烈摩擦和承受高达 400~600℃ 的工作温度，还要承受大的冲击力（或挤压力），另一方面还要受到喷入型腔冷却剂的急冷作用，使模具处在时冷时热状态下，导致模具工作表面产生热疲劳裂纹（龟裂）。所以，制作热锻模的钢应具有：在 400~600℃ 高温下有足够的强度、韧性与耐磨性（硬度 40~50HRC）；有较好的热疲劳抗力；还要求大型锻模有高的淬透性，以提高模具热处理后整体性能。

热锻模的化学成分与合金调质钢相似，一般均采用中碳（$w_C = 0.3\% ~ 0.6\%$），并含有铬、锰、镍、硅等合金元素，属亚共析钢。中碳可保证其经中、高温回火后具有足够的强度与韧性。合金元素可进一步强化铁素体，特别是镍，在强化基体的同时，还能提高其韧性。铬镍或铬锰的配合加入，可大大提高钢的淬透性。铬、钨、硅的加入可提高钢的相变点，使模面在交替受热与冷却过程中，不致发生体积变化较大的相变，从而提高其热疲劳抗力。钼

主要是提高耐回火性与防止第二类回火脆性。

热锻模经锻造后需进行退火。加工后再进行淬火与回火，以达到高强度、高韧性，并具有一定的硬度与耐磨性。回火温度根据模具大小而定。对模具的不同部分（模面与模尾）也有不同的硬度要求。一般为避免模尾因韧性不足而脆断，回火温度应较高；模面是工作部分，要求硬度较高，故回火温度较低。它们回火后硬度见表7-17。

表 7-17　5CrMnMo / 5CrNiMo 锻模的硬度要求

模具尺寸/mm	硬 度　HRC	
	模　面	模　尾
小型模具(边长<250)	41～47	35～39
中型模具(边长250～400)	38～42	34～37
大型模具(边长>400)	34～37	30～35

常用的热锻模钢牌号是5CrNiMo及5CrMnMo。5CrNiMo具有良好韧性、强度与耐磨性，并在500～600℃时力学性能几乎不降低。它有十分良好的淬透性，300mm×400mm×300mm的大块钢料也可在油中淬透，故常用来制造大、中型热锻模。5CrMnMo钢不含我国稀缺的镍，性能与5CrNiMo相似，仅是综合力学性能与热疲劳抗力和淬透性能稍低，它适于制作中、小型热锻模。

热锻模经840～870℃淬火及回火后组织为回火托氏体-索氏体。

此外，对于在静压下使金属变形的挤压模，由于变形速度小，模具与炽热金属接触时间长，故高温性能要求较热锻模高，可采用3Cr2W8V钢（用作挤压钢、铜合金的模具）或4Cr5W2VSi钢或4Cr5MoSiV钢（用作挤压铝、镁合金的模具）。

（2）压铸模用钢　压铸是使液体金属在压力下，注入金属型，以形成精确的、组织致密的铸件。压铸时所用的模具称为压铸模。

压铸模工作时，除了应具有热锻模相似的性能外，还因其与高温金属接触的时间长，应具有更高的热疲劳抗力及抗高温金属液的腐蚀，抗高温、高速金属液的冲刷能力。

常用的压铸模用钢的牌号为3Cr2W8V。3Cr2W8V钢中 $w_C = 0.3\% \sim 0.4\%$，但属于过共析钢。合金元素铬、钨、钒等可使钢的相变点 Ac_1 提高到820～830℃，因而其热疲劳抗力较高。此外，它还具有较高的高温强度，在600～650℃时其强度可达1000～1200MPa。这种钢淬透性也较高，截面在100mm以下可在油中淬透。3Cr2W8V钢适于制造浇注温度较高的铜合金与铝合金的压铸模。

压铸模的热处理与热挤压模大体相同。3Cr2W8V钢的淬火温度为1050～1150℃。为了减小变形，一般采用400～500℃及800～850℃的两次预热。淬火冷却可采用空冷、油冷或分级淬火。回火温度根据性能要求和淬火温度的高低，一般在560～660℃范围内进行2～3次回火。淬火、回火后的组织为回火马氏体和粒状碳化物，硬度为40～48HRC。

3. 塑料模具用钢⊖

⊖　GB/T 221—2000中规定，塑料模具钢在牌号头部加符号"SM"，牌号表示方法与优质碳素结构钢和合金工具钢相同，如SM3Cr2Mo、SM45等。但因GB/T 1299—2000中塑料模具钢牌号前未加"SM"，为便于理解，本书中塑料模具用钢牌号前均未加"SM"。

塑料模具包括塑料模和胶木模等。它们都是用来在不超过 200℃ 的低温加热状态下，将细粉或颗粒状塑料压制成形。塑料模具在工作时，持续受热、受压，并受到一定程度的摩擦和有害气体的腐蚀，因此，塑料模具钢主要要求在 200℃ 时具有足够的强度和韧性，并具有较高的耐磨性和耐蚀性。

目前常用的塑料模具钢主要为 3Cr2Mo。这是我国自行研制的专用塑料模具钢。w_C = 0.3% 可保证热处理后获得良好的强、韧配合及较好的硬度、耐磨性；加入铬可提高钢的淬透性，并能与碳形成合金碳化物，提高模具的耐磨性；少量的钼可细化晶粒、减少变形、防止第二类回火脆性。因此，可广泛应用于中型模具。除此以外，可用作塑料模具的钢主要还有：

（1）碳素工具钢　T7~T12、T7A~T12A 价廉，具有一定的耐磨性，但淬火易变形，故用于尺寸较小、形状简单的塑料模。

（2）优质碳素结构钢及合金结构钢　45 钢、40Cr 可加工性好、价廉，热处理后具有较高的强度和韧性，但淬透性较差，适用于生产小型、复杂的塑料模具。

（3）合金工具钢　9Mn2V、CrWMn、Cr2 等合金工具钢由于合金元素的加入使钢的淬透性提高，并形成碳化物提高了钢的耐磨性，故常用于制造中、大型塑料模具。Cr12、Cr12MoV 等钢由于含有较多的合金元素，大大提高了钢的淬透性、耐磨性，并降低了模具的变形和开裂现象，故适于制造尺寸较大、形状复杂的模具。

三、量具用钢

量具是测量工件尺寸的工具（如游标卡尺、千分尺、塞规、块规、样板等）。

对量具的性能要求是：高硬度（62~65HRC）、高耐磨性、高的尺寸稳定性。此外，还需有良好的磨削加工性，使量具能达到很小的粗糙度值。形状复杂的量具还要求淬火变形小。通常合金工具钢如 8MnSi、9SiCr、Cr2、W 钢等都可用来制造各种量具。对高精度、形状复杂的量具，可采用微变形合金工具钢（如 CrWMn 钢）和滚动轴承钢 GCr15 制造。对形状简单、尺寸较小、精度要求不高的量具也可用碳素工具钢 T10A、T12A 制造，或用渗碳钢（15 钢、20 钢、15Cr 钢等）制造，并经渗碳淬火处理。对要求耐蚀的量具可用马氏体型不锈钢 68Cr17 等制造。对金属直尺、钢皮尺、样板及卡规等量具也可采用中碳钢（如 55、65、60Mn、65Mn 等）制造，并经高频感应淬火处理。

量具热处理基本与刃具一样，须进行球化退火及淬火、低温回火处理。为获得高的硬度与耐磨性，其回火温度较低。量具热处理主要问题是保证尺寸稳定性。

量具尺寸不稳定的原因有三：残余奥氏体转变引起尺寸膨胀；马氏体在室温下继续分解引起尺寸收缩；淬火及磨削中产生的残余应力未消除彻底而引起变形。所有这些，所引起的尺寸变化虽然很小，但对高精度量具是不允许的。

为了提高量具尺寸的稳定性，可在淬火后立即进行低温回火（150~160℃）。高精度量具（如块规等）在淬火、低温回火后，还要进行一次稳定化处理（110~150℃，24~36h），以尽量使淬火组织转变成较稳定的回火马氏体，使残余奥氏体稳定化。且在精磨后再进行一次稳定化处理（110~120℃，2~3h），以消除磨削应力。最后才能研磨，从而保证量具尺寸的稳定性。

此外，量具淬火时一般不采用分级或等温淬火，淬火加热温度也尽可能低一些，以免增加残余奥氏体的数量而降低尺寸稳定性。

第五节　特殊性能钢

特殊性能钢具有特殊物理或化学性能，用来制造除要求具有一定的力学性能外，还要求具有特殊性能的零件。其种类很多，机械制造行业主要使用不锈钢、耐热钢、耐磨钢。

一、不锈钢

不锈钢包括不锈钢与耐酸钢。能抵抗大气腐蚀的钢称为不锈钢。而在一些化学介质（如酸类等）中能抵抗腐蚀的钢称为耐酸钢。通常也将这两类钢统称为不锈钢。一般不锈钢不一定耐酸，而耐酸钢则一般都具有良好的耐蚀性能。

1. 金属的腐蚀

（1）腐蚀的概念　金属表面与外界介质作用而逐渐破坏的现象称为腐蚀或锈蚀。腐蚀可分为化学腐蚀与电化学腐蚀两类。

大部分金属的腐蚀是属于电化学腐蚀。当两种电极电位不同的金属互相接触，而且有电解质溶液存在时，将形成微电池，使电极电位较低的金属成为阳极并不断被腐蚀，电极电位较高的金属为阴极而不被腐蚀。在同一合金中，也有可能产生电化学腐蚀。例如，钢组织中，珠光体是由铁素体和渗碳体两相组成的，铁素体的电极电位比渗碳体低，当有电解质溶液存在时，铁素体成为阳极而被腐蚀，如图 7-21 所示。

化学腐蚀是指金属与外界介质发生化学反应而被腐蚀。如钢在高温加热时发生的氧化现象，就是属于化学腐蚀。

（2）提高钢耐蚀性的途径　为了提高钢的耐蚀性，主要采取以下措施：

1）形成钝化膜。在钢中加入大量的合金元素（常用铬），使金属表面形成一层致密的、牢固的氧化膜（又称为钝化膜，如 Cr_2O_3 等），使钢与外界隔绝而阻止进一步氧化。

2）提高电极电位。在钢中加入大量合金元素（如铬等），使钢基体（铁素体、奥氏体、马氏体）的电极电位提高，从而提高其抵抗电化学腐蚀的能力。如铁素体中溶解 $w_{Cr} = 11.7\%$ 的铬时，其电极电位将由 $-0.56V$ 跃升为 $+0.20V$，如图 7-22 所示。

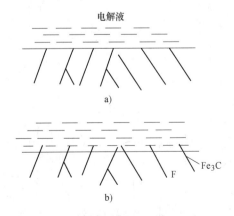

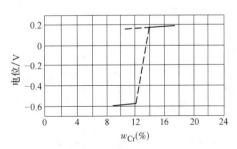

图 7-21　层状珠光体电化学腐蚀示意图
a）腐蚀前　b）腐蚀后

图 7-22　铁铬合金电极电位与含铬量的关系

3）形成单相组织。钢中加入大量的铬或铬镍合金元素，使钢能形成单相的铁素体或奥氏体组织，以阻止形成微电池，从而显著提高耐蚀性。加入锰和氮也有类似作用。

2. 常用不锈钢

按化学成分可分为铬不锈钢、镍铬不锈钢、铬锰不锈钢等。按金相组织特点则可分为马氏体型不锈钢、铁素体型不锈钢、奥氏体型不锈钢、奥氏体-铁素体型不锈钢及沉淀硬化型不锈钢五种类型。

不锈钢新牌号前的数字表示平均碳质量分数的万倍，合金元素的表示方法与其他合金钢相同。当 $w_C \leqslant 0.03\%$ 或 0.08% 者，在牌号前分别冠以 "00" 与 "0"。如不锈钢 30Cr13 的平均 $w_C = 0.3\%$、$w_{Cr} \approx 13\%$；06Cr19Ni10 钢的平均 $w_C \approx 0.06\%$、$w_{Cr} \approx 19\%$、$w_{Ni} \approx 10\%$；另外，当 $w_{Si} \leqslant 1.5\%$、$w_{Mn} \leqslant 2\%$ 时，牌号中不予标出。

常用的不锈钢的牌号、成分、热处理、性能及用途见表 7-18。

表 7-18　常用不锈钢的牌号、成分、热处理、力学性能及用途（摘自 GB/T 1220—2007）

类别	牌号		化学成分（%）			热处理		力学性能			硬度 HBW	用途举例
	新牌号	旧牌号	w_C	w_{Cr}	$w_{其他}$	淬火温度/℃	回火温度/℃	$\sigma_{0.2}$/MPa	σ_b/MPa	δ（%）		
马氏体型	12Cr13	1Cr13	≤0.15	11.50~13.50	—	950~1000 油	700~750 快冷	≥345	≥540	≥25	≥159	汽轮机叶片、水压机阀、螺栓、螺母等抗弱腐蚀介质并承受冲击的零件
	20Cr13	2Cr13	0.16~0.25	12.00~14.00	—	920~980 油	600~750 快冷	≥440	≥635	≥20	≥192	汽轮机叶片、水压机阀、螺栓、螺母等抗弱腐蚀介质并承受冲击的零件
	30Cr13	3Cr13	0.26~0.40	12.00~14.00	—	920~980 油	600~750 快冷	540	≥735	≥12	≥217	作耐磨的零件，如热油泵轴、阀门、刃具
	68Cr17	7Cr17	0.60~0.75	16.00~18.00	—	1010~1070 油	100~180 快冷	—	—	—	≥54 HRC	作轴承、刃具、阀门、量具等
铁素体型	06Cr13Al	0Cr13Al	≤0.08	11.50~14.50	Al 0.10~0.30	780~830 空冷或缓冷	—	≥177	≥410	≥20	≤183	汽轮机材料，复合钢材，淬火用部件
	10Cr17	1Cr17	≤0.12	16.00~18.00		780~850 空冷或缓冷	—	≥205	≥450	≥22	≤183	通用钢种，建筑内装饰用，家庭用具等
	008Cr30Mo2	00Cr30Mo2	≤0.010	28.50~32.00	Mo 1.50~2.50	900~1050 快冷	—	≥295	≥450	≥20	≤228	C、N 含量极低，耐蚀性很好。制造苛性碱设备及有机酸设备

（续）

类别	牌号		化学成分(%)			热处理		力学性能				用途举例
	新牌号	旧牌号	w_C	w_{Cr}	$w_{其他}$	淬火温度/℃	回火温度/℃	$\sigma_{0.2}$/MPa	σ_b/MPa	δ(%)	硬度HBW	
奥氏体型	Y12Cr18Ni9	Y1Cr18Ni9	≤0.15	17.00~19.00	P≤0.20 S≤0.15 Ni 8.00~10.00	固溶处理 1010~1150 快冷	—	≥205	≥520	≥40	≤187	提高可加工性、最适用于自动车床。作螺栓、螺母等
	06Cr19Ni10	0Cr18Ni9	≤0.08	18.00~20.00	Ni 8.00~11.0	固溶处理 1010~1150 快冷	—	≥205	≥520	≥40	≤187	作为不锈耐热钢使用最广泛。食用品设备、化工设备、核工业用
	06Cr19Ni10N	0Cr19Ni9N	≤0.08	18.00~20.00	Ni 7.00~10.50 N 0.10~0.25	固溶处理 1010~1150 快冷	—	≥275	≥550	≥35	≤217	在0Cr19Ni9中加N，强度提高，塑性不降低。作结构用强度部件
	06Cr18Ni11Ti	0Cr18Ni10Ti	≤0.08	17.00~19.00	Ni 9.00~12.00 Ti≥5× w_C	固溶处理 920~1150 快冷	—	≥205	≥520	≥40	≤187	作焊芯、抗磁仪表、医疗器械、耐酸容器、输送管道
铁素体-奥氏体型	14Cr18Ni11Si4AlTi	1Cr18Ni11Si4AlTi	0.10~0.18	17.50~19.50	Ni 10.00~12.00 Si 3.40~4.00 Ti 0.40~0.70 Al 0.10~0.30	固溶处理 950~1100 快冷	—	≥440	≥715	≥25	—	可用于制作抗高温、浓硝酸介质的零件和设备，如排酸阀门等
	022Cr19Ni5Mo3Si2N	00Cr18Ni5Mo3Si2	≤0.03	18.00~19.50	Ni 4.50~5.50 Mo 2.50~3.00 Si 1.30~2.00	固溶处理 950~1050 快冷	—	≥390	≥590	≥20	≤30 HRC	作石油化工等工业热交换器或冷凝器等
沉淀硬化型	07Cr17Ni7Al	0Cr17Ni7Al	≤0.09	16.00~18.00	Ni 6.50~7.75 Al 0.75~1.50	固溶处理 1000~1100℃ 快冷	65℃ 时效	≥960	≥1140	≥5	≥363	作弹簧垫圈、机器部件

（1）铁素体型不锈钢 常用的铁素体型不锈钢中，$w_C < 0.15\%$、$w_{Cr} = 12\% \sim 30\%$，属于铬不锈钢。铬是缩小奥氏体相区的元素，可使这类钢获得单相铁素体组织，即使将钢从室

温加热到高温（960～1100℃），其组织也无显著变化。其抗大气与耐酸能力强，具有良好的高温抗氧化性（700℃以下），特别是抗应力腐蚀性能较好，但力学性能不如马氏体不锈钢，故多用于受力不大的耐酸结构和作抗氧化钢使用。

铁素体型不锈钢按铬的含量有三种类型。①Cr13型，如06Cr13Al、022Cr12，常作耐热钢用（如汽车排气阀等）；②Cr17型，如10Cr17、10Cr17Mo等，可耐大气、稀硝酸等介质的腐蚀；③Cr27-30型，如008Cr30Mo2、008Cr27Mo，是耐强腐蚀介质的耐酸钢。

（2）马氏体型不锈钢　这类钢中含碳量较铁素体型不锈钢高，淬火后能得到马氏体，故称为马氏体型不锈钢，也属于铬不锈钢。它随着钢中含碳量的增加，钢的强度、硬度、耐磨性提高，但耐蚀性则下降。马氏体型不锈钢的耐蚀性、塑性、焊接性虽不如奥氏体、铁素体型不锈钢，但由于它有较好的力学性能与耐蚀性相结合，故应用广泛。含碳量较低的12Cr13、20Cr13等钢类似调质钢，可用来制造力学性能要求较高、又要有一定耐蚀性的零件，如汽轮机叶片及医疗器械等。30Cr13、32Cr13Mo等类似工具钢，用于制造医用手术工具、量具及轴承等耐磨工件。

这类钢锻造后需退火，以降低硬度改善可加工性。在冲压后也需进行退火，以消除硬化，提高塑性，便于进一步加工。

（3）奥氏体型不锈钢　这是应用最广的不锈钢，属镍铬不锈钢。典型的有18-8型不锈钢。这种钢含碳量很低，$w_{Cr} = 17\% \sim 19\%$，$w_{Ni} = 8\% \sim 11\%$。因镍的加入，扩大了奥氏体区而获得单相奥氏体组织。故有很好的耐蚀性及耐热性。现已在18-8型基础上发展了许多新钢种。我国奥氏体型不锈钢共有28种。

奥氏体型不锈钢在450～850℃时，在晶界处析出碳化物（Cr，Fe）$_{23}$C$_6$，从而使晶界附近的$w_{Cr} < 11.7\%$，这样晶界附近就容易引起腐蚀，称为晶间腐蚀。有晶间腐蚀的钢，稍受力即沿晶界开裂或粉碎。防止晶间腐蚀的主要方法有：降低含碳量（$w_C < 0.06\%$），使钢中不形成铬的碳化物；加入能形成稳定碳化物的元素钛、铌等，使钢中优先形成TiC、NbC，而不形成铬的碳化物，以保证奥氏体中的含铬量。

这类钢退火状态下并非是单相的奥氏体，还有少量的碳化物。为了获得单相奥氏体，以提高耐蚀性，可在1100℃左右加热，使所有碳化物都溶入奥氏体，然后水淬快冷至室温，即获得单相奥氏体组织，如图7-23所示。这种处理又称为固溶处理。它与一般钢的淬火有所不同，对18-8钢来讲，固溶处理的目的是提高耐蚀性，并使钢软化。对于含钛或铌的奥氏体型不锈钢，经固溶处理后还需进行稳定化处理，即将钢加热到850～900℃，保温4～6h后空冷或

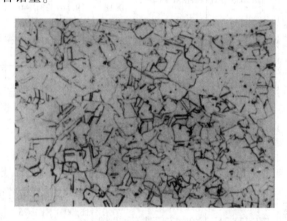

图7-23　奥氏体型不锈钢火淬后组织（100×）

炉冷。其目的在于使钛或铌能以碳化物形式析出，防止了晶间腐蚀。

镍铬奥氏体不锈钢在淬火状态下塑性很好（$\delta = 40\%$），适于进行各种冷塑性变形，它

对加工硬化很敏感，因此，这类钢唯一的强化方法是加工硬化，硬化后强度可由 600MPa 提高到 1200 ~ 1400MPa，伸长率为 $\delta = 10\%$。这类钢的可加工性很差，因其塑性、韧性很好，切削时易粘刀，又易加工硬化，加上导热性差，故刃具易磨损。

（4）铁素体-奥氏体型不锈钢（双相不锈钢） 双相不锈钢是近年发展起来的新型不锈钢，它的成分是在 $w_{Cr} = 18\%$ ~ 26%、$w_{Ni} = 4\%$ ~ 7% 的基础上，再根据不同用途加入锰、钼、硅等元素组合而成，如 022Cr19Ni5Mo3Si2N 等。双相不锈钢通常采用 1000 ~ 1100C 淬火后，可获得铁素体（60% 左右）及奥氏体组织。由于奥氏体的存在，降低了高铬铁素体型钢的脆性，提高了焊接性、韧性，降低了晶粒长大的倾向；而铁素体的存在则提高了奥氏体型钢的屈服强度、抗晶间腐蚀能力等。如 022Cr19Ni5Mo3Si2N 双相不锈钢，室温屈服强度比镍铬奥氏体型钢高一倍左右，而其塑性、冲击韧性仍较高，冷热加工性能及焊接性也较好。但需注意的是双相不锈钢的优越性只有在正确的加工条件和合适的环境中才能保证。

二、耐热钢

1. 耐热性的概念

在航空、火力电站、发动机、化工等部门中，许多零件在高温下使用，要求具有耐热性。所谓耐热性，是指材料在高温下兼有抗氧化与高温强度的综合性能。具有良好耐热性的钢称为耐热钢。

（1）高温抗氧化性的概念及其提高途径 金属的抗氧化性是指金属在高温下迅速氧化形成一层致密的氧化膜，使钢不再继续氧化。为了提钢的抗氧化性，通常可在耐热钢中加入合金元素铬、硅、铝等，它们与氧的亲和力大，故优先被氧化，形成一层致密的、高熔点的并牢固覆盖于钢表面的氧化膜（Cr_2O_3、Fe_2SiO_4、Al_2O_3），使金属与外界的高温氧化性气体隔绝，从而避免进一步氧化。如钢中 $w_{Cr} = 20\%$ ~ 25% 时，抗氧化温度可达 1100℃。

（2）高温强度概念及其提高途径 金属在高温下长期承受载荷有两个特点：一是温度升高，金属原子间结合力减弱，强度下降；二是在再结晶温度以上，即使金属受的应力不超过该温度下的弹性极限，它也会缓慢地发生塑性变形，且变形量随时间的增长而增大，最后导致金属破坏。这种现象称为蠕变。

提高材料高温强度的途径有：①提高再结晶温度：在钢中加入铬、钼、铌、钒等元素，可提高作为钢基体的固溶体的原子间结合力，使原子扩散困难，并能延缓再结晶过程的进行，如具有面心立方的奥氏体型钢，由于再结晶温度较体心立方的铁素体型钢高，故其高温强度也较铁素体型钢高；②弥散强化：在钢中加入钛、铌、钒、钨、钼、铬以及氮等元素，可形成稳定而又弥散的碳化物和氮化物等，它们在较高温度下也不易聚集长大，因而能起到阻止位错移动提高高温强度的作用；③采用较粗晶粒的钢：高温长时间使用下的耐热钢，一般都是沿晶界断裂，因此适当"粗化"的粗晶粒钢其高温强度比细晶粒钢好。

2. 常用的耐热钢

耐热钢按正火状态下组织的不同，可分为铁素体型钢、珠光体型钢、马氏体型钢、奥氏体型钢等。常用的耐热钢牌号、成分、热处理及用途见表 7-19，其牌号表示方法与不锈钢相同。

表 7-19　常用耐热钢的牌号、成分、热处理及用途（摘自 GB/T 1221—2007）

类别	牌号 新牌号	牌号 旧牌号	化学成分(%) w_C	w_{Mn}	w_{Si}	w_{Ni}	w_{Cr}	w_{Mo}	$w_{其他}$	热处理	用途举例
铁素体型钢	16Cr25N	2Cr25N	≤0.20	≤1.50	≤1.00	≤0.60	23.00~27.00	—	N ≤0.25	退火780~880℃(快冷)	耐高温,腐蚀性强,1082℃以下不产生易剥落的氧化皮,用作1050℃以下炉用构件
	06Cr13Al	0Cr13Al	≤0.08	≤1.00	≤1.00	≤0.60	11.50~14.50	—	Al≤0.10~0.30	退火780~830℃(空冷)	最高使用温度900℃,制作各种承受应力不大的炉用构件,如喷嘴、退火炉罩、吊挂等
奥氏体型钢	06Cr25Ni20	0Cr25Ni20	≤0.08	≤2.00	≤1.50	19.00~22.00	24.00~26.00	—	—	固溶处理1030~1180℃(快冷)	可用作1035℃以下炉用材料
	12Cr16Ni35	1Cr16Ni35	≤0.15	≤2.00	≤1.50	33.00~37.00	14.00~17.00	—	—	固溶处理1030~1180℃(快冷)	抗渗碳、抗渗氮性好,在1035℃以下可反复加热
	26Cr18Mn12Si2N	3Cr18Mn12Si2N	0.22~0.30	10.50~12.50	1.40~2.20	—	17.00~19.00	—	N 0.22~0.33	固溶处理1100~1150℃(快冷)	最高使用温度1000℃,制作渗碳炉构件、加热炉传送带、料盘等
	06Cr18Ni11Ti	0Cr18Ni10Ti	≤0.08	≤2.00	≤1.00	9.00~12.00	17.00~19.00	—	Ti 5×w_C~0.70	固溶处理920~1150℃(快冷)	作400~900℃腐蚀条件下使用部件,高温用焊接结构部件
	45Cr14Ni14W2Mo (14-14-2)	4Cr14Ni14W2Mo (14-14-2)	0.40~0.50	≤0.70	≤0.80	13.00~15.00	13.00~15.00	0.25~0.40	W 2.00~2.75	固溶处理820~850℃(快冷)	有效高热强性,用于内燃机重负荷排气阀
珠光体型钢	15CrMo①		0.12~0.18	—	—	—	0.80~1.10	0.40~0.55	—	930~960℃正火	制造高压锅炉等
	35CrMoV①		0.30~0.38	—	—	—	1.00~1.30	0.20~0.30	V 0.10~0.20	980~1020℃正火或调质处理	高应力下工作的重要机件,如520℃以下的汽轮机转子叶轮、压缩机转子等

（续）

类别	牌号		化学成分(%)							热处理	用途举例
	新牌号	旧牌号	w_C	w_{Mn}	w_{Si}	w_{Ni}	w_{Cr}	w_{Mo}	$\omega_{其他}$		
马氏体型钢	12Cr13	1Cr13	0.08 ~ 0.15	≤1.00	≤1.00	≤0.60	11.50 ~ 13.50	—	—	950 ~ 1000℃ 油淬或700~750℃回火(快冷)	作800℃以下耐氧化用部件
	13Cr13Mo	1Cr13Mo	0.08 ~ 0.18	≤1.00	≤0.60	≤0.60	11.50 ~ 14.00	—	—	970 ~ 1000℃ 油淬或650~750℃回火(快冷)	汽轮机叶片、高温高压耐氧化用部件
	14Cr11MoV	1Cr11MoV	0.11 ~ 0.18	≤0.60	≤0.50	≤0.60	10.00 ~ 11.50	0.50 ~ 0.70	V 0.25 ~ 0.40	1050 ~ 1100℃ 空淬或720~740℃回火(空冷)	有较高的热强性、良好减振性及组织稳定性。用于涡轮机叶片及导向叶片
	15Cr12WMoV	1Cr12WMoV	0.12 ~ 0.18	0.50 ~ 0.90	≤0.50	0.40 ~ 0.80	11.00 ~ 13.00	0.50 ~ 0.70	W 0.7 ~ 1.10 V 0.15 ~ 0.30	1000 ~ 1050℃ 油淬或680~700℃回火(空冷)	性能同上。用于涡轮机叶片、紧固件,转子及轮盘
	42Cr9Si2	4Cr9Si2	0.35 ~ 0.50	≤0.70	2.00 ~ 3.00		8.00 ~ 10.00	—	—	1020 ~ 1040℃ 油淬或700~780℃回火(油冷)	有较高的热强性。作内燃机气阀、轻负荷发动机的排气件
	40Cr10Si2Mo	4Cr10Si2Mo	0.35 ~ 0.45	≤0.70	1.90 ~ 2.60		9.00 ~ 10.50	0.70 ~ 0.90	—	1020 ~ 1040℃ 油淬或720~760℃回火(空冷)	

① 15CrMo、35CrMoV 为 GB/T 3077—1999 中牌号。

（1）珠光体型耐热钢 这类钢在 450～600℃ 范围内,按含碳量及应用特点可分为低碳耐热钢和中碳耐热钢。前者主要用于制作锅炉钢管等,常用的牌号有 12CrMo、15CrMo、12CrMoV 等。后者则用来制造耐热紧固件、汽轮机转子、叶轮等,常用牌号有 25Cr2MoVA、35CrMoV 等。

（2）马氏体型耐热钢 工作温度在 450～620℃ 范围内,要求有更高的蠕变强度、耐蚀性和耐腐蚀磨损性的汽轮机叶片等零件,用珠光体型热强钢制作是难以胜任的。Cr13 型不锈钢在大气蒸汽中,虽具有耐蚀性和较高强度,但其碳化物弥散效果差,稳定性也低,因此向 Cr13 型不锈钢中加入钼、钨、钒等合金元素，发展了 Cr13 型马氏体耐热钢。常用的牌号有 12Cr13 及在其基础上发展的 13Cr13Mo、14Cr11MoV 及 15Cr12WMoV 等。此外，42Cr9Si2 及 40Cr10Si2Mo 等铬硅钢是另一类马氏体型耐热钢，它们含碳量为中碳，耐磨性较好，常用作制造内燃机的气阀，故又称为气阀钢。

（3）奥氏体型耐热钢　奥氏体型钢可加工性差，但由于其耐热性、焊接性、冷作成形性较好，故得到广泛的应用。常用的牌号有 06Cr18Ni11Ti，它是奥氏体型不锈钢，同时又有高的抗氧化性（400～900℃），并在 600℃ 还有足够的强度。常用作 <900℃ 腐蚀条件下的部件、高温用焊接结构件等。45Cr14Ni14W2Mo 钢（14-14-2 型钢）是另一种目前应用最多的奥氏体型耐热钢，它的热强性、组织稳定性及抗氧化性均高于马氏体型气阀钢，故常用于制造工作温度 ≥650℃ 的内燃机重负荷排气阀。

如工作温度超过 700℃，则应考虑选用镍基（Ni-Cr 合金）、铁基（Fe-Ni-Cr 合金）等耐热合金；工作温度超过 900℃，则应选用钼基、陶瓷合金等；对于 350℃ 以下工作的零件，则用一般的合金结构钢即可。

三、耐磨钢

耐磨钢是指在巨大压力和强烈冲击载荷作用下才能发生硬化的高锰钢。

耐磨钢的典型牌号是 ZGMn13 型，它的主要成分为铁、碳和锰，$w_C = 0.75\% \sim 1.5\%$，$w_{Mn} = 11\% \sim 14\%$。碳含量较高可以提高耐磨性；锰含量很高，可以保证热处理后得到单相奥氏体组织。通常锰碳比（Mn/C）控制在 9～11。对于耐磨性要求较高、冲击韧性要求稍低、形状不复杂的零件，锰碳比取低限（$w_C = 1.2\% \sim 1.3\%$、$w_{Mn} = 11\% \sim 14\%$）；反之，则取高限（$w_C = 0.75\% \sim 1.1\%$、$w_{Mn} = 10\% \sim 13\%$）。

由于高锰钢极易加工硬化，使切削加工困难，故大多数高锰钢零件是采用铸造成形的。铸造高锰钢的牌号及化学成分见表 7-20。

表 7-20　铸造高锰钢牌号、成分及适用范围（摘自 GB/T 5680—1998）

牌号[①]	化 学 成 分（%）					适用范围
	w_C	w_{Mn}	w_{Si}	w_S	w_P	
ZGMn13-1	1.10～1.45		0.30～1.00	≤0.040	≤0.090	低冲击件
ZGMn13-2	1.00～1.35		0.30～1.00	≤0.040	≤0.070	普通件
ZGMn13-3	0.90～1.35	11.00～14.00	0.30～0.80	≤0.035	≤0.070	复杂件
ZGMn13-4	0.90～1.30		0.30～0.80	≤0.040	≤0.070	高冲击件
ZGMn13-5	0.75～1.30		0.30～1.00	≤0.040	≤0.070	高冲击件

① "-" 后阿拉伯数字表示品种代号

这种钢由于铸态组织中存在着沿奥氏体晶界析出的碳化物及托氏体，使钢的力学性能变坏；特别是使冲击韧性和耐磨性降低。所以必须经过水韧处理——即经 1050～1100℃ 加热，使碳化物全部溶入奥氏体、然后在水中激冷，防止碳化物析出，保证得到均匀单相奥氏体组织，从而使其具有强、韧结合和耐冲击的优良性能。经水韧处理后性能为：$\sigma_b \geq 637 \sim 735MPa$，$\delta_5 \geq 20\% \sim 35\%$，≤229HBW，$A_K \geq 120J$。然而在工作时，如受到强烈的冲击、压力与摩擦，则表面因塑性变形会产生强烈的加工硬化，而使表面硬度提高到 500～550HBW，因而获得高的耐磨性，而心部仍保持原来奥氏体所具有的高的塑性与韧性。当旧表面磨损后，新露出的表面又可在冲击与摩擦作用下获得新的耐磨层。故这种钢具有很高的抗冲击能力与耐磨性，但在一般机器工作条件下并不耐磨。

高锰钢主要用于制造坦克、拖拉机的履带、破碎机颚板、铁路道岔、挖掘机铲斗的斗齿以及防弹钢板、保险箱钢板等。另外，还因高锰钢是非磁性的，也可用于制造既耐磨又抗磁化的零件，如吸料器的电磁铁罩等。

习题与思考题

1. 合金钢与碳钢相比，为什么它的力学性能好？热处理变形小？为什么合金工具钢的耐磨性、热硬性比碳钢高？

2. 低合金高强度结构钢中合金元素主要是通过哪些途径起强化作用？这类钢经常用于哪些场合？

3. 现有40Cr钢制造的机床主轴，心部要求良好的强韧性（200~300HBW），轴颈处要求硬而耐磨（54~58HRC），试问：

1）应进行哪种预备热处理和最终热处理？

2）热处理后各获得什么组织？

3）各热处理工序在加工工艺路线中位置如何安排？

4. 现有20CrMnTi钢制造的汽车齿轮，要求齿面硬化层 $\delta = 1.0 \sim 1.2mm$，齿面硬度为58~62HRC，心部硬度为35~40HRC，请确定其最终热处理方法及最终获得的表层与心部组织。

5. 弹簧为什么要进行淬火、中温回火？弹簧的表面质量对其使用寿命有何影响？可采用哪些措施提高弹簧使用寿命？

6. 滚动轴承钢除专用于制造滚动轴承外，是否可用来制造其他结构零件和工具？举例说明。

7. 在20Cr、40Cr、CCr9、50CrV等钢中，铬的质量分数都小于1.5%，问铬在钢中的存在形式、钢的性能、热处理及用途上是否相同？为什么？

8. 结构钢能否用来制造工具？工具钢能否用来制造机器零件？试举例说明之。

9. 试分析高速工具钢中，碳与合金元素的作用及高速工具钢热处理工艺特点。为什么高速工具钢中，含碳量有普遍提高的趋势？

10. 高速工具钢经铸造后为什么要反复锻造？锻造后在切削加工前为什么必须退火？为什么高速工具钢退火温度较低［略高于 Ac_1（830℃）温度］而淬火温度却高达1280℃？淬火后为什么要经三次560℃回火？能否改用一次较长时间的回火？高速工具钢在560℃回火是否是调质处理？为什么？

11. Cr12型钢中碳化物的分布对钢的使用性能有何影响？热处理能改善其碳化物分布吗？生产中常用什么方法予以改善？

12. 量具钢使用过程中常见的失效形式是磨损与尺寸变化，为了提高量具的使用寿命，应采用哪些热处理方法？并安排各热处理工序在加工工艺路线中的位置。

13. 解释下列现象：

1）在含碳量相同的情况下，大多数合金钢的热处理加热温度都比碳钢高，保温时间长。

2）$w_C = 0.4\%$、$w_{Cr} = 12\%$ 的铬钢为过共析钢，$w_C = 1.5\%$、$w_{Cr} = 12\%$ 的铬钢为莱氏体钢。

3）高速工具钢在热轧或热锻后空冷，能获得马氏体组织。

4）在砂轮上磨制各种钢制刀具时，需经常用水冷却，而磨硬质合金制成的工具时，却不需用水冷。

14. 如果要用Cr13型不锈钢制作机械零件、外科医用工具、滚动轴承及弹簧时，应分别选择什么牌号和热处理方法？

15. 根据下表所列的内容，归纳对比各类合金钢的特点。

	类 别	成分特点	常用牌号举例	热处理方法	热处理后组织	主要性能及用途
结构钢	低合金高强度结构钢					
	渗碳钢					
	调质钢					
	冷冲压钢					
	弹簧钢					
	滚动轴承钢					
工具钢	合金刃具钢					
	高速工具钢					
	热作模具钢					
	冷作模具钢					
	量具钢					

16. 判断下列说法是否正确：

40Mn 是合金结构钢；Q295A 是优质碳素结构钢；GCr15 钢中 $w_{Cr}=15\%$；W18Cr4V 钢中 $w_C \geqslant 1\%$。

17. 12Cr13 钢和 Cr12 钢中，铬的质量分数均大于 11.7%，现 12Cr13 属于不锈钢，但为什么 Cr12 钢却不能作不锈钢？

18. 奥氏体不锈钢能否通过热处理来强化？为什么？生产中常用什么方法使其强化？

19. 奥氏体不锈钢和耐磨钢淬火的目的与一般钢的淬火目的有何不同？高锰钢的耐磨原理与淬火工具钢的耐磨原理又有何不同？它们的应用场合有何不同？

第八章 铸 铁

铸铁是 $w_C > 2.11\%$ （一般为 $w_C = 2.5\% \sim 4\%$）的铁碳合金。它是以铁、碳、硅为主要组成元素，并比碳钢含有较多的硫、磷等杂质元素的多元合金。为了提高铸铁的力学性能或物理、化学性能，还可加入一定量的合金元素，得到合金铸铁。

早在公元前 6 世纪春秋时期，我国已开始使用铸铁，比欧洲各国要早将近 2000 年。在目前工业生产中，铸铁仍是最重要的工程材料之一。与钢相比，铸铁的抗拉强度、塑性及韧性较低，但具有优良的铸造性、减摩性、减振性、可加工性及低的缺口敏感性且成本低廉。若按重量百分比计算，在各类机械中，铸铁件约占 40% ~ 70%，在机床和重型机械中，则可达 60% ~ 90%。

碳在铸铁中既可形成化合状态的渗碳体（Fe_3C），也可形成游离状态的石墨（G）。根据碳在铸铁中存在形式的不同，铸铁可分为三类：

（1）白口铸铁 碳除少量溶于铁素体外，其余的碳都以渗碳体的形式存在于铸铁中，其断口呈银白色，故称白口铸铁。$Fe\text{-}Fe_3C$ 相图中的亚共晶、共晶、过共晶合金即属这类铸铁。这类铸铁组织中都存在着共晶莱氏体，性能硬而脆，很难切削加工，所以很少直接用来制造各种零件。

（2）灰口铸铁[○] 碳全部或大部分以游离状态的石墨存在于铸铁中，其断口呈暗灰色，故称灰口铸铁。

（3）麻口铸铁 碳一部分以石墨形式存在，类似灰口铸铁；另一部分以自由渗碳体形式存在，类似白口铸铁。断口上呈黑白相间的麻点，故称麻口铸铁。这类铸铁也具有较大的硬脆性，故工业上很少应用。

由于灰口铸铁中的碳主要以石墨形式存在，使它具有良好的可加工性、减摩性、减振性及铸造性能等，而且熔炼的工艺与设备简单，成本低廉，故目前工业生产中主要应用这类铸铁。根据灰口铸铁中石墨形态不同，它又可分为以下四种：

（1）灰铸铁 铸铁中石墨呈片状存在。这类铸铁的力学性能不高，但它的生产工艺简单，价格低廉，故工业上应用最广。

（2）球墨铸铁 铸铁中石墨呈球状存在。它不仅力学性能比灰铸铁高，而且还可以通过热处理进一步提高其力学性能，所以它在生产中的应用日益广泛。

（3）蠕墨铸铁 它是 20 世纪 70 年代发展起来的一种新型铸铁，石墨形态介于片状与球状之间，故性能也介于灰铸铁与球墨铸铁之间。

（4）可锻铸铁 铸铁中石墨呈团絮状存在。其力学性能（特别是韧性和塑性）较灰铸铁高，并接近于球墨铸铁。

第一节 铸铁的石墨化

一、铁碳合金双重相图

碳在铸铁中存在的形式有渗碳体（Fe_3C）和游离状态的石墨（G）两种。渗碳体的具

○ 此处应称灰口铸铁，与一般称为灰铸铁的不同，只在石墨呈片状时才称为灰铸铁。

体结构与性能已在第二章中阐明。石墨的晶体结构为简单六方晶格，如图8-1所示，原子呈层状排列，同一层的原子间距为1.42Å，结合力较强；而层与层之间的面间距为3.40Å，是依靠较弱的金属键结合，故石墨具有不太明显的金属性能（如导电性），而且由于层与层间的结合力弱，易滑移，故石墨的强度、塑性和韧性较低，硬度仅为3～5HBW。

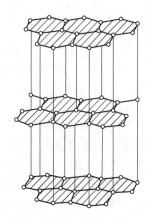

实践证明：渗碳体若加热到高温，又可分解为铁素体与石墨，即 $Fe_3C \longrightarrow 3Fe + C$（G）。这表明石墨是稳定相，而渗碳体仅是介（亚）稳定相。成分相同的铁液在冷却时，冷却速度越慢，析出石墨的可能性越大；冷却速度越快，析出渗碳体的可能性越大。因此，描述铁碳合金结晶过程的相图应有两个，即前述的 $Fe\text{-}Fe_3C$ 相图（它说明了介稳定相 Fe_3C 的析出规律）

图8-1　石墨的晶体结构

和 Fe-C（G）相图（它说明了稳定相石墨的析出规律）。为了便于比较和应用，习惯上把这两个相图合画在一起，称为铁碳合金双重相图，如图8-2所示。图中实线表示 $Fe\text{-}Fe_3C$ 相图，虚线表示 Fe-C（G）相图，凡虚线与实线重合的线条都用实线表示。

由图可见，虚线均位于实线的上方或左上方，这表明 Fe-C（G）相图较 $Fe\text{-}Fe_3C$ 相图更为稳定，以及碳在奥氏体和铁素体中溶解度较小。

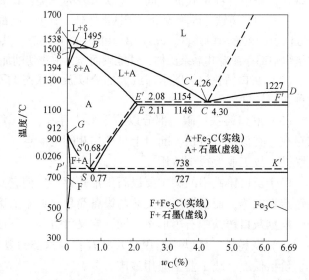

图8-2　铁碳合金双重相图

二、石墨化过程

（1）石墨化方式　铸铁组织中石墨的形成过程称为石墨化过程。铸铁的石墨化可有以下两种方式：

1）按照 Fe-C（G）相图，由液态和固态中直接析出石墨。在生产中经常出现的石墨飘浮现象，就证明了石墨可从铁液中直接析出。

2）按照 $Fe\text{-}Fe_3C$ 相图结晶出渗碳体，随后渗碳体在一定条件下分解出石墨。在生产中，白口铸铁经高温退火后可获得可锻铸铁，就证实了石墨也可由渗碳体分解得到。

（2）石墨化过程　现以过共晶合金的铁液为例，当它以极缓慢的速度冷却，并全部按Fe-C（G）相图进行结晶时，则铸铁的石墨化过程可分为如下三个阶段：

第一阶段（液态阶段）石墨化：它包括过共晶液相沿着液相线 $C'D'$ 冷却时析出的一次石墨 G_I，以及共晶转变时形成的共晶石墨 $G_{共晶}$，其反应式可写成

$$L \longrightarrow L_{C'} + G_I$$

$$L_{C'} \xrightarrow{1154℃} A_{E'} + G_{共晶}$$

中间阶段（共晶-共析阶段）石墨化：过饱和奥氏体沿着 $E'S'$ 线冷却时析出的二次石墨

G_{II}，其反应式可写成

$$A_{E'} \xrightarrow{1154 \sim 738℃} A_{S'} + G_{II}$$

第二阶段（共析阶段）石墨化：在共析转变阶段，由奥氏体转变为铁素体和共析石墨 $G_{共析}$，其反应式可写成

$$A_{S'} \xrightarrow{738℃} F_{P'} + G_{共析}$$

上述成分的铁液若按 $Fe\text{-}Fe_3C$ 相图进行结晶，然后由渗碳体分解出石墨，则其石墨化过程同样可分为三个阶段：

第一阶段：一次渗碳体和共晶渗碳体在高温下分解而析出石墨。

中间阶段：二次渗碳体分解而析出石墨。

第二阶段：共析渗碳体分解而析出石墨。

石墨化过程是原子扩散过程，所以石墨化的温度越低，原子扩散越困难，因而越不易石墨化。显然，由于石墨化程度的不同，将获得不同基体的铸铁组织。

三、影响石墨化的因素

铸铁的化学成分和结晶过程中的冷却速度是影响石墨化的主要因素。

1. 化学成分的影响

（1）碳和硅 碳和硅是强烈促进石墨化元素，铸铁中碳和硅的含量越高，石墨化程度越充分。这是因为随着含碳量的增加，液态铸铁中石墨晶核数增多，所以促进了石墨化；硅与铁原子的结合力较强，硅溶于铁素体中，不仅会削弱铁、碳原子间的结合力，而且还会使共晶点的含碳量降低，共晶温度提高，这都有利于石墨的析出。

实践表明，铸铁中硅的质量分数每增加 1%，共晶点的碳质量分数相应降低 0.33%。为了综合考虑碳和硅的影响，通常把含硅量折合成相当的含碳量，并把这个碳的总量称为碳当量 w_{CE}，即

$$w_{CE} = w_C + \frac{1}{3}w_{Si}$$

用碳当量代替 $Fe\text{-}C$（G）相图的横坐标中含碳量，就可以近似地估计出铸铁在 $Fe\text{-}C$（G）相图上的实际位置。因此调整铸铁的碳当量，是控制其组织与性能的基本措施之一。由于共晶成分的铸铁具有最佳的铸造性能，因此在灰铸铁中，一般将其碳当量均配制到 4% 左右。

（2）锰 锰是阻止石墨化的元素。但锰与硫能形成硫化锰，减弱了硫对石墨化的阻止作用，结果又间接地起着促进石墨化的作用，因此，铸铁中含锰量要适当。

（3）硫 硫是强烈阻止石墨化的元素，这是因为硫不仅增强铁、碳原子的结合力，而且形成硫化物后，常以共晶体形式分布在晶界上，阻碍碳原子的扩散。此外，硫还降低铁液的流动性和促进高温铸件开裂。所以硫是有害元素，铸铁中含硫量越低越好。

（4）磷 磷是微弱促进石墨化的元素，同时它能提高铁液的流动性，但形成的 Fe_3P 常以共晶体形式分布在晶界上，增加铸铁的脆性，使铸铁在冷却过程中易于开裂，所以一般铸铁中含磷量也应严格控制。

2. 冷却速度的影响

在实际生产中，往往发现同一铸件厚壁处为灰铸铁，而薄壁处出现白口铸铁的现象。这

说明在化学成分相同的情况下，铸铁结晶时，厚壁处由于冷却速度慢，有利于石墨化过程的进行，薄壁处由于冷却速度快，不利于石墨化过程的进行。

冷却速度对石墨化程度的影响，可以用铁碳合金双重相图作如下的简要解释：由于 Fe-C（G）相图较 Fe-Fe$_3$C 相图更为稳定，因此成分相同的铁液在冷却时，冷却速度越缓慢，即过冷度较小时，越有利于按 Fe-C（G）相图结晶，析出稳定相石墨的可能性就越大；反之，冷却速度越快，即过冷度增大时，越有利于按 Fe-Fe$_3$C 相图结晶，析出介稳定相渗碳体的可能性就越大。

由上述影响石墨化的因素可知，当铁液的碳当量较高，结晶过程中的冷却速度较慢时，易于形成灰铸铁。反之，则易形成白口铸铁。

第二节　灰　铸　铁

在铸铁的总产量中，灰铸铁件要占 80% 以上。它常用来制造各种机器的底座、机架、工作台、机身、齿轮箱箱体、阀体及内燃机的气缸体、气缸盖等。

一、灰铸铁的化学成分、组织和性能

1. 灰铸铁的化学成分

铸铁中碳、硅、锰是调节组织的元素，磷是控制使用的元素，硫是应限制的元素。目前生产中，灰铸铁的化学成分范围一般为：$w_C = 2.7\% \sim 3.6\%$，$w_{Si} = 1.0\% \sim 2.5\%$，$w_{Mn} = 0.5\% \sim 1.3\%$，$w_P \leq 0.3\%$，$w_S \leq 0.15\%$。

2. 灰铸铁的组织

灰铸铁是第一阶段和中间阶段石墨化过程都能充分进行时形成的铸铁，它的显微组织特征是片状石墨分布在各种基体组织上。

应该指出，从灰铸铁中看到的片状石墨，实际上是一个立体的多枝石墨团。由于石墨各分枝都长成翘曲的薄片，在金相磨片上所看到的仅是这种多枝石墨团的某一截面，因此呈孤立的长短不等的片状（或细条状）石墨。应用扫描电子显微镜可以观察到多枝石墨团的立体形态，如图 8-3 所示。

由于第二阶段石墨化程度的不同，可以获得三种不同基体组织的灰铸铁。

（1）铁素体灰铸铁　若第一、中间和第二阶段石墨化过程都充分进行，则获得的组织是铁素体基体上分布片状石墨，如图 8-4a 所示。

图 8-3　扫描电子显微镜下的片状石墨形态

（2）珠光体 + 铁素体灰铸铁　若第一和中间阶段石墨化过程均能充分进行，而第二阶段石墨化过程仅部分进行，则获得的组织是珠光体加铁素体基体上分布片状石墨，如图 8-4b 所示。

（3）珠光体灰铸铁　若第一和中间阶段石墨化过程均能充分进行，而第二阶段石墨化

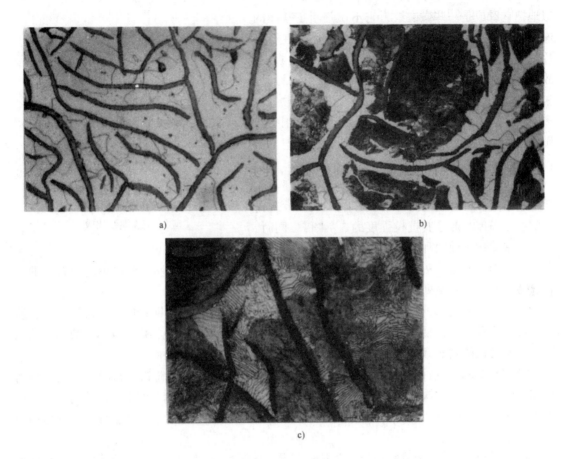

图 8-4 灰铸铁的显微组织（200 ×）

a）铁素体灰铸铁 b）珠光体 + 铁素体灰铸铁 c）珠光体灰铸铁

过程完全没有进行，则获得的组织是珠光体基体上分布片状石墨，如图 8-4c 所示。

如果第二阶段石墨化过程完全没有进行，且中间阶段和第一阶段石墨化过程也仅部分进行，甚至完全没有进行，则将获得麻口铸铁甚至白口铸铁。

各阶段的石墨化过程能否进行和进行的程度如何，完全取决于影响石墨化的因素。图 8-5 表示在砂型铸造条件下，影响石墨化两个主要因素——铸件壁厚（冷却速度）和化学成分（碳硅总量）对铸件组织的影响。

3. 灰铸铁的性能

（1）力学性能 灰铸铁组织相当于以钢为基体加片状石墨。基体中含有比钢更多的硅、锰等元素，这些元素可溶于铁素体而使基体强化。因此，其基体的强度与硬度不低于相应的钢。片状石墨的强度、塑性、韧性几乎为零，可近

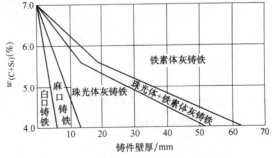

图 8-5 铸件壁厚（冷却速度）和化学成分
（碳硅总量）对铸铁组织的影响

似地把它看成是一些微裂纹，它不仅割断了基体的连续性，缩小了承受载荷的有效截面，而且在石墨片的尖端处导致应力集中，使材料形成脆性断裂。故灰铸铁的抗拉强度、塑性、韧性和弹性模量远比相应基体的钢低，如图 8-6 所示。石墨片的数量越多，尺寸越粗大，分布越不均匀，对基体的割裂作用和应力集中现象越严重，则铸铁的强度、塑性与韧性就越低。

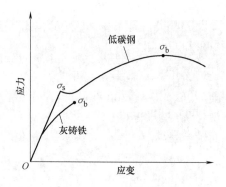

图 8-6　灰铸铁与低碳钢的
应力-应变曲线比较

由于灰铸铁的抗压强度 σ_{bb}、硬度与耐磨性主要取决于基体，石墨的存在对其影响不大，故灰铸铁的抗压强度一般是其抗拉强度的 3 ~ 4 倍。同时，珠光体基体比其他两种基体的灰铸铁具有较高的强度、硬度与耐磨性。

（2）其他性能　石墨虽然会降低铸铁的抗拉强度、塑性和韧性，但也正由于石墨的存在，使铸铁具有一系列其他优良性能。

1）铸造性能良好。由于灰铸铁的碳当量接近共晶成分，故与钢相比，不仅熔点低，流动性好，而且铸铁在凝固过程中要析出比体积较大的石墨，部分地补偿了基体的收缩，从而减小了灰铸铁的收缩率，所以灰铸铁能浇铸形状复杂与壁薄的铸件。

2）减摩性好。所谓减摩性是指减少对偶件被磨损的性能。灰铸铁中石墨本身具有润滑作用，而且当它从铸铁表面掉落后，所遗留下的孔隙具有吸附和储存润滑油的能力，使摩擦面上的油膜易于保持而具有良好的减摩性。所以承受摩擦的机床导轨、气缸体等零件可用灰铸铁制造。

3）减振性强。由于铸铁在受振动时，石墨能起缓冲作用，它阻止振动的传播，并把振动能量转变为热能，使灰铸铁减振能力约比钢大 10 倍，故常用作承受压力和振动的机床底座、机架、机身和箱体等零件。

4）可加工性良好。由于石墨割裂了基体的连续性，使铸铁切削时易断屑和排屑，且石墨对刀具具有一定润滑作用，使刀具磨损减小。

5）缺口敏感性较低。钢常因表面有缺口（如油孔、键槽、刀痕等）造成应力集中，使力学性能显著降低，故钢的缺口敏感性大。灰铸铁中石墨本身就相当于很多小的缺口，致使外加缺口的作用相对减弱，所以灰铸铁具有低的缺口敏感性。

正由于灰铸铁具有以上一系列的优良性能，而且价廉，易于获得，故在目前工业生产中，它仍然是应用最广泛的金属材料之一。

二、灰铸铁的孕育处理

灰铸铁组织中石墨片比较粗大，因而它的力学性能较低。为了提高灰铸铁的力学性能，生产上常进行孕育处理。孕育处理就是在浇注前往铁液中加入少量孕育剂，改变铁液的结晶条件，从而获得细珠光体基体加上细小均匀分布的片状石墨的组织。经孕育处理后的铸铁称为孕育铸铁。

生产中常用的孕育剂为硅铁和硅钙合金等，其中以 w_{Si} 为 75% 的硅铁最为常用。孕育处理时，这些孕育剂或它们的氧化物（如 SiO_2、CaO）在铁液中形成大量的、高度弥散的难熔质点，悬浮在铁液中，成为大量的石墨结晶核心，使石墨细小并分布均匀，从而提高了灰铸铁的力学性能。

孕育铸铁不仅力学性能高，而且由于在孕育铸铁的铁液中，均匀分布着大量外来的结晶核心，结晶过程几乎是在整个铁液中同时进行，使铸铁各个部位截面上的组织与性能都均匀一致，也就是说，孕育铸铁在力学性能上的一个显著特点是断面敏感性小，如图 8-7 所示。因此，孕育铸铁常用作力学性能要求较高、且截面尺寸变化较大的大型铸件。

三、灰铸铁的牌号和应用

表 8-1 为灰铸铁的牌号、组织、性能和用途举例。牌号中"HT"是"灰铁"两字汉语拼音的第一个字母，后面三位数字表示直径 30mm 单铸试棒的最小抗拉强度值（MPa）。

由表可见，灰铸铁的强度与铸件壁厚大小有

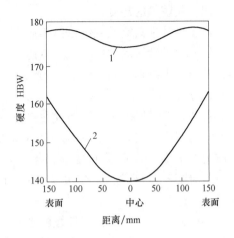

图 8-7　300mm × 300mm 铸铁件截面上的硬度分布
1—孕育铸铁　2—普通灰铸铁

关，在同一牌号中，随着铸件壁厚的增加，其抗拉强度与硬度要降低。因此，根据零件的性能要求去选择铸铁牌号时，必须注意铸件壁厚的影响，如铸件的壁厚过大或过小，并超出表中所列尺寸时，应根据具体情况，适当提高或降低铸铁的牌号。表中后面几种强度较高的灰铸铁均属孕育铸铁。

表 8-1　灰铸铁的牌号、力学性能及用途（摘自 GB/T 9439—1988）

牌　　号	铸铁类别	铸件壁厚/mm	铸件最小抗拉强度 σ_b/MPa	适用范围及举例
HT100	铁素体灰铸铁	2.5 ~ 10	130	低载荷和不重要零件，如盖、外罩、手轮、支架、重锤等
		10 ~ 20	100	
		20 ~ 30	90	
		30 ~ 50	80	
HT150	珠光体＋铁素体灰铸铁	2.5 ~ 10	175	承受中等应力（抗弯应力小于 100MPa）的零件，如支柱、底座、齿轮箱、工作台、刀架、端盖、阀体、管路附件及一般无工作条件要求的零件
		10 ~ 20	145	
		20 ~ 30	130	
		30 ~ 50	120	
HT200	珠光体灰铸铁	2.5 ~ 10	220	承受较大应力（抗弯应力小于 300MPa）的较重要零件，如气缸体、齿轮、机座、飞轮、床身、缸套、活塞、制动轮、联轴器、齿轮箱、轴承座、液压缸等
		10 ~ 20	195	
		20 ~ 30	170	
		30 ~ 50	160	
HT250		4.0 ~ 10	270	
		10 ~ 20	240	
		20 ~ 30	220	
		30 ~ 50	200	
HT300	孕育铸铁	10 ~ 20	290	承受高弯曲应力（小于 500MPa）及抗拉应力的重要零件，如齿轮、凸轮、车床卡盘、剪床和压力机的机身、床身、高压液压缸、滑阀壳体等
		20 ~ 30	250	
		30 ~ 50	230	
HT350		10 ~ 20	340	
		20 ~ 30	290	
		30 ~ 50	260	

四、灰铸铁的热处理

由于热处理只能改变铸铁的基体组织，不能改变石墨的形态。因此，通过热处理来提高灰铸铁的力学性能的效果不大。灰铸铁的热处理常用于消除铸件的内应力和稳定尺寸，消除铸件的白口组织和提高铸件表面的硬度及耐磨性。

1. 去应力退火

形状复杂、厚薄不均的铸件在浇注后的冷却过程中，由于各部位的冷却速度不同，往往在铸件内部产生很大的内应力。它不仅削弱了铸件的强度，而且在随后的切削加工之后，由于应力的重新分布而引起变形，甚至开裂。因此，对精度要求较高或大型、复杂的铸件（如机床床身、机架等），在切削加工之前，都要进行一次去应力退火，有时甚至在粗加工之后还要进行一次。

去应力退火通常是将铸件缓慢加热到 500～560℃，保温一段时间（每 10mm 厚度保温 1h），然后以极缓慢的速度随炉冷至 150～200℃后出炉。此时，铸件的内应力基本上被消除。

应当指出，若退火温度过高或保温时间过长，会引起石墨化，使铸件的强度与硬度降低，这是不适宜的。

2. 消除铸件白口、改善可加工性的退火

铸件表面或某些薄壁处，由于冷却速度较快，很容易出现白口组织，使铸件的硬度和脆性增加，造成切削加工困难和使用时易剥落。此时就必须将铸件加热到共析温度以上，进行消除白口的退火。

消除白口的退火，一般是把铸铁加热到 800～900℃，保温 2～5h，使共晶渗碳体发生分解，即进行第一阶段石墨化，然后又在随炉缓慢冷却过程中，使二次渗碳体及共析渗碳体发生分解，即进行中间和第二阶段石墨化，待随炉缓冷到 500～400℃时，再出炉空冷，这样就可获得铁素体或铁素体＋珠光体基体的灰铸铁，从而降低了铸铁的硬度，改善了可加工性。若采用较快的冷却速度，使铸件不发生第二阶段石墨化，则最终就获得珠光体基体的灰铸铁，增加了铸件的强度和耐磨性。

3. 表面淬火

表面淬火的目的是提高灰铸铁件的表面硬度和耐磨性。其方法除感应淬火外，铸铁还可采用接触电阻加热表面淬火。

图 8-8 为机床导轨进行接触电阻加热表面淬火方法的示意图。其原理是用一个电极（纯铜滚轮）与欲淬硬的工件表面紧密接触，通以低压（2～5V）大电流（400～750A）的交流电，利用电极与工件接触处的电阻热将工件表面迅速加热到淬火温度，操作时将电极以一定的速度移动，于是被加热的表面依靠工件本身的导热而迅速冷却下来，从而达到表面淬火的目的。

接触电阻加热表面淬火层的深度可达 0.20～0.30mm，组织为极细的马氏体（或隐针马氏体）＋片状石墨，硬度达 55～61HRC，可使导轨的寿命有显著提高。

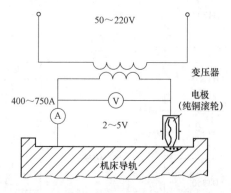

图 8-8　接触电阻加热表面淬火示意图

这种表面淬火方法设备简单，操作方便，且工件变形很小。但铸铁原始组织应是珠光体基体上分布细小均匀的石墨，以保证工件淬火后获得高而均匀的表面硬度。

第三节　球墨铸铁

球墨铸铁是在浇注前，向一定成分的铁液中加入适量使石墨球化的球化剂（纯镁或稀土硅铁镁合金）和促进石墨化的孕育剂（硅铁），获得具有球状石墨的铸铁。由于球墨铸铁是钢的基体上分布着球状石墨，使石墨对基体的割裂作用和应力集中作用减到最小，而且还可通过热处理和合金化来改变其成分和组织，使基体组织的力学性能得以充分发展，因此在铸铁中，球墨铸铁具有最高的力学性能。

我国于 1950 年试制成功球墨铸铁以来，其生产和应用都得到了飞速的发展。特别是1965 年结合我国资源特点，又研制出具有世界先进水平的稀土镁球墨铸铁以后，使球墨铸铁的生产与应用获得更进一步的发展和扩大。

一、球墨铸铁的化学成分、组织和性能

1. 球墨铸铁的化学成分

球墨铸铁的化学成分与灰铸铁相比，其特点是含碳与含硅量高，含锰量较低，含硫与含磷量低，并含有一定量的稀土与镁。

由于球化剂镁和稀土元素都起阻止石墨化的作用，并使共晶点右移，所以球墨铸铁的碳当量较高。一般 $w_C = 3.6\% \sim 4.0\%$，$w_{Si} = 2.0\% \sim 3.2\%$。

锰有去硫、脱氧的作用，并可稳定和细化珠光体。故要求珠光体基体时，$w_{Mn} = 0.6\% \sim 0.9\%$；要求铁素体基体时，$w_{Mn} < 0.6\%$。

硫、磷都是有害元素，硫不但易形成 MgS、Ce_2S_3 而消耗球化剂，引起球化不良，而且还会形成夹杂等缺陷，磷降低球墨铸铁的塑性，故它们的含量越低越好。一般原铁液中 $w_S < 0.07\%$，$w_P < 0.10\%$。

2. 球墨铸铁的组织

图 8-9 为应用扫描电子显微镜观察到的球状石墨的立体形态。在金相磨片上所看到的仅是这种石墨球的某一截面，因此呈直径不相等的圆形石墨。

球墨铸铁在铸态下，其基体往往是有不同数量的铁素体、珠光体，甚至有自由渗碳体同时存在的混合组织。故生产中，需经不同的热处理以获得不同的基体组织。生产中常见的有铁素体球墨铸铁、珠光体 + 铁素体球墨铸铁、珠光体球墨铸铁和贝氏体球墨铸铁，其显微组织如图 8-10 所示。

3. 球墨铸铁的性能

（1）力学性能　由于球墨铸铁中的石墨呈球状，因此，球墨铸铁的基体强度利用率可高达 70% ～ 90%，而灰铸铁

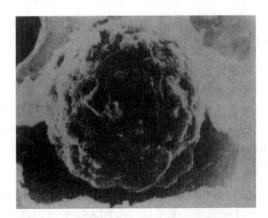

图 8-9　扫描电子显微镜下的球状石墨形态（950×）

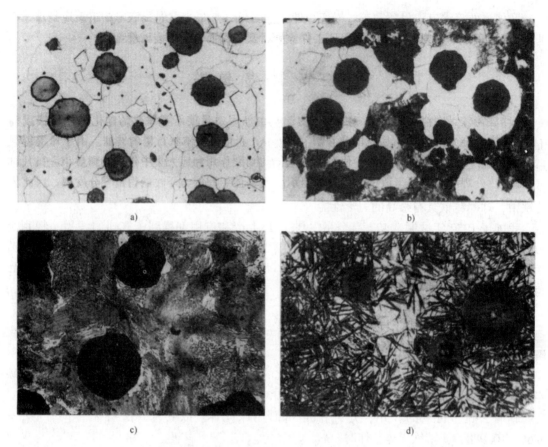

图 8-10　球墨铸铁的显微组织

a）铁素体球墨铸铁（250×）　b）珠光体＋铁素体球墨铸铁（250×）

c）珠光体球墨铸铁（200×）　d）贝氏体球墨铸铁（500×）

的基体强度利用率仅为30%～50%。所以球墨铸铁的抗拉强度、塑性、韧性不仅高于其他铸铁，而且可与相应组织的铸钢相媲美，如疲劳极限接近一般中碳钢；而冲击疲劳抗力则高于中碳钢；特别是球墨铸铁的屈强比几乎比钢提高一倍，一般钢的屈强比为0.35～0.50，而球墨铸铁的屈强比达0.7～0.8。在一般机械设计中，材料的许用应力是按屈服强度来确定的，因此，对于承受静载荷的零件，用球墨铸铁代替铸钢，就可以减轻机器重量。但球墨铸铁的塑性与韧性却低于钢。

　　球墨铸铁中的石墨球越小、越分散，球墨铸铁的强度、塑性与韧性越好，反之则差。球墨铸铁的力学性能还与其基体组织有关，表8-2为各种基体球墨铸铁的力学性能。由表可见，铁素体基体具有高的塑性和韧性，但强度与硬度较低，耐磨性较差；珠光体基体强度较高，耐磨性较好，但塑性、韧性较低；珠光体＋铁素体基体的性能介于前两种基体之间；经热处理后，具有回火马氏体基体的硬度最高，但韧性很低；贝氏体基体则具有良好的综合力学性能。

　　（2）其他性能　由于球墨铸铁有球状石墨存在，使它具有近似于灰铸铁的某些优良性能，如铸造性能、减摩性、可加工性等。但球墨铸铁的过冷倾向大，易产生白口现象，而且铸件也容易产生缩松等缺陷，因而球墨铸铁的熔炼工艺和铸造工艺都比灰铸铁要求高。

表 8-2　各种基体球墨铸铁的力学性能

性能 基体	σ_b/MPa	$\sigma_{0.2}$/MPa	$\delta(\%)$	A_K/J	硬度 HBW	状　态
铁素体	450～550		10～20	40～120	140～190	铸态
铁素体	400～500	400	15～25	64～120	120～180	退火
珠光体	600～750	380～450	2～4	12～24	217～269	铸态
珠光体	700～950	450～800	2～5	16～40	200～300	正火
珠光体＋分散铁素体	600～800		5～8	32～72	207～280	低温正火
上贝氏体	800～1000			32～96	300～360	等温淬火
下贝氏体	1100～1600	900～1400	1～4	24～80	38～50HRC	等温淬火
回火索氏体	700～1200		1～5	16～64	250～380	淬火后高温回火
回火马氏体	600～700			4～24	50～61HRC	淬火后低温回火

二、球墨铸铁的牌号和用途

表 8-3 为我国球墨铸铁的牌号、基体组织和性能。牌号中的"QT"是"球铁"二字汉语拼音的第一个字母，后面两组数字分别表示其最小的抗拉强度值（MPa）和伸长率值（%）。

表 8-3　球墨铸铁的牌号、基体组织及力学性能[①]　（摘自 GB/T 1348—1988）

牌　号	主要基体组织	σ_b/MPa	$\sigma_{0.2}$/MPa	$\delta(\%)$	HBW
		不　小　于			
QT400-18	铁素体	400	250	18	130～180
QT400-15	铁素体	400	250	15	130～180
QT450-10	铁素体	450	310	10	160～210
QT500-7	铁素体＋珠光体	500	320	7	170～230
QT600-3	珠光体＋铁素体	600	370	3	190～270
QT700-2	珠光体	700	420	2	225～305
QT800-2	珠光体或回火组织	800	480	2	245～335
QT900-2	贝氏体或回火马氏体	900	600	2	280～360

① 表中牌号及力学性能均按单铸试块的规定。

由表可见，由于球墨铸铁通过热处理可获得不同的基体组织，使其性能可在较大范围内变化。加上球墨铸铁的生产周期短，成本低（接近于灰铸铁），因此，球墨铸铁在机械制造业中得到了广泛的应用，它成功地代替了不少碳钢、合金钢和可锻铸铁，用来制造一些受力复杂，强度、韧性和耐磨性要求高的零件，如具有高强度与耐磨性的珠光体球墨铸铁，常用来制造拖拉机或柴油机中的曲轴、连杆、凸轮轴、各种齿轮、机床的主轴、蜗杆、蜗轮、轧钢机的轧辊、大齿轮及大型水压机的工作缸、缸套、活塞等；具有高的韧性和塑性铁素体基体的球墨铸铁，常用来制造受压阀门、机器底座、汽车的后桥壳等。

三、球墨铸铁的热处理

1. 热处理特点

球墨铸铁的热处理基本与钢相同，但由于球墨铸铁中含有较多的碳、硅等元素，而且组织中有石墨球存在，因而其热处理工艺与钢相比，存在以下一些特点：

1）硅是提高共析转变温度和降低马氏体临界冷却速度的元素，故球墨铸铁热处理加热温度较高，淬火冷却速度可较慢。

2）硅降低碳在奥氏体中的溶解能力，欲在奥氏体中溶入必要数量的碳，高温下的保温时间要比钢长些。

3）石墨的导热性较差，故球墨铸铁热处理时的加热速度要缓慢。

4）石墨球能起着碳的"贮备库"的作用，故当基体组织完全奥氏体化后，通过控制加热温度和保温时间，可调整奥氏体中含碳量，以改变球墨铸铁热处理后的组织和性能。

2. 热处理方法

球墨铸铁常用的热处理方法有以下几种：

（1）退火

1）去应力退火。球墨铸铁的弹性模量以及凝固时收缩率比灰铸铁高，故铸造内应力比灰铸铁约大两倍。对于不再进行其他热处理的球墨铸铁铸件，都应进行去应力退火。

去应力退火工艺是将铸件缓慢加热到 500～620℃ 左右，保温 2～8h，然后随炉缓冷。

2）石墨化退火。石墨化退火的目的是消除白口，降低硬度，改善可加工性以及获得铁素体球墨铸铁。根据铸态基体组织不同，分为高温石墨化退火和低温石墨化退火两种。

① 高温石墨化退火。由于球墨铸铁白口倾向较大，因而铸态组织往往会出现自由渗碳体，为了获得铁素体球墨铸铁，需要进行高温石墨化退火。

高温石墨化退火工艺是将铸件加热到 900～950℃，保温 2～4h，使自由渗碳体石墨化，然后随炉缓冷至600℃，使铸件发生中间和第二阶段石墨化，再出炉空冷。其工艺曲线和组织变化如图 8-11 所示。

② 低温石墨化退火。当铸态基体组织为珠光体＋铁素体、而无自由渗碳体存在时，为了获得塑性、韧性较高的铁素体球墨铸铁，可进行低温石墨化退火。

低温退火工艺是把铸件加热至共析温度范围附近，即 720～760℃，保温 2～8h，使铸件发生第二阶段石墨化，然后随炉缓冷至600℃，再出炉空冷。其退火工艺曲线和组织变化如图 8-12 所示。

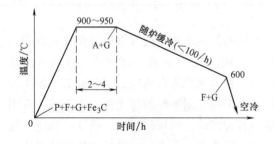

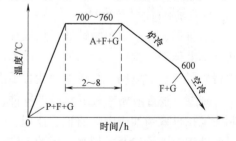

图 8-11　球墨铸铁高温石墨化退火工艺曲线　　　图 8-12　球墨铸铁低温石墨化退火工艺曲线

（2）正火　球墨铸铁正火的目的是为了增加基体组织中珠光体的数量和减小层状珠光体的片层间距，以提高其强度、硬度和耐磨性，并可作为表面淬火的预备热处理。正火可分为高温正火和低温正火两种。

① 高温正火。高温正火工艺是把铸件加热至共析温度范围以上，一般为 900～950℃，保温 1～3h，使基体组织全部奥氏体化，然后出炉空冷，使其在共析温度范围内，由于快冷而获得珠光体基体。对含硅量高的厚壁铸件，则应采用风冷，甚至喷雾冷却，确保正火后能获得珠光体球墨铸铁。其工艺曲线如图8-13所示。

② 低温正火。低温正火工艺是把铸件加热至共析温度范围内，即 820～860℃，保温1～4h，使基体组织部分奥氏体化，然后出炉空冷，其工艺曲线如图8-14 所示。低温正火后获得珠光体＋分散铁素体球墨铸铁（图8-15），故提高了铸件的韧性与塑性。

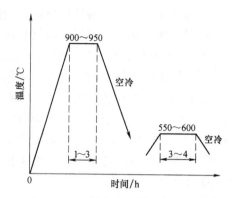

图 8-13　球墨铸铁高温正火工艺曲线

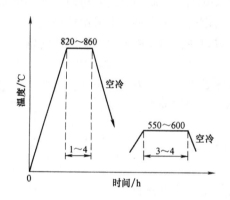

图 8-14　球墨铸铁低温正火工艺曲线

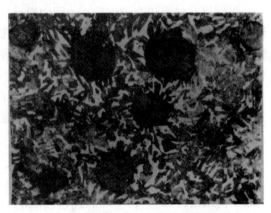

图 8-15　珠光体＋分散铁素体球墨铸铁的显微组织（100×）

由于球墨铸铁导热性较差，弹性模量又较大，正火后铸件内有较大的内应力，因此多数工厂在正火后，都进行一次去应力退火（常称回火），即加热到 550～600℃，保温 3～4h，然后出炉空冷。

（3）等温淬火　球墨铸铁虽广泛采用正火，但当铸件形状复杂、又需要高的强度和较好的塑性与韧性时，正火已很难满足技术要求，而往往采用等温淬火。

球墨铸铁等温淬火工艺是把铸件加热至 860～920℃（取决于铸件中含硅量的高低和组织中铁素体量的多少），保温一定时间（约是钢的一倍），然后迅速放人温度为 250～350℃的等温盐浴中进行 0.5～1.5h 的等温处理，然后取出空冷。

等温淬火后的组织为下贝氏体＋少量残留奥氏体＋少量马氏体＋球状石墨（图8-10d）。有时等温淬火后还进行一次低温回火，使淬火马氏体转变为回火马氏体，残留奥氏体转变为下贝氏体，可进一步提高强度、韧性与塑性。球墨铸铁经等温淬火后的抗拉强度 σ_b 可达 1100～1600MPa，硬度为 38～50HRC，冲击吸收功 A_K 为 24～64J。故等温淬火常用来处理一些要求高的综合力学性能、良好的耐磨性且外形又较复杂、热处理易变形或开裂的零件，如齿轮、滚动轴承套圈、凸轮轴等。但由于等温盐浴的冷却能力有限，故一般仅适用于截面尺寸不大的零件。

（4）调质处理 球墨铸铁调质处理的淬火加热温度和保温时间，基本上与等温淬火相同。即加热温度为 860～920℃。为了避免淬火冷却时产生开裂，除形状简单的铸件采用水冷外，一般都采用油冷。淬火后组织为细片状马氏体和球状石墨。然后再加热到 550～600℃ 回火 2～6h。应该指出，当回火温度超过 600℃ 时，渗碳体要发生分解，即进行第二阶段石墨化，应注意避免。球墨铸铁调质处理工艺曲线如图 8-16 所示。

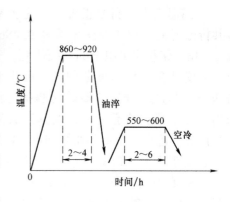

图 8-16　球墨铸铁调质处理工艺曲线

球墨铸铁经调质处理后，获得回火索氏体和球状石墨组织，硬度为 250～380HBW，具有良好综合力学性能，故常用来处理柴油机曲轴、连杆等重要零件。

一般也可在球墨铸铁淬火后，采用中温或低温回火处理。中温回火后获得回火托氏体基体组织，具有高的强度与一定韧性，例如用球墨铸铁制作的铣床主轴就是采用这种工艺；低温回火后获得回火马氏体基体组织，具有高的硬度和耐磨性，例如用球墨铸铁制作的轴承内外套圈就是采用这种工艺。

球墨铸铁除能进行上述各种热处理外，为了提高球墨铸铁零件表面的硬度、耐磨性、耐蚀性及疲劳极限，还可以进行表面热处理（如表面淬火、渗氮等方法）。

第四节　蠕墨铸铁

蠕墨铸铁是近 30 多年来发展起来的新型铸铁。它是在一定成分的铁液中加入适量使石墨成蠕虫状的蠕化剂（稀土镁钛合金、稀土镁钙合金等）和孕育剂（硅铁），获得石墨形态介于片状与球状之间、形似蠕虫状的铸铁。因此，它兼备灰铸铁和球墨铸铁的某些优点，可用来代替高强度灰铸铁、合金铸铁、铁素体球墨铸铁以及黑心可锻铸铁，故在国内外日益引起重视。

一、蠕墨铸铁的化学成分

蠕墨铸铁的化学成分要求与球墨铸铁相似，即要求高碳、高硅、低硫、低磷，并含有一定量的稀土与镁。一般成分范围如下：$w_C = 3.5\% \sim 3.9\%$、$w_{Si} = 2.1\% \sim 2.8\%$、$w_{Mn} = 0.4\% \sim 0.8\%$、$w_S < 0.1\%$、$w_P < 0.1\%$。

蠕墨铸铁是在上述成分铁液中，加入适量蠕化剂进行蠕化处理和孕育剂进行孕育处理后获得的。

二、蠕墨铸铁的组织与性能

灰铸铁中片状石墨的特征是片长而薄，端部较尖。球墨铸铁中石墨大部分呈球状。蠕墨铸铁中石墨形似片状，但石墨片短而厚（一般长厚比为 2～10），端部较钝、较圆，如图8-17所示。

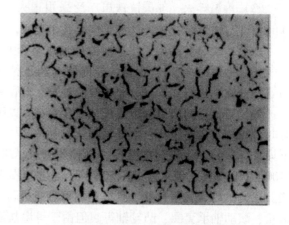

图 8-17　蠕虫状石墨的显微组织（100×）

蠕墨铸铁基体组织在铸态时，铁素体量约为 50%$^{\ominus}$或更高，通过加入 Cu、Ni、Sn 等珠光体稳定元素，可使铸态珠光体量提高至 70% 左右，若再进行正火处理，珠光体量可达 90% ~ 95%。

蠕墨铸铁的力学性能介于相同基体组织的灰铸铁和球墨铸铁之间。其强度、韧性、疲劳极限 σ_{-1}、耐磨性及抗热疲劳性能都比灰铸铁高，而且对断面的敏感性也较小。但由于蠕虫状石墨是互相连接的，其塑性、韧性和强度都比球墨铸铁低。

此外，蠕墨铸铁的铸造性能、减振性、导热性以及可加工性都优于球墨铸铁，并接近于灰铸铁，因此，蠕墨铸铁已开始在生产中广泛应用，主要用来制造大功率柴油机气缸盖、气缸套、电动机外壳、机座、机床床身、钢锭模、制动器鼓轮、阀体等零件。

按 GB/T 5612—2008 规定，蠕墨铸铁的牌号表示方法与灰铸铁相似。用"蠕铁"两字汉语拼音的第一个字母"RuT"表示蠕墨铸铁，后面三位数字表示其最小抗拉强度值（MPa），例如 RuT420 表示最小抗拉强度为 420MPa 的蠕墨铸铁。目前，我国尚未制定蠕墨铸铁的国家标准，具体牌号仅有 JB/T 4403—1999 的规定。

第五节　可锻铸铁

可锻铸铁又称马铁或玛钢。它是由白口铸铁通过可锻化退火而获得的具有团絮状石墨的铸铁。由于石墨呈团絮状分布，故削弱了石墨对基体的割裂作用，因此与灰铸铁相比，可锻铸铁具有较高的力学性能，尤其是塑性与韧性有明显的提高。但必须指出，可锻铸铁实际上是不能锻造的。

一、可锻铸铁的化学成分和组织

1. 化学成分

可锻铸铁的生产过程分为两个步骤，第一步先浇注成白口铸件，第二步再经高温长时间的可锻化退火（亦称石墨化退火），使渗碳体分解出团絮状石墨。

为了保证浇注后获得白口铸件，必须使可锻铸铁的化学成分有较低的含碳量和含硅量。若含碳和含硅量过高，由于它们都是强烈促进石墨化元素，故铸铁的铸态组织中就有片状石墨形成，并在随后的退火过程中，从渗碳体分解出的石墨将会附在片状石墨上析出，而得不到团絮状石墨。而且石墨数量也增多，使力学性能下降。但含碳和含硅量也不能太低，否则，不仅使退火时石墨化困难，增长退火周期，而且使熔炼困难和铸造性能变差。目前生产中，可锻铸铁的含碳量为 $w_C = 2.2\% ~ 2.8\%$，含硅量为 $w_{Si} = 1.0\% ~ 1.8\%$。

锰可消除硫的有害影响。但锰是阻止石墨化元素，含锰量过高要增长退火周期。生产中，根据可锻铸铁的基体不同，锰的含量可在 $w_{Mn} = 0.4\% ~ 1.2\%$ 范围内选择。含硫与含磷量应尽可能降低，一般要求 $w_P < 0.2\%$、$w_S < 0.18\%$。

2. 可锻铸铁的组织

可锻铸铁根据化学成分、退火工艺、性能及组织不同，分为黑心可锻铸铁（铁素体可锻铸铁）、珠光体可锻铸铁及白心可锻铸铁三类。目前我国以应用黑心可锻铸铁和珠光体可锻铸铁为主。

$\ominus$　此处指体积分数，余同。

黑心可锻铸铁的组织为铁素体和团絮状石墨，故亦称铁素体可锻铸铁。其可锻化退火工艺如图 8-18 中曲线①所示。它是将白口铸件装箱密封，入炉加热到 900～980℃，使铸铁的组织转变为奥氏体和渗碳体。在高温下经过长时间保温后，组织中渗碳体发生分解而进行第一阶段的石墨化，由原来奥氏体和渗碳体组织转变为奥氏体和石墨。由于石墨化过程是在固态下进行的，在各个方向上石墨长大的速度相差不多，故石墨呈团絮状。在高温下完成了第一阶段石墨化后，温度缓慢下降，使奥氏体成

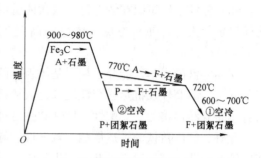

图 8-18　可锻铸铁的可锻化退火工艺曲线
①—铁素体可锻铸铁退火工艺
②—珠光体可锻铸铁退火工艺

分沿 Fe-C（G）相图中 $E'S'$ 线变化，而不断析出二次石墨，进行中间阶段的石墨化。二次石墨将依附在原先已有的石墨上，使石墨继续长大。当冷却到共析转变温度范围（770～720℃）时，以极缓慢的速度冷却（图中实线所示）或冷却到略低于共析温度范围作长时期的保温（图中虚线所示），进行第二阶段的石墨化。结果获得在铁素体基体上分布团絮状石墨的组织，其显微组织如图 8-19a 所示。

珠光体可锻铸铁的组织为珠光体和团絮状石墨。其可锻化退火工艺如图 8-18 中曲线②所示。它是在完成第一阶段石墨化后，随炉冷却到 820～880℃，然后出炉空冷，使第二阶段石墨化不能进行，这时将得到珠光体基体上分布团絮状石墨的组织，称为珠光体可锻铸铁，其显微组织如图 8-19b 所示。在生产中，常把铁素体可锻铸铁重新加热到共析转变温度以上，保温一段时间后，再以较快的冷却速度通过共析转变温度范围，以获得珠光体可锻铸铁。

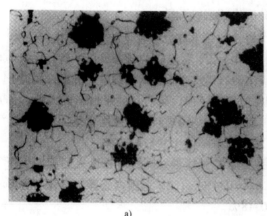
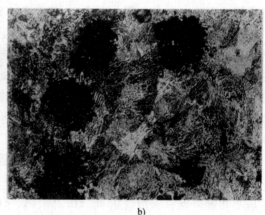

a)　　　　　　　　　　　　　　　b)

图 8-19　可锻铸铁的显微组织
a）铁素体可锻铸铁（200×）　b）珠光体可锻铸铁（100×）

二、可锻铸铁的牌号、性能及用途

表 8-4 为黑心可锻铸铁和珠光体可锻铸铁的牌号及力学性能。牌号中"KT"是"可铁"

表 8-4　黑心可锻铸铁和珠光体可锻铸铁的牌号及力学性能（摘自 GB/T 9440—1988）

牌号及分级		试样直径 d /mm	σ_b/MPa	$\sigma_{0.2}$/MPa	$\delta(\%)$ ($l_0=3d$)	HBW
A	B		不小于			
KTH300-06		12 或 15	300	—	6	≤150
	KTH330-08		330	—	8	
KTH350-10			350	200	10	
	KTH370-12		370	—	12	
KTZ450-06		12 或 15	450	270	6	150~200
KTZ550-04			550	340	4	180~230
KTZ650-02			650	430	2	210~260
KTZ700-02			700	530	2	240~290

注：1. 试样直径 12mm 只适用于主要壁厚小于 10mm 的铸件。

2. 牌号 KTH300-06 适用于气密性零件。

3. 牌号 B 系列为过渡牌号。

两字汉语拼音的第一个字母，其后面的 H 表示黑心可锻铸铁；Z 表示珠光体可锻铸铁⊖。符号后面的两组数字分别表示其最小的抗拉强度值（MPa）和伸长率值（%）。

可锻铸铁的力学性能优于灰铸铁，并接近于同类基体的球墨铸铁，但与球墨铸铁相比，具有铁液处理简易、质量稳定、废品率低等优点。故生产中，常用可锻铸铁制作一些截面较薄而形状较复杂，工作时受振动而强度、韧性要求较高的零件，因为这些零件若用灰铸铁制造，则不能满足力学性能要求；若用球墨铸铁铸造，易形成白口；若用铸钢制造，则因其铸造性能较差，质量不易保证。

由表 8-4 可见，黑心可锻铸铁强度不算高，但具有良好的塑性与韧性，常用作汽车与拖拉机的后桥外壳、机床扳手、低压阀门、管接头、农具等承受冲击、振动和扭转载荷的零件；珠光体可锻铸铁的塑性和韧性不及黑心可锻铸铁，但其强度、硬度和耐磨性高，常用作曲轴、连杆、齿轮、摇臂、凸轮轴等要求强度与耐磨性较好的零件。

第六节　合　金　铸　铁

随着工业的发展，不仅要求铸铁具有更高的力学性能，而且有时还要求它具有某些特殊性能，如耐磨、耐热及耐蚀性等。为此，可向铸铁中加入一定量的合金元素，以获得合金铸铁，或称为特殊性能铸铁。这些铸铁与相似条件下使用的合金钢相比，熔炼简单，成本低廉，有良好的使用性能。但它们的力学性能比合金钢低，脆性较大。

一、耐磨铸铁

耐磨铸铁分为减摩铸铁和抗磨铸铁两类。前者是在有润滑、受粘着磨损条件下工作，例如机床导轨和拖板、发动机的缸套和活塞环、各种滑块和轴承等。后者是在无润滑、受磨料磨损条件下工作，例如轧辊、犁铧、抛丸机叶片、球磨机磨球等。

1. 减摩铸铁

减摩铸铁的组织应为软基体上分布有坚硬的强化相。软基体在磨损后形成的沟槽可保持

⊖ 白心可锻铸铁用 B 表示。

油膜，有利于润滑；而坚硬的强化相可承受摩擦。细层状珠光体灰铸铁就能满足这一要求，其中铁素体为软基体，渗碳体为坚硬的强化相，同时石墨也起着贮油和润滑的作用。

为了进一步提高珠光体灰铸铁的耐磨性，可加入适量的 Cu、Cr、Mo、P、V、Ti 等合金元素，形成合金减摩铸铁。目前生产中常用的合金减摩铸铁有以下几种。

（1）高磷铸铁　若把铸铁中含磷量提高到 $w_P = 0.4\% \sim 0.7\%$ 左右，即成为高磷铸铁。其中磷形成 Fe_3P，并与铁素体或珠光体组成磷共晶（图 8-20）。磷共晶硬而耐磨，它以断续网状分布在珠光体基体上，形成坚硬的骨架，使铸铁的耐磨性显著提高，普通高磷铸铁的一般成分为：$w_C = 2.9\% \sim 3.2\%$，$w_{Si} = 1.4\% \sim 1.7\%$，$w_{Mn} = 0.6\% \sim 1.0\%$，$w_P = 0.4\% \sim 0.65\%$，$w_S < 0.12\%$。

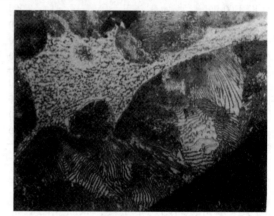

图 8-20　磷共晶的显微组织（400 ×）

（2）磷铜钛铸铁　在高磷铸铁基础上加入 $w_{Cu} = 0.6\% \sim 0.8\%$ 和 $w_{Ti} = 0.1\% \sim 0.15\%$ 后形成磷铜钛铸铁。铜能促进第一阶段石墨化和促进珠光体的形成，并使之细化和强化；钛能促进石墨细化，并形成高硬度的 TiC。因此磷铜钛铸铁的耐磨性超过高磷铸铁。

（3）铬钼铜铸铁　铬钼铜铸铁的组织一般为细层状珠光体 + 细片状石墨 + 少量磷共晶和碳化物。由于钼是稳定碳化物、阻止石墨化的元素，并能提高奥氏体的稳定性，使铸铁在铸态下获得索氏体甚至贝氏体基体，因此，它的强度与耐磨性都较高。

除了上述三种减摩铸铁外，我国还采用有钒钛铸铁及硼铸铁等，它们都具有优良的耐磨性。

2. 抗磨铸铁

抗磨铸铁的组织应具有均匀的高硬度。普通白口铸铁就是一种抗磨性高的铸铁，但其脆性大，因此常加入适量的 Cr、Mo、Cu、W、Ni、Mn 等合金元素，形成抗磨白口铸铁。它具有一定的韧性和更高的硬度和耐磨性。抗磨白口铸铁牌号用汉语拼音字母"KmTB"表示，后面为合金元素及其含量[⊖]。GB/T 8263—1999 中规定了 KmTBNi4Cr2-DT、KmTBNi4Cr2-GT、KmTBCr9Ni5、KmTBCr26 等 9 个牌号。抗磨白口铸铁件主要以硬度作为验收依据，在铸态下其硬度都在 50HRC 以上，淬火后硬度还可进一步提高，故适用于在磨料磨损条件下工作。

此外，$w_{Mn} = 5.0\% \sim 9.5\%$、$w_{Si} = 3.3\% \sim 5.0\%$ 的中锰球墨铸铁，其铸态组织为马氏体、奥氏体、碳化物和球状石墨，它除有良好的抗磨性外，还具有较好的韧性与强度，适于制造在冲击载荷和磨损条件下工作的零件。

二、耐热铸铁

耐热铸铁具有良好的耐热性，因此可代替耐热钢制造加热炉炉底板、坩埚、废气管道、

⊖　GB/T 5612—2008 中，抗磨白口铸铁牌号用"BTM"表示，后面为合金元素及其含量。由于 GB/T 8263—1999 尚未被替代，故本书中仍应用 GB/T 8263—1999。

热交换器、钢锭模及压铸模等。

1. 铸铁的耐热性

铸铁的耐热性主要指它在高温下抗氧化和抗热生长的能力。普通铸铁加热到450℃以上，随着加热温度的提高和时间的延长以及反复加热次数的增多，除了在铸铁表面发生氧化外，还会发生"热生长"的现象。所谓热生长就是指铸铁的体积产生不可逆的胀大，严重时可胀大到10%左右。

铸铁产生热生长现象的主要原因是：空气中氧通过石墨的边界和裂纹渗入铸铁内部，生成密度小而体积大的氧化物；铸铁组织中的渗碳体在高温下发生分解，析出密度小而体积大的石墨；工作温度超过其相变温度，引起铸铁基体组织变化而引起体积的变化。热生长的结果，会使铸铁件精度降低和产生显微裂纹。

2. 提高铸铁耐热性的途径

防止铸铁的氧化与热生长的途径有：在铸铁表面形成一层牢固、致密而又完整的氧化膜，使其内部不再继续氧化而破坏；提高铸铁的固态相变温度，使其在工作温度范围内不发生组织转变；基体最好是单相组织，使铸铁在高温下，不存在渗碳体分解而析出石墨的可能；石墨最好呈球状，因为球状石墨一般都是独立分布，互不相连，故不致构成氧化性气体渗入铸铁内的通道。

目前生产中主要通过加入硅、铬、铝等合金元素来提高铸铁的耐热性。因为这些合金元素的加入，使铸铁表面形成一层致密的氧化膜 Fe_2SiO_4、Cr_2O_3、Al_2O_3 等，在高温下具有保护作用。另外，这些元素还可提高铸铁的相变点，使铸铁在工作温度范围内不发生相变，同时又促使铸铁获得单相铁素体组织。

3. 常用耐热铸铁

耐热铸铁的种类很多，我国耐热铸铁系列大致分为硅系、铝系、铬系和硅铝系等。其中铬系耐热铸铁的价格较高，铝系耐热铸铁的脆性大，温度急变时易裂，且不易熔炼，铸造性能较差，故国内较多发展硅和硅铝系耐热铸铁。表8-5为几种耐热铸铁的成分、使用条件和应用举例。

表8-5　耐热铸铁的成分、使用条件及应用举例（摘自 GB/T 9437—1988）

牌号[①]	化学成分(%)							使用条件	应用举例
	w_C	w_{Si}	w_{Cr}	w_{Al}	w_{Mn}	w_P	w_S		
RTCr16	1.6 ~ 2.4	1.5 ~ 2.2	15 ~ 18	—	<1.0	<0.10	<0.05	在空气炉气中耐热温度到900℃，有抗磨性，耐硝酸腐蚀	退火罐、煤粉烧嘴、炉栅、水泥焙烧炉零件、化工机械零件
RTSi5	2.4 ~ 3.2	4.5 ~ 5.5	0.50 ~ 1.0	—	<0.8	<0.20	<0.12	在空气炉气中耐热温度到900℃	炉条、煤粉烧嘴、锅炉用梳形定位板、换热器针状管
RQTSi5	2.4 ~ 3.2	4.5 ~ 5.5	—	—	<0.7	<0.10	<0.03	在空气炉气中耐热温度到800℃，硅为上限时到900℃	煤粉烧嘴、炉条、辐射管、烟道闸门、加热炉中间架

（续）

牌号[①]	化学成分(%)							使用条件	应用举例
	w_C	w_{Si}	w_{Cr}	w_{Al}	w_{Mn}	w_P	w_S		
RQTA15Si5	2.3 ~ 2.8	4.5 ~ 5.2	—	5.0 ~ 5.8	<0.5	<0.10	<0.02	在空气炉气中耐热温度到1050℃	焙烧机箅条、炉用件
RQTA122	1.6 ~ 2.2	1.0 ~ 2.0	—	20 ~ 24	<0.7	<0.10	<0.03	在空气炉气中耐热温度到1100℃,抗高温硫蚀性好	锅炉用侧密封块、链式加热炉炉爪、黄铁矿焙烧炉零件

① GB/T 5612—2008 中，耐热铸铁白口铸铁代号为"BTR"，耐热球墨铸铁代号为"QTR"，由于 GB/T 9437—1988 尚未被替代，故本书中仍应用 GB/T 9437—1988。表 8-5 牌号中 RT 为耐热铸铁代号；RQT 为耐热球墨铸铁代号，合金元素符号后面的数字表示该合金元素平均质量分数的百倍。

三、耐蚀铸铁

耐蚀铸铁不仅具有一定的力学性能，而且在腐蚀性介质中工作时具有抗蚀的能力。它广泛地应用于化工部门，用来制造管道、阀门、泵类、反应锅及盛贮器等。

耐蚀铸铁的化学和电化学腐蚀原理以及提高耐蚀性的途径基本上与不锈耐酸钢相同。即铸件表面形成牢固的、致密而又完整的保护膜，阻止腐蚀继续进行；提高铸铁基体的电极电位；铸铁组织最好在单相组织的基体上分布着彼此孤立的球状石墨，并控制石墨量。

目前生产中，主要通过加入硅、铝、铬、镍、铜等合金元素来提高铸铁的耐蚀性。耐蚀铸铁用"蚀铁"两字汉语拼音的第一个字母"ST"表示，后面为合金元素及其含量。GB/T 8491—1987 中规定的耐蚀铸铁牌号较多，其中应用最广泛的是高硅耐蚀铸铁，它的含碳量 $w_C < 1.4\%$、含硅量为 $w_{Si} = 10\% ~ 18\%$，组织为含硅合金铁素体 + 石墨 + Fe_3Si（或 $FeSi$）。这种铸铁在含氧酸类（如硝酸、硫酸）中的耐蚀性不亚于 12Cr18Ni9 钢，而在碱性介质和盐酸、氢氟酸中，由于铸铁表面的 Fe_2SiO_4 保护膜受到破坏，使耐蚀性下降。

习题与思考题

1. 为什么铸造生产中，化学成分如具有三低（碳、硅、锰的含量低）一高（硫含量高）特点的铸铁易形成白口？又为什么在同一铸铁件中，往往在其表层或薄壁处易形成白口？

2. 在灰铸铁中，为什么含碳量与含硅量越高时，铸铁的抗拉强度和硬度越低？

3. 在铸铁的石墨化过程中，如果第一、中间阶段完全石墨化，第二阶段完全石墨化、或部分石墨化、或未石墨化时，问它们各获得哪种组织的铸铁？

4. 铸铁的抗拉强度的高低主要取决于什么？硬度的高低主要取决于什么？用哪些方法可提高铸铁的抗拉强度和硬度？铸铁抗拉强度高时硬度是否也一定高？为什么？

5. 试从下列几个方面来比较 HT150 灰铸铁和退火状态的 20 钢。

1）成分 2）组织 3）抗拉强度 4）抗压强度 5）硬度 6）减摩性 7）铸造性能 8）锻造性能 9）焊接性 10）可加工性

6. 机床的床身、床脚和箱体为什么都采用灰铸铁铸造为宜？能否用钢板焊接制造？试将两者的使用性和经济性作简要的比较。

7. 在铸铁生产中，为了控制原铁液的化学成分和孕育处理效果，保证其组织与性能达到预期的要求，常用三角试块经快速冷却后进行鉴别。三角试块的尺寸与其断口尖角部位的白口宽度 a 及深度 b 如图 8-21 所示。试述如何根据白口宽度 a 与深度 b 来确定铁液中含碳量与含硅量的高低？并说明其鉴别原理。

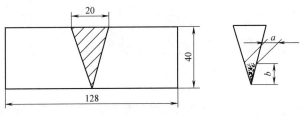

图 8-21　题 7 图

8. HT200、KTH300-06、KTZ550-04、QT400-15、QT700-2、QT900-2 等铸铁牌号中数字分别表示什么性能？具有什么显微组织？这些性能是铸态性能，还是热处理后性能？若是热处理后性能，请指出其热处理方法。

9. 为什么可锻铸铁适宜制造壁厚较薄的零件？而球墨铸铁却不宜制造壁厚较薄的零件？

10. 根据下表所列的要求，归纳对比几种铸铁的特点。

种　类	牌号表示	显微组织	成分特点 （碳当量）	生产方法的特点	力学、工艺性能	用途举例
灰铸铁						
孕育铸铁						
球墨铸铁						
蠕墨铸铁						
可锻铸铁						

11. 现有铸态下球墨铸铁曲轴一根，按技术要求，其基体应为珠光体组织，轴颈表层硬度为 50 ~ 55HRC。试确定其热处理方法。

12. 下列说法是否正确？为什么？

1）石墨化过程中第一阶段石墨化最不易进行。

2）采用球化退火可获得球墨铸铁。

3）可锻铸铁可锻造加工。

4）白口铸铁由于硬度很高，故可作刀具材料。

5）灰铸铁不能淬火。

6）灰铸铁通过热处理可使片状石墨变成团絮状石墨或球状石墨。

13. 现有形状和尺寸完全相同的白口铸铁、灰铸铁和低碳钢棒料各一根，试问用何种最简便的方法能迅速将它们区分出来？

14. 减摩铸铁与抗磨铸铁在性能及应用上有何差异？

第九章　有色金属及粉末冶金材料

金属材料分为黑色金属和有色金属两大类。黑色金属主要是指钢和铸铁；而把其余金属如铝、镁、铜、钛、锡、铅、锌等及其合金统称为有色金属。

与黑色金属相比，它更具有比密度小、比强度高的特点。因此，在许多工业部门，尤其是在空间技术、原子能、计算机等新型工业部门中有色金属应用均很广泛。

有色金属品种繁多，本章仅介绍机械工业中广泛使用的铝及其合金、铜及其合金、轴承合金及粉末冶金材料。

第一节　铝及铝合金

一、工业纯铝

铝是地壳中储量最多的一种元素，约占地壳总重量的 8.2%。为了满足工业迅速发展的需要，铝及其合金将是我国优先发展的重要有色金属。

工业上使用的纯铝，其纯度 w_{Al} 为 99.99% ~ 99%。它具有以下的性能特点：

纯铝的密度较小（约 $2.7g/cm^3$）；熔点为 660℃；具有面心立方晶格；无同素异构转变，故铝合金的热处理的原理和钢不同。

纯铝的导电性、导热性很高，仅次于银、铜、金。在室温下，铝的导电能力为铜的62%，但按单位质量导电能力计算，则铝的导电能力约为铜的 200%。

纯铝是非磁性、无火花材料，而且反射性能好，既可反射可见光，也可反射紫外线。

纯铝的强度很低（σ_b 仅 80 ~ 100MPa），但塑性很高（$\delta = 35\% ~ 40\%$，$\psi = 80\%$）。通过加工硬化，可使纯铝的强度提高（$\sigma_b = 150 ~ 200MPa$），但塑性下降（$\psi = 50\% ~ 60\%$）。

在空气中，铝的表面可生成致密的氧化膜，隔绝了空气，故在大气中具有良好的耐蚀性。但铝不能耐酸、碱、盐的腐蚀。

根据上述特点，纯铝的主要用途是：代替贵重的铜合金，制作导线；配制各种铝合金以及制作要求质轻、导热或耐大气腐蚀但强度要求不高的器具。

工业纯铝分为纯铝（99% < w_{Al} < 99.85%）和高纯铝（w_{Al} > 99.85%）两类。纯铝分未压力加工产品（铸造纯铝）及压力加工产品（变形铝）两种。按 GB/T 8063—1994 规定，铸造纯铝牌号由 "Z" 和铝的化学元素符号及表明铝含量的数字组成，例如 ZAl99.5 表示 w_{Al} = 99.5% 的铸造纯铝；变形铝按 GB/T 16474—1996 规定，其牌号用四位字符体系的方法命名，即用 1×××表示，牌号的最后两位数字表示最低铝百分含量×100（质量分数 × 100）后小数点后面两位数字，牌号第二位的字母表示原始纯铝的改型情况，如果字母为 A，则表示为原始纯铝。例如，牌号 1A30 的变形铝表示 w_{Al} = 99.30% 的原始纯铝，若为其他字母，则表示为原始纯铝的改型。按 GB/T 3190—1996 规定，我国变形铝的牌号有 1A50、1A30 等，高纯铝的牌号有 1A99、1A97、1A93、1A90、1A85 等。

二、铝合金分类及时效强化

1. 铝合金分类

为了提高纯铝的强度，有效的方法是通过合金化及对铝合金进行时效强化。

目前，用于制作铝合金的合金元素大致分为主加元素（硅、铜、镁、锌、锰等）和辅加元素（铬、钛、锆等）两类。主加元素一般具有高溶解度和能起显著强化作用，辅加元素作用是为改善铝合金的某些工艺性能（如细化晶粒，改善热处理性能等。）铝与主加元素的二元相图一般都具有如图9-1所示形式。根据该相图上最大溶解度 D 点，把铝合金分为变形铝合金和铸造铝合金。

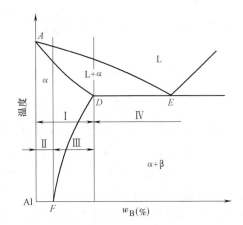

图 9-1　铝合金分类示意图
Ⅰ—变形铝合金　Ⅱ—热处理不可强化铝合金
Ⅲ—热处理可强化铝合金　Ⅳ—铸造铝合金

（1）变形铝合金　由图可见，成分在 D 点以左的合金，当加热到固溶线以上时，可得到单相固溶体，其塑性很好，宜于进行压力加工，称为变形铝合金。

变形铝合金又可分为两类：成分在 F 点以左的合金，其 α 固溶体成分不随温度而变，故不能用热处理使之强化，属于热处理不可强化铝合金；成分在 $D \sim F$ 点之间的铝合金，其 α 固溶体成分随温度而变化，可用热处理强化，属于热处理可强化铝合金。

（2）铸造铝合金　成分位于 D 点右边的合金，由于有共晶组织存在，适于铸造，称为铸造铝合金。

铸造铝合金中也有成分随温度而变化的 α 固溶体，故也能用热处理强化。但距 D 点越远，合金中 α 相越少，强化效果越不明显。

应该指出，上述分类并不是绝对的。例如，有些铝合金，其成分虽位于 D 点右边，但仍可压力加工，因此仍属于变形铝合金。

2. 铝合金的时效强化

含碳量较高的钢，在淬火后其强度、硬度立即提高，而塑性则急剧降低，而热处理可强化的铝合金却不同，当它加热到 α 相区，保温后在水中快冷，其强度、硬度并没有明显升高，而塑性却得到改善，这种热处理称为固溶淬火（或固溶热处理）。淬火后的铝合金，如在室温下停留相当长的时间，它的强度、硬度才显著提高，同时塑性则下降。例如，铜质量分数为4%并含有少量镁、锰元素的铝合金，在退火状态下，抗拉强度 $\sigma_b = 180 \sim 200MPa$、伸长率 $\delta = 18\%$，经淬火后其强度为 $\sigma_b = 240 \sim 250MPa$、伸长率 $\delta = 20\% \sim 22\%$，如再经 4 ~ 5 天放置后，则强度显著提高，σ_b 可达420MPa，伸长率下降为 $\delta = 18\%$。

淬火后，铝合金的强度和硬度随时间而发生显著提高的现象称为时效强化或沉淀硬化。室温下进行的时效称为自然时效，加热条件下进行的时效称为人工时效。图9-2表示上述铝合金淬火后，在室温下其强度随时间变化的曲线（自然时效曲线）。由图可知，自然时效在最初一段时间内，对铝合金强度影响不大，这段时间称为孕育期。在这段时间内，对淬火后的铝合金可进行冷加工（如铆接、弯曲、校直等），随着时间的延长，铝合金才逐渐被显著强化。

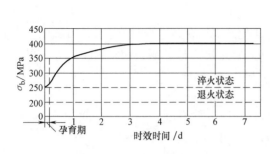

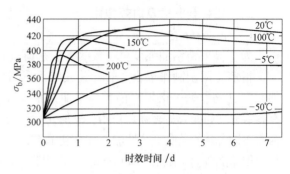

图 9-2 w_{Cu} 为 4% 的铝合金自然时效曲线　　图 9-3 w_{Cu} 为 4% 的铝合金在不同温度下的时效曲线

铝合金时效强化的效果还与加热温度有关。图 9-3 表示不同温度下的人工时效对强度的影响。时效温度增高，时效强化过程加快，即合金达到最高强度所需时间缩短，但最高强度值却越低，强化效果不好。如果时效温度在室温以下，原子扩散不易进行，则时效过程进行很慢。例如，在 –50℃ 以下长期放置后，淬火铝合金的力学性能几乎没有变化。生产中，某些需要进一步加工变形的零件（铝合金铆钉等），可在淬火后于低温状态下保存，使其在需要加工变形时仍具有良好的塑性。若人工时效的时间过长（或温度过高），反而使合金软化，这种现象称为过时效。

3. 铝合金的回归处理

回归处理是将已经时效强化的铝合金，重新加热到 200 ~ 270℃，经短时间保温，然后在水中急冷，使合金恢复到淬火状态的处理。经回归后合金与新淬火的合金一样，仍能进行正常的自然时效。但每次回归处理后，其再时效后强度逐次下降。

回归处理在生产中具有实用意义。如零件在使用过程中发生变形，可在校形修复前进行回归处理；已时效强化的铆钉，在铆接前可施行回归处理。

三、变形铝合金

变形铝合金可按其主要性能特点分为防锈铝、硬铝、超硬铝与锻铝等。它们常由冶金厂加工成各种规格的型材、板、带、线、管等供应。

按 GB/T 16474—1996 规定，变形铝合金牌号用四位字符体系表示，牌号的第一、三、四位为数字，第二位为 "A" 字母。牌号中第一位数字是依主要合金元素 Cu、Mn、Si、Mg、Mg_2Si、Zn 的顺序来表示变形铝合金的组别。例如 2A × × 表示以铜为主要合金元素的变形铝合金。最后两位数字用以标识同一组别中的不同铝合金。

常用变形铝合金的牌号、成分、力学性能见表 9-1。

1. 防锈铝

它是铝-锰或铝-镁系合金。这类合金对时效强化效果较弱，一般只能用冷变形来提高强度。

铝-锰系合金中 3A21 的 $w_{Mn} = 1\% ~ 1.6\%$。退火组织为 α 固溶体和在晶粒边界上少量的（$\alpha + MnAl_6$）共晶体，所以它的强度高于纯铝。由于 $MnAl_6$ 相的电极电位与基体相近，所以有很高耐蚀性。

铝-镁系合金镁在铝中溶解度较大（在 451℃ 时可溶入 $w_{Mg} = 15\%$），但为便于加工，避免形成脆性很大的化合物，所以一般防锈铝中 $w_{Mg} < 8\%$。在实际生产条件下，由于它具有

表 9-1　常用变形铝合金的牌号、成分、力学性能（摘自 GB/T 3190—1996、
GB/T 10569—1989、GB/T 10572—1989）

组别	牌号	化学成分(%)					直径及板厚/mm	供应状态	试样状态[①]	力学性能		原代号
		w_{Cu}	w_{Mg}	w_{Mn}	w_{Zn}	$w_{其他}$				σ_b/MPa	δ_{10}(%)	
防锈铝	5A50	0.10	4.8~5.5	0.30~0.6	0.20	Si 0.5 Fe 0.5	≤φ200	BR	BR	265	15	LF5
	3A21	0.20	—	1.0~1.6	—	Si 0.6 Fe 0.7 Ti 0.15	所有	BR	BR	<167	20	LF21
硬铝	2A01	2.2~3.0	0.20~0.50	0.20	0.10	Si 0.5 Fe 0.5 Ti 0.15	—	—	BM BCZ	—	—	LY1
	2A11	3.8~4.8	0.40~0.80	0.40~0.8	0.30	Si 0.7 Fe 0.7 Ti 0.15	>2.5~4.0	Y	M CZ	<235 373	12 15	LY11
	2A12	3.8~4.9	1.2~1.8	0.30~0.90	0.30	Si 0.5 Fe 0.5 Ti 0.15	>2.5~4.0	Y	M CZ	≤216 456	14 8	LY12
超硬铝	7A04	1.4~2.0	1.8~2.8	0.20~0.60	5.0~7.0	Si 0.5 Fe 0.5 Cr 0.10~0.25 Ti 0.10	0.5~4.0	Y	M	245	10	LC4
							>2.5~4.0	Y	CS	490	7	
							φ20~100	BR	BCS	549	6	
锻铝	6A02	0.20~0.6	0.45~0.90	或 Cr 0.15~0.35	—	Si 0.5~1.2 Ti 0.15 Fe 0.5	φ20~150	R, BCZ	BCS	304	8	LD2
	2A50	1.8~2.6	0.40~0.80	0.40~0.80	0.30	Si 0.7~1.2 Ti 0.15 Fe 0.7	φ20~150	R, BCZ	BCS	382	10	LD5

① 试样状态：B 不包铝（无 B 者为包铝的）；R 热加工；M 退火；CZ 淬火＋自然时效；CS 淬火＋人工时效；C 淬火；Y 硬化（冷轧）。

单相固溶体，所以有好的耐蚀性。又由于固溶强化，所以比纯铝与 3A21 有更高的强度。含镁量越大，合金强度越高。

防锈铝的工艺特点是塑性及焊接性好，常用拉深法制造各种高耐蚀性的薄板容器（如油箱等）、防锈蒙皮以及受力小、质轻、耐蚀的制品与结构件（如管道、窗框、灯具等）。

2. 硬铝

它是铝-铜-镁系合金，是一种应用较广的可热处理强化的铝合金。

铜与镁能形成强化相 $CuAl_2$（θ 相）及 $CuMgAl_2$（S 相），而 S 相是硬铝中主要的强化相，它在较高温度下不易聚集，可以提高硬铝的耐热性。硬铝中如含铜、镁量多，则强度、硬度高，耐热性好（可在 200℃以下工作），但塑性、韧性低。

这类合金通过淬火时效可显著提高强度，σ_b 可达 420MPa，其比强度与高强度钢（一般指 σ_b 为 1000~1200MPa 的钢）相近，故名硬铝。

硬铝的耐蚀性远比纯铝差，更不耐海水腐蚀；尤其是硬铝中的铜会导致其耐蚀性剧烈下降。为此，须加入适量的锰，对硬铝板材还可采用表面包一层纯铝或包覆铝，以增加其耐蚀性，但在热处理后强度稍低。

2A01（铆钉硬铝）有很好的塑性，大量用来制造铆钉。飞机上常用的铆钉材料为2A10，它比 2A01 含铜量稍高，含镁量更低，塑性好，且孕育期长，又有较高的抗剪强度。

2A11（标准硬铝）既有相当高的硬度，又有足够的塑性，退火状态可进行冷弯、卷边、冲压。时效处理后又可大大提高其强度，常用来制造形状较复杂、载荷较低的结构零件，在

仪器制造中也有广泛应用（如光学仪器中目镜框等）。

2A12（高强度硬铝）经淬火后，具有中等塑性，成形时变形量不宜过大。由于孕育期较短，一般均采用自然时效。在时效和加工硬化状态下可加工性较好。焊接性差，一般只适于点焊。2A12合金经淬火自然时效后可获得高强度，因而是目前最重要的飞机结构材料，广泛用于制造飞机翼肋、翼架等受力构件。2A12硬铝还可用来制造200℃以下工作的机械零件。

3. 超硬铝

它是铝-铜-镁-锌系合金。其时效强化相除有θ及S相外，主要强化相还有$MgZn_2$（η相）及$Al_2Mg_3Zn_3$（T相）。在铝合金中，超硬铝时效强化效果最好，强度最高，σ_b可达600MPa，其比强度已相当于超高强度钢（一般指$\sigma_b > 1400$MPa的钢），故名超硬铝。

由于$MgZn_2$相的电极电位低，所以超硬铝的耐蚀性也较差，一般也要包铝（常采用$w_{Zn} = 0.90\% \sim 1.0\%$的包覆铝作为保铝层），以提高耐蚀性。另外，耐热性也较差，工作温度超过120℃就会软化。

目前应用最广的超硬铝合金是7A04。常用于飞机上受力大的结构零件，如起落架、大梁等。在光学仪器中，用于要求重量轻而受力较大的结构零件。

4. 锻铝

它多数为铝-铜-镁-硅系合金。其主要强化相有θ相、S相及Mg_2Si（β相）。力学性能与硬铝相近，但热塑性及耐蚀性较高，更适于锻造，故名锻铝。

由于其热塑性好，所以锻铝主要用作航空及仪表工业中各种形状复杂、要求比强度较高的锻件或模锻件，如各种叶轮、框架、支杆等。

因锻铝的自然时效速率较慢，强化效果较低，故一般均采用淬火和人工时效。

四、铸造铝合金

与变形铝合金相比，铸造铝合金力学性能不如变形铝合金，但其铸造性能好，可进行各种成形铸造，生产形状复杂的零件。铸造铝合金的种类很多，主要有铝-硅系、铝-铜系、铝-镁系及铝-锌系四种，其中以铝硅系应用最广泛。

铸造铝合金的代号用"铸"、"铝"两字的汉语拼音的字首"ZL"及三位数字表示。第一位数表示合金类别（1为铝-硅系，2为铝-铜系，3为铝-镁系，4为铝-锌系）；第二位、三位数字为合金顺序号，序号不同者，化学成分也不同。例如，ZL102表示2号铝-硅系铸造铝合金。若优质合金在代号后面加"A"。

铸造铝合金牌号由"Z"和基体金属铝的化学元素符号、主要合金化学元素符号以及表明合金化学元素名义百分含量（质量分数）×100的数字组成。若牌号后面加"A"表示优质。

常用的铸造铝合金的代号、牌号、成分、力学性能及用途见表9-2。

下面仅介绍铝-硅系合金。图9-4是铝-硅二元合金相图。室温下，硅在铝中的溶解度极小。由于共晶成分（$w_{Si} = 11.7\%$）附近的合金具有优良的铸造性能，故常用的铝-硅合金（如ZL102等）的含硅量为$w_{Si} = 10\% \sim 13\%$，它在铸造缓冷后，组织主要为共晶体（α + Si），如图9-5所示。其中硅晶体是硬脆相，并呈粗大针状，会严重降低合金的力学性能（σ_b仅为130～140MPa，δ仅为1%～2%）。为了改善铝-硅合金的性能，可在浇注前，往液体合金中加入含有NaCl、NaF等组成的变质剂，进行变质处理。钠能促进硅形核，并阻碍其

表 9-2　常用铸造铝合金的代号、成分、性能和用途（摘自 GB/T 1173—1995）

类别	合金代号与牌号	化学成分（余量为 w_{Al}）（%）						铸造方法与合金状态①	力学性能（不低于）			用途②
		w_{Si}	w_{Cu}	w_{Mg}	w_{Mn}	w_{Zn}	w_{Ti}		σ_b/MPa	δ_5（%）	HBW (5/250/30)	
铝硅合金	ZL101 ZAlSi7Mg	6.5~7.5	—	0.25~0.45	—	—	—	J,T5 S,T5	205 195	2 2	60 60	形状复杂的砂型、金属型和压力铸造零件，如飞机、仪器的零件，抽水机壳体，工作温度不超过185℃的汽化器等
	ZL102 ZAlSi12	10.0~13.0	—	—	—	—	—	J,F SB,JB,F SB,JB,T2	155 145 135	2 4 4	50 50 50	形状复杂的砂型和金属型、压力铸造零件，如仪表、抽水机壳体，工作温度在200℃以下，要求气密性承受低载荷的零件
	ZL105 ZAlSi5Cu1Mg	4.5~5.5	1.0~1.5	0.4~0.6	—	—	—	J,T5 S,T5 S,T6	235 195 225	0.5 1.0 0.5	70 70 70	砂型、金属型和压力铸造的形状复杂、在225℃以下工作的零件，如风冷发动机的气缸头、机匣，液压泵壳体等
	ZL108 ZAlSi12Cu2Mg1	11.0~13.0	1.0~2.0	0.4~1.0	0.3~0.9	—	—	J,T1 J,T6	195 255	—	85 90	砂型、金属型铸造的，要求高温强度及低膨胀系数的高速内燃机活塞及其他耐热零件等
铝铜合金	ZL201 ZAlCu5Mn	—	4.5~5.3	—	0.6~1.0	—	0.15~0.35	S,T4 S,T5	295 335	8 4	70 90	砂型铸造在 175~300℃ 以下工作的零件，如支臂、挂梁、内燃机气缸头、活塞等
	ZL201A ZAlCu5MnA	—	4.8~5.3	—	0.6~1.0	—	0.15~0.35	S,J,T5	390	8	100	同上
铝镁合金	ZL301 ZAlMg10	—	—	9.5~11.5	—	—	—	J,S,T4	280	10	60	砂型铸造的在大气或海水中工作的零件，承受大振动载荷，工作温度不超过150℃的零件
铝锌合金	ZL401 ZAlZn11Si7	6.0~8.0	—	0.1~0.3	—	9.0~13.0	—	J,T1 S,T1	245 195	1.5 2	90 80	压力铸造的零件，工作温度不超过200℃，结构形状复杂的汽车、飞机零件

① 铸造方法与合金状态的符号：J 金属型铸造；S 砂型铸造；B 变质处理；T1 人工时效（铸件快冷后进行，不进行淬火）；T2 退火；T5 淬火+不完全人工时效（时效温度低，或时间短）；T6 淬火+完全人工时效（约180℃，时间较长）；T4 淬火（290±10℃）；T4 淬火+自然时效；F 铸态。

② 用途在 GB 标准中未作规定。

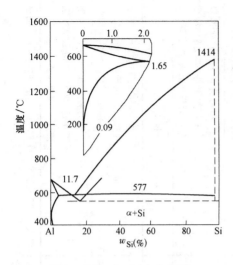

图9-4　铝-硅二元合金相图

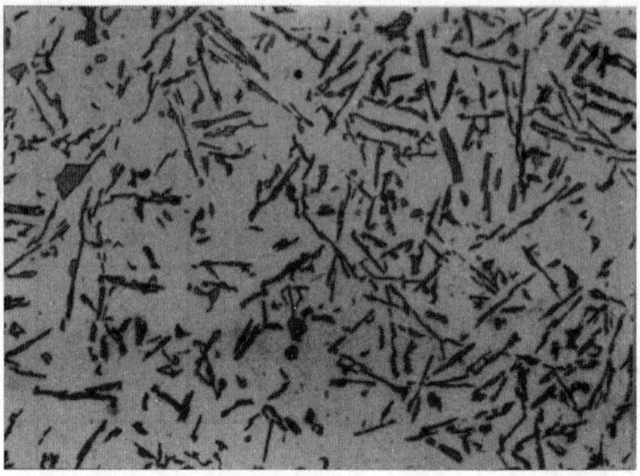

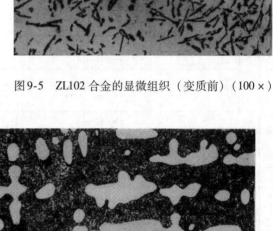

图9-5　ZL102合金的显微组织（变质前）（100×）

晶体长大，使硅晶体成为极细的粒状，均匀分布在铝基体上。钠还能使相图中共晶点向右下方移动（图9-4中虚线），使变质后形成亚共晶组织。图9-6为变质后铝-硅合金（ZL102）的显微组织。图中亮色晶体为初晶α固溶体，暗色基体为细粒状共晶体。变质后，铝合金的力学性能显著提高（$\sigma_b = 180MPa$，$\delta = 6\%$）。

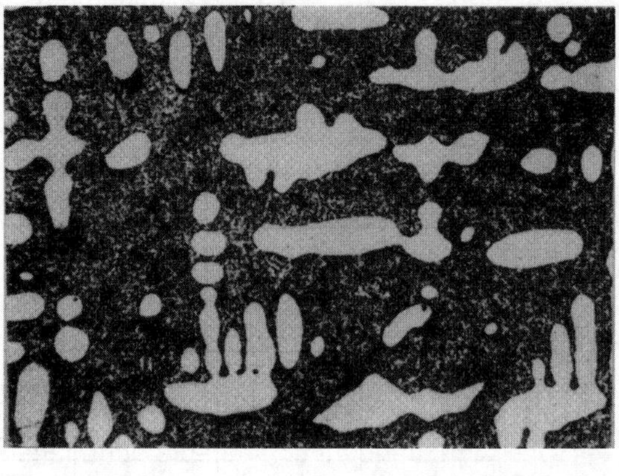

仅含有硅的铝-硅系合金（如ZL102），主要缺点是铸件致密程度较低，强度较低（经变质处理后，σ_b也不超过180MPa），且不能热处理强化。

![图9-6]

图9-6　ZL102合金的显微组织（变质后）（100×）

为了提高铝硅合金的强度，可加入镁、铜以形成强化相 Mg_2Si、$CuAl_2$ 及 $CuMgAl_2$ 等。这样的合金在变质处理后还可进行淬火时效，以提高强度，如ZL105、ZL108等合金。

铸造铝-硅合金一般用来制造轻质、耐蚀、形状复杂但强度要求不高的铸件，如发动机气缸、手提电动或风动工具（手电钻、风镐）以及仪表的外壳。同时加入镁、铜的铝-硅系合金（如ZL108等），还具有较好的耐热性与耐磨性，是制造内燃机活塞的合适材料。

第二节　铜及铜合金

一、工业纯铜

铜是重有色金属，其全世界产量仅次于铁和铝。工业上使用的纯铜，其含铜量为 $w_{Cu} = 99.70\% \sim 99.95\%$，它是玫瑰红色的金属，表面形成氧化亚铜 Cu_2O 膜层后呈紫色，故又称紫铜。

纯铜的密度为 $8.96g/cm^3$，熔点为 $1083℃$，具有面心立方晶格，无同素异构转变。

纯铜突出的优点是具有优良的导电性、导热性及良好的耐蚀性（抗大气及海水腐蚀）。铜还具有抗磁性。

纯铜的强度不高（$\sigma_b = 230 \sim 240MPa$），硬度很低（$40 \sim 50HBW$），塑性却很好（$\delta = 45\% \sim 50\%$）。冷塑性变形后，可以使铜的强度 σ_b 提高到 $400 \sim 500MPa$。但伸长率急剧下降到2%左右。为了满足制作结构件的要求，必须制成各种铜合金。

因此，纯铜的主要用途是制作各种导电材料、导热材料及配置各种铜合金。

工业纯铜分未加工产品（铜锭、电解铜）和加工产品（铜材）两种。未加工产品代号有 Cu-1、Cu-2 两种。加工产品代号有 T1、T2、T3 三种。代号中数字越大，表示杂质含量越多，则其导电性越差。

二、铜合金的分类及牌号表示方法

1. 铜合金分类

（1）按化学成分　铜合金可分为黄铜、青铜及白铜（铜镍合金）三大类。机器制造业中，应用较广的是黄铜和青铜。

黄铜是以锌为主要合金元素的铜-锌合金。其中不含其他合金元素的黄铜称普通黄铜（或简单黄铜）；含有其他合金元素的黄铜称为特殊黄铜（或复杂黄铜）。

青铜是以除锌和镍以外的其他元素作为主要合金元素的铜合金。按其所含主要合金元素的种类可分为锡青铜、铅青铜、铝青铜、硅青铜等。

（2）按生产方法　铜合金可分为压力加工产品和铸造产品两类。

2. 铜合金牌号表示方法

（1）加工铜合金　其牌号由数字和汉字组成，为便于使用，常以代号替代牌号。

1）加工黄铜。普通加工黄铜代号表示方法为"H"+铜元素含量（质量分数×100）。例如，H68 表示 $w_{Cu} = 68\%$、余量为锌的黄铜。特殊加工黄铜代号表示方法为"H"+主加元素的化学符号（除锌以外）+铜及各合金元素的含量（质量分数×100）。例如，HPb59-1 表示 $w_{Cu} = 59\%$、$w_{Pb} = 1\%$、余量为锌的加工黄铜。

2）加工青铜。代号表示方法是："Q"（"青"的汉语拼音字首）+第一主加元素的化学符号及含量（质量分数×100）+其他合金元素含量（质量分数×100）。例如，QAl5 表示 $w_{Al} = 5\%$、余量为铜的加工铝青铜。

（2）铸造铜合金　铸造黄铜与铸造青铜的牌号表示方法相同，它是："Z"+铜元素化学符号+主加元素的化学符号及含量（质量分数×100）+其他合金元素化学符号及含量（质量分数×100）。例如，ZCuZn38，表示 $w_{Zn} = 38\%$、余量为铜的铸造普通黄铜；ZCuSn10P1 表示 $w_{Sn} = 10\%$、$w_p = 1\%$、余量为铜的铸造锡青铜。

三、黄铜

1. 普通黄铜

（1）普通黄铜的组织　工业中应用的普通黄铜，在室温平衡状态下，有 α 及 β′ 两个基本相，α 相是锌溶于铜中的固溶体，塑性好，适宜冷、热压力加工。β′ 相是以电子化合物 CuZn 为基的固溶体，在室温下较硬脆，但加热到456℃以上时，却有良好的塑性，故含有 β′ 相的黄铜适宜热压力加工。

工业中应用的普通黄铜，按其平衡状态的组织可分为以下两种类型：当 $w_{Zn} < 39\%$ 时，室温

组织为单相 α 固溶体（单相黄铜）；当 w_{Zn} = 39% ~45% 时，室温下的组织为 α + β′（双相黄铜）。在实际生产条件下，当 w_{Zn} >32% 时，即出现 α + β′ 组织。黄铜组织如图 9-7 及图 9-8 所示。

图 9-7　α 单相黄铜的显微组织（100×）

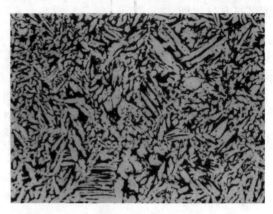

图 9-8　α + β′ 双相黄铜的显微组织（100×）

（2）普通黄铜的性能　黄铜的强度和塑性与含锌量有密切的关系，如图 9-9 所示。当含锌量增加时，由于固溶强化，使黄铜强度、硬度提高，同时塑性还有改善。当 w_{Zn} >32% 后出现 β′ 相，使塑性开始下降。但一定数量的 β′ 相起强化作用，而使强度继续升高。w_{Zn} >45%，组织中已全部为脆性的 β′ 相，致使黄铜强度、塑性急剧下降，已无实用价值。

普通黄铜的耐蚀性良好，并与纯铜相近。但当 w_{Zn} >7%（尤其是大于 20%）并经冷压力加工后的黄铜，在潮湿的大气中，

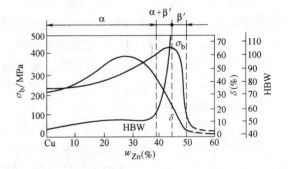

图 9-9　锌对铜力学性能的影响（退火）

特别是在含氨的气氛中，易产生应力腐蚀破裂现象（自裂）。防止应力破裂的方法是在 250~300℃ 进行去应力退火。

铸造黄铜的铸造性能较好，它的熔点比纯铜低，且结晶温度间隔较小，使黄铜有较好的流动性，较小的偏析倾向，且铸件组织致密。

（3）常用的普通黄铜　其牌号、代号、成分、力学性能及用途见表 9-3。

表 9-3　常用黄铜的代号、成分、力学性能及用途（摘自 GB/T 2040—2002、GB/T 5231—2001）

组别	代号或牌号	化学成分（%）		力学性能[1]			主要用途[2]
		w_{Cu}	$w_{其他}$	σ_b/MPa	δ(%)	HBW	
普通黄铜	H90	88.0~91.0	余量 Zn	$\dfrac{245}{392}$	$\dfrac{35}{3}$	—	双金属片、供水和排水管、证章、艺术品（又称金色黄铜）
	H68	67.0~70.0	余量 Zn	$\dfrac{294}{392}$	$\dfrac{40}{13}$	—	复杂的冷冲压件、散热器外壳、弹壳、导管、波纹管、轴套
	H62	60.5~63.5	余量 Zn	$\dfrac{294}{412}$	$\dfrac{40}{10}$	—	销钉、铆钉、螺钉、螺母、垫圈、弹簧、夹线板
	ZCuZn38	60.0~63.0	余量 Zn	$\dfrac{295}{295}$	$\dfrac{30}{30}$	$\dfrac{59}{68.5}$	一般结构件如散热器、螺钉、支架等

（续）

组别	代号或牌号	化学成分(%)		力学性能[1]			主要用途[2]
		w_{Cu}	$w_{其他}$	σ_b/MPa	δ(%)	HBW	
特殊黄铜	HSn62-1	61.0~63.0	0.7~1.1Sn 余量Zn	$\frac{249}{392}$	$\frac{35}{5}$	—	与海水和汽油接触的船舶零件(又称海军黄铜)
	HSi80-3	79.0~81.0	2.5~4.5Si 余量Zn	$\frac{300}{350}$	$\frac{15}{20}$	—	船舶零件,在海水、淡水和蒸汽(<265℃)条件下工作的零件
	HMn58-2	57.0~60.0	1.0~2.0Mn 余量Zn	$\frac{382}{588}$	$\frac{30}{3}$	—	海轮制造业和弱电用零件
	HPb59-1	57.0~60.0	0.8~1.9Pb 余量Zn	$\frac{343}{441}$	$\frac{25}{5}$	—	热冲压及切削加工零件,如销、螺钉、螺母、轴套(又称易削黄铜)
	ZCuZn40 Mn3Fe1	53.0~58.0	3.0~4.0Mn 0.5~1.5Fe 余量Zn	$\frac{400}{490}$	$\frac{18}{15}$	$\frac{98}{108}$	轮廓不复杂的重要零件,海轮上在300℃以下工作的管配件,螺旋桨等大型铸件
	ZCuZn25A16 Fe3Mn3	60.0~66.0	4.5~7Al、 2~4Fe 1.5~4.0Mn 余量Zn	$\frac{725}{745}$	$\frac{7}{7}$	$\frac{166.5}{166.5}$	要求强度耐蚀零件如压紧螺母、重型蜗杆、轴承、衬套

① 力学性能中分母的数值,对压力加工黄铜来说是指硬化状态(变形程度50%)的数值,对铸造黄铜来说是指金属型铸造时的数值;分子数值,对压力加工黄铜为退火状态(600℃)时的数值,对铸造黄铜为砂型铸造时的数值。
② 主要用途在国家标准中未作规定。

普通黄铜主要供压力加工用,按加工特点分为冷加工用α单相黄铜与热加工用α+β′双相黄铜两类。

1) H90(及H80等)。α单相黄铜,有优良的耐蚀性、导热性和冷变形能力,并呈金黄色,故有金色黄铜之称。常用于镀层、艺术装饰品、奖章、散热器等。

2) H68(及H70)。α单相黄铜,按成分称为七三黄铜。它具有优良的冷、热塑性变形能力,适宜用冷冲压(深拉深、弯曲等)制造形状复杂而要求耐蚀的管、套类零件,如弹壳、波纹管等,故又有弹壳黄铜之称。

3) H62(及H59)。α+β′双相黄铜,按成分称为六四黄铜。它的强度较高,并有一定的耐蚀性,广泛用来制作电器上要求导电、耐蚀及适当强度的结构件,如螺栓、螺母、垫圈、弹簧及机器中的轴套等,是应用广泛的合金,有商业黄铜之称。

2. 特殊黄铜

在普通黄铜基础上,再加入其他合金元素所组成的多元合金称为特殊黄铜。常加入的元素有锡、铅、铝、硅、锰、铁等。特殊黄铜也可依据加入的第二合金元素命名,如锡黄铜、铅黄铜、铝黄铜等。

合金元素加入黄铜后,一般或多或少地提高其强度。加入锡、铝、锰、硅还可提高耐蚀性与减少黄铜应力腐蚀破裂的倾向。某些元素的加入还可改善黄铜的工艺性能,如加硅改善铸造性能,加铅改善可加工性等。

常用特殊黄铜的牌号、代号、成分、力学性能及用途见表9-3。

四、青铜

1. 锡青铜(以锡为主加元素的铜合金)

（1）锡青铜的组织　在一般铸造条件下，只有 $w_{Sn}<5\%\sim6\%$ 的锡青铜室温组织才是单相 α 固溶体。α 固溶体是锡在铜中的固溶体，具有良好的冷、热变形性能。$w_{Sn}>5\%\sim6\%$ 的锡青铜，室温组织为 α + 共析体（α + δ）。δ 相是以电子化合物 $Cu_{31}Sn_8$ 为基的固溶体，是一个硬脆相。图 9-10 是锡青铜的铸态组织（α + 共析体），由于锡青铜结晶温度间隔较大，因此 α 相易产生枝晶偏析，先结晶的 α 干枝含锡量较低，后结晶的 α 含锡量较高，致使 α 相的不同部位呈现出明暗不同的颜色。

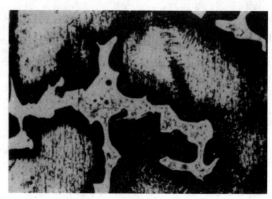

图 9-10　锡青铜（$w_{Sn}>5\%\sim6\%$）的铸态组织（100×）

（2）锡青铜的性能　锡对锡青铜的力学性能影响如图 9-11 所示。当 $w_{Sn}<5\%\sim6\%$ 时，由于加入锡产生固溶强化，使合金强度显著提高。当 w_{Sn} 超过 $5\%\sim6\%$，则出现 δ 相后，塑性就开始下降。$w_{Sn}=10\%$ 时，塑性已显著降低，少量的 δ 相可使强度提高。当 $w_{Sn}>20\%$ 时，由于 δ 相过多，使合金变得很脆，强度也迅速下降。因此，工业用锡青铜一般的含锡量为 $w_{Sn}=3\%\sim14\%$。

锡青铜结晶温度范围很宽，凝固时体积收缩很小，能获得符合型腔形状的铸件，适用铸造对外形尺寸要求较严格的铸件。但流动性较差，偏析倾向较大，易形成分散的缩孔。使铸件致密度较差，锡青铜制成的容器在高压下易渗漏。

此外，锡青铜还有良好的减摩性、抗磁性及低温韧性。

为了提高锡青铜的某些性能，常加入磷、锌、铅等元素。磷可增加锡青铜的耐磨性；锌改善流动性并可以部分代替贵重的锡；铅主要为改善切削加工性。

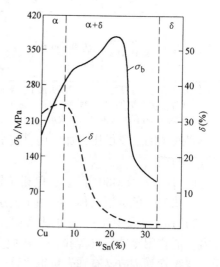

图 9-11　铸造锡青铜的力学性能与含锡量的关系

（3）常用的锡青铜　按生产方法，锡青铜可分为加工锡青铜与铸造锡青铜两类。表 9-4 为常用锡青铜的代号、成分、力学性能和用途。

表 9-4　常用青铜的代号、成分、力学性能及用途（摘自 GB/T 2040—2002、GB/T 1176—1987、GB/T 5231—2001、GB/T 4423—2007）

类别	代号或牌号	化学成分(%)		力学性能[1]			主要用途[2]
		第一主加元素 w_B	$w_{其他}$	σ_b/MPa	δ(%)	HBW	
加工锡青铜	QSn4-3	Sn 3.5~4.5	Zn 2.7~3.3 余量 Cu	$\dfrac{294}{490\sim687}$	$\dfrac{40}{3}$	—	弹性元件、管配件、化工机械中耐磨零件及抗磁零件
	QSn6.5-0.1	Sn 6.0~7.0	P 0.1~0.25 余量 Cu	$\dfrac{294}{490\sim687}$	$\dfrac{40}{5}$	—	弹簧、接触片、振动片、精密仪器中的耐磨零件

（续）

类别	代号或牌号	化学成分（%）		力学性能[1]			主要用途[2]
		第一主加元素 w_B	$w_{其他}$	σ_b/MPa	$\delta(\%)$	HBW	
铸造锡青铜	ZCuSn10P1	Sn 9.0～11.5	P 0.5～1.0 余量 Cu	$\dfrac{220}{310}$	$\dfrac{3}{2}$	$\dfrac{78}{88}$	重要的减摩零件，如轴承、轴套、蜗轮、摩擦轮、机床丝杠螺母
	ZCuSn5Pb5Zn5	Sn 4.0～6.0	Zn 4.0～6.0 P 4.0～6.0 余量 Cu	$\dfrac{200}{200}$	$\dfrac{13}{13}$	$\dfrac{59}{59}$	低速、中载荷的轴承、轴套及蜗轮等耐磨零件
加工铝青铜	QA17	Al 6.0～8.0	—	$\dfrac{—}{637}$	$\dfrac{—}{5}$	—	重要用途的弹簧和弹性元件
铸造铝青铜	ZCuAl10Fe3	Al 8.5～11.0	Fe 2.0～4.0 余量 Cu	$\dfrac{490}{540}$	$\dfrac{13}{15}$	$\dfrac{98}{108}$	耐磨零件（压下螺母、轴承、蜗轮、齿圈）及在蒸汽、海水中工作的高强度耐蚀件
铸造铅青铜	ZCuPb30	Pb 27.0～33.0	余量 Cu	$\dfrac{—}{—}$	$\dfrac{—}{—}$	$\dfrac{—}{24.5}$	大功率航空发动机、柴油机曲轴及连杆的轴承、齿轮、轴套
加工铍青铜	QBe2	Be 1.8～2.1	Ni 0.2～0.5 余量 Cu	—	—	—	重要的弹簧与弹性元件，耐磨零件以及在高速、高压和高温下工作的轴承

① 力学性能数字表示意义同表 9-3。

② 主要用途在国家的标准中未作规定。

1）加工锡青铜。它的含锡量一般为 $w_{Sn}<8\%$，适宜冷热压力加工，通常加工成板、带、棒、管等型材使用。经加工硬化后，这类合金的强度、硬度显著提高，但塑性也下降很多。如硬化后再经去应力退火，则可在保持较高强度的情况下，改善塑性，尤其是可获得高的弹性极限，这对弹性零件极为重要。

加工锡青铜适宜制造仪表上要求耐蚀及耐磨的零件、弹性零件、抗磁零件以及机器中的轴承、轴套等。常用的有 QSn4-3 及 QSn6.5-0.1 等。

2）铸造锡青铜。其含锡、磷量一般均较加工锡青铜高，使它具有良好的铸造性能，适于铸造形状复杂但致密度要求不高的铸件。

这类合金是良好的减摩材料（详见轴承合金），并有一定的耐磨性，适宜制造机床中滑动轴承、蜗轮、齿轮等零件。又因其耐蚀性好，故也是制造蒸汽管、水管附件的良好材料。常用的铸造锡青铜有 ZCuSn10P1 及 ZCuSn5Pb5Zn5 等。

2. 铝青铜和铍青铜

常用铝青铜和铍青铜的代号、成分、力学性能及用途见表 9-4。

（1）铝青铜 它是以铝为主加元素的铜合金。一般含铝量为 $w_{Al}=5\%\sim11\%$。

铝青铜的结晶温度范围很窄，收缩率较大，但能获得致密的、偏析小的铸件，故其力学性能比锡青铜高，且铝青铜还可进行热处理强化。铝青铜的耐蚀性高于锡青铜与黄铜，并有较高的耐热性。在铝青铜中加入铁、锰、镍等元素，能进一步提高其性能（铸态 σ_b 可达 400~500MPa，δ 为 10%~20%，并有较好的韧性、硬度与耐磨性）。

铝青铜常用来制造强度及耐磨性要求较高的摩擦零件，如齿轮、蜗轮、轴套等。常用的铸造铝青铜有 ZCuAl10Fe3、ZCuAl10Fe3Mn2 等。加工铝青铜（低铝青铜）用于制造仪器中要求耐蚀的零件和弹性元件。常用的加工铝青铜有 QA15、QA17、QA19-4 等。

（2）铍青铜　它是以铍为主加元素的铜合金，铍含量为 w_{Be} = 1.6%~2.5%，是时效强化效果极大的铜合金。经淬火(780℃±10℃水冷后，σ_b 为 500~550MPa，硬度为 120HBW，δ 为 25%~35%）再经冷压成形、时效（300~350℃，2h）之后，铍青铜具有很高的强度、硬度与弹性极限（σ_b = 1250~1400MPa，硬度为 330~400HBW，δ = 2%~4%）。可贵的是，铍青铜的导热性、导电性、耐寒性也非常好，同时还有抗磁、受冲击时不产生火花等特殊性能。

铍青铜主要用来制作精密仪器、仪表中各种重要用途的弹性元件、耐蚀、耐磨零件（如仪表中齿轮）、航海罗盘仪中零件及防爆工具零件。一般铍青铜是以压力加工后淬火为供应状态，工厂制成零件后，只需进行时效即可。但铍青铜价格昂贵，工艺复杂，因而限制了它的使用。

第三节　滑动轴承合金

在滑动轴承中，制造轴瓦及其内衬（轴承衬）的合金称为轴承合金。

与滚动轴承相比，滑动轴承具有承压面积大　工作平稳、无噪声以及装卸方便等优点。

滑动轴承支承着轴进行工作，如图 9-12 所示。当轴旋转时，轴与轴瓦之间有剧烈的摩擦。因轴是重要零件，故在磨损不可避免的情况下，应确保轴受到最小的磨损，必要时可更换轴瓦而继续使用轴。

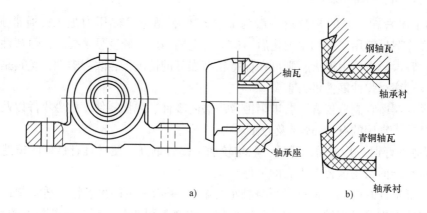

图 9-12　滑动轴承结构

a）剖分式轴瓦　b）轴瓦上镶铸轴承衬

一、对轴承合金性能的要求

1. 具有良好的减摩性

良好的减摩性应综合体现以下性能：①摩擦因数低；②磨合性好。磨合性是指在不长的工作时间后，轴承与轴能自动吻合，使载荷均匀作用在工作面上，避免局部磨损。这就要求轴承材料硬度低、塑性好。同时还可使外界落入轴承的较硬杂质陷入软基体中，减少对轴的磨损；③抗咬合性好。这是指摩擦条件不良时，轴承材料不致与轴粘着或焊合。

2. 具有足够的力学性能

滑动轴承合金要有较高的抗压强度和疲劳强度，并能抵抗冲击和振动。

此外，轴承合金还应具有良好的导热性、小的热膨胀系数、良好的耐蚀性和铸造性能。

二、轴承合金的组织特征

根据上述的性能要求，轴承合金的组织应软硬兼备。目前常用的轴承合金有两类组织。

1. 在软的基体上孤立地分布硬质点

如图9-13所示，当轴进入工作状态后，轴承合金软的基体很快被磨凹，使硬质点（一般为化合物）凸出于表面以承受载荷，并抵抗自身的磨损；凹下去的地方可储存润滑油，保证有低的摩擦因数。同时，软的基体有较好的磨合性与抗冲击、抗振动能力。但这类组织难以承受高的载荷。属于这类组织的轴承合金有巴氏合金和锡青铜等。

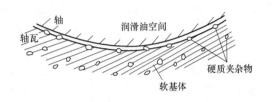

图9-13 滑动轴承理想组织示意图

2. 在较硬的基体上分布着软的质点

对高转速、高载荷轴承，强度是首要问题，这就要求轴承有较硬的基体（硬度低于轴的轴颈）组织来提高单位面积上能够承受的压力。这类组织也具有低的摩擦因数，但其磨合性较差。属于这类组织的轴承合金有铝基轴承合金和铝青铜等。

三、常用的轴承合金

滑动轴承的材料主要是有色金属。常用的有锡基轴承合金、铅基轴承合金、铜基轴承合金、铝基轴承合金等。

1. 锡基轴承合金与铅基轴承合金（巴氏合金）

常用的锡基与铅基轴承合金的代号、成分与用途见表9-5。

表9-5 铸造轴承合金代号、成分、用途（摘自 GB/T 1174—1992）

类别	牌 号	化学成分(%)					硬度 HBW (不小于)	用途举例[①]
		w_{Sb}	w_{Cu}	w_{Pb}	w_{Sn}	$w_{杂质}$		
锡基轴承合金	ZSnSb12Pb10Cu4	11.0 ~ 13.0	2.5 ~ 5.0	9.0 ~ 11.0	余量	0.55	29	一般发动机的主轴承，但不适于高温工作
	ZSnSb12Cu6Cd1	11.0 ~ 13.0	4.5 ~ 6.8	0.15	余量	Cd 1.1 ~ 1.6 (Fe + Al + Zn) ≤0.15	34	
	ZSnSb11Cu6	10.0 ~ 12.0	5.5 ~ 6.5	0.35	余量	0.55	27	1500kW 以上蒸汽机、370kW 涡轮压缩机，涡轮泵及高速内燃机轴承
	ZSnSb8Cu4	7.0 ~ 8.0	3.0 ~ 4.0	0.35	余量	0.55	24	一般大机器轴承及高载荷汽车发动机的双金属轴承
	ZSnSb4Cu4	4.0 ~ 5.0	4.0 ~ 5.0	0.35	余量	0.50	20	涡轮内燃机的高速轴承及轴承衬

（续）

类别	牌　号	化学成分(%)					硬度 HBW（不小于）	用途举例①
		w_{Sb}	w_{Cu}	w_{Pb}	w_{Sn}	$w_{杂质}$		
铅基轴承合金	ZPbSb16Sn16Cu2	15.0 ~ 17.0	1.5 ~ 2.0	余量	15.0 ~ 17.0	0.6	30	110 ~ 880kW 蒸汽涡轮机,150 ~ 750kW 电动机和小于1500kW 起重机及重载荷推力轴承
	ZPbSb15Sn5Cu3Cd2	14.0 ~ 16.0	2.5 ~ 3.0	$w_{Cd} \times 100$ 1.75~2.25 $w_{As} \times 100$ 0.6~1.0 w_{Pb}余量	5.0 ~ 6.0	0.4	32	船舶机械、小于250kW 电动机、抽水机轴承
	ZPbSb15Sn10	14.0 ~ 16.0	0.7	余量	9.0 ~ 11.0	0.45	24	中等压力的机械,也适用于高温轴承
	ZPbSb15Sn5	14.0 ~ 15.5	0.5 ~ 1.0	余量	4.0 ~ 5.5	0.75	20	低速、轻压力机械轴承
	ZPbSb10Sn6	9.0 ~ 11.0	0.7	余量	5.0 ~ 7.0	0.70	18	重载荷、耐蚀、耐磨轴承

① GB/T 1174—1992 中未作规定。

　　轴承合金牌号表示方法为："Z"（"铸"字汉语拼音的字首）+ 基体元素与主加元素的化学符号 + 主加元素的含量（质量分数 ×100）+ 辅加元素化学符号 + 辅加元素的含量（质量分数 ×100）。例如：ZSnSb8Cu4 为铸造锡基轴承合金，主加元素锑的质量分数为 8%，辅加元素铜的质量分数为 4%，余量为锡。ZPbSb15Sn5 为铸造铅基轴承合金，主加元素锑的质量分数为 15%，辅加元素锡的质量分数为 5%，余量为铅。

　　（1）锡基轴承合金（锡基巴氏合金）　它是以锡为基体元素，加入锑、铜等元素组成的合金。其显微组织如图 9-14 所示。图中暗色基体是锑溶入锡所形成的 α 固溶体（硬度为 24 ~ 30HBW），作为软基体；硬质点是以化合物 SnSb 为基的 β 固溶体（硬度为 110HBW，呈白色方块状）以及化合物 Cu_3Sn（呈白色星状）和化合物 Cu_6Sn_5（呈白色针状或粒状）。化合物 Cu_3Sn 和 Cu_6Sn_5 首先从液相中析出，其密度与液相接近，可形成均匀的骨架，防止密度较小的 β 相上浮，以减少合金的密度偏析。

图 9-14　ZSnSb11Cu6 铸造锡基轴承
合金显微组织（100 ×）

　　这种合金摩擦因数小，塑性和导热性好，是优良的减摩材料，常用作重要的轴承，如汽轮机、发动机、压气机等巨型机器的高速轴承。它的主要缺点是疲劳强度较低，且锡较稀缺，故这种轴承合金价最贵。

　　（2）铅基轴承合金（铅基巴氏合金）　它是铅-锑为基的合金。加入锡能形成 SnSb 硬质点，并能大量溶于铅中而强化基体，故可提高铅基合金的强度和耐磨性。加铜可形成 Cu_2Sb 硬质点，并防止密度偏析。铅基轴承合金的显微组织如图 9-15 所示，黑色软基体为（α + β）共晶体（硬度为 7 ~ 8HBW），α 相是锑溶入铅所形成的固溶体，β 相是以 SnSb 化合物为基的含铅的固溶体；硬质点是初生的 β 相（白色方块状）及化合物 Cu_2Sb（白色针状或星状）。

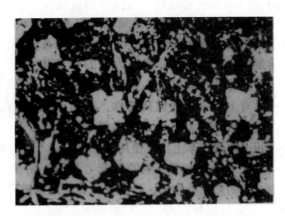

图 9-15　ZPbSb16Sn16Cu2 铸造铅基轴承合金显微组织（100 ×）

铅基轴承合金的强度、塑性、韧性及导热性、耐蚀性均较锡基合金低，且摩擦因数较大，但价格较便宜。因此，铅基轴承合金常用来制造承受中、低载荷的中速轴承，如汽车、拖拉机的曲轴、连杆轴承及电动机轴承。

无论是锡基还是铅基轴承合金，它们的强度都比较低（σ_b = 60 ~ 90MPa），不能承受大的压力，故需将其镶铸在钢的轴瓦（一般为 08 钢冲压成形）上，形成一层薄而均匀的内衬，才能发挥作用。这种工艺称为"挂衬"，挂衬后就形成所谓双金属轴承。

2. 铜基轴承合金

铜基轴承合金有锡青铜、铅青铜等。

（1）锡青铜　常用的有 ZCuSn10P1 与 ZCuSn5Pb5Zn5 等。

ZCuSn10P1 的组织是由软基体（α 固溶体）及硬质点（δ 相及化合物 Cu_3P）所构成（参阅图 9-10），它的组织中存在较多的分散缩孔，有利于储存润滑油。这种合金能承受较大的载荷，广泛用于中等速度及受较大的固定载荷的轴承，如电动机、泵、金属切削机床轴承。锡青铜可直接制成轴瓦，但与其配合的轴颈应具有较高的硬度（300 ~ 400HBW）。

（2）铅青铜　常用的是 ZCuPb30。铜与铅在固态下互不溶解。铅青铜的显微组织是由硬的基体（铜）上均布着大量软的质点（铅）所构成。该合金与巴氏合金相比，具有高的疲劳强度和承载能力，同时还有高的导热性（约为锡基巴氏合金的 6 倍）和低的摩擦因数，并可在较高温度（如 250℃）下工作。铅青铜适宜制造高速、高压下工作的轴承，如航空发动机、高速柴油机及其他高速机器的主轴承。

铅青铜的强度较低（σ_b 仅 60MPa），因此也需要在钢瓦上挂衬，制成双金属轴承。

此外，常用的铜基轴承合金还有铝青铜（ZCuAl10Fe3）。

3. 铝基轴承合金

它是 20 世纪 60 年代发展起来的一种新型减摩材料。其特点是原料丰富，价格便宜，导热性好，疲劳强度与高温硬度较高，能承受较大压力与速度。但它的膨胀系数较大，抗咬合性不如巴氏合金。我国已逐步推广使用它来代替巴氏合金与铜基轴承合金。目前用的铝基轴承合金有 ZAlSn6Cu1Ni1 和 ZAlSn20Cu 两种合金。

常用的铝基轴承合金是以铝为基体元素，锡为主加元素所组成的合金。由于锡在铝中溶解度极少，其实际组织为硬的铝基体上分布着软的粒状锡质点，如图 9-16 所示。由于它具有上述一系列优良特性，故适于制造高速、重载的发动机轴承。目前已在汽车、拖拉机、内燃机车上广泛使用。

这种合金也应在钢的轴瓦上挂衬。由于它与钢的粘结性较差，故需先将其与纯铝箔轧制成双金属板，然后再与钢一起轧制，最后成品是由钢-铝-高锡铝基轴承合金三层所组成，图9-16中最左边的白色层就是纯铝。

除上述轴承合金外，珠光体灰铸铁也常作为滑动轴承材料。它的显微组织是由硬基体（珠光体）与软质点（石墨）构成，石墨还有润滑作用。铸铁轴承可承受

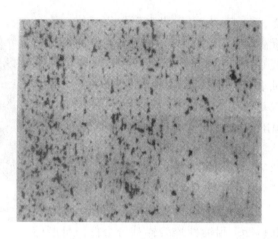

图9-16　ZAlSn20Cu 铝基轴承
合金的显微组织（100×）

较大的压力，价格低廉，但摩擦因数较大，导热性低，故只适宜作低速（$v < 2\text{m/s}$）的不重要轴承。

各种轴承合金的性能比较见表9-6。

表9-6　各种轴承合金性能比较

种类	抗咬合性	磨合性	耐蚀性	耐疲劳性	合金硬度 HBW	轴颈处硬度 HBW	最大允许压力/MPa	最高允许温度/℃
锡基巴氏合金	优	优	优	劣	20～30	150	600～1000	150
铅基巴氏合金	优	优	中	劣	15～30	150	600～800	150
锡青铜	中	劣	优	优	50～100	300～400	700～2000	200
铅青铜	中	差	差	良	40～80	300	2000～3200	220～250
铝基合金	劣	中	优	良	45～50	300	2000～2800	100～150
铸铁	差	劣	优	优	160～180	200～250	300～600	150

第四节　粉末冶金材料

粉末冶金材料是由几种金属粉末或金属与非金属粉末混匀压制成形，并经过烧结而获得的材料。由于它存在一些微小孔隙，属多孔性的材料。

一、粉末冶金法及其应用

粉末冶金法和金属的熔炼法与铸造方法有根本的不同。它不用熔炼和浇注，而用金属粉末（包括纯金属、合金和金属化合物粉末）作原料，经混匀压制成形和烧结制成合金材料或制品。这种生产过程叫粉末冶金。

粉末冶金法既是制取具有特殊性能金属材料的方法，也是一种精密的无切屑或少切屑的加工方法。它可使压制品达到或极接近于零件要求的形状、尺寸精度与表面粗糙度，使生产率和材料利用率大为提高，并可节省切削加工用的机床和生产占地面积。

近年来，粉末冶金材料应用很广。在普通机器制造业中，常用的有减摩材料、结构材料、摩擦材料及硬质合金等。在其他工业部门中，用以制造难熔金属材料（高温合金、钨丝等）、特殊电磁性能材料（如电器触头、硬磁材料、软磁材料等）、过滤材料（如空气的过滤、水的净化、液体燃料和润滑油的过滤以及细菌的过滤等）。特别是当合金的组元在液

态下互不溶解，或各组元的密度相差悬殊的情况下，只能用粉末冶金法制取合金（这种制品称为假合金），如钨-铜电接触材料等。

由于压制设备吨位及模具制造的限制，粉末冶金法还只能生产尺寸有限与形状不很复杂的工件。此外，粉末冶金制品的力学性能仍低于铸件与锻件。

粉末冶金材料牌号是采用汉语拼音字母（F）和阿拉伯数字组成的六位符号体系来表示。"F"表示粉末冶金材料，后面数字与字母分别表示材料的类别和材料的状态或特性。详见 GB/T 4309—1994。

二、机械制造中常用的粉末冶金材料

1. 烧结减摩材料

在烧结减摩材料中最常用的是多孔轴承，它是将粉末压制成轴承后，再浸在润滑油中，由于粉末冶金材料的多孔性，在毛细现象作用下，可吸附大量润滑油（一般含油率为12%~30%），故又称为含油轴承。工作时由于轴承发热，使金属粉末膨胀，孔隙容积缩小，再加上轴旋转时带动轴承间隙中的空气层，降低摩擦表面的静压强，在粉末孔隙内外形成压力差，迫使润滑油被抽到工作表面。停止工作时，润滑油又渗入孔隙中。故含油轴承有自动润滑的作用。它一般用作中速、轻载荷的轴承，特别适宜不能经常加油的轴承，如纺织机械、食品机械、家用电器（电扇、电唱机）等轴承，在汽车、拖拉机、机床中也有广泛的应用。

常用的多孔轴承有两类：

（1）铁基多孔轴承　常用的有铁-石墨（$w_{石墨}$ 为 0.5%~3%）烧结合金和铁-硫（w_s 为 0.5%~1%)-石墨（$w_{石墨}$ 为 1%~2%）烧结合金。前者硬度为 30~110HBW，组织是珠光体（>40%）+铁素体+渗碳体（<5%）+石墨+孔隙，如图 9-17 所示。后者硬度为 35~70HBW，除有与前者相同的几种组织外，还有硫化物。组织中石墨或硫化物起固体润滑剂作用，能改善减摩性能，石墨还能吸附很多润滑油，形成胶体状高效能的润滑剂，进一步改善摩擦条件。

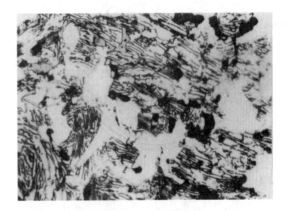

图 9-17　铁基多孔轴承的显微组织（250×）

（2）铜基多孔轴承　常用的是 ZCuSn5Pb5Zn5 青铜粉末与石墨粉末制成。硬度为 20~40HBW。它的成分与 ZCuSn5Pb5Zn5 锡青铜相近，但其中有 0.3%~2% 的石墨（质量分数），组织是 α 固溶体+石墨+铅+孔隙。它有较好的导热性、耐蚀性、抗咬合性，但承压能力较铁基多孔轴承小，常用于纺织机械、精密机械、仪表等。

近年来，出现了铝基多孔轴承。铝的摩擦因数比青铜小，故工作时温升也小，且铝粉价格比青铜粉低，因此铝基多孔轴承可能在某些场合会逐渐代替铜基多孔轴承而得以广泛使用。

2. 烧结铁基结构材料（烧结钢）

它是碳钢粉末或合金钢粉末为主要原料，并采用粉末冶金方法制造成的金属材料或直接制成烧结结构零件。

这类材料制造结构零件的优点是：制品的精度较高、表面光洁（径向精度 2 ~ 4 级、表面粗糙度 R_a 1.6 ~ 0.20μm），不需或只需少量切削加工；制品还可以通过热处理强化和提高耐磨性（主要用淬火 + 低温回火以及渗碳淬火 + 低温回火）；制品多孔，可浸渍润滑油，改善摩擦条件，减少磨损，并有减振、消声的作用。

用碳钢粉末制的合金，含碳量低者，可制造受力小的零件或渗碳件、焊接件；含碳量较高者，淬火后可制造要求一定强度或耐磨的零件。用合金钢粉末制的合金，其中常有铜、钼、硼、锰、镍、铬、硅、磷等合金元素。它们可强化基体，提高淬透性，加入铜还可提高耐蚀性。合金钢粉末合金淬火后 σ_b 可达 500 ~ 800MPa，硬度 40 ~ 50HRC，可制造受力较大的烧结结构件，如液压泵齿轮、电钻齿轮等。

对于长轴类、薄壳类及形状过于复杂的结构零件，则不适宜采用粉末合金材料。

3. 烧结摩擦材料

摩擦材料广泛应用于机器上制动器与离合器，如图 9-18 及图 9-19 所示。它们都是利用材料相互间摩擦力传递能量的，尤其是在制动时，制动器要吸收大量的动能，使摩擦表面温度急剧上升（可达 1000℃ 左右），故摩擦材料极易磨损。因此，对摩擦材料性能的要求是：①较大的摩擦因数；②较好的耐磨性；③足够的强度，以承受较高的工作压力及速度；④良好的磨合性、抗咬合性。

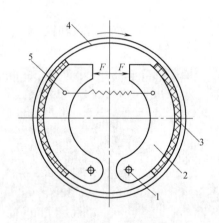 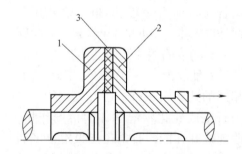

图 9-18 制动器示意图　　　　　　　图 9-19 摩擦离合器简图
1—销轴　2—制动片　3—摩擦材料　　　1—主动片　2—从动片　3—摩擦材料
4—被制动的旋转体　5—弹簧

摩擦材料通常由强度高、导热性好、熔点高的金属（如用铁、铜）作为基体，并加入能提高摩擦因数的摩擦组分（如 Al_2O_3、SiO_2 及石棉等），以及能抗咬合、提高减摩性的润滑组分（如铅、锡、石墨、二硫化钼等）的粉末冶金材料。因此，它能较好地满足摩擦材料性能的要求。其中铜基烧结摩擦材料常用于汽车、拖拉机、锻压机床的离合器与制动器；而铁基的多用于各种高速重载机器的制动器。与烧结摩擦材料相互摩擦的对偶件，一般用淬火钢或铸铁。

4. 硬质合金

硬质合金是以碳化钨（WC）或碳化钨与碳化钛（TiC）等高熔点、高硬度的碳化物为基体，并加入钴（或镍）作为粘结剂的一种粉末冶金材料。

（1）硬质合金的性能特点　主要有以下两个方面：

1）硬度高、热硬性高、耐磨性好。由于硬质合金是以高硬度、高耐磨、极为稳定的碳化物为基体，在常温下，硬度可达 86～93HRA（相当于 69～81HRC），热硬性可达 900～1000℃。故硬质合金刀具在使用时，其切削速度、耐磨性与寿命都比高速钢刀具有显著提高。这是硬质合金最突出优点。

2）抗压强度高（可达 6000MPa，高于高速钢），但抗弯强度较低（只有高速钢的 1/3～1/2 左右）。硬质合金弹性模量很高（约为高速钢的 2～3 倍）。但它的韧性很差（$A_K = 2～4.8J$，约为淬火钢的 30%～50%）。

此外，硬质合金还有良好的耐蚀性（抗大气、酸、碱等）与抗氧化性。

硬质合金主要用来制造高速切削刀具和切削硬而韧的材料的刃具。此外，它也用来制造某些冷作模具、量具及不受冲击、振动的高耐磨零件（如磨床顶尖等）。

（2）常用的硬质合金　常用的硬质合金按成分与性能特点可分为六类[⊖]，其代号、成分与性能见表9-7。

表9-7　常用硬质合金的代号、成分和性能（摘自 YB/T 400—1994）

| 类别 | 代号[①] | 化学成分(%) | | | | 物理、力学性能 | | |
		w_{WC}	w_{TiC}	w_{TaC}	w_{Co}	密度/g·cm^{-3}	硬度　HRA（不低于）	抗弯强度/MPa（不低于）
钨钴类合金	YG3X	96.5	—	<0.5	3	15.0～15.3	91.5	1100
	YG6	94	—	—	6	14.6～15.0	89.5	1450
	YG6X	93.5	—	<0.5	6	14.6～15.0	91	1400
	YG8	92	—	—	8	14.5～14.9	89	1500
	YG8C	92	—	—	8	14.5～14.9	88	1750
	YG11C	89	—	—	11	14.0～14.4	86.5	2100
	YG15	85	—	—	15	13.9～14.2	87	2100
	YG20C	80	—	—	20	13.4～13.8	82～84	2200
	YG6A	91	3		6	14.6～15.0	91.5	1400
	YG8A	91	—	<1.0	8	14.5～14.9	89.5	1500
钨钴钛类合金	YT5	85	5	—	10	12.5～13.2	89	1400
	YT15	79	15	—	6	11.0～11.7	91	1150
	YT30	66	30	—	4	9.3～9.7	92.5	900
通用合金	YW1	84	6	4	6	12.8～13.3	91.5	1200
	YW2	82	6	4	8	12.6～13.0	90.5	1300

① 代号中"X"字，代表该合金是细颗粒合金；"C"字是粗颗粒合金；不加字的为一般颗粒合金。"A"字代表含有少量 TaC 的合金。

⊖　按 GB/T 2075—2007 规定，切削加工用硬质合金按其切屑排出形式和加工对象的范围不同可分为 P、M、K、N、S、H 六个类别。

P——适用于加工除奥氏体不锈钢外所有带奥氏体结构的钢和铸钢，以蓝色作标志。

M——适用于加工不锈奥氏体钢或铁素体钢、铸钢，以黄色作标志。

K——适用于加工铸铁：灰铸铁、球墨铸铁、可锻铸铁，以红色作标志。

N——适用于加工非铁金属：铝，其他有色金属，非金属材料，以绿色为标志。

S——适用于加工基于铁的耐热特种合金、镍、钴、钛、钛合金，以褐色为标志。

H——适用于加工硬材料：硬化钢、硬化铸铁材料、冷硬铸铁，以灰色为标志。

1）钨钴类硬质合金。它的主要化学成分为碳化钨及钴。其代号用"硬"、"钴"两字的汉语拼音的字首"YG"加数字表示。数字表示钴的含量（质量分数 ×100）。例如 YG6，表示钨钴类硬质合金，$w_{Co}=6\%$，余量为碳化钨。

2）钨钴钛类硬质合金。它的主要化学成分为碳化钨、碳化钛及钴。其代号用"硬"、"钛"两字的汉语拼音的字首"YT"加数字表示。数字表示碳化钛含量（质量分数 ×100）。例如 YT15，表示钨钴钛类硬质合金，$w_{TiC}=15\%$，余量为碳化钨及钴。

硬质合金中，碳化物的含量越多，钴含量越少，则合金的硬度、热硬性及耐磨性越高，但强度及韧性越低。当含钴量相同时，YT 类合金由于碳化钛的加入，具有较高的硬度与耐磨性。同时，由于这类合金表面会形成一层氧化钛薄膜，切削时不易粘刀，故具有较高的热硬性。但其强度和韧性比 YG 类合金低。因此，YG 类合金适宜加工脆性材料（如铸铁等），而 YT 类合金则适宜于加工塑性材料（如钢等）。同一类合金中，含钴量较高者适宜制造粗加工刀具；反之，则适宜制造精加工刀具。

3）通用硬质合金。它是以碳化钽（TaC）或碳化铌（NbC）取代 YT 类合金中的一部分 TiC。在硬度不变的条件下，取代的数量越多，合金的抗弯强度越高。它适用于切削各种钢材，特别对于不锈钢、耐热钢、高锰钢等难以加工的钢材，切削效果更好。它也可代替 YG 类合金加工铸铁等脆性材料，但韧性较差，效果并不比 YG 类合金好。通用硬质合金又称"万能硬质合金"，其代号用"硬"、"万"两字的汉语拼音的字首"YW"加顺序号表示。

上述硬质合金的硬度很高，脆性大，除磨削外，不能进行一般的切削加工，故冶金厂将其制成一定规格的刀片供应。使用前再将其固紧（用焊接、粘接或机械固紧）在刀体或模具体上。

近年来，用粉末冶金法还生产了另一种新型工模具材料——钢结硬质合金。其主要化学成分是碳化钛或碳化钨以及合金钢粉末（常用质量分数为50% ~65% 铬钼钢或高速钢作为粘结剂）。因而它与钢一样可进行锻造、热处理、焊接与切削加工。它在淬火低温回火后，硬度达 70HRC，具有高耐磨性、抗氧化及耐蚀性等优点。用作刃具时，钢结硬质合金的寿命与 YG 类合金差不多，大大超过合金工具钢，如用作高负荷冷冲模时，由于具有一定韧性，寿命比 YG 类提高很多倍。由于它可切削加工，故适宜制造各种形状复杂的刃具、模具与要求刚度大、耐磨性好的机械零件，如镗杆、导轨等。

钢结硬质合金的代号、成分与性能见表9-8。

表9-8　钢结硬质合金代号、成分及性能

代号	化学成分(%)						性能				
	w_{TiC}	w_{WC}	w_{Cr}	w_{Mo}	w_C	w_{Fe}	密度	硬度 HRC		抗弯强度	冲击吸收功 A_{KU}
							$g \cdot cm^{-3}$	退火	淬火	MPa	J
YE65	35	—	2	2	0.6	余量	6.4 ~6.6	39 ~46	69 ~73	1300 ~2300	—
YE50	Ni0.3	50	1.1	0.3	0.8	余量	10.3 ~10.6	35 ~42	68 ~72	2700 ~2900	9.6

习题与思考题

1. 变形铝合金与铸造铝合金在成分选择上及其组织有何差别？

2. 怎样的有色金属合金才能进行时效强化？

3. 铸造 Al-Si 合金为何要进行变质处理？比较它与灰铸铁的孕育处理的异同之处。

4. 简述固溶强化、弥散硬化、时效强化产生的原因及它们之间的区别。并举例说明。

5. 试述下列零件进行热处理的意义与作用：

1）形状复杂的大型铸件在 500～600℃进行稳定化处理。

2）铝合金件淬火后于 140℃进行时效处理。

3）T10A 钢制造的高精度丝杠于 150℃进行稳定化处理。

6. 为什么通过合金化就能提高铝的强度？为什么选用锌、镁、铜、硅等作为铝合金的主加元素？

7. 用已时效强化的 2A12 硬铝制造的结构件，若使用中不慎撞弯，问应怎样处理后才能将此构件校直？为什么？

8. 简述时效温度和时效时间对铝合金强度有何影响？

9. 为什么 H62 黄铜的强度高而塑性较低？而 H68 黄铜的塑性却比 H62 黄铜好？

10. 滑动轴承合金应具有怎样的性能和理想的显微组织？

11. 金属材料的减摩性与耐磨性有何区别？它们对金属组织与性能要求有何不同？

12. 为什么在砂轮上磨削经热处理的 W18Cr4V 或 9SiCr、T12A 等制成的工具时，要经常用水冷却，而磨硬质合金制成的刀具时，却不能用水冷却？

13. 制作刀具的材料有哪些类别？列表比较它们的化学成分、热处理方法、性能特点（硬度、热硬性、耐磨性、韧性等）、主要用途及常用代号。

第十章　高分子材料、陶瓷材料及复合材料

通常金属材料以外的材料都被认为是非金属材料，主要有高分子材料、陶瓷材料。它们有着金属材料所不及的某些性能，如高分子材料的耐腐蚀、电绝缘性、减振、质轻、价廉等，陶瓷材料的高硬度、耐高温、耐腐蚀及特殊的物理性能等。故它们在生产中的应用得到了迅速发展，在某些生产领域中已成为不可取代的材料。本章主要介绍高分子材料和陶瓷材料的化学组成、组织结构与性能之间的关系，以及它们在生产实际中的应用。

随着科学技术的发展，性能多种多样的新型材料不断出现，如由几种不同材料复合的复合材料，不仅克服了单一材料的缺点，而且产生了单一材料通常不具备的新的功能，成为很有发展前途的材料品种，故将复合材料也列入本章作简要介绍。

第一节　高分子材料

一、基本概念

高分子化合物是相对分子质量大于 5000 的有机化合物的总称，有时也叫聚合物或高聚物。一些常见的高分子物的总称，有时也叫聚合物或高聚物。一些常见的高分子材料相对分子质量是很大的，如橡胶相对分子质量为 10 万左右，聚乙烯相对分子质量在几万至几百万之间。低分子化合物相对分子质量一般小于 500，很少超过 1000，如水（H_2O）只有 18，氨（NH_3）为 17。

虽然高分子物质相对分子质量大，且结构复杂多变，但组成高分子化合物的大分子一般具有链状结构，它是由一种或几种简单的低分子有机化合物重复连接而成的，就像一根链条是由众多链环连接而成一样，故称为大分子链。

1. 单体

凡是可以聚合生成大分子链的低分子有机化合物叫做单体，如聚乙烯是由数量足够多的低分子乙烯聚合成的，乙烯就是聚乙烯的单体。写成反应式为

$$n(\mathrm{CH_2}\!=\!\mathrm{CH_2})\longrightarrow \text{—}\!\!\left[\mathrm{CH_2}\text{—}\mathrm{CH_2}\right]\!\!\text{—}_n$$

大分子链还可以由两种或两种以上单体共同聚合而成。如丁苯橡胶是由丁二烯和苯乙烯聚合而成的；ABS 工程塑料则是由丙烯腈（$\mathrm{CH_2}\!=\!\underset{\underset{\mathrm{CN}}{|}}{\mathrm{CH_2}}$）、丁二烯（$\mathrm{CH_2}\!=\!\mathrm{CH}\text{—}\mathrm{CH}\!=\!\mathrm{CH_2}$）、苯乙烯（$\mathrm{CH_2}\!=\!\mathrm{CH}$）三种单体聚合而成的。所以单体是人工合成高分子材料的原料。但也不是任意一种低分子有机化合物都可以作为单体的，只有那些能形成两个或两个以上新键的有机低分子化合物才能作为单体，因为它们可以打开不饱和键发生聚合反应，组成大分子链。

2. 链节

大分子链中的重复结构单元叫链节，如聚乙烯的大分子链中重复结构单元是 $\left[\text{CH}_2-\text{CH}_2\right]$，它即为聚乙烯分子链的链节。又如聚氯乙烯的链节为 $\left[\text{CH}_2-\overset{\displaystyle |}{\underset{\displaystyle \text{Cl}}{\text{CH}}}\right]$。

3. 聚合度

大分子链中链节的重复次数称为聚合度。上述形成聚乙烯反应式中的 n 即为聚合度。聚合度越高，分子链越长，分子链的链节数越多。聚合度反映了大分子链的长短和相对分子质量的大小。

4. 相对分子质量

高分子材料是由大量的大分子链集聚而成，所以高聚物相对分子质量应该是链节相对分子质量 M_0 与聚合度 n 的乘积（即 $M = M_0 \times n$）。任何低分子化合物的分子组成和相对分子质量总是固定不变的，但经人工合成后的高分子化合物，每个分子链的长短各不相同，所以高分子化合物一般是由许多链节相同而聚合度不同的化合物所组成的混合物，因此测得的相对分子质量和聚合度实际上都是指平均值，称为相对分子质量和平均聚合度。

高聚物相对分子质量和平均聚合度的大小对高聚物的状态和力学性能均有影响，如聚乙烯，随着相对分子质量的提高，逐步由液体、软蜡状、脆性固体，最后当相对分子质量大于12000以上才能成为塑料，而大于100万时，则变得硬而韧，可作纺梭。

二、高聚物的合成

由单体聚合为高聚物的基本方法有加成聚合（简称加聚）和缩合聚合（简称缩聚）两种。

1. 加成聚合

单体经反复多次地相互加成生成高分子化合物的反应叫做加聚反应。由一种单体经加聚而成的高聚物叫均聚物，如由苯乙烯加聚成聚苯乙烯的反应式为

$$n\text{CH}_2=\text{CH} \longrightarrow \left[\text{CH}_2-\text{CH}\right]_n$$

很多常见的高分子材料都是均聚物，如聚乙烯、聚丙烯、聚甲醛、聚四氟乙烯等。它们产量大，用途广，在高分子材料中占有重要地位。

由两种或几种单体同时加聚所生成的高聚物则为共聚物，如 ABS 工程塑料就是由丙烯腈（A）、丁二烯（B）、苯乙烯（S）共聚而成。当三种单体组成比例不同时，可以获得许多性能不同的牌号，以供生产中选用。共聚反应生成共聚物是改善均聚物性能、创制新品种高聚物材料的重要途径。

由于在加聚反应过程中没有其他低分子物质析出，因此加聚反应所得高聚物具有和单体相同的成分。

2. 缩合聚合

具有两个或两个以上官能团的单体互相缩合聚合而成高聚物的反应叫缩聚反应。同一种单体分子间进行的缩聚反应为均缩聚反应，产物称为均缩聚物，如氨基己酸进行缩聚反应生成聚酰胺6（尼龙6），其反应式为

$$nH_2N \overset{}{\underset{}{\rightmoon}} CH_2 \overset{}{\underset{}{\rightmoon}}_5 C \overset{O}{\underset{OH}{\rightmoon}} \rightleftharpoons H \overset{}{\underset{}{\rightmoon}} N \overset{}{\underset{H}{\rightmoon}} CH_2 \overset{}{\underset{}{\rightmoon}}_5 C \overset{O}{\underset{}{\rightmoon}} \overset{}{\underset{}{\rightmoon}}_n OH + (n-1)H_2O$$

两种或两种以上单体分子间进行的缩聚反应为共缩聚反应，产物称为共缩聚物。如由己二酸和己二胺缩聚合成尼龙66，其反应式为

$$nH_2N \overset{}{\rightmoon} CH_2 \overset{}{\rightmoon}_6 NH_2 + n \overset{O}{\underset{HO}{\rightmoon}} C \overset{}{\rightmoon} CH_2 \overset{}{\rightmoon}_4 C \overset{O}{\underset{OH}{\rightmoon}} \rightleftharpoons H \overset{}{\rightmoon} N \overset{}{\underset{H}{\rightmoon}} CH_2 \overset{}{\rightmoon}_6 - N \overset{O}{\underset{H}{\overset{\|}{\rightmoon}}} C \overset{}{\rightmoon} CH_2 \overset{}{\rightmoon}_4 C \overset{O}{\rightmoon} \overset{}{\rightmoon}_n$$

$$+ (2n-1)H_2O$$

聚对苯甲酸乙二酯（涤纶）、酚醛树脂（电木）、环氧树脂等高分子材料都是缩聚反应生成的缩聚物。

在缩聚反应的过程中，有低分子物质（像水、醇、氨、卤化氢等）析出，因此缩聚反应所得高聚物具有和单体不同的成分。表 10-1 为加聚反应和缩聚反应间的比较。

表 10-1　加聚反应与缩聚反应比较

类型　　项目	加 聚 反 应	缩 聚 反 应
原料特征	单体含不饱和键或为环状化合物	单体为多官能团低分子化合物
反应特征	不饱和键打开，互相连接	官能团互相作用，析出低分子物质
反应过程	属链式反应，瞬间生成大分子链	随反应过程逐步形成大分子链
链节特征	链节与原料单体相同	链节与原料单体不同
反应可逆性	不可逆反应	可逆反应

三、高聚物结构的特点

1. 大分子链的组成及作用力

（1）大分子链的组成　周期表中只有以下非金属及半金属元素能组成大分子链

ⅢA	ⅣA	ⅤA	ⅥA
B	C	N	O
	Si	P	S
		As	Se

其中，以碳原子通过共价键结合成的碳链高分子产量最大，应用最广。由于高聚物中常见的 C、H、O、N 等元素都是轻元素，因此决定了高聚物材料的密度较小，约为 $0.9 \sim 2g/cm^3$，相当于钢密度的 $1/4 \sim 1/7$。

元素组成不同，对材料性能影响很大，如聚乙烯 $\overset{}{\rightmoon} CH_2 — CH_2 \overset{}{\rightmoon}_n$ 中的 H 被 F 取代，材料便成了耐王水的塑料王；当性能柔韧的聚乙烯中 H 被苯环取代后，则成了硬而脆的聚苯乙烯。故通过改变分子链的化学组成，可研制成多种性能不同的高聚物材料。

（2）大分子链间作用力　大分子链内原子的作用力主要是共价键键合力，由于共价键结合不存在自由电子，使高聚物材料具有良好的电绝缘性。而分子间的作用力是范德华力（范力）。大分子链的链节很多，相邻两分子间，每对链节产生的范力，等于单体分子间的

范力，大量链节的范力就是各单体分子间范力的简单加和。高聚物的聚合度达几千几万，所以分子间的范力往往超过分子内的共价键键合力。故相对分子质量越大，分子间的力越大，高聚物材料的强度也越高。

2. 大分子链的形式

（1）线型结构　大分子链的长度往往是其直径的几万倍，通常卷曲成不规则的线圈状态，有些在主链上还可以有支链，它们均为线型结构，如图 10-1a、b 所示。

（2）网型结构　有些大分子链因分子链之间有化学键交联，则形成三维网型或体型结构，如图 10-1c 所示。

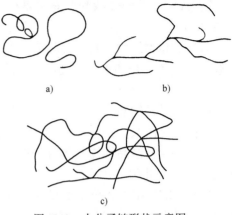

图 10-1　大分子链形状示意图
a）线型　b）带支链　c）网型

3. 大分子链的构象——链的柔性

（1）大分子链的运动　大分子链总是处于不停的热运动之中，在热运动过程中，大分子链的空间形象称为构象。大分子主链是由成千上万个原子经共价键连接而成，分子链在保持共价键键长和键角不变的前提下进行自旋转，如图 10-2 所示。图中—C_1—C_2—C_3—C_4—为碳链高分子中的一段，b_1、b_2、b_3 为键长，键角均为 $109°28'$。当 b_1 自旋转时，b_2 沿 C_2 为顶点的锥面而旋转，同样 b_3 可以在以 C_3 为顶点的锥面上运动，这样在极高频率的 C—C 键内，旋转随时改变着链的构象。组成和结构不同的大分子链的内旋转能力是不同的。内旋转容易，构象变化也容易，大分子链的柔性就好。大分子链的柔性对高聚物性能影响很大。柔性分子链组成的高聚物弹性、塑性和韧性好，而强度和硬度差。

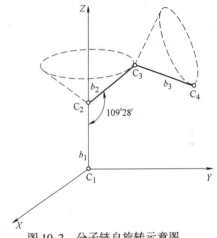

图 10-2　分子链自旋转示意图

（2）影响大分子链柔性的因素　影响大分子链柔性的因素比较复杂，主要有以下两个方面：

1）不同元素组成的大分子链内旋转特性不同，例如 C—O 键、C—N 键和 Si—O 键内旋转要比 C—C 键内旋转容易得多，C＝C 双键内旋转则更难。

2）大分子链上带有其他原子团或支链时，链的柔性就差。如聚苯乙烯大分子链上，由于支链有苯环的影响，内旋转阻力就比聚乙烯链大，柔性不如聚乙烯链。所以聚苯乙烯硬而脆，聚乙烯软而韧。但苯环直接连在主链上时（如聚苯醚 —《》—O—），形成的链为僵硬的刚性链，内旋转无法进行。此类高聚物特别耐高温。

4. 大分子链的聚集状态——晶态与非晶态

了解高聚物聚集状态结构特征与性能关系，对于合理选用高聚物材料非常重要。

高聚物大分子链的聚集状态主要有三种结构，如图 10-3 所示。

（1）无定型结构　众多长短不一的大分子链像杂乱的线团一样集聚在一起，呈无规则排列，属非晶态结构（图 10-3a）。

（2）折叠链结晶结构　大分子链折叠后呈有序规则排列（图 10-3b）。

（3）伸直链结晶结构　大分子链伸直后呈有序规则排列（图 10-3c）。

后两种结构中，大分子链呈有序规则排列的聚集态，故均属于晶态结构。

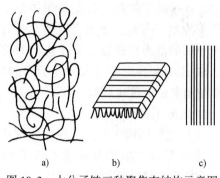

a)　　　　b)　　　　c)

图 10-3　大分子链三种聚集态结构示意图
a）非晶态　b）折叠链晶体　c）伸直链晶体

大多数高聚物都只能产生部分结晶。一般用结晶度（高聚物中结晶区所占的体积或重量百分数称为结晶度）表示高聚物中结晶区域所占的比例。结晶度变化范围可从 30% ~ 80%。部分结晶的高聚物的组织为大小不等（10nm ~ 1cm）、形状各异的结晶区分布在非晶态结构的基体中。高聚物中晶态和非晶态并存，是其结构上的一个重要特性。

高聚物的聚集态结构决定了它的性能。由于晶态结构中，分子链规则而紧密排列，分子间作用力大，链运动困难，所以高聚物的强度、刚度、密度、熔点都随着结晶度的增加而提高，而一些依赖链活动的性能指标，如弹性、韧性、伸长率等则随着结晶度增加而降低。表 10-2 为聚乙烯的结晶度与力学性能间关系。

表 10-2　聚乙烯的结晶度与力学性能关系

结　晶　度	密度/$g \cdot cm^{-3}$	σ_b/MPa	$\delta(\%)$
40% ~53%	0. 91 ~0. 93	700 ~1600	90 ~800
60% ~80%	0. 94 ~0. 97	2000 ~3900	15 ~100

四、高聚物的物理状态（流变行为）

高聚物在不同温度下呈现出不同的物理状态，因而具有不同的性能，这对高聚物的成型加工和使用具有重要意义。图 10-4 为线型无定型高聚物的温度-变形曲线。由图可见，随着温度不同，线型无定型高聚物可呈现三种不同的物理状态，即玻璃态、高弹态和粘流态。

1. 玻璃态

温度低于 T_g 时，高聚物像玻璃那样处于非晶态的固体，故称为玻璃态，T_g 称为玻璃化温度。在玻璃态时，高聚物的大分子链热运动处于停止状态，只有链节的微小热振动及链中键长和链角的弹性变形。玻璃态表现出的力学性能与低分子材料相似，在外力作用下，弹性变形量一般较小（$\delta < 1\%$），具有一定的刚度，而且应力与应变成正比，

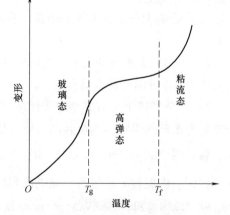

图 10-4　线型无定型高聚物的温度-变形曲线

符合胡克定律。玻璃态是塑料的工作状态，故塑料的 T_g 都高于室温。作为塑料使用的高聚物，它的 T_g 应该越高越好。如聚氯乙烯的 T_g 为 87℃，而作为工程材料使用的聚碳酸酯的 T_g 为 150℃。

2. 高弹态

当温度处于玻璃化温度 T_g 和粘流化温度 T_f 间时，高聚物处于高弹态。这时高聚物的分子链动能增加，由于热膨胀，链间的自由体积也增大，大分子链段（几个或几十个分子链节组成）热运动可以进行，但整个分子链并没有移动。处于高弹态的高聚物，当受外力作用时，原来卷曲链沿受力方向伸展，结果产生很大的弹性变形（$\delta = 100\% \sim 1000\%$），这种变形的回复不是瞬时的，需经过一定时间才能完全回复。高弹态是橡胶的工作状态，故橡胶的 T_g 都低于室温，作为橡胶使用的高聚物材料，它的 T_g 应该越低越好。如天然橡胶 T_g 的为 -73℃，合成的顺丁橡胶 T_g 为 -105℃，一般橡胶的 T_g 为 -40 ~ -120℃。

3. 粘流态

当温度升高到粘流化温度 T_f 时，大分子链可以自由运动，高聚物成为流动的粘液，这种状态叫粘流态。

粘流态是高聚物成型加工的工艺状态。由单体聚合生成的高聚物原料一般为粉末状、颗粒状或块状，将高聚物原料加热至粘流态后，通过喷丝、吹塑、挤压、模铸等方法，加工成各种形状的零件、型材或纤维等。粘流态也是有机胶粘剂的工作状态。

若线型无定型高聚物中有部分结晶区域时，则当温度升高到 T_g 以上和结晶体的熔点以下时，非结晶区域仍保持线型无定型高聚物高弹态特性，而结晶区域的分子链排列规整，链段无法运动，表现出较高的硬度，两者复合形成了一种既韧又硬的皮革态。部分结晶高聚物的这种特性，为通过调整和控制结晶度来改变材料的性能提供了可能的条件。

五、高聚物的分类和命名

1. 高聚物的分类

高聚物的分类方法很多，常用的有以下几种：

1）按合成反应分有加聚聚合物和缩聚聚合物，所以高分子化合物常称为聚合物或高聚物。高分子材料称为高聚物材料。

2）按高聚物的热性能及成型工艺特点分为热固性和热塑性两大类。加热加压成型后，不能再熔融或改变形状的高聚物称为热固性高聚物。相反，加热软化或熔融，而冷却固化的过程可反复进行的高聚物称为热塑性高聚物。这种分类便于认识高聚物的特性。

3）按用途分有塑料、橡胶、合成纤维、胶粘剂、涂料等。

塑料：是以合成树脂为基本原料，加入各种添加剂后在一定温度、压力下塑制成型的材料。其品种多，应用广泛。

橡胶：是一种具有显著高弹性的高聚物，经适当交联处理后，具有高的弹性模量和抗拉强度，是重要的高聚物材料。

合成纤维：天然纤维的长径比在 1000 ~ 3000 范围内，合成纤维的长径比在 100 以上，且可以任意调节，其品种繁多，性能各异，是生产和生活中不可缺少的高聚物材料。

胶粘剂：具有优良粘合力的材料称为胶粘剂，它是在富有粘性的物质中加入各种添加剂后组成，能将各种零件、构件牢固胶结在一起。

涂料：可用于涂覆在物体表面，能形成完整均匀的坚韧涂膜，是物体表面防护和装饰的材料。

2. 高聚物的命名

高聚物的命名比较繁杂，常用的有：以专用名称命名，例如纤维素、蛋白质、淀粉等；有许多是商品名称，如有机玻璃（聚甲基丙烯酸甲酯）、尼龙（聚酰胺）等；对于加聚物，通常在其单体原料名称前加一个"聚"字即为高聚物名称，如聚乙烯、聚氯乙烯；对缩聚物，则在单体名称后加"树脂"或橡胶两字，如酚醛树脂、丁苯橡胶；此外，还有些英文字母表示的，如 ABS 等。

六、常用高聚物材料——塑料

在当前机械工业中，塑料是应用最广泛的高聚物材料。

1. 塑料的组成

大多数塑料都是以各种合成树脂为基础，再加入一些用来改善使用性能和工艺性能的添加剂而制成的。

（1）合成树脂　树脂是决定塑料性能和使用范围的主要组成物，在塑料中，起粘结其他组分的作用。塑料中的合成树脂含量一般为 30%～100%（不含添加剂的塑料称单组分塑料，其余称多组分塑料）。因此，大多数塑料都是以树脂名称来命名的。例如，聚氯乙烯塑料的树脂就是聚氯乙烯。

（2）添加剂

1）填充剂。填充剂的作用是调整塑料的物理化学性能，提高材料强度，扩大使用范围以及减少合成树脂的用量，降低塑料成本。加入不同的填充剂，可以制成不同性能的塑料。如加入银、铜等金属粉末，可制成导电塑料；加入磁铁粉，可以制成磁性塑料；加入石棉，可改善塑料的耐热性。这是塑料制品品种繁多，性能各异的主要原因之一。

2）增塑剂。为了增加塑料制品的可塑性和柔韧性，常加入少量相对分子质量较小，且又难挥发的低熔点固体或液体有机物作为增塑剂。如在聚氯乙烯树脂中加入邻苯二甲酸二丁酯，可得到像橡胶一样的软塑料。

3）稳定剂。稳定剂的作用是防止成型过程中高聚物受热分解和长期使用过程中塑料老化。在日常生活中，经常会发现用久了的塑料制品发硬开裂，橡胶制品发粘等现象，这都称为高聚物的老化。为了阻缓高聚物的老化，确保高聚物大分子链结构稳定，常加入稳定剂。如在聚氯乙烯中加入硬脂酸盐，可防止热成型时的热分解。在塑料中加入炭黑作紫外线吸收剂，可提高其耐光辐射的能力。

4）润滑剂。润滑剂是为了防止在成型过程中产生粘模，并增加成型时的流动性，保证制品表面光洁。常用的润滑剂为硬脂酸及其盐类。

5）固化剂。固化剂的作用是将热塑性的线型高聚物加热成型时，交联成网状体型高聚物并固结硬化，制成坚硬和稳定的塑料制品。固化剂常用胺类和酸类及过氧化物等化合物，如环氧树脂中加入乙二胺。

6）着色剂。用于装饰的塑料制品常加入着色剂，使其具有不同的色彩。一般用有机染料或无机颜料作着色剂。着色剂应满足着色力强、色泽鲜艳、不易与其他组分起化学变化、耐热、耐光性好等要求。

7）其他。塑料中还可加入其他一些添加剂，如阻燃剂（阻止塑料燃烧或造成自熄）、抗静电剂（提高塑料表面的导电性，防止静电积聚，保证加工或使用过程中安全操作）以及发泡剂（在塑料中形成气孔，降低材料的密度）等。

2. 塑料的分类

按使用范围可分为通用塑料和工程塑料两大类。

（1）通用塑料　通用塑料是一种非结构材料。它的产量大，价格低，性能一般。目前主要有聚乙烯、聚丙烯、聚氯乙烯、聚苯乙烯、酚醛塑料和氨基塑料。它们可作为日常生活用品、包装材料以及一般小型机械零件。

（2）工程塑料　工程塑料可作为结构材料。常见的品种有聚甲醛、聚酰胺、聚碳酸酯、聚苯醚、ABS、聚砜、聚四氟乙烯、有机玻璃、环氧树脂等。和通用塑料相比，它们产量较小，价格较高，但具有优异的力学性能、电性能、化学性能以及耐热性、耐磨性和尺寸稳定性等，故在汽车、机械、化工等部门用来制造机械零件及工程结构。

按树脂的热性能可分为热塑性塑料和热固性塑料两大类。

（1）热塑性塑料　热塑性塑料通常为线型结构，能溶于有机溶剂，加热可软化，故易于加工成型，并能反复使用。常用的有聚氯乙烯、聚苯乙烯、ABS 等塑料。

（2）热固性塑料　热固性塑料通常为网型结构，固化后重复加热不再软化和熔融，亦不溶于有机溶剂，不能再成型使用。常用的有酚醛塑料、环氧树脂塑料等。

3. 塑料的性能

（1）物理性能

1）密度小。塑料的密度均较小，一般为 $0.9 \sim 2.0 \text{g/cm}^3$，相当于钢密度的 $1/4 \sim 1/7$。可以大大降低零部件的重量。

2）热学性能。塑料的热导率较小，一般为金属的 $1/500 \sim 1/600$，所以具有良好的绝热性。但易摩擦发热，这对运转零件是不利的。

塑料的热膨胀系数比较大，是钢的 $3 \sim 10$ 倍，所以塑料零件的尺寸精度不够稳定，受环境温度影响较大。

3）耐热性。耐热性是指保持高聚物工作状态下的形状、尺寸和性能稳定的温度范围，由于塑料遇热易老化、分解，故其耐热性较差，大多数塑料只能在 100℃ 左右使用，仅有少数品种可在 200℃ 左右长期使用。

4）绝缘性。由于塑料分子的化学键为共价键，不能电离，没有自由电子，因此是良好的电绝缘体。当塑料的组分变化时，电绝缘性也随之变化。如塑料由于填充剂、增塑剂的加入都使电绝缘性降低。

（2）化学性能——耐蚀性　塑料大分子链是共价键结合，不存在自由电子或离子，不发生电化学过程，故没有电化学腐蚀问题。同时又由于大分子链卷曲缠结，使链上的基团大多被包在内部，只有少数暴露在外面的基团才能与介质作用，所以塑料的化学稳定性很高，能耐酸、碱、油、水及大气等物质的侵蚀。其中聚四氟乙烯还能耐强氧化剂"王水"的侵蚀。因此工程塑料特别适合于制作化工机械零件及在腐蚀介质中工作的零件。

（3）力学性能

1）强度、刚度和韧性。塑料的强度、刚度和韧性都很低，如 45 钢正火 σ_b 为 $700 \sim 800 \text{MPa}$，塑料的 σ_b 为 $30 \sim 150 \text{MPa}$，刚度仅为金属的 $1/10$，所以塑料只能制作承载不大的零件。但由于塑料的密度小，所以塑料的比强度、比模量还是很高的。

对于能够发生结晶的塑料，当结晶度增加时，材料的强度可提高。此外热固性塑料由于具有交联的网型结构，强度也比热塑性塑料高。

塑料没有加工硬化现象，且温度对性能影响很大，温度稍有微小差别，同一塑料的强度与塑性就有很大不同。图10-5 为聚甲基丙烯酸甲酯（有机玻璃）在不同温度下的应力-应变曲线，由图可见，温度只有几十摄氏度的差别，就从弹性模量较高的脆性断裂转变为弹性模量很低的韧性断裂。

2）蠕变与应力松弛。塑料在外力作用下表现出的是一种粘弹性的力学特征，即形变与外力不同步。粘弹性可在应力保持恒定条件下，导致应变随时间的发展而增加，这种现象称为蠕变。如架空的聚氯乙烯电线管会缓慢变弯，就是材料的蠕变。金属材料一般在高温下才产生蠕变，而高聚物材料在常温下就缓慢地沿受力方向伸长。不同的塑料在相同温度下抗蠕变的性能差别很大。几种塑料的蠕变曲线如图10-6 所示。机械零件应选用蠕变较小的塑料。

粘弹性也可在应变保持恒定的条件下导致应力的不断降低，这种现象称为应力松弛。例如连接管道的法兰盘中间的硬橡胶密封垫片，经一定时间后，由于应力松弛导致泄漏而失效。

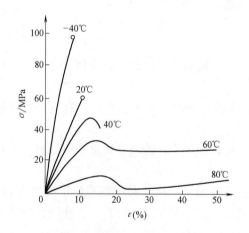

图 10-5　有机玻璃应力-应变曲线
（拉伸速度 5mm/min）

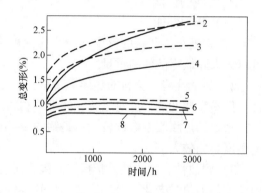

图 10-6　几种塑料的蠕变曲线
1—聚砜　2—聚苯醚　3—聚碳酸酯
4—改性聚苯醚　5—耐热 ABS
6—聚甲醛　7—尼龙　8—ABS

蠕变和应力松弛只是表现形式不同，其本质都是由于高聚物材料受力后大分子链构象的变化所引起的，而大分子链构象调整需要一定时间才能实现，故呈现出粘弹性。

3）减摩性。塑料的硬度虽低于金属，但摩擦因数小，如聚四氟乙烯对聚四氟乙烯的摩擦因数只有 0.04，尼龙、聚甲醛、聚碳酸酯等也都有较小的摩擦因数，因此有很好的减摩性能。塑料还由于自润滑性能好，对工作条件的适应性和磨粒的嵌藏性好，因此在无润滑和少润滑的摩擦条件下，其减摩性能是金属材料所无法相比的。工程上已应用这类高聚物来制造轴承、轴套、衬套及机床导轨贴面等，取得了较好的技术性能。

4. 常用的工程塑料

工程塑料的品种很多，常见的工程塑料性能和用途见表10-3。

表 10-3 常用工程塑料性能和用途

塑料名称	符号	链 节	性 能	用 途
聚甲醛	POM	$\left[\begin{array}{c} H \\ C-O \\ H \end{array}\right]_n$	有很高的刚性、硬度、抗拉强度,优良的耐疲劳性和减摩性,吸水性低,尺寸稳定,有较小的蠕变性,较好的电绝缘性。但密度较大,耐酸性和阻燃性不够理想	可代替金属制作各种结构零部件,如汽车工业中各种轴承、齿轮、汽车钢板弹簧衬套等
聚碳酸酯	PC	(见链节结构式)	密度较小,具有优异的冲击强度,耐热性及尺寸稳定性好。无毒,透明,不易着火,且容易加工成型	在电气、机械、建筑以及医疗、日用品等方面有广泛的应用,如制造高压蒸汽下蒸煮消毒的医疗手术器械和人工内脏
聚苯醚	PPO	(见链节结构式)	强度高,减摩性、耐热性好,能经受蒸汽消毒。长期使用温度范围为 $-170 \sim 190℃$,无载荷下间断工作可达 204℃	可做高温下工作的精密齿轮、轴承等摩擦传动件,也用作外科医疗器械,以代替不锈钢
聚砜	PSF	(见链节结构式)	具有突出的耐热、耐寒、抗氧化性能,可在 $-100 \sim 150℃$ 下长期使用。耐辐射,有良好的尺寸稳定性、强度及电绝缘性能(在水或湿空气中以及在 190℃ 高温下,能保持其电绝缘性)	用于高温下工作的结构传动件,特别适于做既要强度高又要耐热和尺寸准确性的制品,如精密小型的电子、电器工业中的零件以及医疗器械
聚酰胺 (尼龙1010)	PA	$\left[-NH-CH_2-NH-C \right]_{10}$ $\left[CH_2-C\right]_{8n}$	具有高强度,良好的韧性、刚度,耐疲劳、耐油、耐腐蚀以及较好的自润滑性。但吸水性很大,影响尺寸的稳定性,并使一些力学性能下降	可用来制作各种轴承、齿轮、泵叶轮、风扇叶片、储油容器、传动带、密封圈及凸轮、电缆、电器线圈等

（续）

塑料名称	符号	链节	性能	用途
ABS 树脂（丙、丁、苯树脂）	ABS	$\left[-CH_2-\underset{\underset{H}{\overset{CN}{\mid}}}{C}H-\right]_x$ $\left[-CH_2-CH=CH-\right]$ $\left[-CH_2-\underset{y}{CH-CH}\right]$ $\left[-CH_2-\underset{z}{\overset{C_6H_5}{CH}}\right]_n$	具有坚韧、硬质、刚性的特征，良好的耐磨性、耐蚀性、耐油性及尺寸稳定性。低温抗冲击性好，使用温度范围从 $-40\sim100℃$，易于成型和机械加工，但在有机溶剂中能溶解、溶胀或应力开裂	在机械工业上用来制造齿轮、轴承、电机及各类仪表外壳、贮槽内衬等。在汽车工业上，可作挡泥板、扶手、加热器以及小轿车车身、转向盘。此外也可用作纺织器材、电气零件、文教体育用品、乐器、家具、包装容器及装饰件等
聚四氟乙烯（F-4）	PTFE（F-4）	$\left[-\underset{\underset{F}{\overset{F}{\mid}}}{C}-\underset{\underset{F}{\overset{F}{\mid}}}{C}-\right]_n$	在较宽的温度范围内有良好的力学性能。具有极强的耐化学腐蚀性，有"塑料王"之称。摩擦因数极低，静摩擦因数是塑料中最小的，此外也是优良的电绝缘材料。但其抗蠕变性、耐辐射性差	在防腐化工机械上制造各种零部件，化工腐蚀设备上用来作衬里和涂层。加入各种填料的 F-4 制品被应用在各种要求自润滑、耐磨的轴承、活塞环及医疗手术中的人工心、肺等。多孔的 F-4 板材还可作为强腐蚀介质的过滤材料
有机玻璃	PMMA	$\left[-CH_2-\underset{\underset{\underset{O}{\overset{C=O}{\mid}}}{\overset{CH_3}{\mid}}}{C}-O-CH_3\right]_n$	有优良的透光性、耐候性、耐电弧性 但机械强度一般，表面硬度低，易被硬物擦伤生痕	在飞机、汽车上作为透明的窗玻璃和罩盖，在建筑、电气、机械等领域可制造光学仪器、电器、医疗器械高压电流断路器及各种透明模型、装饰品、广告牌等
环氧树脂	EP	$\left[-O-CH_2-\underset{\underset{OH}{\mid}}{C}H-CH_2-C_6H_5\right.$ $\left.\underset{\underset{CH_3}{\mid}}{\overset{CH_3}{\mid}}{C_6H_5}\right]_n$	环氧树脂本身为热塑性树脂，但在各种固化剂作用下，能交联而变线型为体型结构。环氧塑料强度较高，韧性较好，具有优良的绝缘性能，尺寸稳定性及化学稳定性好，耐寒耐热，可在 $-80\sim155℃$ 温度范围内长期工作	可制作模具、量具、电子仪表装置、制造各种复合材料。此外，环氧树脂是很好的胶粘剂

第二节　陶　瓷　材　料

一、概述

陶瓷大致可分为传统陶瓷及特种陶瓷两大类。其生产过程比较复杂，但基本的工艺是原料的制备、坯料的成型和制品的烧成或烧结三大步骤。

传统陶瓷（普通陶瓷）主要是以粘土为主要原料的制品，原料经粉碎、成型、烧成而成产品。特种陶瓷（新型陶瓷）是用化工原料（包括氧化物、氮化物、碳化物、硅化物、硼化物、氟化物等）采用烧结工艺制成的具有各种力学性能、物理或化学性能的陶瓷。若按性能特点或用途分类，传统陶瓷可分为：日用陶瓷、建筑陶瓷、卫生陶瓷、电气绝缘陶瓷、化工陶瓷、多孔陶瓷（过滤、隔热陶瓷）等，它们可满足各种工程的需要；特种陶瓷可分为：电容器陶瓷、压电陶瓷、磁性陶瓷、电光陶瓷、高温陶瓷等，广泛用于尖端科学领域中。

二、陶瓷的组成相及其结构

和金属、高聚物一样，陶瓷材料的力学性能和物理、化学性能也是由它的化学组成和结构状况决定的。

在陶瓷结构中，以离子键和共价键为主要结合键。实际上单一键键合的陶瓷不多，通常多为两种或两种以上的混合键。键的形式与材料性能有密切关系。离子键和共价键晶体具有高的熔点及硬度。

陶瓷的组织结构非常复杂，一般由晶体相、玻璃相和气相组成。各种相的组成、结构、数量、几何形状及分布状况等都会影响陶瓷的性能。

1. 晶体相

晶体相是陶瓷材料中最主要的组成相，它往往决定了陶瓷的力学、物理、化学性能。陶瓷晶体相结构中，最重要的有氧化物结构与硅酸盐结构两类。

（1）氧化物结构　大多数氧化物结构是氧离子排列成简单立方、面心立方和密排六方的三种晶体结构，正离子位于其间隙中。它们主要是以离子键结合的晶体。图 10-7 为 MgO 与 Al_2O_3 的晶体结构。

（2）硅酸盐结构　硅酸盐是传统陶瓷的主要原料，同时又是陶瓷组织中的重要晶体相，它是由硅氧四面体［SiO_4］为基本结构单元所组成的。硅酸盐结构有以下一些基本特点：

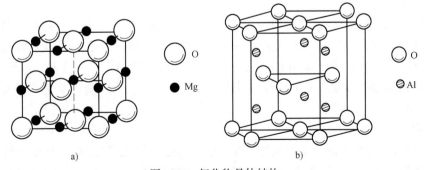

a)　　　　　　　　　　　　b)

图 10-7　氧化物晶体结构

a）MgO 的晶体结构　b）Al_2O_3 的晶体结构

1）组成各种硅酸盐结构的基本结构单元是硅氧四面体 $[SiO_4]$，四个氧离子紧密排列成四面体，硅离子居于四面体中心的间隙中，如图 10-8 所示。

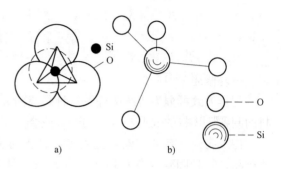

2）每个氧最多只能被两个硅氧四面体所共有。

3）$[SiO_4]$ 四面体中 Si—O—Si 的结合键角一般是 145°。

图 10-8 $[SiO_4]$ 四面体

a）示意图 b）模型

4）$[SiO_4]$ 四面体既可以孤立地在结构中存在，又可互成单链、双链或层状连接，如图 10-9 所示。

$[SiO_4]$ 四面体像高聚物大分子链中的基本结构单元——链节一样，所以硅酸盐有无机高聚物之称。

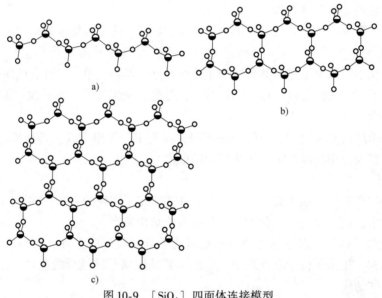

图 10-9 $[SiO_4]$ 四面体连接模型

a）单链 b）双链 c）层状

2. 玻璃相

玻璃相一般是指从熔融液态冷却时不进行结晶的非晶态固体。陶瓷材料中，玻璃相的作用是将分散的晶体相粘结起来，填充晶体相之间的空隙，提高材料的致密度；降低陶瓷的烧成温度，加快烧结过程；阻止晶体相转变，抑制其长大；获得一定程度的玻璃特性（如透光性等）。但玻璃相的强度、电绝缘性、耐热耐火性等较差，故玻璃相含量不可太大，一般为 20% ~40%。

3. 气相

气相是指陶瓷组织内部残余下来的气孔。通常的残余气孔量为 5% ~10%，特种陶瓷在 5% 以下。陶瓷性能与气孔的含量、形状、分布有着密切的关系。气孔使陶瓷材料强度、热导率、抗电击穿强度下降，介电损耗增大，同时气相的存在可使光线散射而降低陶瓷的透明度，所以透明陶瓷中微小的气孔也需消除。但有时为了制作密度小、绝热性能好的陶瓷，则希望会有尽可能多的大小一致、分布均匀的气孔。

三、陶瓷的性能及应用

陶瓷材料具有耐高温、抗氧化、耐腐蚀以及其他优良的物理、化学性能。陶瓷材料除了传统用途外，还有着许多近代的新用途（特别是特种陶瓷）。

1. 物理性能

（1）热学性能

1）高熔点。陶瓷材料一般都具有高的熔点（大多在2000℃以上），极好的化学稳定性和特别优良的抗氧化性，已广泛用作高温材料，如制作耐火砖、耐火泥、炉衬、耐热涂层等。刚玉（Al_2O_3）可耐1700℃高温，能制成耐高温的坩埚。

2）热导率。陶瓷依靠晶格中原子的热振动来完成热传导。由于没有自由电子的传热作用，导热能力远低于金属材料，它常作为高温绝热材料。多孔和泡沫陶瓷也可用作 $-120 \sim -240$℃的低温隔热材料。

3）热膨胀。凡陶瓷在应用中涉及到高温、循环温度或温度梯度工况时，都要考虑热膨胀。它是温度升高时原子振动振幅增大和原子间距增大而导致体积长大的现象。热膨胀系数的大小和材料的晶体结构密切相关，结构较紧密的材料热膨胀系数较大。陶瓷的线膨胀系数比金属低，比高聚物更低，一般为 10^{-6}/K 左右。

（2）电学性能 大多数陶瓷是良好的绝缘体，在低温下具有高电阻率，因而大量用来制作低电压（1kV以下）直到超高压（110kV以上）的隔电瓷质绝缘器件。

铁电陶瓷（钛酸钡 $BaTiO_3$ 和其他类似的钙钛矿结构）具有较高的介电常数，可用来制作较小的电容器，这种电容器的电容量却比由一般电容器材料制成的要大，利用这一优点，可以更有效地改进电路。铁电陶瓷在外加电场作用下，还具有改变其外形（尺寸）的能力，这种由电能转换成机械能的性能是压电材料的特性，可用来制作扩音机、电唱机中的换能器，无损检验用的超声波仪器以及声纳与医疗用的声谱仪等。

少数陶瓷材料还具有半导体性质，如经高温烧结的氧化锡就是半导体，可做整流器。

（3）光学性能 具有特殊光学性能的陶瓷是重要的功能材料，如固体激光器材料、激光调制材料、光导纤维材料、光储存材料等。这些材料的研究和应用对通信、摄影、计算机技术等的发展有非常大的理论和实用意义。

近代透明陶瓷的出现是光学材料的重大突破，它们大都是以单一晶体相组成的多晶体材料，可用于高压钠灯管、耐高温及高温辐射工作的窗口和整流罩等。

（4）磁学性能 通常被称为铁氧体的磁性陶瓷材料（例如 $MgFe_2O_4$、$CuFe_2O_4$、Fe_3O_4、$CoFe_2O_4$）在录音磁带与唱片、电子束偏转线圈、变压器铁心、大型计算机的记忆元件等方面有着广泛的前途。

2. 力学性能

（1）塑性与韧性 由于陶瓷晶体一般为离子键或共价键结合，其滑移系比金属材料少得多，所以大多数陶瓷材料在常温下受外力作用时不产生塑性变形，而是在一定弹性变形后直接发生脆性断裂。此外，陶瓷中又存在气相，故其冲击韧性和断裂韧度要比金属材料低得多，如氮化硅（Si_3N_4）的 K_{IC} 仅为 $4.6 \sim 5.7$MPa·$m^{1/2}$，而45钢的 $K_{IC} \approx 90$MPa·$m^{1/2}$，球墨铸铁的 $K_{IC} = 20 \sim 40$MPa·$m^{1/2}$。在机械结构中，陶瓷材料应用不多。

（2）强度　陶瓷材料由于受工艺制备因素的影响，在其内部和表面会形成各种各样的缺陷，如微裂纹、位错、气孔等，因此由于受各种缺陷的影响，陶瓷的实际强度远低于理论值。如刚玉陶瓷纤维的缺陷减少时，强度可提高 $1 \sim 2$ 个数量级，热压氮化硅陶瓷在致密度增大、气孔率近于零时，强度可接近理论值。

陶瓷中气相能使应力集中，在拉应力作用下，气孔会扩展而引起脆断，故陶瓷的抗拉强度较低。但它具有较高的抗压强度，可以用于承受压缩载荷的场合，例如用来作为地基、桥墩和大型结构与重型设备的底座等。

（3）硬度　陶瓷的硬度在各类材料中最高。其硬度大多在 1500HV 以上，而淬火钢为 $500 \sim 800HV$，高聚物都低于 20HV。氮化硅和立方氮化硼（cBN）具有接近金刚石的硬度。

目前氮化硅和碳化硅（SiC）都是共价性化合物，键的强度高、膨胀系数低、热导率高，所以都有较好的抗热振性能（温度急剧变化时，抵抗破坏的能力）。由于制造工艺和添加物不同，Si_3N_4 的强度可从 350MPa 直至 1000MPa，且在 1200℃高温下保持不变。SiC 在 1650℃下，强度仍可达 450MPa。它们作为高温高强度结构材料，在发动机、燃气轮机上的应用正受到很大的重视。我国第一台无水冷陶瓷发动机于 1990 年 7 月在上海首次装车，经长途试验，证明发动机性能优良，比普通金属发动机热效率高，耗油省，故障率少，并能适用多种燃料，更能适应在缺水的恶劣环境下使用，这是一项跨入世界领先行列的高科技成果。

陶瓷作为超硬耐磨损材料，性能特别优良。除 Si_3N_4、SiC、cBN 是一种新型的刀具材料外，近年来又开发了高强度、高稳定化的二氧化锆（ZrO_2）陶瓷刀具，广泛应用于高硬难加工材料的加工以及高速切削、加热切削等加工。

此外，特种陶瓷还广泛用作能源开发材料、耐火耐热材料、耐热冲击材料以及化工材料等。一些典型的特种陶瓷的性能和用途见表 10-4。

表 10-4　特种陶瓷的性能和用途

材 料		性能特点	例	用 途
结构材料	耐热材料	热稳定性高	MgO、ThO_2	耐火件
		高温强度高	SiC、Si_3N_4	燃气轮机叶片,燃气轮火焰导管,火箭燃烧室内壁喷嘴
	高强度材料	高弹性模量	SiC、Al_2O_3	复合材料用纤维
		高硬度	TiC、B_4C、BN	切削工具,连接铸造用模,玻璃成型高温模具
功能材料	介电材料	绝缘性	Al_2O_3、Mg_2SiO_4	集成电路基板
		热电性	$PbTiO_3$、$BaTiO_3$	热敏电阻
		压电性	$PbTiO_3$、$LiNbO_3$	振荡器
		强介电性	$BaTiO_3$	电容器
	光学材料	荧光、发光性	Al_2O_3CrNd 玻璃	激光
		红外透过性	$CaAs$、$CdTe$	红外线窗口
		高透明度	SiO_2	光导纤维
		电发色效应	WO_3	显示器
	磁性材料	软磁性	$ZnFe_2O$、$\gamma\text{-}Fe_2O_3$	磁带,各种高频磁心
		硬磁性	$SrO \cdot 6Fe_2O_3$	电声器件、仪表及控制器件的磁心
	半导体材料	光电导效应	CdS、Ca_2Sx	太阳电池
		阻抗温度变化效应	VO_2、NiO	温度传感器
		热电子放射效应	LaB_6、BaO	热阴极

第三节　复合材料

一、概述

1. 复合材料的概念

由两种或两种以上化学成分不同或组织结构不同的物质，经人工合成获得的多相材料称为复合材料。自然界中，许多物质都可称为复合材料，如树木、竹子是由纤维素和木质素复合而成；动物的骨骼是由硬而脆的无机磷酸盐和软而韧的蛋白质骨胶组成的复合材料。

人工合成的复合材料一般是由高韧性、低强度、低模量的基体和高强度、高模量的增强组分组成。这种材料既保持了各组分材料自身的特点，又使各组分之间取长补短，互相协同，形成优于原有材料的特性。

通过对复合材料的研究和使用表明，人们不仅可复合出具有质轻、力学性能良好的结构材料，也能复合出具有耐磨、耐蚀、导热或绝热、导电、隔声、减振、吸波、抗高能粒子辐射等一系列特殊的功能材料。

继 20 世纪 40 年代的玻璃钢（玻璃纤维增强塑料）问世以来，近三十几年出现了性能更好的高强度纤维，如碳纤维、硼纤维、碳化硅纤维、氧化铝纤维、氮化硼纤维及有机纤维等。这些纤维不仅可与高聚物基体复合，还可与金属、陶瓷等基体复合。这些高级复合材料是制造飞机、火箭、卫星、飞船等航空航天飞行器构件的理想材料。预计复合材料将会很快向各工业领域中扩展，获得越来越广泛的应用。21 世纪将是复合材料的时代。

2. 复合材料的分类

复合材料的分类至今尚不统一，目前主要采用以下几种分类方法：

（1）**按材料的用途分类**　可分为结构复合材料和功能复合材料两大类。结构复合材料是利用其力学性能（如强度、硬度、韧性等），用以制作各种结构和零件。功能复合材料是利用其物理性能（如光、电、声、热、磁等），如雷达用玻璃钢天线罩就是具有良好透过电磁波性能的磁性复合材料；常用的电器元件上的钨银触点就是在钨的晶体中掺入银的导电功能材料；双金属片就是利用不同膨胀系数的金属复合在一起而成的具有热功能性质的材料。

（2）**按增强材料的物理形态分类**　可分为纤维增强复合材料、粒子增强复合材料及层叠复合材料。

（3）**按基体类型分类**　可分为非金属基体及金属基体两大类。目前大量研究和使用的是以高聚物材料为基体的复合材料。

常见复合材料的分类见表 10-5。

二、复合材料的性能

1. 比强度和比模量高

比强度和比模量是度量材料承载能力的一个重要指标，因为许多动力设备和结构不但要求材料的强度高，还要求材料的重量轻。复合材料的比强度和比模量要比金属材料高得多。表 10-6 为某些材料的性能比较。

2. 抗疲劳性能好

复合材料的疲劳强度都很高，一般金属材料的疲劳极限为抗拉强度的 40% ～50%，而碳纤维增强塑料是 70% ～80%，这是由于基体中密布着大量纤维，疲劳断裂时，裂纹的扩

表 10-5　复合材料分类表

增强剂＼基体	金　属	陶　瓷	高　聚　物	
金属	纤维增强金属 包层金属	纤维增强陶瓷 夹网玻璃 金属陶瓷 钢筋混凝土	纤维增强塑料 夹网波板 铝聚乙烯复合薄膜 填充塑料	轮胎 橡胶弹簧
陶瓷	纤维增强金属 粒子增强金属 碳纤维增强金属	纤维增强陶瓷 压电陶瓷 陶瓷磨具 玻璃纤维增强水泥 石棉水泥板	纤维增强塑料 砂轮 填充塑料 树脂混凝土 树脂石膏摩擦材料 碳纤维增强塑料	轮胎多层玻璃 乳胶水泥 炭黑补强橡胶 玻璃纤维增强碳 碳碳复合材料
高聚物	铝聚乙烯复合膜薄	—	复合薄膜 合成皮革	

表 10-6　某些材料的性能比较

材 料 名 称	密度/$g \cdot cm^{-3}$	抗拉强度/MPa	弹性模量/10^2MPa	比强度/10^5m	比模量/10^7m
钢	7.8	1030	2100	0.130	0.27
硬铝	2.8	470	750	0.170	0.26
玻璃钢	2.0	1060	400	0.530	0.21
碳纤维-环氧树脂	1.45	1500	1400	1.030	0.21
硼纤维-环氧树脂	2.1	1380	2100	0.660	1.00

展常要经历非常曲折和复杂的路径，所以疲劳强度很高。

3. 减振性能好

复合材料中，纤维与基体间的界面具有吸振能力。如对相同形状和尺寸的梁进行振动试验，同时起振时，轻合金梁需 9s 才能停止振动，而碳纤维复合材料的梁却只要 2.5s 就停止。

4. 高温性能好

一般铝合金升温到 400℃时，强度只有室温时的 1/10，弹性模量大幅度下降并接近于零。如用碳纤维或硼纤维增强的铝材，400℃时强度和模量几乎可保持室温下的水平。耐热合金最高工作温度一般不超过 900℃，陶瓷粒子弥散型复合材料的最高工作温度可达到 1200℃以上，而石墨纤维复合材料，瞬时高温可达 2000℃。

5. 工作安全性好

因纤维增强复合材料基体中有大量独立的纤维，使这类材料的构件一旦超载并发生少量的纤维断裂时，载荷会重新迅速分布在未破坏的纤维上，从而使这类结构不致在短时间内有整体破坏的危险，因而提高了工作的安全可靠性。

三、常用复合材料

复合材料因具有强度高、刚度大、密度小、隔声、隔热、减振、阻燃等优良的物理、力学性能，在航空、航天、交通运输、机械工业、建筑工业、化工及国防工业等部门起着重要的作用。

1. 纤维增强复合材料

纤维增强复合材料是以纤维增强材料均匀分布在基体材料内所组成的材料。纤维增强复合材料是复合材料中最重要的一类，应用最为广泛。它的性能主要取决于纤维的特性、含量和排布方式，其在纤维方向上的强度可超过垂直纤维方向的几十倍。

纤维增强材料按化学成分可分为有机纤维和无机纤维。有机纤维如聚酯纤维、尼龙纤维、芳纶纤维等；无机纤维如玻璃纤维、碳纤维、碳化硅纤维、硼纤维及金属纤维等。表10-7 所列为纤维增强复合材料的种类、特性和应用。

表 10-7 纤维增强复合材料的种类、特性和应用

纤维种类	基体	特　性	用　途
聚芳酰胺纤维（芳纶纤维）	合成树脂	韧性好、弹性模量高、密度低，但耐压强度及弯曲疲劳强度较差	可制造雷达天线罩、高强度绳索(如降落伞)、高压防腐蚀容器、游艇的船体等
玻璃纤维	合成树脂	有优良的抗拉、抗弯、抗压及抗蠕变性能，耐冲击性、电绝缘性好	可制作减摩、耐磨的机械零件，密封件、仪器仪表零件、管道、泵阀、汽车船舶壳体，以及建筑结构、飞机制造等
碳纤维	合成树脂 陶瓷 金属	密度小、强度和弹性模量高，耐磨、自润滑性好。热膨胀系数小，可经受剧烈的加热或冷却，且可耐2000℃以上的高温	在航天、航空、核工业中用作燃汽轮机叶片，发动机体、轴瓦、齿轮、卫星结构。还可用作人工关节
硼纤维	合成树脂 金属	弹性模量高，耐热性能好	可用作航天、航空、飞行器结构件，涡轮机、推进器零件
碳化硅纤维	合成树脂	有极高的强度和高温下的化学稳定性好	可制作涡轮叶片
石棉纤维	合成树指	耐热、耐酸、耐磨，吸湿性小，绝缘性好	可制作密封件、制动件，及作为绝热材料

在高温领域中，近十年来，发现陶瓷晶须在高温下化学稳定性和力学性能好（弹性模量高、强度高、密度小），故倍受重视。但由于这类晶须产量低、价格高，所以仍处于试验研究阶段。表10-8 为某些晶须的性能。

表 10-8 某些晶须的性能

性能\品种	密度/g·cm^{-3}	熔点/℃	抗拉强度/MPa	比强度/10^5m	拉伸弹性模量/MPa	比模量/10^7m
碳化硅	3.21	2700	21000	6.5	490000	1.52
蓝宝石	3.96	2040	19000~22000	4.8~5.6	430000	1.08

2. 粒子增强复合材料

粒子增强复合材料是由一种或多种颗粒均匀分布在基体材料内所组成的材料。粒子增强复合材料的颗粒在复合材料中的作用，随粒子的尺寸大小不同而有明显的差别，颗粒直径小于 $0.01~0.10\mu m$ 的称为弥散强化材料，直径在 $1~50\mu m$ 的称为颗粒增强材料，一般说颗粒越小，增强效果越好。

按化学组分的不同，颗粒主要分金属颗粒和陶瓷颗粒。不同的金属颗粒起着不同的功能，如需要导电、导热性能时，可以加银粉、铜粉；需要导磁性能时可加入 Fe_2O_3 磁粉；加入 MoS_2 可提高材料的减摩性。

陶瓷颗粒增强金属基复合材料具有高强度、耐热、耐磨、耐腐蚀和热膨胀系数小等特性，用来制作高速切削刀具、重载轴承及火焰喷管的喷嘴等高温工作零件。

3. 层叠复合材料

层叠复合材料是由两层或两层以上材料叠合而成的材料。其中各个层片既可由各层片纤维位向不同的相同材料组成（如层叠纤维增强塑性薄板），也可由完全不同的材料组成（如金属与塑料的多层复合），从而使层叠材料的性能与各组成物性能相比有较大的改善。层叠复合材料广泛应用于要求高强度、耐蚀、耐磨、装饰及安全防护等用途。

层叠复合材料有夹层结构复合材料、双层金属复合材料和塑料-金属多层复合材料三种。

夹层结构复合材料是由两层具有较高强度、硬度、耐蚀性及耐热性的面板和具有低密度、低导热性、低传声性或绝缘性好等特性的心部材料复合而成。其中心部材料有实心或蜂窝格子两类。这类材料常用于制作飞机机翼、船舶外壳、火车车厢、运输容器、面板、滑雪板等。

双层金属复合材料是将性能不同的两种金属，用胶合或熔合等方法复合在一起，以满足某种性能要求的材料。如将两种具有不同热膨胀系数的金属板胶合在一起的双层金属复合材料，常用作测量和控制温度的简易恒温器。

以钢为基体、烧结铜网为中间层、塑料为表面层的塑料-金属多层复合材料，具有金属基体的力学、物理性能和塑料的耐摩擦、磨损性能。这种材料可用于制造各种机械、车辆等的无润滑或少润滑条件下的各种轴承，并在汽车、矿山机械、化工机械等部门得到广泛应用。

习题与思考题

1. 橡胶使用时是什么状态？塑料使用时是什么状态？这两种材料的玻璃化温度是高好还是低好？

2. 设全部是结晶态的聚乙烯的密度为 $1.03g/cm^3$，无定形态的聚乙烯的密度为 $0.90g/cm^3$。现有一低密度聚乙烯的密度为 $0.916g/cm^3$，求其结晶度值。

3. 如何获得弹性与韧性好的塑料？

4. 试说明为什么热固性塑料的供应状态通常为具有相对分子质量低的线型聚合物？

5. 工程塑料与金属材料相比，在性能与应用上有哪些差别？

6. 现有一种密度为 $0.072g/cm^3$ 的泡沫塑料，浸水后它的重量增加了 10 倍，试问：

1）这种泡沫塑料能否用作漂浮材料？

2）计算这种泡沫塑料内部相互连接的空隙的百分率。

7. 陶瓷材料的主要结合键是什么？从结合键的角度来解释陶瓷材料的性能特点。

8. 陶瓷材料中的晶体相、玻璃相和气相对陶瓷性能各起什么作用？

9. 陶瓷材料在温度急变时易于开裂，你认为抵抗其开裂的能力与哪些力学、物理性能有关？

10. 玻璃钢与金属材料相比，在性能与应用上有哪些特点？

11. 列举一些复合材料的例子，并指出这些材料中哪些是增强组分？哪些是基体？

12. 复合材料性能上的突出特点是什么？

第十一章 机械制造中零件材料的选择

在机械制造工业中，要获得满意的零部件有三个关键问题：正确的结构设计、合理选择材料与毛坯类型以及高的热加工与机械加工质量。它们相互影响后的效果不是相加而是相乘，即只要其中一个环节不恰当而使之不起作用时，其综合效果也是零。因此，在正确的结构设计后，合理地选材与正确确定热处理方法（包括安排加工路线）就是至关重要的，它直接关系到产品的质量及经济效益。

在下列情况下都会遇到机械零部件的选材问题：新产品的设计；工艺装备（夹具、模具等）设计；更新零件所用材料，以提高各种性能或降低成本，以及为适应生产条件需要改变加工工艺而涉及材料问题等。至于标准零件，如滚动轴承、弹簧、液压件等已定型的产品零件，一般情况下只是选用规格产品，不涉及选材问题。因此，设计者主要遇到的是一般零件或非标准零件的选材问题。

下面就在设计与制造机械零件时，从其服役条件、失效形式及选材依据和选材的具体方法等方面进行分析讨论。

第一节 机械零件的失效概述

一个机械零件（或构件）的设计质量再高，都不能永久地使用，总有一天会达到使用寿命的终结而失效。为避免零件发生早期失效，在选材初始，必须对零件在使用中可能产生失效原因及失效机制进行分析、了解，为选材和加工质量控制提供参考依据。

一、失效的概念

失效是指零件在使用过程中，由于尺寸、形状或材料的组织与性能发生变化而失去原设计的效能。一般机械零件在以下三种情况下都认为已失效：①零件完全不能工作；②零件虽能工作，但已不能完成指定的功能；③零件有严重损伤而不能再继续安全使用。零件的失效有达到预定寿命的失效，也有远低于预定寿命的不正常的早期失效。正常失效是比较安全的；而早期失效则带来经济损失，甚至可能造成人身和设备事故。

二、零件的失效形式

一般机械零件常见的失效形式有：①断裂失效，包括静载荷或冲击载荷断裂、疲劳破坏以及应力腐蚀破裂等；②磨损失效，包括过量的磨损、表面龟裂、麻点剥落等表面损伤失效；③变形失效，包括过量的弹性变形或塑性变形（整体或局部的）、高温蠕变等。对工程构件来说，常因腐蚀而影响使用也属失效。

三、零件的失效原因

引起失效的因素很多，涉及到零件的结构设计，材料选择与使用，加工制造、装配、使用保养等。但就零件失效形式而言，则与其工作条件有关。零件工作条件包括：应力情况（应力的种类、大小、分布、残余应力及应力集中情况等）；载荷性质（静载荷、冲击载荷、变动载荷）；温度（低温、常温、高温或交变温度）；环境介质（有无腐蚀性介质、润滑剂）

以及摩擦、振动条件等。表 11-1 为某些典型机械零件的工作条件、失效形式及所要求的力学性能。

表 11-1　几种零件（工具）工作条件、失效形式及要求的力学性能

零件(工具)	工 作 条 件			常见失效形式	要求的主要力学性能
	应力种类	载荷性质	其他		
普通紧固螺栓	拉、切应力	静	—	过量变形、断裂	屈服强度及抗剪强度、塑性
传动轴	弯、扭应力	循环、冲击	轴颈处摩擦，振动	疲劳断裂、过量变形、轴颈处磨损、咬蚀	综合力学性能
传动齿轮	压、弯应力	循环、冲击	强烈摩擦，振动	磨损、麻点剥落、齿折断	表面硬度及弯曲疲劳强度、接触疲劳抗力，心部屈服强度、韧性
弹簧	扭应力（螺旋簧）、弯应力（板簧）	循环、冲击	振动	弹性丧失，疲劳断裂	弹性极限、屈强比、疲劳强度
油泵柱塞副	压应力	循环、冲击	摩擦、油的腐蚀	磨损	硬度、抗压强度
冷作模具	复杂应力	循环、冲击	强烈摩擦	磨损、脆断	硬度，足够的强度、韧性
压铸模	复杂应力	循环、冲击	高温度、摩擦、金属液腐蚀	热疲劳、脆断、磨损	高温强度、热疲劳抗力、韧性与热硬性
滚动轴承	压应力	循环、冲击	强烈摩擦	疲劳断裂、磨损、麻点剥落	接触疲劳抗力、硬度、耐蚀性
曲轴	弯、扭应力	循环、冲击	轴颈摩擦	脆断、疲劳断裂、咬蚀、磨损	疲劳强度、硬度、冲击疲劳抗力、综合力学性能
连杆	拉、压应力	循环、冲击		脆断	抗压疲劳强度、冲击疲劳抗力

第二节　机械零件的材料选择

选材合理性的标志应是在满足零件性能要求的条件下，最大限度地发挥材料的潜力，做到"物尽其用"。既要考虑提高材料强度的使用水平，同时也要减少材料的消耗和降低加工的成本。因此要做到合理选材，对设计人员来说，必须要进行全面分析及综合考虑。

一、选材的一般原则

选材的一般原则首先是在满足使用性能的前提下，再考虑工艺性、经济性；根据我国的资源情况，贯彻"自力更生"方针，优先选择国产材料。

1. 材料的使用性能应满足使用要求

材料的使用性能是指机械零件（或构件）在正常工作情况下材料应具备的性能，包括力学性能和物理、化学性能等。零件的使用性能是保证其工作安全可靠、经久耐用的必要条件。在大多数情况下，这是选材时首先应考虑的。对一般机械零件来说，则主要考虑其力学性能。同时，还应具有抵抗周围介质有害侵蚀的能力。对非金属材料制成的零件（或构件）更应注意其工作环境，因为非金属材料对温度、光、水、油等的敏感程度比金属材料大得多。

一般零件按力学性能进行选材时，只要能正确地分析零件的服役条件和主要失效形式，从而找出其应具备的主要性能指标，并对零件的危险部位进行力学分析计算，正确计算所选

材料的许用应力，则零件在服役期间，一般不会发生由于机械损伤而造成的早期失效，其工作应是安全可靠的。但是，由于有许多没有估计到的因素会影响材料的性能和零件的使用寿命。因此，在按力学性能选材时，还必须考虑以下三个方面的问题：

（1）必须考虑材料和零件服役的实际情况　实际使用的材料都可能存有各种夹杂物和不同类型的宏观及微观的冶金缺陷，它们都会直接影响材料的力学性能。其次，材料的力学性能是通过试样进行测定的，而试样在试验过程中的应力状态、应力应变的分布及加工工艺等与实际零件存在差异；另外，试验过程与真实零件服役过程也有较大差异，致使实际零件的力学性能与试样测定的数值可能有较大的出入。因此，材料的性能指标不管是直接从试样上测定的，还是从有关手册中获得的，在选用时往往还得通过模拟试验后才能最终确定。

（2）充分考虑钢材的尺寸效应　它是指钢材截面大小不同时，即使热处理相同，其力学性能也有差别。随着截面尺寸的增大，钢材的力学性能将下降，这种现象称为尺寸效应。对于需经热处理（淬火）的零件，由于尺寸效应，而使零件截面上不能获得与试样处理状态相同的均一组织，从而造成性能上的差异。

尺寸效应与钢材的淬透性有着密切的关系。表 11-2 是几种钢在调质后尺寸效应对性能影响的实例。

表 11-2　钢材的尺寸效应（调质后）

牌　　号	截面 $\phi 25 \sim 30$mm				截面 $\phi 100$mm			
	σ_s/MPa	σ_b/MPa	$\psi(\%)$	A_K/J	σ_s/MPa	σ_b/MPa	$\psi(\%)$	A_K/J
40、45、40Mn、45B	$400 \sim 600$	$600 \sim 800$	$50 \sim 55$	$64 \sim 80$	$300 \sim 400$	$500 \sim 700$	$40 \sim 50$	$32 \sim 40$
30CrMnSi、37CrNi3 35CrMoV、18Cr2Ni4WA 25Cr2Ni4WA	$900 \sim 1000$	$1000 \sim 1200$	$50 \sim 55$	$64 \sim 80$	$800 \sim 900$	$1000 \sim 1200$	$50 \sim 55$	$64 \sim 80$

由表可见，淬透性低的钢（如碳钢），尺寸效应特别明显。因此，在零件设计时，应注意实际淬火效果，不能仅凭手册上的性能数据为依据。因为手册上所能保证的力学性能只是对一定尺寸大小以下的试样而言。

另外，尺寸效应还影响钢材淬火后可能获得的表面硬度。在其他条件一定时，随着零件尺寸的增大，淬火后表面硬度下降，见表 11-3。根据表 11-3，可估计具体零件（材料、尺寸已初步拟定）在淬火后，能否达到预定的硬度要求。如达不到要求，则应考虑另选淬硬性更好的材料。

应该指出，在选材时，并非所有的零件都必须选用高淬透性的材料，而应按实际需要合理选择，否则，势必会造成浪费。如对整个截面均匀承载的零件，要求心部至少有 50% 马氏体；重要的零件（柴油机连杆及连杆螺栓等），甚至要求心部有 95% 以上马氏体；而对承受弯曲、扭转等复合应力作用下的某些轴类零件，由于它们截面上的应力分布是不均匀的，最大应力发生在轴的表层，而轴中心受力为零，对这类零件，一般只要求自表面到 3/4 半径或 1/2 半径处淬硬，不必全部淬透，但应尽可能防止游离铁素体的产生。

尺寸效应现象一般在铸铁件生产中也同样存在，随着铸铁件截面尺寸的增大，其力学性能也将下降。

表 11-3　淬火硬度（HRC）与尺寸效应

材料	截面尺寸 /mm 热处理	< 3	4 ~ 10	11 ~ 20	21 ~ 30	31 ~ 50	51 ~ 80	81 ~ 120
15	渗碳水淬	58 ~ 65	58 ~ 65	58 ~ 65	58 ~ 65	58 ~ 62	50 ~ 60	—
15	渗碳油淬	58 ~ 62	40 ~ 60	—	—	—	—	—
35	水淬	45 ~ 50	45 ~ 50	45 ~ 50	35 ~ 45	30 ~ 40	—	—
45	水淬	54 ~ 59	50 ~ 58	50 ~ 55	48 ~ 52	45 ~ 50	40 ~ 45	25 ~ 35
45	油淬	40 ~ 45	30 ~ 35	—	—	—	—	—
T8	水淬	60 ~ 65	60 ~ 65	60 ~ 65	60 ~ 65	56 ~ 62	50 ~ 55	40 ~ 45
T8	油淬	55 ~ 62	—	—	—	—	—	—
T10	碱浴	61 ~ 64	61 ~ 64	61 ~ 64	60 ~ 62	—	—	—
20Cr	渗碳油淬	60 ~ 65	60 ~ 65	60 ~ 65	60 ~ 65	56 ~ 62	45 ~ 55	—
40Cr	油淬	50 ~ 60	50 ~ 55	50 ~ 55	45 ~ 50	40 ~ 45	35 ~ 40	—
35SiMn	油淬	48 ~ 53	48 ~ 53	48 ~ 53	40 ~ 45	35 ~ 40	—	—
65SiMn	油淬	58 ~ 64	58 ~ 64	58 ~ 64	40 ~ 45	40 ~ 45	35 ~ 40	—
GCr15	油淬	60 ~ 64	60 ~ 64	60 ~ 64	58 ~ 63	52 ~ 62	48 ~ 50	—
CrWMn	油淬	60 ~ 65	60 ~ 65	60 ~ 65	60 ~ 65	60 ~ 64	58 ~ 62	56 ~ 60

（3）综合考虑材料强度、塑性、韧性的合理配合　通常机械零件都是在弹性范围内工作的，所以零件的强度设计总是以条件屈服强度 $\sigma_{0.2}$ 为原始数据（脆性材料用抗拉强度 σ_b），用安全系数 n 加以修正，以保证零件的安全使用。但即使如此，仍经常发生零件的失效及损坏事故。原因之一为零件在工作时不仅处于复杂应力状态下，而且还经常发生短时的过载。这时如片面提高 $\sigma_{0.2}$ 不一定就是安全的，因为在一般情况下，钢材的 $\sigma_{0.2}$ 值提高后，其塑性指标（δ、ψ）必然下降，当塑性很低时，就可能造成零件的脆性断裂。所以在提高 $\sigma_{0.2}$ 值的同时，还应注意钢材的塑性指标。

塑性指标不能直接用于设计计算。但对冲击疲劳抗力、冲击吸收功 A_K 及断裂韧度 K_{IC} 都有较大的影响。塑性的主要作用是增加零件抗过载能力，提高零件的安全性。因为在零件上不可避免地存在形状突变处（如台阶、键槽、螺纹、油孔、内部夹杂等），工作时，此处就会产生应力集中。如材料有足够塑性，则在静载荷作用下，可通过局部塑性变形，削弱应力峰值，并通过加工硬化，提高零件的强度及使用中的安全性。

对于以脆断为主要危险的零件，如汽轮机、电机转子这类大锻件以及在低温下工作的石油化工容器等，断裂韧度 K_{IC} 是最重要的力学性能指标。因此，对有低应力脆断危险的零件，需要进行断裂韧度 K_{IC} 和断裂判据 $K_I \geqslant K_{IC}$ 方面的定量设计计算，以保证零件的使用寿命。对在小能量多次冲击的情况下服役的零件，如片面追求高的塑性和韧性，势必使强度降低，反而会使疲劳冲击抗力降低，故此时可应用强度较高而塑性、韧性稍低的材料。

必须指出，要直接测得实际零件的各种力学性能数值是很困难的，甚至是不可能的。一般是利用材料的硬度和强度 σ_b 之间存在的一定关系，及 σ_b 与其他力学性能（σ_s、σ_{-1}、δ、ψ、A_K）存在的一定关系，从而通过硬度来间接地反映零件的强度、塑性、韧性及疲劳强度等力学性能。由于测定硬度的方法最为简便，又不破坏零件，因此，大多数零件在图样上只标出所要求的硬度值，以综合体现零件所要求的力学性能。

为了使硬度值定得更为合理，还需进一步考虑零件的结构特点及服役条件。如对承受均匀载荷、截面无突变的零件，由于工作时不发生应力集中，可选定较高的硬度；反之，有应力集中的零件，则需要有较高的塑性，故只能采用适当硬度。对高精度零件，一般应有较高的硬度。而对相互摩擦的一对零件，要注意其两者的硬度值应有一定的差别，例如轴颈与轴承的硬度配合（参阅表9-6）；一对传动啮合齿轮，一般小齿轮齿面硬度应比大齿轮高25～40HBW；螺母硬度比螺栓约低20～40HBW（可避免咬死、减少磨损）。

2. 材料的工艺性应满足加工要求

材料的工艺性是指材料适应某种加工的能力。零件所选材料一般应预先制成与成品形状尺寸相近的毛坯（如用铸件、锻件、焊件等），再进行切削加工。由于毛坯特点不同，在加工时，对材料提出的工艺性要求也不同。因此在满足使用性能选材的同时，必须兼顾材料工艺性，使所选材料具有良好的工艺性，以有利于在一定生产条件下，方便、经济地得到合格产品。

（1）铸造性　包括流动性、收缩性、热裂倾向性、偏析及吸气性等。

不同的金属材料，其铸造性能有很大差异。表11-4是常用金属材料铸造性能的比较。根据零件要求的性能以及结构特点，如需采用铸件时，就得考虑所选材料应具有良好的铸造性能，才能得到合格的铸件。

表11-4　常用金属材料的铸造性能

材　料		铸　造　性　能						
		流动性	收缩性		偏析倾向	熔点	对壁厚（冷却速度）的敏感性	其　他
			体收缩	线收缩				
灰铸铁		很好	小	小（0.5%～1%）	小	较低	较大，厚处强度低	
球墨铸铁		比灰铸铁稍差	大（与铸钢相近）	小	小	较低	较灰铸铁小	易形成缩孔、缩松，白口倾向较大
可锻铸铁		比灰铸铁差，比铸钢好	很大（比铸钢大）	退火后比灰铸铁小	小	较灰铸铁高	较大	—
铸钢		差（低碳钢更差）	大	大（2%）	较大	高	小，壁厚增加，强度无明显降低	含碳量增加，收缩率增加、导热性差，高碳铸钢易发生冷裂，低合金铸钢比碳素铸钢易裂
铸造铜合金	黄铜	较好	小	小	较小	比铸铁低	—	易形成集中缩孔
	锡青铜	较黄铜差	最小	不大	大	比铸铁低	—	易产生缩松
	特殊青铜	好	大	—	较小	比铸铁低	—	易吸气及氧化并形成集中缩孔
铸造铝合金		尚好	—	小	大	比铸铁低	大，强度随壁厚增大，显著下降	易吸气、氧化

（2）锻造性　包括可锻性、冷镦性、冲压性、锻后冷却要求等。

在碳钢中，低碳钢的可锻性最好，中碳钢次之，高碳钢则较差。低合金钢的可锻性近似于中碳钢。高合金钢的可锻性比碳钢差，因为它的变形抗力大（比碳钢高好几倍），硬化倾向大，塑性低，并且高合金钢导热性差，锻造温度范围间隔窄（仅100～200℃，而一般碳钢为350～400℃），增加了锻造时的困难。

铝合金可与低碳钢一样锻出各种形状的锻件，但铝合金锻造时，需用比低碳钢大的能量（约大 30%），它在锻造温度下的塑性比钢低，而且模锻时流动性比较差，锻造温度范围间隔窄（一般在 $100 \sim 150℃$ 范围内）。

铜合金的可锻性一般较好。黄铜在 $20 \sim 200℃$ 低温及 $600 \sim 900℃$ 高温下都有较高的塑性，即在热态与冷态下均可锻造，锻造所需的能量较碳钢低。某些特殊黄铜（如铅黄铜）因塑性低，很难锻造。$w_{Sn} < 10\%$ 的锡黄铜及 $w_{Sn} < 7\%$、$w_P = 0.1\% \sim 0.4\%$ 的锡青铜、锰青铜、铝青铜（$w_{Al} = 5\% \sim 7\%$）也都可以进行锻造，但 $w_{Sn} > 10\%$ 的锡青铜则不能锻造。

（3）焊接性　金属的焊接性是指它在一定生产条件下接受焊接的能力。一般以焊接接头出现裂缝、气孔或其他缺陷的倾向以及对使用要求的适应性来衡量焊接性的好坏。

表 11-5 为各种钢材焊接性的比较。按钢的焊接性可分为良好、一般、较差与低劣等四级。

表 11-5　常用钢材焊接性比较

钢材成分	合金元素总和 $w_{(Mn+Si+Cr+Ni+Mo)}$（%）	w_C（%）			
	< 1	≤0.25	0.25 ~ 0.35	0.35 ~ 0.45	> 0.45
	1 ~ 3	≤0.20	0.20 ~ 0.30	0.30 ~ 0.40	> 0.40
	> 3	≤0.18	0.18 ~ 0.28	0.28 ~ 0.38	> 0.38
	焊接性	良好	一般	较差	低劣

由表可见，低碳钢（$w_C \leq 0.25\%$）及 $w_C < 0.18\%$ 的合金钢有较好的焊接性；$w_C > 0.45\%$ 的碳钢及 $w_C > 0.38\%$ 的合金钢焊接性较差。

铜合金、铝合金的焊接性一般都比碳钢差，因为它们焊接时，易产生氧化物而形成脆性夹杂物；易吸气而形成气孔；膨胀系数大而易变形；导热快，故需功率大而集中的热源或采取预热等。表 11-6 是铜合金、铝合金焊接性的比较。

表 11-6　铜合金、铝合金的焊接性

材　料　种　类		焊接性（与同类材料比较）	说　明	
铜合金	黄铜	良好	主要采用气焊。薄的轧制黄铜不需预热，大的复杂结构件需预热，铸造黄铜需全部或局部预热	
	硅青铜、磷青铜	良好	广泛采用金属极手工电弧焊	焊前需预热（厚度 >6mm）
	锡青铜、铝青铜	较差		焊前需预热，焊后应缓冷
铝合金	防锈铝	良好	普遍采用氩弧焊	焊接填充材料采用 Al-Mg 合金
	硬铝	较差		—
	超硬铝	不好		结晶裂纹倾向较大

（4）粘结固化性　高分子材料、陶瓷材料、复合材料及粉末冶金制品，大多数靠粘结剂（包括基体自身的粘结作用），在一定条件下粘结、固化成型。因而，应注意在成型过程中，各组分之间的粘结固化倾向，才能保证成型顺利和成型质量。

（5）可加工性　可加工性是指材料接受切削加工的能力。它一般用切削抗力大小、加工零件表面粗糙程度、加工时切屑排除难易及刀具磨损大小来衡量。

可加工性与材料的化学成分、力学性能及显微组织有密切的关系。其中零件的硬度对可加工性的影响尤为明显，硬度在 160～230HBW 范围内可加工性较好。过高的硬度不但难于加工，而且刀具很快磨损，当硬度大于 300HBW 时，可加工性显著下降；硬度约为 400HBW 时，可加工性很差。但过低的硬度则易形成很长的切屑，缠绕在刀具及工件上，造成刀具发热与磨损，零件经加工后，表面粗糙度数值大，故可加工性差。当材料塑性较好时（$\psi = 50\%～60\%$），其可加工性也显著下降。$w_C > 0.6\%$ 的钢，具有球状（粒状）碳化物组织比层状碳化物组织的可加工性好。马氏体和奥氏体的可加工性差。因此，在选材及选择热处理方法时，应考虑这些影响。常用材料可加工性的比较见表 11-7。

表 11-7　常用材料可加工性比较

切削加工性等级	各种材料的可加工性		相对加工性[①] K_v	代表性的材料
1	一般有色金属	很容易加工	8～20	铝镁合金、锡青铜（ZCuSn5Pb5Zn5）
2	易切削钢	易加工	2.5～3.0	易切削钢（$\sigma_b = 400～500MPa$）
3	较易切削的钢材		1.6～2.5	30 钢正火（$\sigma_b = 500～580MPa$）
4	一般碳钢、铸铁	普通	1.0～1.5	45 钢、灰铸铁
5	稍难切削的材料		0.7～0.9	85 钢（轧材）、20Cr13 调质（$\sigma_b = 850MPa$）
6	较难切削的材料	难加工	0.5～0.65	65Mn 钢调质（$\sigma_b = 950～1000MPa$）、易切不锈钢
7	难切削的材料		0.15～0.5	不锈钢（06Cr18Ni11Ti）
8	很难切削的材料		0.04～0.14	耐热合金钢、钛合金

① 材料可加工性通常用刀具耐用度为 60min 时的切削速度 v_{60} 来表示。v_{60} 越高，表示材料的可加工性越好，并以 $\sigma_b = 600MPa$ 的 45 钢的 v_{60} 为基准，简写为 $(v_{60})_f$。若以其他材料的 v_{60} 与 $(v_{60})_f$ 相比，其比值 $K_v = v_{60}/(v_{60})_f$ 称为相对加工性。

必须指出，材料的可加工性对大批量生产的零件尤为重要，且常常是生产的关键。因此，现国内外，在合金结构钢、不锈钢等钢种中，增加磷、硫的含量或加入铅、钙等合金元素来改善材料的可加工性能，这在生产上具有极大的经济意义。

（6）热处理工艺性　包括淬透性、变形开裂倾向、过热敏感性、回火脆性倾向、氧化脱碳倾向等。

选材时，除了应考虑前面所述淬硬性与淬透性外，在热处理中诸如变形、开裂等问题同样需要予以考虑。

含碳量高的碳钢，在零件结构形状及冷却条件一定时，淬火后变形与开裂倾向较含碳量低的碳钢严重。而碳钢淬火时由于一般需急冷，在其他条件相同时，变形与开裂倾向较合金钢大，选材时必须充分考虑这一因素。例如图 11-1 所示的滑阀，按力学性能要求，可选 45 钢制作，但零件形状复杂，即使采用双液淬火也难免开裂。故从热处理工艺考虑，应采用合金钢 40Cr 油淬，既保证力学性能，又避免淬火开裂。

但事情总是一分为二的，合金钢油淬，虽可减少变形开裂现象，然而在某些零件要求表层存有残余压应力，以提高其疲劳强度的情况下，由于合金钢淬透性较高，致使合金钢油淬零件的表层残余压应力低于碳钢水淬零件，因而不能满足要求。再如中型履带式拖拉机上的花键离合器轴（直径 60mm、长度 125mm），曾用 45CrNiMo 油淬后，回火至 40～45HRC，在使用时，其键槽处往往因突然与离合器啮合而产生很大的扭力峰值，造成了低周、高压力状态的低周疲劳断裂。后改用 45 钢，在专门夹具上进行激烈喷水淬火，沿轴的整个长度获

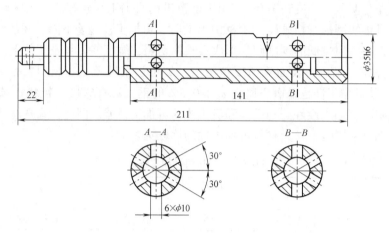

图 11-1　滑阀简图

得一层均匀的淬硬层，结果使平均疲劳寿命比用上述述合金钢轴提高了许多倍。

　　另外，对于心部要求有好的综合力学性能、表面又要有高耐磨的零件（曲轴等），在选材时除了考虑淬透性因素外，还应使零件有利于表面强化处理，并使表面处理后能获得较满意的效果；在选择弹簧材料时，要特别注意材料的氧化脱碳倾向；选择渗碳用钢时，要注意材料的过热敏感性；选调质用钢调质处理时，应注意材料的高温回火脆性。

　　材料的工艺性能在某些情况下甚至可成为选择材料的主导因素。例如汽车发动机箱体，对它的力学性能要求并不高，多数金属材料都能满足要求，但由于箱体内腔结构复杂，毛坯只能采用铸件。为了方便、经济地铸成合格的箱体，必须采用铸造性能良好的材料，如铸铁或铸造铝合金。又如，中小型水压机立柱，一般采用强度较高的优质中碳钢或 40Cr 钢，但是，由于铸锻能力的限制，我国第一台万吨水压机立柱（每根净重 90t）采用了焊接结构，并相应地选用焊接性较好的低合金高强度结构钢。以上诸例，都说明材料的工艺性能与选材的关系，尤其在大批量生产时，更应考虑材料的工艺性。

　　3. 材料的价格和总成本应经济、低廉

　　经济性涉及到材料的成本高低，材料的供应是否充足，加工工艺过程是否复杂，成品率的高低以及同一产品中使用材料的品种、规格多少等。从选材的经济性原则考虑，应尽可能选用价廉、货源充足、加工方便、总成本低的材料，而且尽量减少所选材料的品种、规格，以简化供应、保管等工作。通常，在满足零件使用性能的前提下，尽量优先选用价廉的材料，能用碳素钢的，不用合金钢；能用硅锰钢的，不用铬镍钢。表 11-8 为我国常用金属材料的相对价格。

　　必须注意，选材时，也不能片面强调消耗材料的费用及零件的制造成本，因为在评定机器零件的经济效果时，还需要考虑其使用过程中的经济效益问题。如某种机器零件在使用中，即使失效也不会造成机械设备破坏事故，而且拆换又很方便，同时该零件的需用量又较大时，从使用成本考虑，一般希望该零件制造成本要低，售价应便宜；有些机器零件（如高速柴油机曲轴、连杆等），其质量好坏会直接影响整台机器的使用寿命，一旦该零件失效，将造成整台机器的损坏事故，因此为了提高这类零件的使用寿命，即使材料价格和制造成本较高，从全面来看，其经济性仍然是合理的。

表 11-8　我国常用金属材料的相对价格

材　料	相对价格	材　料	相对价格
碳素结构钢	1	碳素工具钢	1.4 ~ 1.5
低合金结构钢	1.2 ~ 1.7	低合金工具钢	2.4 ~ 3.7
优质碳素结构钢	1.4 ~ 1.5	高合金工具钢	5.4 ~ 7.2
易切削钢	2	高速钢	13.5 ~ 15
合金结构钢	1.7 ~ 2.9	铬不锈钢	8
铬镍合金结构钢	3	铬镍不锈钢	20
滚动轴承钢	2.1 ~ 2.9	普通黄铜	13
弹簧钢	1.6 ~ 1.9	球墨铸铁	2.4 ~ 2.9

注：相对价格摘自 1990 年上海冶金工业局钢材出厂价格汇编所规定价格，并以碳素结构钢价格为基数 1，钢材为热轧圆钢（$\phi25 ~ 160\text{mm}$）；有色金属为圆材。球墨铸铁按市场价确定。

二、选材的步骤及具体方法

1. 零件材料选择的步骤

零件材料的合理选择通常是按照以下步骤进行的：

1）在分析零件的服役条件、形状尺寸与应力状态后，确定零件的技术条件。

2）通过分析或试验，结合同类零件失效分析的结果，找出零件在实际使用中的主要和次要的失效抗力指标，以此作为选材的依据。

3）根据力学计算，确定零件应具有的主要力学性能指标，通过比较选择合适材料。然后综合考虑所选材料是否满足失效抗力指标和工艺性的要求，以及在保证实现先进工艺和现代生产组织方面的可能性。

4）审核所选材料的生产经济性（包括热处理的生产成本等）。

5）试验、投产。

2. 零件选材的具体方法简介

零件选材的具体方法应视零件的品位和具体服役条件而定。如果是新设计的关键零件，通常先应进行必要的力学性能试验；如果是一般的常用零件（如轴类零件或齿轮等），可以参考同类型产品中零件的有关资料和国内外失效分析报告等来进行选材。在按力学性能选材时，其具体方法有以下三种类别：

（1）以综合力学性能为主进行选材　当零件工作时承受变动载荷与冲击载荷时，其失效形式主要是过量变形与疲劳断裂，要求材料具有较高的强度、疲劳强度、塑性与韧性，即要求有较好的综合力学性能。如截面上受均匀循环拉应力（或压应力）及多次冲击的零件（气缸螺栓、锻锤杆、锻模、液压泵柱塞、连杆等），要求整个截面淬透。选材时应综合考虑淬透性与尺寸效应。一般可采用调质或正火状态的碳钢；调质或渗碳合金钢；正火或等温淬火状态的球墨铸铁来制造。

近年来，发展了一些使材料强度、韧性同时提高的热处理方法，称为强韧化处理。如低碳钢淬火成低碳马氏体；高碳钢等温淬火形成下贝氏体；奥氏体晶粒超细化与碳化物超细化；采用复合组织（在淬火钢中与马氏体组织共存着一定数量的铁素体或残留奥氏体）以及形变热处理（是形变强化与淬火强化相结合）。如在珠光体转变中，采用等温形变淬火，不但提高强度，而且能使冲击韧性提高 10 ~ 30 倍。

（2）以疲劳强度为主进行选材　对传动轴及齿轮等零件，其整个截面上受力是不均匀的（如轴类零件表面承受弯曲、扭转应力最大，而齿轮齿根处承受很大弯曲应力），因此疲劳裂纹开始于受力最大的表层，尽管对这类零件同样有综合力学性能的要求，但主要是强度

（特别是弯曲疲劳强度），为了提高疲劳强度，应适当提高抗拉强度。在抗拉强度相同时，调质后的组织（回火索氏体）比退火、正火组织的塑性、韧性好，并对应力集中敏感性较小，因而具有较高的疲劳强度。

提高疲劳强度最有效的方法是进行表面处理，如选调质钢（或低淬透性钢）进行表面淬火；选渗碳钢进行渗碳淬火；选渗氮钢进行渗氮，以及对零件表面应力集中易产生疲劳裂纹的地方进行喷丸或滚压强化（图11-2）。这些方法除可提高表面硬度外，还可在零件表面造成残余压应力，可以部分抵消工作时产生的拉应力，从而提高疲劳强度。图11-3为渗碳后表面应力分布示意图。

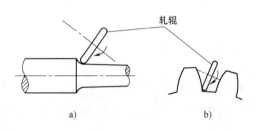

图 11-2　零件表面滚压示意图

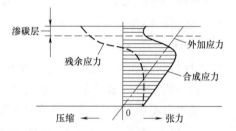

图 11-3　渗碳后表面应力分布

为了充分发挥不同化学热处理方法所获得的渗层的特点，发展了对工件施加两种以上的化学热处理或化学热处理配合其他热处理的工艺（称为复合热处理）。如 GCr15 轴承零件进行渗氮后再加以整体（淬透）淬火，可在 0.1mm 左右深度范围内，获得高达约 294MPa 的压应力，使轴承寿命提高。

（3）以磨损为主的选材　两零件摩擦时，磨损量与其接触应力、相对速度、润滑条件及摩擦副的材料有关。而材料的耐磨性是其抵抗磨损能力的指标，它主要与材料硬度、显微组织有关。根据零件工作条件的不同，其选材也有所不同。

1）在受力较小、摩擦较大的情况下，其主要失效形式是磨损，故要求材料具有高的耐磨性，如各种量具、钻套、顶尖、刀具、冷冲模等。在应力较低的情况下，材料硬度越高，耐磨性越好；硬度相同时，弥散分布的碳化物相越多，耐磨性越好。图 11-4 表示不同材料与硬度对耐磨性的影响。因此，在受力较小、摩擦较大的情况下，应选过共析钢进行淬火及低温回火，以获得高硬度的回火马氏体和碳化物，满足耐磨性要求。

2）同时受磨损与变动载荷、冲击载荷的零件，其失效形式主要是磨损、过量的变形与疲劳断裂，如传动齿轮、凸轮等。为了使心部获得一定的综合力学性能，且表面有高的耐磨性，应选适于表面热处理的钢材。如

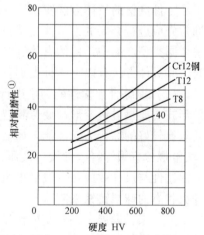

图 11-4　耐磨性与材料的关系

① 相对耐磨性是指该材料的磨损量的倒数与相同条件下铅磨损量倒数的比值

有些齿轮，传递功率大，耐磨性及精度要求高，但冲击小，接触应力也小，则可选用中碳合金钢渗氮处理。而对传递功率大，接触应力、摩擦磨损大，又在冲击载荷情况下工作的齿轮，应采用低碳合金钢渗碳处理。

表 11-9　常用表面强化处理的性能与效果

表面处理种类	表面层的状态				性能特点				变形开裂倾向	适用钢材及工作条件
	层深/mm	处理后表层变化	表层组织	表层应力情况	硬度HV	耐磨性	接触疲劳强度	弯曲疲劳强度		
渗碳淬火	中等 0.1~1.5	表面硬化,表层高残余压应力	M+K+A'	(-)(提高55%)	650~850	高	好	好(提高40%~120%)	较大变形 不易开裂	低碳钢 低碳合金钢 铁基粉末零件 重载荷零件
气体碳氮共渗	较浅 0.1~1.0	表面硬化,表层高残余压应力	$w_N=0.15\%$~0.5% M+K+A' ($w_C=0.7\%$~1.0%)	(-)	700~850	高	很好	很好	变形较小 不易开裂	低碳钢 中碳钢 低中碳合金钢 铁基粉末零件
渗氮	薄层 0.1~0.4	表面硬化,表层高残余压应力	$\varepsilon(\varepsilon+\gamma')\rightarrow\alpha+\gamma'$	(-)	800~1200	很高	好	好(提高15%~180%)	变形甚小 不易开裂	合金氮化钢 球墨铸铁
低温气体氮碳共渗	扩散层 0.3~0.4 碳氮化物层 5~20μm	表面碳氮化物层 内面氮扩散层		(-)(提高22%~32%)	500~800	较好	较好	较好	变形甚小 不易开裂	碳钢、铸铁、耐热钢 等 轻载荷高速滑动零件及冷作模具
感应淬火	0.8~50	表面硬化,表层高残余压应力	M+A'	(-)提高68%	600~850	高	好	好	较小	中碳钢或中碳合金钢、低淬透性钢、球墨铸铁
火焰淬火	1~12	表面硬化,表层高残余压应力	M+A'	(-)	600~800	高	好	好	较小	中碳钢或中碳合金钢
表面冷形变 表面滚压强化	0~0.5	表层加工硬化 表面粗糙度值变小,高残余压应力	位错密度增加	(-)	提高0~150	—	改善	较大提高	—	碳钢、合金钢零件
表面冷形变 喷丸强化	0~0.5	表层加工硬化,高残余压应力,有凹痕	位错密度增加	(-)	>300 时不升高	—	改善	较大提高	—	碳钢、合金钢、球墨铸铁零件
气相沉积 化学气相沉积(CVD)	10μm以下	表面硬化,光洁	TiC	—	2980~3800	极高	—	—	较小	碳钢、高速钢、硬质合金、冷作模具钢、硬质零件
气相沉积 物理气相沉积(PVD)	10μm以下	表面硬化,光洁	TiN	—	2400	极高	—	—	小	各种金属、非金属材料(装饰防腐镀层)

注: (-) 为残余压应力, M 马氏体, K 碳化物, A' 残留奥氏体。

如上所述，采用复合热处理同样也能取得令人满意的效果。例如中碳钢经氮碳共渗 + 高频感应淬火，因高频感应淬火加热时，共渗层的氮化物完全分解，使复合热处理后工件表层获得含氮的细马氏体，它不仅高于单一处理的表面硬度和疲劳强度，而且增加了硬化层深度。又如为了提高渗碳件耐磨性，可以采用渗碳淬火再加低温渗硫（180℃左右），使渗碳层表面形成一层 FeS 层，降低摩擦因数，提高了耐磨性。

表 11-9 列出了常用表面强化处理后的性能与效果，供选材与确定热处理方法时参考。

对于在高应力和大冲击载荷作用下的零件（如铁路道岔、坦克履带等），不但要求材料具有高的耐磨性，还要求有很好的韧性，此时可采用高锰钢经水韧处理来满足要求。

第三节　典型零件的选材实例分析

金属材料、高分子材料、陶瓷材料及复合材料是目前的主要工程材料，它们各有自己的特性，所以各有其合适的用途。高分子材料的强度、刚度（弹性模量）低，尺寸稳定性较差，易老化，因此在工程上，目前还不能用来制造承受载荷较大的结构零件。在机械工程中，常用来制造轻载传动齿轮、轴承、紧固件及各种密封件等。

陶瓷材料在室温下几乎没有塑性，外力作用下不产生塑性变形，而呈脆性断裂。因此，一般不用于制造重要的受力零件。但其化学稳定性很好，具有高的硬度和热硬性，故用于制造在高温下工作的零件、切削刀具和某些耐磨零件。由于其制造工艺较复杂、成本高，一般机械工程中应用还不普遍。

复合材料虽综合了多种不同材料的优良性能，如比强度、比模量高；抗疲劳、减摩、耐磨、减振性能好；且化学稳定性优异；故是一种很有发展前途的工程材料。但目前复合材料价格昂贵，在一般工业中应用受到限制。

金属材料具有极优良的综合力学性能和某些物理、化学性能，因此它被广泛地用于制造各种重要的机械零件和工程结构。目前仍是机械工程中最主要的结构材料。从应用情况来看，机械零件的用材主要是钢铁材料。下面介绍几种典型钢制零件的选材实例。

一、齿轮类零件的选材

1. 齿轮的工作条件、主要失效形式及对材料性能的要求

（1）齿轮的工作条件　机床、汽车、拖拉机以及其他工业机械用齿轮尽管很多，但其工作过程大致相似，只是受力程度有所不同。

1）齿轮工作时，通过齿面的接触传递动力，在啮合齿表面承受既有滚动又有滑动的高的接触压应力与强烈的摩擦。

2）传递动力时，其轮齿类似一根受力的悬臂梁，接触作用力在齿根处产生很大的力矩，使齿根部承受较高的弯曲应力。

3）换挡、起动或啮合不均匀时，将承受冲击载荷，也可能因短时间超载而发生断裂。

（2）齿轮的主要失效形式　根据齿轮的工作条件，在通常情况下其主要失效形式是断齿、齿面的剥落（麻点剥落、浅层剥落、深层剥落）及磨损等。

1）断齿。除因超载而产生脆性折断外，大多数情况下，断齿是由弯曲疲劳造成的。当零件（或材料）所承受的重复应力较高（接近或甚至可能超过材料的屈服强度）而频率较低（低于 10 次/min）时，其断裂前经受的循环次数较低（往往低于 10^5 次），被称为低周

疲劳。在产生低周疲劳过程中，每次循环都产生较大的塑性变形，因此是塑性变形占主导地位，故应选用塑性、韧性较好的材料。反之，当重复应力较低、频率较高时，断裂前经受的循环次数较高（可达 10^7 次），称为高周疲劳。在产生高周疲劳过程中，应变循环基本上局限在弹性范围内，因此是弹性变形占主导地位，故应选用强度较高的材料。

2）麻点剥落。这是齿轮最常见的损坏形式，大多发生在节圆附近，偏向齿根的区域比较密集，其他部位则较少。在表面热处理的硬齿面上，麻点剥落的形态表现为小点状，深度为几微米；而在正火、调质的软齿面上，则呈小的贝壳状或椭圆形凹坑，深度为几十或上百微米。这是接触疲劳破坏的典型形态，故又称为点蚀。

3）磨损。齿面磨损主要有两种情况：一种是摩擦磨损；另一种是磨粒磨损。摩擦磨损大多是由于高速重载齿轮运转时，因齿面摩擦产生大量的热，造成润滑油膜破坏，促使齿面软化，以致使齿面过度磨损。轻度的摩擦磨损称为擦伤。严重者称为胶合。磨粒磨损是由于外来硬质点进入相互啮合的齿面间，使齿面产生机械磨损。

（3）对齿轮材料性能的要求　根据上述的齿轮工作条件、失效形式，要求齿轮材料具备以下主要性能：

1）具有高的接触疲劳抗力，使齿面在受到接触应力后不致发生麻点剥落。通过提高齿面硬度，特别是采用渗碳、碳氮共渗、渗氮等，可大幅度提高齿面抗麻点剥落的能力。反之，齿面脱碳，硬化层存有非马氏体组织或者存有易引起应力集中的网状碳化物或大块碳化物，都可能降低齿面的抗麻点剥落能力。

2）应有高的弯曲疲劳强度，特别是齿根处要有足够的强度，使运行时所产生的弯曲应力不致造成疲劳断裂。

为防止高周疲劳断裂，可采用下列措施提高齿部的弯曲疲劳强度（以渗碳钢为例）：①渗碳层组织中不存在珠光体、贝氏体以及网状渗碳体；②渗碳层中存在尽可能大的压应力，为此要采用含碳量低的渗碳钢（实践表明，心部含碳量较低时，表面残余压应力较大）；③采用喷丸处理，可有效地提高渗碳层的表面压应力。当齿轮承受较大的冲击载荷时，其材料可采用含镍的渗碳钢。

为防止低周疲劳断裂，应通过回火温度来控制渗碳层硬度（例如淬火后渗碳层的硬度大于58HRC，回火硬度要低于55HRC），且渗碳层组织中应保持一定的残留奥氏体量。也可用含镍的合金渗碳钢。

2. 齿轮选材的具体实例

（1）机床齿轮选材　机床中齿轮的工作条件和矿山机械、动力机械中的齿轮相比，其运转较平稳、载荷较小，是属工作条件较好的齿轮。

机床齿轮的选材主要是由齿轮的具体工作条件（如工作时的圆周速度、载荷性质与大小以及精度要求等）来确定的，见表11-10。

由表中可知，机床齿轮常用的材料有中碳钢或中碳合金结构钢和低碳低合金结构钢（渗碳钢）两类。中碳钢或中碳合金结构钢中，最常用的材料是45钢和40Cr钢。一般45钢用于中小载荷齿轮，如主轴箱齿轮、溜板箱齿轮等，经高频感应淬火及低温回火后，硬度值可达52～58HRC；40Cr钢用作中等载荷齿轮，如铣床工作台变速箱齿轮等，经高频感应淬火及低温回火后，硬度为52～58HRC。合金结构钢中如20Cr、20CrMnTi、20Mn2B、12CrNi3等渗碳用钢，一般用作承受高速、高载荷和有冲击作用的齿轮。

表 11-10　齿轮的工作条件、材料选用与热处理技术要求举例

精度	圆周速度	压力/MPa	冲击	常用钢种	热处理技术要求举例	应用范围举例	工作面最终加工方法
6	高速 10~15m/s	<7	大	20CrMnTi、12CrNi3	20CrMnTi-531-01,58HRC	1. 精密机床主轴传动齿轮 2. 精密齿轮机床传动链的最后一对齿轮 3. 变速箱的高速齿轮 4. 齿轮泵齿轮	热处理后进行精磨
			中	20CrMnTi、12CrNi3	20CrMnTi-531-01,58HRC		
			微	20CrMnTi、20Cr、20Mn2B	20Cr-531-01,58HRC		
		<4	大	20CrMnTi	20CrMnTi-531-01,58HRC		
			中	20CrMnTi、20Cr	20Cr-531-01,58HRC		
			微	40Cr、20CrMnTi 38CrMoAl、35CrMo 20Cr	35CrMo-531-01,600HV 40Cr-521-04,52HRC 40Cr-533-01, 层深0.012mm,500HV		
7	中速 6~10m/s	<10	大	20CrMnTi、20Cr	20CrMnTi-531-01,58HRC	1. 普通机床的变速箱齿轮 2. 切齿机床、铣床、螺纹机床的分度机构变速齿轮	热处理后进行滚配研磨等光整加工
			中	20Cr、40Cr	20Cr-531-01,58HRC		
			微	40Cr	40Cr-521-04,52HRC		
		<7	大	20Cr	20Cr-531-01,58HRC	调速机构的变速齿轮	
			中	20Cr、45 40Cr、35CrMo	40Cr-521-04,52HRC 40Cr-533-01,500HV		
			微	45	45-521-04,52HRC 45-533-01,层深0.012mm, 480HV		
		<4	大	40Cr、35CrMo	40Cr-521-04,48HRC		
			中	45、45Cr	40Cr-533-01, 500HV 45-521-04,48HRC 45-533-01,层深0.012mm, 480HV		
			微	45	45-521-04,48HRC 45-533-01,层深0.012mm, 480HV		
8	低速 1~6m/s	<10	大	40Cr、20Cr	40Cr-521-04,48HRC		插齿跑合等,不进行专门光整加工
			中	45	45-521-04,42HRC		
			微	45	45-521-04,42HRC		
		<7	大	20Cr、45	45-521-04,42HRC	一切低速不重要齿轮,包括分度运动的所有齿轮,大型、重型、中型机床,如车床、牛头刨床、磨床的大部分齿轮,一般大模数、大尺寸的齿轮。其中碳氮共渗用于中小模数齿轮	插齿跑合等,不进行专门光整加工
			中	45 40Cr	40Cr-515,235HBW 40Cr-533-01,500HV		
			微	45	45-521-04,42HRC 45-533-01,480HV		
		<4	大	40Cr、45 50Mn2	40Cr-515,235HBW 40Cr-533-01,500HV		
			中	45、50Mn2	45-515,235HBW 45-533-01,480HV		
			微	45	45-512 45-533-01,480HV		

机床齿轮根据所选材料和力学性能要求的不同，其热处理方法及热处理工序位置也会有所不同（表11-10）。

对中碳钢或中碳合金结构钢齿轮常采用的加工工艺路线为：

下料→锻造→正火→机械粗加工→调质→机械精加工→高频感应淬火 + 低温回火（或渗氮）→精磨。

（2）汽车、拖拉机齿轮选材　汽车、拖拉机（或坦克）齿轮主要分装在变速箱和差速器中。在变速箱中，通过它来改变发动机、曲轴和主轴齿轮的转速；在差速器中，通过齿轮来增加转矩，且调节左右两车轮的转速，并将发动机动力传给主动轮，推动汽车、拖拉机运行，所以传递功率、冲击力及摩擦压力都很大，工作条件比机床齿轮繁重得多。因此，耐磨性、疲劳强度、心部强度和冲击韧性等方面都有

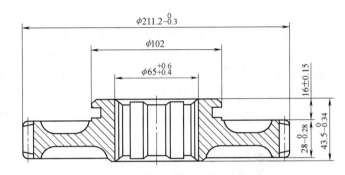

图11-5　解放牌汽车一速齿轮简图

更高的要求。实践证明，选渗碳用钢经渗碳（或碳氮共渗）、淬火及低温回火后使用最为合适。现以解放牌载货汽车变速器一速齿轮（图11-5）为例，分析其选材及热处理。

该齿轮担负将发动机动力传递到后轮及倒车的作用，它工作时承载、磨损、冲击均较大。因此要求齿轮表面有较高的耐磨性与疲劳强度；心部则要求较高的强度及韧性。根据计算与试验，心部要求强度 $\sigma_b > 1000\text{MPa}$，$A_K > 48\text{J}$。显然需选渗碳用钢。在渗碳钢中，15、20Cr 这类低淬透性钢心部强度达不到要求（参阅表7-5）。而 20CrMnTi 钢淬透性较好，经渗碳淬火后 σ_b 达1100MPa，$A_K > 48\text{J}$，它的热处理工艺性也好，不易过热，可直接淬火，变形较小。由于是低碳低合金钢，可锻性良好。锻后正火硬度为 180 ~ 207HBW，可加工性也较好。

渗碳技术条件为：表层 $w_C = 0.8\% \sim 1.05\%$，渗碳层深度为 0.8 ~ 1.3mm，齿面硬度为 58 ~ 62HRC，心部硬度为 33 ~ 48HRC。

由于该齿轮属于大批量生产，并考虑其形状结构特点，应该采用模锻件以提高生产率，节约金属材料，并可使纤维分布较为合理，以提高其力学性能。

该齿轮的加工工艺路线：

下料→锻造→正火→机械粗加工、半精加工（内孔及端面留磨量）→渗碳（孔防渗）淬火、低温回火→喷丸→校正花键孔→珩（或磨）齿。

对于工作条件十分繁重的大模数齿轮（特别是坦克传动齿轮），可选用 18Cr2Ni4WA 渗碳用钢，通过渗碳淬火、低温回火，其强度、塑性、韧性可达到很好的配合。

二、机床主轴的选材

1. 机床主轴的工作条件及技术要求

（1）承受摩擦与磨损　机床主轴的某些部位承受着不同程度的摩擦，特别是轴颈部分，故应具有较高的硬度以增加耐磨性。轴颈的磨损程度决定于与其相配合的轴承类别。在与滚动轴承相配合时，因摩擦已转移给滚珠与套圈，轴颈与轴承不发生摩擦，故轴颈部位没有耐

磨要求，硬度一般为220~250HBW即可。但有时为保证装配工艺性和装配精度，对精度高的轴颈，其硬度可提高到40~50HRC。在与滑动轴承配合中，轴颈和轴瓦直接摩擦，所以耐磨性要求较高；转速较高且轴瓦材质较硬时，耐磨性要求亦随之提高，轴颈表面硬度也应越高。如与锡青铜轴承配合的主轴轴颈硬度不得低于300~400HBW；对于高精度机床主轴（如镗床主轴），由于少量磨损就会导致精度下降，常采用与淬火钢质滑动轴承配合，故主轴轴颈必须具有更高的硬度与耐磨性，常选渗氮用钢作为主轴材料，并进行渗氮处理。

对有些带内锥孔或外锥体的主轴，工作时和配合件并无相对滑动摩擦，但配件装拆频繁，如铣床主轴上需经常调换刀具；磨床头尾架主轴上需调换顶尖和卡盘等，装拆过程中为防止这些部位的表面划伤及磨损而影响与配件的配合精度，要求有足够的耐磨性。一般机床主轴上该部位的硬度应在45HRC以上；高精度机床应提高到56HRC以上。

（2）工作时承受多种载荷　机床主轴在高速运转时要受到各种载荷的作用，如弯曲、扭转、冲击等，故要求主轴具有抵抗各种载荷的能力。当弯曲载荷较大、转速又很高时，主轴还承受着很高的交变应力，因此要求主轴具有较高的疲劳强度。

2. 主轴选材的具体实例

主轴材料与热处理的选择，主要应根据其工作条件及技术要求来决定。当主轴承受一般载荷、转速不高、冲击与变动载荷较小时，可选用中碳钢经调质或正火处理。要求高一些的，可选合金调质钢进行调质处理。对于表面要求耐磨的部位，在调质后尚需进行表面淬火。当主轴承受重载荷、高转速、冲击与变动载荷很大时，应选用合金渗碳钢进行渗碳淬火。

现以C616车床主轴（图11-6）为例，分析其选材与热处理方法。

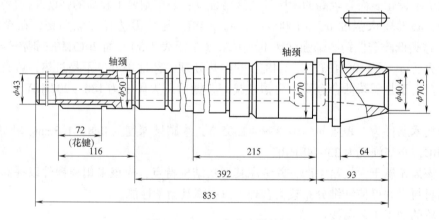

图11-6　C616车床主轴简图

该主轴承受交变弯曲应力与扭转应力，但由于承受的载荷与转速均不高，冲击作用也不大，故材料具有一般的综合力学性能即可。但在主轴大端的内锥孔和外锥体，因经常与卡盘、顶尖有相对摩擦；花键部位与齿轮有相对滑动，故这些部位要求较高的硬度与耐磨性。该主轴在滚动轴承中运转，轴颈硬度为220~250HBW。

根据上述工作条件分析，该主轴可选45钢。热处理技术条件为：整体调质，硬度220~250HBW；内锥孔与外锥体淬火，硬度45~50HRC；花键部位高频感应淬火，硬度48~53HRC。

45钢虽属于淬透性较差的钢种，但由于主轴工作时最大应力分布在表层，同时主轴设计时，往往因刚度与结构的需要已加大了轴径，强度安全系数较高。又因在粗车后，轴的形状较简单，在调质淬火时一般不会有开裂的危险。因此，不必选用合金调质钢，而可采用价廉、可锻性与可加工性皆好的 45 钢。

由于主轴上阶梯较多，直径相差较大，宜选锻件毛坯。材料经锻造后粗略成形，可以节约原材料和减少加工工时，并可使主轴的纤维组织分布合理和提高力学性能。

内锥孔与外锥体用快速加热并水淬，外锥体键槽不淬硬，要注意保护。花键采用高频感应淬火以减少变形并达到表面淬硬的目的。由于轴较长，且锥孔与外锥体对两轴颈的同轴度要求较高，故锥部淬火应与花键淬火分开进行，以减少淬火变形。随后用粗磨纠正淬火变形，然后再进行花键的加工与淬火，其变形可用最后精磨予以消除。

C616 车床主轴的加工工艺路线为：

下料→锻造→正火→机械粗加工→调质→机械半精加工（除花键外）→局部淬火、回火（锥孔及外锥体）→粗磨（外圆、外锥体及锥孔）→铣花键→花键高频感应淬火、回火→精磨（外圆、外锥体及锥孔）。

三、手用丝锥的选材

1. 手用丝锥的工作条件及失效形式

手用丝锥是加工金属零件内孔螺纹的刃具。因它用手动攻螺纹，受力较小，切削速度很低。它的主要失效形式是磨损及扭断。因此，手用丝锥对力学性能的主要要求是：齿刃部应有高硬度与高耐磨性以抵抗磨损；而心部及柄部要有足够强度与韧性以抵抗扭断。

手用丝锥热处理技术条件为：齿刃部硬度 59~63HRC，心部及柄部硬度 30~45HRC。

2. 手用丝锥选材举例

根据上述分析，手用丝锥材料的含碳量应较高，使淬火后获得高硬度，并形成较多的碳化物以提高耐磨性。由于手用丝锥对热硬性、淬透性要求较低，受力很小，故可选用 $w_C =$ 1.0%~1.2% 的碳素工具钢。再考虑到需要提高丝锥的韧性及减小淬火时开裂的倾向，应选硫、磷杂质极少的高级优质碳素工具钢，常用 T12A（或 T10A）钢。它除能满足上述要求外，其过热倾向也较 T8 钢为小。

为了使丝锥齿刃部具有高的硬度，而心部有足够韧性，并使淬火变形尽可能减小（因螺纹齿刃部以后不再磨削），以及考虑到齿刃部很薄，故可采用等温淬火或分级淬火。

采用碳素工具钢制造手用丝锥，原材料成本低，冷、热加工容易，并可节约较贵重的合金钢，因此使用广泛。目前，有的工厂为进一步提高手用丝锥寿命与抗扭断能力，采用 GCr9 钢来制造手用丝锥，也取得较好的经济效益。

T12 钢的 M12 手用丝锥的加工工艺路线为：

下料→球化退火（当轧材原始组织球化不良时才采用)→机械加工（大量生产时，常用滚压方法加工螺纹）→淬火、低温回火→柄部回火（浸入 600℃ 硝盐炉中快速回火）→防锈处理（发蓝）。

淬火冷却时，采用硝盐浴中等温冷却，其淬火冷却曲线如图 11-7 所示。淬火后，丝锥表层组织（2~

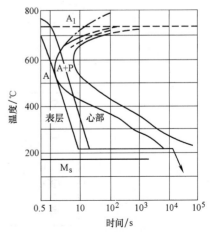

图 11-7 T12A 钢丝锥淬火时
冷却曲线（示意图）

3mm）为贝氏体＋马氏体＋渗碳体＋残留奥氏体，硬度大于60HRC，具有高的耐磨性；心部组织为托氏体＋贝氏体＋马氏体＋渗碳体＋残留奥氏体，硬度为30～45HRC，具有足够的韧性。丝锥等温淬火后，变形量一般在允许范围以内。

四、冷作模具的选材

冷作模具工作条件与失效形式见表11-1。选择材料时，应考虑冲制件的材料、形状、尺寸及生产批量等因素。表11-11是各种冷作模具推荐选择的材料。

现以落料凹模（图11-8）为例，分析其选材、热处理及其在加工路线中的位置。

表 11-11 冷作模具钢选用举例

冲模种类	牌　号			备　注
	简单(轻载)	复杂(轻载)	重载	
硅钢片冲模	Cr12、Cr12MoV	Cr12、Cr12MoV	—	因加工批量大,要求寿命较长,故均采用高合金钢
冲孔落料模	T10A、9Mn2V	9Mn2V、Cr12MoV、CrWMn	Cr12MoV	
压弯模	T10A、9Mn2V	—	Cr12、Cr12MoV	
拔丝模	T10A、9Mn2V	—	Cr12、Cr12MoV	
冷挤压模	T10A、9Mn2V	9Mn2V、Cr12MoV	Cr12MoV	要求热硬性时还可选用W18Cr4V、W6Mo5Cr4V2
小冲头	T10A、9Mn2V	Cr12MoV	W18Cr4V、W6Mo5Cr4V2	冷挤压钢件、硬铝冲头还可选用超硬高速钢
冷镦(螺钉、螺母)模、冷镦(轴承、钢球)模	T10A、9Mn2V	—	Cr12MoV、Cr12MoV、W18Cr4V、Cr4W2MoV 基体钢	

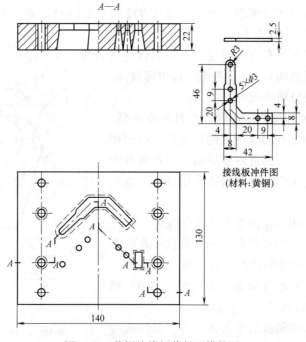

图 11-8 黄铜接线板落料凹模简图

该凹模为冲裁黄铜制的接线板，冲制件厚度小、抗剪强度低，故凹模所受载荷较轻。但凹模如在淬火时变形超差，则无法用磨削法修正，同时凹模内腔较复杂，且有螺纹孔、销孔，壁厚也不均匀。如选碳素工具钢，淬火变形开裂倾向较大，则可选 CrWMn 钢或 9Mn2V 钢（表 11-11）。淬火、回火后硬度为 58~60HRC。

接线板落料凹模的加工工艺路线为：

下料→锻造→球化退火→机械加工→去应力退火→淬火、低温回火→磨模面。

为了使淬火变形尽可能减小，其最终热处理应采用分级淬火，凹模的热处理工艺如图 11-9 所示。

热处理前，安排去应力退火是为了消除淬火前凹模内存在的残余应力，使淬火后变形减小。淬火时采用分级淬火，凹模淬入温度稍低于 M_s 点的热浴中（硝盐或油），保温一段时间，使一部分过冷奥氏体转变为马氏

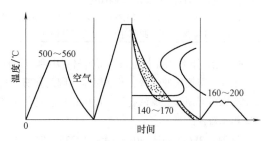

图 11-9　CrWMn 钢凹模热处理工艺曲线

体，并在随后保温时转变为回火马氏体。这样，不仅消除凹模内外温差引起的热应力，也消除了部分过冷奥氏体转变为马氏体所产生的相变应力。在随后空冷中，由于截面上同时形成马氏体，且数量有所减少，故引起的相变应力也较小，而使凹模不致开裂。同时，由于淬火后有较多的残留奥氏体，可部分抵消淬火时，由于形成马氏体所引起的体积膨胀，因而使凹模变形较小。淬火、低温回火后，凹模硬度可达 58~60HRC。

此外，凹模在锻造后采用球化退火；淬火加热时在 600~650℃ 预热（消除热应力与切削加工应力）；将销孔、螺孔用耐火泥堵住；这些措施都有利于减少凹模淬火时变形与开裂的倾向。

习题与思考题

1. 零件的常见失效形式有哪几种？它们要求材料的主要性能指标分别是什么？

2. 分析说明如何根据机械零件的服役条件选择零件用钢的含碳量及组织状态？

3. 汽车、拖拉机变速器齿轮多半是渗碳用钢来制造，而机床变速箱齿轮又多采用调质用钢制造，原因何在？

4. 某工厂用 T10 钢制造的钻头对一批铸件进行钻 $\phi10mm$ 深孔，在正常切削条件下，钻几个孔后钻头很快磨损。据检验钻头材料、热处理工艺、金相组织及硬度均合格。试问失效原因，并提出解决办法。

5. 生产中某些机器零件常选用工具钢制造。试举例说明哪些机器零件选用工具钢制造，将可得到满意的效果，并分析其原因。

6. 确定下列工具的材料及最终热处理：

1）M6 手用丝锥　2）$\phi10mm$ 麻花钻头

7. 切削工具中的铣刀、钻头，由于需重磨刃口并保证高硬度，因而要求淬透层深；而板牙、丝锥一般不需要重磨刃口，但要防止螺距变形，所以要求淬透层浅。试问在选材和热处理方法上如何予以保证。

8. 下列零件应采用何种铝合金制造：

1）飞机用铆钉　2）飞机翼梁　3）发动机气缸、活塞　4）小电机壳体

9. 指出下列工件在选材与制定热处理技术条件中的错误，并说明其理由及改正意见。

工件及要求	材　料	热处理技术条件
表面耐磨的凸轮	45 钢	淬火、回火 60 ~ 63HRC
直径 30mm,要求良好综合力学性能的传动轴	40Cr	调质 40 ~ 45HRC
弹簧(丝径 φ15mm)	45 钢	淬火、回火 55 ~ 60HRC
板牙(M12)	9SiCr	淬火、回火 50 ~ 55HRC
转速低、表面耐磨性及心部强度要求不高的齿轮	45 钢	渗碳淬火 58 ~ 62HRC
钳工凿子	T12A	淬火、回火 60 ~ 62HRC
传动轴(直径 100mm,心部 σ_b > 500MPa)	45 钢	调质 220 ~ 250HBW
直径 70mm 的拉杆,要求截面上性能均匀,心部 σ_b > 900MPa	40Cr	调质 200 ~ 230HBW
直径 5mm 的塞规,用于大批量生产,检验零件内孔	T7 或 T8	淬火、回火 62 ~ 64HRC

10. 指出下列工件各应采用所给材料中哪一种材料? 并选定其热处理方法。

工件:车辆缓冲弹簧、发动机排气阀门弹簧、自来水管弯头、机床床身、发动机连杆螺栓、机用大钻头、车床尾架顶针、螺钉旋具、镗床镗杆、自行车车架、车床丝杠螺母、电风扇机壳、普通机床地脚螺栓、高速粗车铸铁的车刀。

材料:38CrMoAl、40Cr、45、Q235、T7、T10、50CrVA、Q345、W18Cr4V、KTH300-06、60Si2Mn、ZL102、ZCuSn10P1、YG15、HT200。

11. C616 车床尾架 (见图 11-10) 主要零件的选材与热处理。

(1) 工作原理　尾架的功用主要是靠顶尖 1 与车床主轴一起共同对工件进行中心定位以便加工。为了适应不同长度工件的加工,要求顶尖能作轴向移动。顶尖 1 装在套筒 2 中,套筒用螺钉与螺母 4 固定。当转动固定在手轮 6 上的手柄 7 时,通过平键 8 使螺杆 5 旋转,带动套筒及装在其上的顶尖随同螺母在尾架体 10 的孔中移动,滑键 9 限制套筒只能作轴向移动。当顶尖移动到所需的位置时,再转动手柄 3 将套筒锁紧。

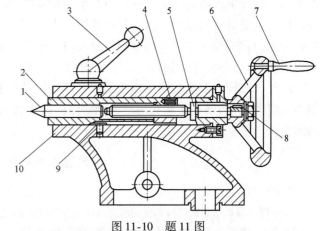

图 11-10　题 11 图

1—顶尖　2—套筒　3、7—手柄　4—螺钉与螺母　5—螺杆
6—手轮　8—平键　9—滑键　10—尾架体

(2) 主要零件的工作条件

1) 顶尖。顶尖尖部与工件顶尖孔有强烈摩擦,但冲击力不大;顶尖尾部与套筒配合精度很高,并需经常装卸。要求硬度 57 ~ 62HRC。

2) 套筒。在其内孔安装顶尖尾部,配合精度很高,并经常因装卸顶尖而产生摩擦,要求硬度 45 ~ 48HRC;外圆及槽部也有一定的摩擦。

3) 尾架体。承受切削力。

4) 螺杆与螺母。受较大轴向力,并有相互摩擦。

5) 滑键。与套筒槽相对滑动,有摩擦。

6) 平键、手柄、手轮。承受一般应力。

(3) 作业要求　选择上述零件的材料与制定热处理技术条件,并说明理由;安排顶尖、套筒、螺杆、尾架体的加工工艺路线,并说明其中热处理工序的作用。

附　　录

附录A　平均布氏硬度值计算表

球直径 D/mm				试验力-压头球直径平方的比率 0.102 × F/D²					
				30	15	10	5	2.5	1
				试验力 F/N					
10				29420	14710	9807	4903	2452	980.7
	5			7355	—	2452	1226	612.9	245.2
		2.5		1839	—	612.9	306.5	153.2	61.29
			1	294.2	—	98.07	49.03	24.52	9.807
压痕平均直径 d/mm				布氏硬度　HBW					
2.40	1.20	0.600	0.240	653	327	218	109	54.5	21.8
2.42	1.21	0.605	0.242	643	321	214	107	53.5	21.4
2.44	1.22	0.610	0.244	632	316	211	105	52.7	21.1
2.46	1.23	0.615	0.246	621	311	207	104	51.8	20.7
2.48	1.24	0.620	0.248	611	306	204	102	50.9	20.4
2.50	1.25	0.625	0.250	601	301	200	100	50.1	20.0
2.52	1.26	0.630	0.252	592	296	197	98.6	49.3	19.7
2.54	1.27	0.635	0.254	582	291	194	97.1	48.5	19.4
2.56	1.28	0.640	0.256	573	287	191	95.5	47.8	19.1
2.58	1.29	0.645	0.258	564	282	188	94.0	47.0	18.8
2.60	1.30	0.650	0.260	555	278	185	92.6	46.3	18.5
2.62	1.31	0.655	0.262	547	273	182	91.1	45.6	18.2
2.64	1.32	0.660	0.264	538	269	179	89.7	44.9	17.9
2.66	1.33	0.665	0.266	530	265	177	88.4	44.2	17.7
2.68	1.34	0.670	0.268	522	261	174	87.0	43.5	17.4
2.70	1.35	0.675	0.270	514	257	171	85.7	42.9	17.1
2.72	1.36	0.680	0.272	507	253	169	84.4	42.2	16.9
2.74	1.37	0.685	0.274	499	250	166	83.2	41.6	16.6
2.76	1.38	0.690	0.276	492	246	164	81.9	41.0	16.4
2.78	1.39	0.695	0.278	485	242	162	80.8	40.4	16.2
2.80	1.40	0.700	0.280	477	239	159	79.6	39.8	15.9
2.82	1.41	0.705	0.282	471	235	157	78.4	39.2	15.7
2.84	1.42	0.710	0.284	464	232	155	77.3	38.7	15.5
2.86	1.43	0.715	0.286	457	229	152	76.2	38.1	15.2

（续）

球直径 D/mm				试验力-压头球直径平方的比率　$0.102 \times F/D^2$					
				30	15	10	5	2.5	1
				试验力 F/N					
10				29420	14710	9807	4903	2452	980.7
	5			7355	—	2452	1226	612.9	245.2
		2.5		1839	—	612.9	306.5	153.2	61.29
			1	294.2	—	98.07	49.03	24.52	9.807
压痕平均直径 d/mm				布氏硬度　HBW					
2.88	1.44	0.720	0.288	451	225	150	75.1	37.6	15.0
2.90	1.45	0.725	0.290	444	222	148	74.1	37.0	14.8
2.92	1.46	0.730	0.292	438	219	146	73.0	36.5	14.6
2.94	1.47	0.735	0.294	432	216	144	72.0	36.0	14.4
2.96	1.48	0.740	0.296	426	213	142	71.0	35.5	14.2
2.98	1.49	0.745	0.298	420	210	140	70.1	35.0	14.0
3.00	1.50	0.750	0.300	415	207	138	69.1	34.6	13.8
3.02	1.51	0.755	0.302	409	205	136	68.2	34.1	13.6
3.04	1.52	0.760	0.304	404	202	135	67.3	33.6	13.5
3.06	1.53	0.765	0.306	398	199	133	66.4	33.2	13.3
3.08	1.54	0.770	0.308	393	196	131	65.5	32.7	13.1
3.10	1.55	0.775	0.310	388	194	129	64.6	32.3	12.9
3.12	1.56	0.780	0.312	383	191	128	63.8	31.9	12.8
3.14	1.57	0.785	0.314	378	189	126	62.9	31.5	12.6
3.16	1.58	0.790	0.316	373	186	124	62.1	31.1	12.4
3.18	1.59	0.795	0.318	368	184	123	61.3	30.7	12.3
3.20	1.60	0.800	0.320	363	182	121	60.5	30.3	12.1
3.22	1.61	0.805	0.322	359	179	120	59.8	29.9	12.0
3.24	1.62	0.810	0.324	354	177	118	59.0	29.5	11.8
3.26	1.63	0.815	0.326	350	175	117	58.3	29.1	11.7
3.28	1.64	0.820	0.328	345	173	115	57.5	28.8	11.5
3.30	1.65	0.825	0.330	341	170	114	56.8	28.4	11.4
3.32	1.66	0.830	0.332	337	168	112	56.1	28.1	11.2
3.34	1.67	0.835	0.334	333	166	111	55.4	27.7	11.1
3.36	1.68	0.840	0.336	329	164	110	54.8	27.4	11.0
3.38	1.69	0.845	0.338	325	162	108	54.1	27.0	10.8
3.40	1.70	0.850	0.340	321	160	107	53.4	26.7	10.7
3.42	1.71	0.855	0.342	317	158	106	52.8	26.4	10.6

（续）

球直径 D/mm				试验力-压头球直径平方的比率　0.102 × F/D²					
				30	15	10	5	2.5	1
				试验力 F/N					
10				29420	14710	9807	4903	2452	980.7
	5			7355	—	2452	1226	612.9	245.2
		2.5		1839	—	612.9	306.5	153.2	61.29
			1	294.2	—	98.07	49.03	24.52	9.807
压痕平均直径 d/mm				布氏硬度　　HBW					
3.44	1.72	0.860	0.344	313	156	104	52.2	26.1	10.4
3.46	1.73	0.865	0.346	309	155	103	51.5	25.8	10.3
3.48	1.74	0.870	0.348	306	153	102	50.9	25.5	10.2
3.50	1.75	0.875	0.350	302	151	101	50.3	25.2	10.1
3.52	1.76	0.880	0.352	298	149	99.5	49.7	24.9	10.0
3.54	1.77	0.885	0.354	295	147	98.3	49.2	24.6	9.83
3.56	1.78	0.890	0.356	292	146	97.2	48.6	24.3	9.72
3.58	1.79	0.895	0.358	288	144	96.1	48.0	24.0	9.61
3.60	1.80	0.900	0.360	285	142	95.0	47.5	23.7	9.50
3.62	1.81	0.905	0.362	282	141	93.9	46.9	23.5	9.39
3.64	1.82	0.910	0.364	278	139	92.8	46.4	23.2	9.28
3.66	1.83	0.915	0.366	275	138	91.8	45.9	22.9	9.18
3.68	1.84	0.920	0.368	272	136	90.7	45.4	22.7	9.07
3.70	1.85	0.925	0.370	269	135	89.7	44.9	22.4	8.97
3.72	1.86	0.930	0.372	266	133	88.7	44.4	22.2	8.87
3.74	1.87	0.935	0.374	263	132	87.7	43.9	21.9	8.77
3.76	1.88	0.940	0.376	260	130	86.8	43.4	21.7	8.68
3.78	1.89	0.945	0.378	257	129	85.8	42.9	21.5	8.58
3.80	1.90	0.950	0.380	255	127	84.9	42.4	21.2	8.49
3.82	1.91	0.955	0.382	252	126	83.9	42.0	21.0	8.39
3.84	1.92	0.960	0.384	249	125	83.0	41.5	20.8	8.30
3.86	1.93	0.965	0.386	246	123	82.1	41.1	20.5	8.21
3.88	1.94	0.970	0.388	244	122	81.3	40.6	20.3	8.13
3.90	1.95	0.975	0.390	241	121	80.4	40.2	20.1	8.04
3.92	1.96	0.980	0.392	239	119	79.5	39.8	19.9	7.95
3.94	1.97	0.985	0.394	236	118	78.7	39.4	19.7	7.87
3.96	1.98	0.990	0.396	234	117	77.9	38.9	19.5	7.79
3.98	1.99	0.995	0.398	231	116	77.1	38.5	19.3	7.71

（续）

球直径 D/mm				试验力-压头球直径平方的比率 $\quad 0.102 \times F/D^2$					
				30	15	10	5	2.5	1
				试验力 F/N					
10				29420	14710	9807	4903	2452	980.7
	5			7355	—	2452	1226	612.9	245.2
		2.5		1839	—	612.9	306.5	153.2	61.29
			1	294.2	—	98.07	49.03	24.52	9.807
压痕平均直径 d/mm				布氏硬度　HBW					
4.00	2.00	1.000	0.400	229	114	76.3	38.1	19.1	7.63
4.02	2.01	1.005	0.402	226	113	75.5	37.7	18.9	7.55
4.04	2.02	1.010	0.404	224	112	74.7	37.3	18.7	7.47
4.06	2.03	1.015	0.406	222	111	73.9	37.0	18.5	7.39
4.08	2.04	1.020	0.408	219	110	73.2	36.6	18.3	7.32
4.10	2.05	1.025	0.410	217	109	72.4	36.2	18.1	7.24
4.12	2.06	1.030	0.412	215	108	71.7	35.8	17.0	7.10
4.14	2.07	1.035	0.414	213	106	71.0	35.5	17.7	7.10
4.16	2.08	1.040	0.416	211	105	70.2	35.1	17.6	7.02
4.18	2.09	1.045	0.418	209	104	69.5	34.8	17.4	6.95
4.20	2.10	1.050	0.420	207	103	68.8	34.4	17.2	6.88
4.22	2.11	1.055	0.422	204	102	68.2	34.1	17.0	6.82
4.24	2.12	1.060	0.424	202	101	67.5	33.7	16.9	6.75
4.26	2.13	1.065	0.426	200	100	66.8	33.4	16.7	6.68
4.28	2.14	1.070	0.428	198	99.2	66.2	33.1	16.5	6.62
4.30	2.15	1.075	0.430	197	98.3	65.5	32.8	16.4	6.55
4.32	2.16	1.080	0.432	195	97.3	64.9	32.4	16.2	6.49
4.34	2.17	1.085	0.434	193	96.4	64.2	32.1	16.1	6.42
4.36	2.18	1.090	0.436	191	95.4	63.6	31.8	15.9	6.36
4.38	2.19	1.095	0.438	189	94.5	63.0	31.5	15.8	6.30
4.40	2.20	1.100	0.440	187	93.6	62.4	31.2	15.6	6.24
4.42	2.21	1.105	0.442	185	92.7	61.8	30.9	15.5	6.18
4.44	2.22	1.110	0.444	184	91.8	61.2	30.6	15.3	6.12
4.46	2.23	1.115	0.446	182	91.0	60.6	30.3	15.2	6.06
4.48	2.24	1.120	0.448	180	90.1	60.1	30.0	15.0	6.01
4.50	2.25	1.125	0.450	179	89.3	59.5	29.8	14.9	5.95
4.52	2.26	1.130	0.452	177	88.4	59.0	29.5	14.7	5.90
4.54	2.27	1.135	0.454	175	87.6	58.4	29.2	14.6	5.84

（续）

球直径 D/mm				试验力-压头球直径平方的比率 0.102 × F/D²					
				30	15	10	5	2.5	1
				试验力 F/N					
10				29420	14710	9807	4903	2452	980.7
	5			7355	—	2452	1226	612.9	245.2
		2.5		1839	—	612.9	306.5	153.2	61.29
			1	294.2	—	98.07	49.03	24.52	9.807
压痕平均直径 d/mm				布氏硬度　HBW					
4.56	2.28	1.140	0.456	174	86.8	57.9	28.9	14.5	5.79
4.58	2.29	1.145	0.458	172	86.0	57.3	28.7	14.3	5.73
4.60	2.30	1.150	0.460	170	85.2	56.8	28.4	14.2	5.68
4.62	2.31	1.155	0.462	169	84.4	56.3	28.1	14.1	5.63
4.64	2.32	1.160	0.464	167	83.6	55.8	27.9	13.9	5.58
4.66	2.33	1.165	0.466	166	82.9	55.3	27.6	13.8	5.53
4.68	2.34	1.170	0.468	164	82.1	54.8	27.4	13.7	5.48
4.70	2.35	1.175	0.470	163	81.4	54.3	27.1	13.6	5.43
4.72	2.36	1.180	0.472	161	80.7	53.8	26.9	13.4	5.38
4.74	2.37	1.185	0.474	160	79.9	53.3	26.6	13.3	5.33
4.76	2.38	1.190	0.476	158	79.2	52.8	26.4	13.2	5.28
4.78	2.39	1.195	0.478	157	78.5	52.3	26.2	13.1	5.23
4.80	2.40	1.200	0.480	156	77.8	51.9	25.9	13.0	5.19
4.82	2.41	1.205	0.482	154	77.1	51.4	25.7	12.9	5.14
4.84	2.42	1.210	0.484	153	76.4	51.0	25.5	12.7	5.10
4.86	2.43	1.215	0.486	152	75.8	50.5	25.3	12.6	5.05
4.88	2.44	1.220	0.488	150	75.1	50.1	25.0	12.5	5.01
4.90	2.45	1.225	0.490	149	74.4	49.6	24.8	12.4	4.96
4.92	2.46	1.230	0.492	148	73.8	49.2	24.6	12.3	4.92
4.94	2.47	1.235	0.494	146	73.2	48.8	24.4	12.2	4.88
4.96	2.48	1.240	0.496	145	72.5	48.3	24.2	12.1	4.83
4.98	2.49	1.245	0.498	144	71.9	47.9	24.0	12.0	4.79
5.00	2.50	1.250	0.500	143	71.3	47.5	23.8	11.9	4.75
5.02	2.51	1.255	0.502	141	70.7	47.1	23.6	11.8	4.71
5.04	2.52	1.260	0.504	140	70.1	46.7	23.4	11.7	4.67
5.06	2.53	1.265	0.506	139	69.5	46.2	22.8	11.6	4.00

（续）

球直径 D/mm				试验力-压头球直径平方的比率　$0.102 \times F/D^2$					
				30	15	10	5	2.5	1
				试验力 F/N					
10				29420	14710	9807	4903	2452	980.7
	5			7355	—	2452	1226	612.9	245.2
		2.5		1839	—	612.9	306.5	153.2	61.29
			1	294.2	—	98.07	49.03	24.52	9.807
压痕平均直径 d/mm				布氏硬度　　HBW					
5.08	2.54	1.270	0.508	138	68.9	45.9	23.0	11.5	4.50
5.10	2.55	1.275	0.510	137	68.3	45.5	22.8	11.4	4.55
5.12	2.56	1.280	0.512	135	67.7	45.1	22.6	11.3	4.51
5.14	2.57	1.285	0.514	134	67.1	44.8	22.4	11.2	4.48
5.16	2.58	1.290	0.516	133	66.6	44.4	22.2	11.1	4.44
5.18	2.59	1.295	0.518	132	66.0	44.0	22.0	11.0	4.40
5.20	2.60	1.300	0.520	131	65.5	43.7	21.8	10.9	4.37
5.22	2.61	1.305	0.522	130	64.9	43.3	21.6	10.8	4.33
5.24	2.62	1.310	0.524	129	64.4	42.9	21.5	10.7	4.29
5.26	2.63	1.315	0.526	128	63.9	42.6	21.3	10.6	4.26
5.28	2.64	1.320	0.528	127	63.3	42.2	21.1	10.6	4.22
5.30	2.65	1.325	0.530	126	62.8	41.9	20.9	10.5	4.10
5.32	2.66	1.330	0.532	125	62.3	41.5	20.8	10.4	4.15
5.34	2.67	1.335	0.534	124	61.8	41.2	20.6	10.3	4.12
5.36	2.68	1.340	0.536	123	61.3	40.9	20.4	10.2	4.09
5.38	2.69	1.345	0.538	122	60.8	40.5	20.3	10.1	4.05
5.40	2.70	1.350	0.540	121	60.3	40.2	20.1	10.1	4.02
5.42	2.71	1.355	0.542	120	59.8	39.9	19.9	10.0	3.99
5.44	2.72	1.360	0.544	119	59.3	39.6	19.8	9.89	3.96
5.46	2.73	1.365	0.546	118	58.9	39.2	19.6	9.81	3.92
5.48	2.74	1.370	0.548	117	58.4	38.9	19.5	9.73	3.89
5.50	2.75	1.375	0.550	116	57.9	38.6	19.3	9.66	3.86
5.52	2.76	1.380	0.552	115	57.5	38.3	19.2	9.58	3.83
5.54	2.77	1.385	0.554	114	57.0	38.0	19.0	9.50	3.80

（续）

球直径 D/mm				试验力-压头球直径平方的比率　0.102 × F/D²					
				30	15	10	5	2.5	1
				试验力 F/N					
10				29420	14710	9807	4903	2452	980.7
	5			7355	—	2452	1226	612.9	245.2
		2.5		1839	—	612.9	306.5	153.2	61.29
			1	294.2	—	98.07	49.03	24.52	9.807
压痕平均直径 d/mm				布氏硬度　HBW					
5.56	2.78	1.390	0.556	113	56.6	37.7	18.9	9.43	3.77
5.58	2.79	1.395	0.558	112	56.1	37.4	18.7	9.35	3.74
5.60	2.80	1.400	0.560	111	55.7	37.1	18.6	9.28	3.71
5.62	2.81	1.405	0.562	110	55.2	36.8	18.4	9.21	3.68
5.64	2.82	1.410	0.564	110	54.8	36.5	18.3	9.14	3.65
5.66	2.83	1.415	0.566	109	54.4	36.3	18.1	9.06	3.63
5.68	2.84	1.420	0.568	108	54.0	36.0	18.0	8.99	3.60
5.70	2.85	1.425	0.570	107	53.5	35.7	17.8	8.92	3.57
5.72	2.86	1.430	0.572	106	53.1	35.4	17.7	8.85	3.54
5.74	2.87	1.435	0.574	105	52.7	35.1	17.6	8.79	3.51
5.76	2.88	1.440	0.576	105	52.3	34.9	17.4	8.72	3.49
5.78	2.89	1.445	0.578	104	51.9	34.6	17.3	8.65	3.46
5.80	2.90	1.450	0.580	103	51.5	34.3	17.2	8.59	3.43
5.82	2.91	1.455	0.582	102	51.1	34.1	17.0	8.52	3.41
5.84	2.92	1.460	0.584	101	50.7	33.8	16.9	8.45	3.38
5.86	2.93	1.465	0.586	101	50.3	33.6	16.8	8.39	3.36
5.88	2.94	1.470	0.588	99.9	50.0	33.3	16.7	8.33	3.33
5.90	2.95	1.475	0.590	99.2	49.6	33.1	16.5	8.26	3.31
5.92	2.96	1.480	0.592	98.4	49.2	32.8	16.4	8.20	3.28
5.94	2.97	1.485	0.594	97.7	48.8	32.6	16.3	8.14	3.26
5.96	2.98	1.490	0.596	96.9	48.5	32.3	16.2	8.08	3.23
5.98	2.99	1.495	0.598	96.2	48.1	32.1	16.0	8.02	3.21
6.00	3.00	1.500	0.600	95.5	47.7	31.8	15.9	7.96	3.13

附录 B 黑色金属硬度及强度换算表（GB/T 1172—1999）

硬　　　度							抗拉强度 σ_b /MPa（碳钢）
洛氏		表面洛氏			维氏	布氏（$F/D^2=30$）	
HRC	HRA	HR15N	HR30N	HR45N	HV	HBW	
20.0	60.2	68.8	40.7	19.2	226	225	774
20.5	60.4	69.0	41.2	19.8	228	227	784
21.0	60.7	69.3	41.7	20.4	230	229	793
21.5	61.0	69.5	42.2	21.0	233	232	803
22.0	61.2	69.8	42.6	21.5	235	234	813
22.5	61.5	70.0	43.1	22.1	238	237	823
23.0	61.7	70.3	43.6	22.7	241	240	833
23.5	62.0	70.6	44.0	23.3	244	242	843
24.0	62.2	70.8	44.5	23.9	247	245	854
24.5	62.5	71.1	45.0	24.5	250	248	864
25.0	62.8	71.4	45.5	25.1	253	251	875
25.5	63.0	71.6	45.9	25.7	256	254	886
26.0	63.3	71.9	46.4	26.3	259	257	897
26.5	63.5	72.2	46.9	26.9	262	260	908
27.0	63.8	72.4	47.3	27.5	266	263	919
27.5	64.0	72.7	47.8	28.1	269	266	930
28.0	64.3	73.0	48.3	28.7	273	269	942
28.5	64.6	73.3	48.7	29.3	276	273	954
29.0	64.8	73.5	49.2	29.9	280	276	965
29.5	65.1	73.8	49.7	30.5	284	280	977
30.0	65.3	74.1	50.2	31.1	288	283	989
30.5	65.6	74.7	50.6	31.7	292	287	1002
31.0	65.8	74.7	51.1	32.3	296	291	1014
31.5	66.1	74.9	51.6	32.9	300	294	1027
32.0	66.4	75.2	52.0	33.5	304	298	1039
32.5	66.6	75.5	52.5	34.1	308	302	1052
33.0	66.9	75.8	53.0	34.7	313	306	1065
33.5	67.1	76.1	53.4	35.3	317	310	1078
34.0	67.4	76.4	53.9	35.9	321	314	1092
34.5	67.7	76.7	54.4	36.5	326	318	1105
35.0	67.9	77.0	54.8	37.0	331	323	1119
35.5	68.2	77.2	55.3	37.6	335	327	1133

（续）

| 硬　　度 | | | | | | | 抗拉强度 σ_b /MPa（碳钢） |
| 洛氏 | | 表面洛氏 | | | 维氏 | 布氏（$F/D^2 = 30$） | |
HRC	HRA	HR15N	HR30N	HR45N	HV	HBW	
36.0	68.4	77.5	55.8	38.2	340	332	1147
36.5	68.7	77.8	56.2	38.8	345	336	1162
37.0	69.0	78.1	56.7	39.4	350	341	1177
37.5	69.2	78.4	57.2	40.0	355	345	1192
38.0	69.5	78.7	57.6	40.6	360	350	1207
38.5	69.7	79.0	58.1	41.2	365	355	1222
39.0	70.0	79.3	58.6	41.8	371	360	1238
39.5	70.3	79.6	59.0	42.4	376	365	1254
40.0	70.5	79.9	59.5	43.0	381	370	1271
40.5	70.8	80.2	60.0	43.6	387	375	1288
41.0	71.1	80.5	60.4	44.2	393	381	1305
41.5	71.3	80.8	60.9	44.8	398	386	1322
42.0	71.6	81.1	61.3	45.4	404	392	1340
42.5	71.8	81.4	61.8	45.9	410	397	1359
43.0	72.1	81.7	62.3	46.5	416	403	1378
43.5	72.4	82.0	62.7	47.1	422	409	1397
44.0	72.6	82.3	63.2	47.7	428	415	1417
44.5	72.9	82.6	63.6	48.3	435	422	1438
45.0	73.2	82.9	64.1	48.9	441	428	1459
45.5	73.4	83.2	64.6	49.5	448	435	1481
46.0	73.7	83.5	65.0	50.1	454	441	1503
46.5	73.9	83.7	65.5	50.7	461	448	1526
47.0	74.2	84.0	65.9	51.2	468	455	1550
47.5	74.5	84.3	66.4	51.8	475	463	1575
48.0	74.7	84.6	66.8	52.4	482	470	1600
48.5	75.0	84.9	67.3	53.0	489	478	1626
49.0	75.3	85.2	67.7	53.6	497	486	1653
49.5	75.5	85.5	68.2	54.2	504	494	1681
50.0	75.8	85.7	68.6	54.7	512	502	1710
50.5	76.1	86.0	69.1	55.3	520	510	
51.0	76.3	86.3	69.5	55.9	527	518	
51.5	76.6	86.6	70.0	56.5	535	527	

（续）

硬　　度							抗拉强度 σ_b /MPa（碳钢）
洛氏		表面洛氏			维氏	布氏（$F/D^2 = 30$）	
HRC	HRA	HR15N	HR30N	HR45N	HV	HBW	
52.0	76.9	86.8	70.4	57.1	544	535	
52.5	77.1	87.1	70.9	57.6	552	544	
53.0	77.4	87.4	71.3	58.2	561	552	
53.5	77.7	87.6	71.8	58.8	569	561	
54.0	77.9	87.9	72.2	59.4	578	569	
54.5	78.2	88.1	72.6	59.9	587	577	
55.0	78.5	88.4	73.1	60.5	596	585	
55.5	78.7	88.6	73.5	61.1	606	593	
56.0	79.0	88.9	73.9	61.7	615	601	
56.5	79.3	89.1	74.4	62.2	625	608	
57.0	79.5	89.4	74.8	62.8	635	616	
57.5	79.8	89.6	75.2	63.4	645	622	
58.0	80.1	89.8	75.6	63.9	655	628	
58.5	80.3	90.0	76.1	64.5	666	634	
59.0	80.6	90.2	76.5	65.1	676	639	
59.5	80.9	90.4	76.9	65.3	687	643	
60.0	81.2	90.6	77.3	66.2	698	647	
60.5	81.4	90.4	77.7	66.8	710	650	
61.0	81.7	91.0	78.1	67.3	721		
61.5	82.0	91.2	78.6	67.9	733		
62.0	82.2	91.4	79.0	68.4	745		
62.5	82.5	91.5	79.4	69.0	757		
63.0	82.8	91.7	79.8	69.5	770		
63.5	83.1	91.8	80.2	70.1	782		
64.0	83.3	91.9	80.6	70.6	795		
64.5	83.6	92.1	81.0	71.2	809		
65.0	83.9	92.2	81.3	71.7	822		
65.5	84.1				836		
66.0	84.4				850		
66.5	84.7				865		
67.0	85.0				879		
67.5	85.2				894		
68.0	85.5				909		

硬 度							抗拉强度 σ_b /MPa
洛氏	表面洛氏			维氏	布氏		
					HBW		
HRB	HR15T	HR30T	HR45T	HV	$F/D^2 = 10$	$F/D^2 = 30$	
60.0	80.4	56.1	30.4	105	102		375
60.5	80.5	56.4	30.9	105	102		377
61.0	80.7	56.7	31.4	106	103		379
61.5	80.8	57.1	31.9	107	103		381
62.0	80.9	57.4	32.4	108	104		382
62.5	81.1	57.7	32.9	108	104		384
63.0	81.2	58.0	33.5	109	105		386
63.5	81.4	58.3	34.0	110	105		388
64.0	81.5	58.7	34.5	110	106		390
64.5	81.6	59.0	35.0	111	106		393
65.0	81.8	59.3	35.5	112	107		395
65.5	81.9	59.6	36.1	113	107		397
66.0	82.1	59.9	36.6	114	108		399
66.5	82.2	60.3	37.1	115	108		402
67.0	82.3	60.6	37.6	115	109		404
67.5	82.5	60.9	38.1	116	110		407
68.0	82.6	61.2	38.6	117	110		409
68.5	82.7	61.5	39.2	118	111		412
69.0	82.9	61.9	39.7	119	112		415
69.5	83.0	62.2	40.2	120	112		418
70.0	83.2	62.5	40.7	121	113		421
70.5	83.3	62.8	41.2	122	114		424
71.0	83.4	63.1	41.7	123	115		427
71.5	83.6	63.5	42.3	124	115		430
72.0	83.7	63.8	42.8	125	116		433
72.5	83.9	64.1	43.3	126	117		437
73.0	84.0	64.4	43.8	128	118		440
73.5	84.1	64.7	44.3	129	119		444

（续）

硬　　度							抗拉强度 σ_b /MPa
洛氏	表面洛氏			维氏	布氏		
					HBW		
HRB	HR15T	HR30T	HR45T	HV	$F/D^2=10$	$F/D^2=30$	
74.0	84.3	65.1	44.8	130	120		447
74.5	84.4	65.4	45.4	131	121		451
75.0	84.5	65.7	45.9	132	122		455
75.5	84.7	66.0	46.4	134	123		459
76.0	84.8	66.3	46.9	135	124		463
76.5	85.0	66.6	47.4	136	125		467
77.0	85.1	67.0	47.9	138	126		471
77.5	85.2	67.3	48.5	139	127		475
78.0	85.4	67.6	49.0	140	128		480
78.5	85.5	67.9	49.5	142	129		484
79.0	85.7	68.2	50.0	143	130		489
79.5	85.8	68.6	50.5	145	132		493
80.0	85.9	68.9	51.0	146	133		498
80.5	86.1	69.2	51.6	148	134		503
81.0	86.2	69.5	52.1	149	136		508
81.5	86.3	69.8	52.6	151	137		513
82.0	86.5	70.2	53.1	152	138		518
82.5	86.6	70.5	53.6	154	140		523
83.0	86.8	70.8	54.1	156		152	529
83.5	86.9	71.1	54.7	157		154	534
84.0	87.0	71.4	55.2	159		155	540
84.5	87.2	71.8	55.7	161		156	546
85.0	87.3	72.1	56.2	163		158	551
85.5	87.5	72.4	56.7	165		159	557
86.0	87.6	72.7	57.2	166		161	563
86.5	87.7	73.0	57.8	168		163	570
87.0	87.9	73.4	58.3	170		164	576

（续）

硬　度							抗拉强度 σ_b
洛氏	表面洛氏			维氏	布氏		/MPa
					HBW		
HRB	HR15T	HR30T	HR45T	HV	$F/D^2 = 10$	$F/D^2 = 30$	
87.5	88.0	73.7	58.8	172		166	582
88.0	88.1	74.0	59.3	174		168	589
88.5	88.3	74.3	59.8	176		170	596
89.0	88.4	74.6	60.3	178		172	603
89.5	88.6	75.0	60.9	180		174	609
90.0	88.7	75.3	61.4	183		176	617
90.5	88.8	75.6	61.9	185		178	624
91.0	89.0	75.9	62.4	187		180	631
91.5	89.1	76.2	62.9	189		182	639
92.0	89.3	76.6	63.4	191		184	646
92.5	89.4	76.9	64.0	194		187	654
93.0	89.5	77.2	64.5	196		189	662
93.5	89.7	77.5	65.0	199		192	670
94.0	89.8	77.8	65.5	201		195	678
94.5	89.9	78.2	66.0	203		197	686
95.0	90.1	78.5	66.5	206		200	695
95.5	90.2	78.8	67.1	208		203	703
96.0	90.4	79.1	67.6	211		206	712
96.5	90.5	79.4	68.1	214		209	721
97.0	90.6	79.8	68.6	216		212	730
97.5	90.8	80.1	69.1	219		215	739
98.0	90.9	80.4	69.6	222		218	749
98.5	91.1	80.7	70.2	225		222	758
99.0	91.2	81.0	70.7	227		226	768
99.5	91.3	81.4	71.2	230		229	778
100.0	91.5	81.7	71.7	233		232	788

附录 C　国内外常用钢牌号对照表

钢类	中国	前苏联	美国	英国	日本	法国	德国
	GB	ГОСТ	ASTM	BS	JIS	NF	DIN
优质碳素结构钢	08F	08КП	1006	040A04	S09CK		C10
	08	08	1008	045M10	S9CK		C10
	10F		1010	040A10		XC10	
	10	10	1010,1012	045M10	S10C	XC10	C10,CK10
	15	15	1015	095M15	S15C	XC12	C15,CK15
	20	20	1020	050A20	S20C	XC18	C22,CK22
	25	25	1025		S25C		CK25
	30	30	1030	060A30	S30C	XC32	
	35	35	1035	060A35	S35C	XC38TS	C35,CK35
	40	40	1040	080A40	S40C	XC38H1	
	45	45	1045	080M46	S45C	XC45	C45,CK45
	50	50	1050	060A52	S50C	XC48TS	CK53
	55	55	1055	070M55	S55C	XC55	
	60	60	1060	080A62	S58C	XC55	C60,CK60
	15Mn	15Г	1016,1115	080A17	SB46	XC12	14Mn4
	20Mn	20Г	1021,1022	080A20		XC18	
	30Mn	30Г	1030,1033	080A32	S30C	XC32	
	40Mn	40Г	1036,1040	080A40	S40C	40M5	40Mn4
	45Mn	45Г	1043,1045	080A47	S45C		
	50Mn	50Г	1050,1052	030A52 080M50	S53C	XC48	
合金结构钢	20Mn2	20Г2	1320,1321	150M19	SMn420		20Mn5
	30Mn2	30Г2	1330	150M28	SMn433H	32M5	30Mn5
	35Mn2	35Г2	1335	150M36	SMn438(H)	35M5	36Mn5
	40Mn2	40Г2	1340		SMn443	40M5	
	45Mn2	45Г2	1345		SMn443		46Mn7
	50Mn2	50Г2				~55M5	
	20MnV						20MnV6
	35SiMn	35СГ		En46			37MnSi5
	42SiMn	35СГ		En46			46MnSi4
	40B		TS14B35				

（续）

钢类	中国	前苏联	美国	英国	日本	法国	德国
	GB	ГОСТ	ASTM	BS	JIS	NF	DIN
	45B		50B46H				
	40MnB		50B40				
	45MnB		50B44				
	15Cr	15X	5115	523M15	SCr415（H）	12C3	15Cr3
	20Cr	20X	5120	527A19	SCr420H	18C3	20Cr4
	30Cr	30X	5130	530A30	SCr430		28Cr4
	35Cr	35X	5132	530A36	SCr430（H）	32C4	34Cr4
	40Cr	40X	5140	520M40	SCr440	42C4	41Cr4
	45Cr	45X	5145,5147	534A99	SCr445	45C4	
	38CrSi	38XC					
	12CrMo	12XM		620C$_R$·B		12CD4	13CrMo44
合金结构钢	15CrMo	15XM	A-387Cr·B	1653	STC42 STT42 STB42	12CD4	16CrMo44
	20CrMo	20XM	4119,4118	CDS12 CDS110	SCT42 STT42 STB42	18CD4	20CrMo44
	25CrMo		4125	En20A		25CD4	25CrMo4
	30CrMo	30XM	4130	1717COS110	SCM420	30CD4	
	42CrMo		4140	708A42 708M40		42CD4	42CrMo4
	35CrMo	35XM	4135	708A37	SCM3	35CD4	34CrMo4
	12CrMoV	12XMФ					
	12Cr1MoV	12X1MФ					13CrMoV42
	25Cr2Mo1VA	25X2M1ФA					
	20CrV	20XФ	6120				22CrV4
	40CrV	40XФA	6140				42CrV6
	50CrVA	50XФA	6150	735A30	SUP10	50CV4	50CrV4
	15CrMn	15XГ,18XГ					
	20CrMn	20XГCA	5162	527A60	SUP9		
	30CrMnSiA	30XГCA					
	40CrNi	40XH	3140H	640M40	SNC236		40NiCr6

（续）

钢类	中国	前苏联	美国	英国	日本	法国	德国
	GB	ГОСТ	ASTM	BS	JIS	NF	DIN
合金结构钢	20CrNi3A	20ХН3А	3316			20NC11	20NiCr14
	30CrNi3A	30ХН3А	3325 3330	653M31	SNC631H SNC631		28NiCr10
	20MnMoB		80B20				
	38CrMoAlA	38ХМIOA		905M39	SACM645	40CAD6.12	41CrAlMo07
	40CrNiMoA	40ХНМА	4340	817M40	SNCM439		40NiCrMo22
弹簧钢	60	60	1060	080A62	S58C	XC55	C60
	85	85	C1085 1084	080A86	SUP3		
	65Mn	65Г	1566				
	60Si2MnA	60С2ГА	9260 9260H	250A61	SUP7	61S7	65Si7
	50CrVA	50ХФА	6150	735A50	SUP10	50CV4	50CrV4
滚动轴承钢	GCr15	ШХ15	E52100 52100	534A99	SUJ2	100C6	100Cr6
	GCr15SiMn	ШХ15СГ					100CrMn6
易切削钢	Y12	A12	C1109		SUM12		
	Y15		B1113	220M07	SUM22		10S20
	Y20	A20	C1120		SUM32	20F2	22S20
	Y30	A30	C1130		SUM42		35S20
	Y40Mn	A40Г	C1144	225M36		45MF2	40S20
耐磨钢	ZGMn13	116Г13Ю			SCMnH11	Z120M12	X120Mn12
碳素工具钢	T7	y7	W1-7		SK7,SK6		C70W1
	T8	y8			SK6,SK5		
	T8A	y8A	W1-0.8C			1104Y₁75	C80W1
	T8Mn	y8Г			SK5		
	T10	y10	W1-1.0C	D1	SK3		
	T12	y12	W1-1.2C	D1	SK2	Y2 120	C125W
	T12A	y12A	W1-1.2C			XC 120	C125W2
	T13	y13			SK1	Y2 140	C135W

（续）

钢类	中国	前苏联	美国	英国	日本	法国	德国
	GB	ГОСТ	ASTM	BS	JIS	NF	DIN
合金工具钢	8MnSi						C75W3
	9SiCr	9XC		BH21			90CrSi5
	Cr2	X	L3				100Cr6
	Cr06	13X	W5		SKS8		140Cr3
	9Cr2	9X	L				100Cr6
	W	B1	F1	BF1	SK21		120W4
	Cr12	X12	D3	BD3	SKD1	Z200C12	X210Cr12
	Cr12MoV	X12M	D2	BD2	SKD11	Z200C12	X165CrMoV46
	9Mn2V	9Г2Ф	02			80M80	90MnV8
	9CrWMn	9XBГ	01		SKS3	80M8	
	CrWMn	XBГ	07		SKS31	105WC13	105WCr6
	3Cr2W8V	3X2B8Ф	H21	BH21	SKD5	X30WCV9	X30WCrV93
	5CrMnMo	5XГM			SKT5		40CrMnMo7
	5CrNiMo	5XHM	L6		SKT4	55NCDV7	55NiCrMoV6
	4Cr5MoSiV	4X5MФC	H11	BH11	SKD61	Z38CDV5	X38CrMoV51
	4CrW2Si	4XB2C			SKS41	40WCDS35-12	35WCrV7
	5CrW2Si	5XB2C	S1	BSi			45WCrV7
高速工具钢	W18Cr4V	P18	T1	BT1	SKH2	Z80WCV 18-04-01	S18-0-1
	W6Mo5Cr4V2	P6M3	N2	BM2	SKH9	Z85WDCV 06-05-04-02	S6-5-2
	W2Mo9Cr 4VCo8		M42	BM42		Z110DKCWV 09-08-04 -02-01	S2-10-1-8
不锈钢	12Cr18Ni9	12X18H9	302 S30200	302S25	SUS302	Z10CN18.09	X12CrNi188
	Y12Cr18Ni9		303 S30300	303S21	SUS303	Z10CNF18.09	X12CrNiS188
	06Cr19Ni10	08X18H10	304 S30400	304S15	SUS304	Z6CN18.09	X5CrNi189
	02Cr19Ni10a	03X18H11	304L S30403	304S12	SUS304L	Z2CN18.09	X2CrNi189

（续）

钢类	中国	前苏联	美国	英国	日本	法国	德国
	GB	ГОСТ	ASTM	BS	JIS	NF	DIN
不锈钢	06Cr18Ni11Ti	08X18H10T	321 S32100	321S12 321S20	SUS321	Z6CNT18. 10	X10CrNiTi189
	06Cr13Al		405 S40500	405S17	SUS405	Z6CA13	X7CrAl13
	10Cr17	12X17	430 S43000	430S15	SUS430	Z8C17	X8Cr17
	12Cr13	12X13	410 S41000	410S21	SUS410	Z12C13	X10Cr13
	20Cr13	20X13	420 S42000	420S37	SUS420J1	Z20C13	X20Cr13
	30Cr13	30X13		420S45	SUS420J2		
	68Cr17		440A S44002		SUS440A		
	07Cr17Ni7Al	09X17H7IO	631 S17700		SUS631	Z8CNA17. 7	X7CrNiAl177
耐热钢	16Cr23Ni13	20X23H12	309 S30900	309S24	SUH309	Z15CN24. 13	
	20Cr25Ni20	20X25H20C2	310 S31000	310S24	SUH310	Z12CN25. 20	CrNi2520
	06Cr25Ni20		310S S31008		SUS310S		
	06Cr17Ni12Mo2	08X17H13M2T	316 S31600	316S16	SUS316	Z6CND17. 12	X5CrNiMo1810
	06Cr18Ni11Nb	08X18H12E	347 S34700	347S17	SUS347	Z6CNNb18. 10	X10CrNiNb189
	13Cr13Mo				SUS410J1		
	14Cr17Ni2	14X17H2	431 S43100	431S29	SUS431	Z15CN16-02	X22CrNi17
	07Cr17Ni7Al	09X17H7IO	631 S17700		SUS631	Z8CNA17. 7	X7CrNiAl177

附录 D　国内外部分铝及其合金牌号对照表

	中国	美国	英国	日本	法国	德国	前苏联
	GB	ASTM	BS	JIS	NF	DIN	ГОСТ
工业纯铝	1A99	1199				A199.99R	A99
	1A97					A199.98R	A97
	1A95						A95
	1A80		1080(1A)	1080	1080A	A199.80	A8
	1A50	1050	1050(1B)	1050	1050A	A199.50	A5
防锈铝	5A02	5052	NS4	5052	5052	A1Mg2.5	AMg
	5A03		NS5				AMg3
	5A05	5056	NB6	5056		A1Mg5	AMg5V
	5A30	5456	NG61	5556	5957		
硬铝	2A01	2036		2117	2117	AlCu2.5Mg0.5	D18
	2A11		HF15	2017	2017S	AlCuMg1	D1
	2A12	2124		2024	2024	AlCuMg2	D16AVTV
	2B16	2319					
锻铝	2A80			2N01			AK4
	2A90	2218		2018			AK2
	2A14	2014		2014	2014	AlCuSiMn	AK8
超硬铝	7A09	7175		7075	7075	AlZnMgCu1.5	V95P
铸造铝合金	ZAlSi7Mn	356.2	LM25	AC4C		G-AlSi7Mg	
	ZAlSi12	413.2	LM6	AC3A	A-S12-Y4	G-Al12	AL2
	ZAlSi5Cu1Mg	355.2					AL5
	ZAlSi12Cu2Mg1	413.0		AC8A		G-Al12(Cu)	
	ZAlCu5Mn						AL19
	ZAlCu5MnCdVA	201.0					
	ZAlMg10	520.2	LM10		AG11	G-AlMg10	AL8
	ZAlMg5Si1					G-AlMg5Si	AL13

参 考 文 献

[1] 王运炎. 金属材料与热处理 [M]. 北京：机械工业出版社，1984.

[2] 王运炎. 金属材料及热处理实验 [M]. 北京：机械工业出版社，1985.

[3] 束德林. 金属力学性能 [M]. 北京：机械工业出版社，1987.

[4] 王健安. 金属学与热处理 [M]. 北京：机械工业出版社，1980.

[5] 胡赓祥，钱苗根. 金属学 [M]. 上海：上海科学技术出版社，1980.

[6] 史美堂. 金属材料及热处理 [M]. 上海：上海科学技术出版社，1980.

[7] 徐祖耀，李鹏兴. 材料科学导论 [M]. 上海：上海科学技术出版社，1986.

[8] 吴培英. 金属材料学 [M]. 北京：国防工业出版社，1987.

[9] 夏立芳. 金属热处理工艺学 [M]. 哈尔滨：哈尔滨工业大学出版社，1986.

[10] 胡光立，李崇谟，吴锁春. 钢的热处理（原理和工艺）[M]. 北京：国防工业出版社，1985.

[11] 安运铮. 热处理工艺学 [M]. 北京：机械工业出版社，1988.

[12] 戚正风. 金属热处理原理 [M]. 北京：机械工业出版社，1987.

[13] 刘永铨. 钢的热处理 [M]. 北京：冶金工业出版社，1981.

[14] 李鹏兴，林行方. 表面工程 [M]. 上海：上海交通大学出版社，1989.

[15] 崔崑. 钢铁材料及有色金属材料 [M]. 北京：机械工业出版牡，1981.

[16] 王笑天. 金属材料学 [M]. 北京：机械工业出版社，1987.

[17] 《机床零件热处理》编写组. 机床零件热处理 [M]. 北京：机械工业出版社，1982.

[18] 郑明新. 工程材料 [M]. 北京：中央广播电视大学出版社，1986.

[19] 北京农业机械化学院. 机械工程材料学 [M]. 北京：农业出版社，1986.

[20] 梁光启，林子为. 工程材料学 [M]. 上海：上海科学技术出版社，1987.

[21] 金志浩，周敬恩. 工程陶瓷材料 [M]. 北京：机械工业出版社，1986.

[22] 魏月贞. 复合材料 [M]. 北京：机械工业出版社，1987.

[23] 仑田正也. 新型非金属材料进展 [M]. 姜作义，马立，译. 北京：新时代出版社，1987.

[24] 桑顿·科兰吉洛. 工程材料基础 [M]. 王运炎，徐强，译. 银川：宁夏人民出版社，1990.

[25] Flinn R A, Trojan P K. Engineering Materials and Their Applications [M]. 2nd ed. Boston：Moughton Mifflin Company，1981.

[26] 李玲，向航. 功能材料与纳米材料 [M]. 北京：化学工业出版社，2002.

[27] 朱张校. 工程材料 [M]. 北京. 清华大学出版社，2001.

[28] 曾正明. 实用工程材料技术手册 [M]. 北京：机械工业出版社，2002.

[29] 任颂赞，等. 钢铁金相图谱 [M]. 上海. 上海科学技术文献出版社，2003.

[30] 刘智恩. 材料科学基础 [M]. 西安. 西北工业大学出版社，2000.

[31] 鲁云，等. 先进复合材料 [M]. 北京. 机械工业出版社，2003.

[32] 李树尘，等. 材料工艺学 [M]. 北京. 化学工业出版社，2000.

[33] 古托夫斯基 T G. 先进复合材料制造技术 [M]. 李宏运，等译. 北京：化学工业出版社，2004.